Liebe Schülerin, lieber Schüler,

der Schnittpunkt soll dich in diesem Schuljahr beim Lernen begleiten und unterstützen. Damit du dich jederzeit zurecht findest, wollen wir dir ein paar Hinweise geben.
Zu Beginn des Buches findest du das **Basiswissen** aus dem letzten Schuljahr zum Nachschlagen und Auffrischen.
Jedes neue Kapitel beginnt mit einer **Doppelseite**, auf der es viel zu entdecken und auszuprobieren gibt und auf der du nachlesen kannst, was du in diesem Kapitel lernen wirst. Innerhalb der Kapitel wirst du vor allem die **Aufgaben** bearbeiten – gemeinsam mit anderen oder allein.

Auf vielen Aufgabenseiten findest du immer wieder bunt hervorgehobene Kästen, die Verschiedenes bieten:

- Wichtige mathematische Methoden und Vorgehensweisen, die du immer wieder brauchen wirst.
- Informationen, Daten und Diagramme zu einem interessanten Thema sowie einige Fragestellungen, zu denen du Antworten und Fragen finden kannst.
- Den Anstoß zu einer ausführlichen Beschäftigung mit einem Thema, bei dem es einiges zu entdecken gibt.
- Wissenswertes aus alter Zeit.
- Schaufenster in die Mathematik mit Interessantem, Staunenswertem, mit Spielen, Bastelideen, Gedankenexperimenten und echten Knobelnüssen.

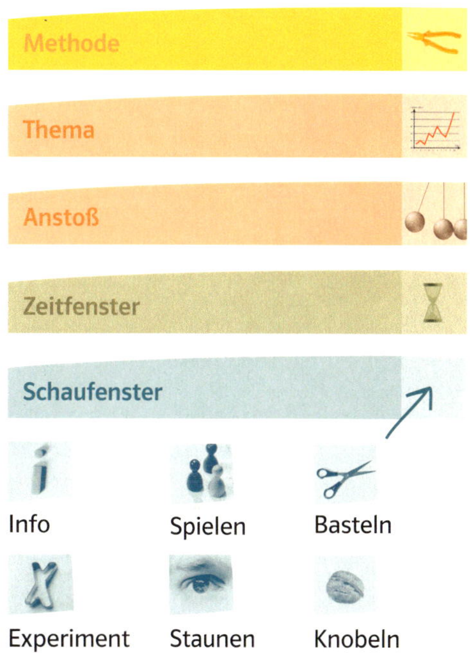

Am Ende jedes Kapitels findest du in der **Zusammenfassung** noch einmal alles, was du dazugelernt hast. Hier kannst du dich für die anstehenden Klassenarbeiten fit machen und jederzeit nachschlagen.
Unter **Üben • Anwenden • Nachdenken** sind Aufgaben zum Üben, Weiterdenken und Anknüpfen an früher Gelerntes zusammengestellt.
Die letzte Seite des Kapitels, der **Rückspiegel**, bietet dir eine Aufgabenauswahl, mit der du dein Wissen und Können testen kannst. Links findest du die leichteren, rechts die schwierigeren Aufgaben. Wenn du einen Aufgabentyp schon sehr gut beherrschst, kannst du nach rechts springen, wenn dir eine Art von Aufgaben noch Schwierigkeiten bereitet, wechselst du auf die linke Seite. Die Lösungen zu diesen Aufgaben findest du alle am Ende des Buches.

Im **Sammelpunkt** sind noch einmal Aufgaben zusammengestellt, die aufgreifen, was du in Klasse 5 und 6 gelernt hast. Auch zu diesen Aufgaben findest du Lösungen am Ende des Buches.
Manche Aufgaben haben eine blaue Aufgabenziffer. Das sind die etwas schwierigeren Aufgaben, bei denen du länger überlegen musst oder eine gute Idee brauchst.
Und jetzt wünschen wir dir viel Spaß und Erfolg!

Inhalt

[1] Diese Inhalte sind für Hessen nicht verbindlich.
[2] Diese Inhalte sind für Schleswig-Holstein nicht verbindlich.

Basiswissen | Addieren und Subtrahieren natürlicher Zahlen

Den Rechenausdruck 17 + 6 nennt man **Summe**. Die Zahl 17 ist der **1. Summand**, die Zahl 6 der **2. Summand**. Den Rechenausdruck 18 − 9 nennt man **Differenz**. Die Zahl 18 ist der **Minuend**, die Zahl 9 der **Subtrahend**.	17 + 6 = 23 Summe — Wert der Summe 18 - 9 = 9 Differenz — Wert der Differenz
Beim **schriftlichen Addieren** bzw. **Subtrahieren** werden die Zahlen **stellengerecht untereinander** geschrieben. Die Einer werden mit den Einern, die Zehner mit den Zehnern … verrechnet.	$\begin{array}{r} 2876 \\ +\ \ 309 \\ {\scriptstyle 1\ 1\ } \\ \hline 3185 \end{array}$ $\qquad$ $\begin{array}{r} 8492 \\ -\ \ 725 \\ {\scriptstyle 1\ 1\ } \\ \hline 7727 \end{array}$
In Summen dürfen **Summanden vertauscht** werden (Vertauschungs- bzw. Kommutativgesetz).	28 + 53 = 53 + 28
In Summen dürfen **Klammern beliebig gesetzt** werden (Assoziativ- bzw. Verbindungsgesetz).	34 + (26 + 8) = (34 + 26) + 8
Berechnen von Rechenausdrücken Wenn nichts anderes gesagt wird, rechnet man **von links nach rechts**.	23 + 14 − 19 = 37 − 19 = 18
Mehrere Subtrahenden können **zusammengefasst** werden.	85 − 26 − 5 − 34 = 85 − (26 + 5 + 34) = 85 − 65 = 20
Was in **Klammern** steht, wird zuerst berechnet.	93 − (56 − 29) = 93 − 27 = 66
Innere Klammer vor **äußerer** Klammer.	34 − (22 − (5 + 11)) = 34 − (22 − 16) = 34 − 6 = 28

1 Notiere den Rechenausdruck und löse die Aufgabe.
a) Berechne die Summe aus 134 und 26.
b) Berechne die Differenz aus 168 und 27.
c) Addiere die Zahlen 327 und 133 und subtrahiere den Wert der Summe von 1000.
d) Subtrahiere die Differenz aus 20 und 15 von 56.
e) Welchen Wert hat die Summe aus der Differenz der Zahlen 57 und 28 und der Differenz aus 112 und 48?

2 Berechne vorteilhaft.
a) 23 + 46 + 31 + 37 + 24
b) 59 + 13 + 44 + 87 + 41
c) 271 + 358 + 407+ 242 + 29

3 Berechne möglichst vorteilhaft.
a) 92 − 15 − 24 − 35 − 16
b) 444 − 72 − 109 − 128 − 91
c) 999 − 34 − 177 − 299 − 166 − 223

4 Achte auf die Klammern.
a) 84 − (23 + 19) − 32
b) 95 − (23 − 16 + 5) + (54 − 32)
c) 105 − (82 − 15) + (43 − 25)
d) (64 − 36 − 16 + 57) − 15 − (78 − 56)

5 Wie heißt die fehlende Zahl?

a)	b)
12 + 39 = □	58 − 19 = □
24 + □ = 37	74 − □ = 51
□ + 28 = 52	□ − 28 = 34
99 + □ = 115	91 − □ = 75

6 Vervollständige.

a) $\begin{array}{r} \square 456 \\ +\ 63\square 3 \\ \hline 8\square 7\square \end{array}$ $\qquad$ b) $\begin{array}{r} 5\square 47 \\ +\ \square 89\square \\ \hline 95\square 9 \end{array}$

c) $\begin{array}{r} 8\square 7\square 6 \\ -\ \square 3\square 6\square \\ \hline 72701 \end{array}$

Basiswissen | Multiplizieren und Dividieren natürlicher Zahlen

Das **Multiplizieren** ist Addieren von lauter gleichen Summanden.
$7 + 7 + 7 = 3 \cdot 7 = 21$
Das **Dividieren** ist die Umkehrung der Multiplikation.
$56 : 7 = 8$, da $8 \cdot 7 = 56$

$3 \cdot 7$	$= 21$
Produkt	Wert des Produkts
$56 : 7$	$= 8$
Quotient	Wert des Quotienten

Beim **schriftlichen Multiplizieren und Dividieren** muss auf stellengerechte Schreibweise geachtet werden.

$$\begin{array}{r} 458 \cdot 32 \\ \hline 1374 \\ 916 \\ 1 \\ \hline 14656 \end{array} \qquad \begin{array}{l} 3648 : 57 = 64 \\ -342 \\ \hline \quad 228 \\ \quad -228 \\ \hline \qquad 0 \end{array}$$

Das **Potenzieren** ist Multiplizieren mit lauter gleichen Faktoren.
$2^5 = 2 \cdot 2 \cdot 2 \cdot 2 \cdot 2 = 32$

In Produkten dürfen **Faktoren vertauscht** werden (Vertauschungs- bzw. Kommutativgesetz).
$9 \cdot 12 = 12 \cdot 9$

In Produkten dürfen **Klammern beliebig gesetzt** werden (Assoziativ- bzw. Verbindungsgesetz).
$4 \cdot (5 \cdot 6) = (4 \cdot 5) \cdot 6$

Das **Verteilungsgesetz** (Distributivgesetz) verwendet man zum Ausklammern bzw. zum Ausmultiplizieren.

Ausklammern	**Ausmultiplizieren**
$32 \cdot 13 + 32 \cdot 7$	$9 \cdot (50 + 6)$
$= 32 \cdot (13 + 7)$	$= 9 \cdot 50 + 9 \cdot 6$
$= 32 \cdot 20 = 640$	$= 450 + 54 = 504$

Berechnen von Rechenausdrücken
Klammern werden zuerst berechnet.
Innere Klammer vor äußerer Klammer.
Punktrechnung geht vor Strichrechnung.

$36 - (64 - (120 - 13 \cdot 7))$
$= 36 - (64 - (120 - 91))$
$= 36 - (64 - 29)$
$= 36 - 35 = 1$

1 Notiere den Rechenausdruck und löse die Aufgabe. Nutze gegebenenfalls Klammern.
a) Multipliziere die Zahlen 5 und 17.
b) Bilde den Quotienten aus 45 und 9.
c) Dividiere die Summe aus 23 und 4 durch 9.
d) Multipliziere die Summe aus 11 und 4 mit der Differenz aus 135 und 95.

2 Berechne schriftlich.
a) $23 \cdot 41$ b) $43 \cdot 26$ c) $69 \cdot 57$
d) $224 : 14$ e) $5535 : 15$ f) $4131 : 17$

3 Berechne vorteilhaft.
a) $2 \cdot 17 \cdot 50$ b) $4 \cdot 19 \cdot 2 \cdot 25$
c) $4 \cdot 27 \cdot 2 \cdot 25$ d) $19 \cdot 4 \cdot 125 \cdot 2$

4 Schreibe die Potenz als Produkt und berechne ihren Wert.
a) 2^3 b) 4^4 c) 8^2
d) 4^1 e) 10^5 f) 11^2

5 Punktrechnung geht vor Strichrechnung!
a) $3 - (81 - 225 : 25) : 36$
b) $(46 + 45 : 9 - 8) \cdot 2 - 84$
c) $(36 \cdot 27 - 18 \cdot 11) : 3 - 257$
d) $((48 - 13 \cdot 3) \cdot 11 + 45) : 12 - 10$
e) $7 - (2^5 - 5^2) : 7$

6 Wie heißt die fehlende Zahl?

a)	b)
$18 \cdot 6 = \square$	$48 : 6 = \square$
$\square : 80 = 90$	$\square \cdot 12 = 144$
$\square^3 = 1000$	$2^{\square} = 64$
$25 \cdot \square = 175$	$72 : \square = 9$

7 Schreibe einen Faktor als Summe oder Differenz und berechne dann im Kopf.
Beispiele: $36 \cdot 8 = 30 \cdot 8 + 6 \cdot 8 = 288$
$49 \cdot 7 = 50 \cdot 7 - 1 \cdot 7 = 343$

a)	b)
$23 \cdot 6$	$29 \cdot 8$
$34 \cdot 7$	$49 \cdot 12$
$51 \cdot 9$	$13 \cdot 59$
$72 \cdot 11$	$199 \cdot 6$

Basiswissen | Geometrie

Zwei Strecken oder Geraden sind **zueinander senkrecht**, wenn sie so zueinander liegen wie die lange Seite und die Mittellinie des Geodreiecks.

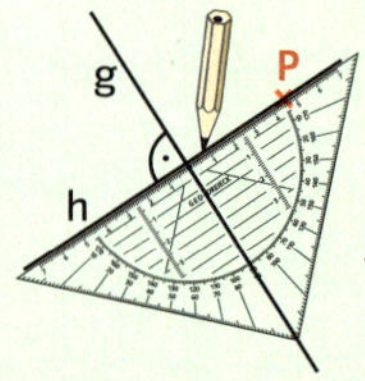

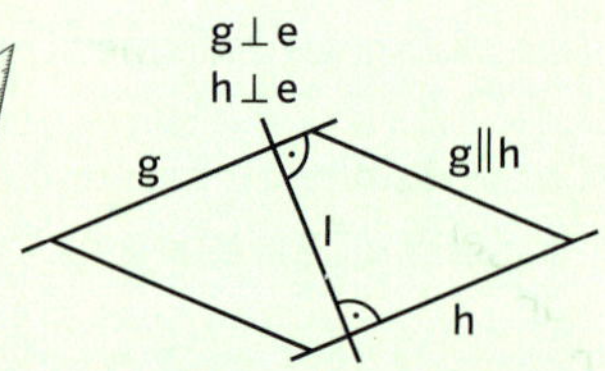

Zwei Geraden, die zur selben Geraden senkrecht stehen, sind **parallel**. Strecken heißen parallel, wenn sie auf parallelen Geraden liegen.

Im **Quadratgitter** kann man Punkte durch Rechts- und Hochwert angeben.

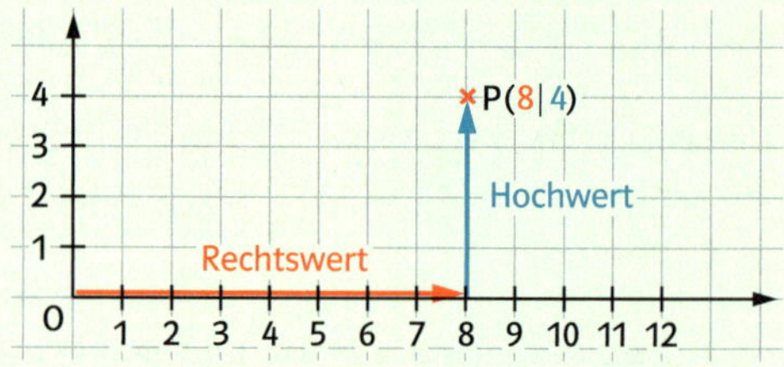

Die Länge der Strecke zwischen A und B heißt **Entfernung** von A und B.
Die kürzeste Entfernung zwischen einem Punkt P und einer Geraden g ist der **Abstand von P und g**.
Zwei parallele Geraden haben einen Abstand.

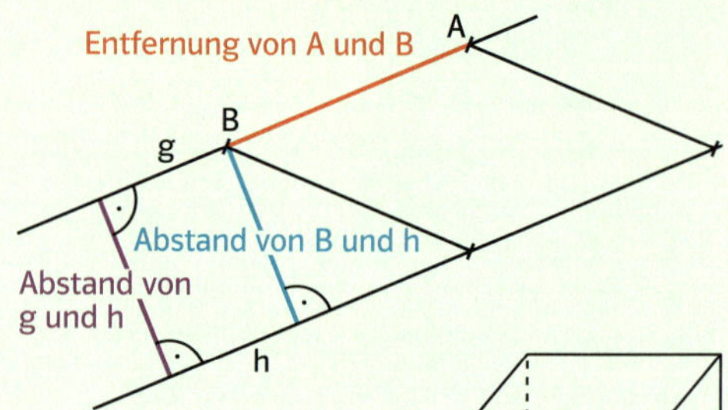

Beim Zeichnen eines **Schrägbildes** von **Würfel** und **Quader** geht man wie folgt vor: Die Kanten an der Vorder- und der Hinterfläche werden mit den angegebenen Maßen gezeichnet. Die nach hinten laufenden Kanten werden in halber Länge schräg nach rechts oben gezeichnet.

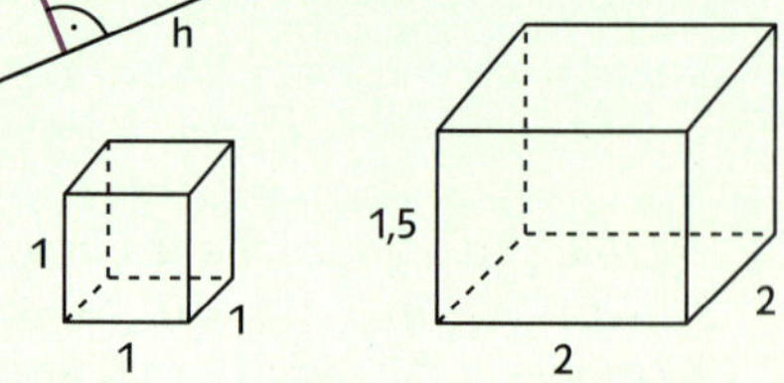

1 Zeichne die Gerade j, die durch P geht und auf g senkrecht steht. Zeichne auch noch die Geraden k und l, die durch P gehen und auf h bzw. i senkrecht stehen.

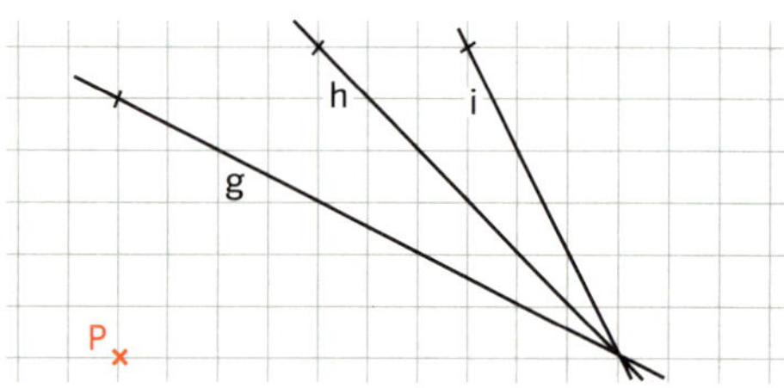

2 Zeichne die Punkte A (6|4), B (10|4) und C (10|8). Durch Vertauschen von Rechtswert und Hochwert erhältst du D, E und F. Verbinde die Punkte so, dass eine schöne Figur entsteht. Welche Entfernungen haben die Punkte voneinander? Überlege, wie oft du messen musst.

3 a) Zeichne die Gerade g_1 durch A(2|4) und B (14|1) und den Punkt P (11|9).
b) Zeichne die Gerade g_2 durch A′ (16|4) und B′ (4|11) und den Punkt P′ (4|1).
c) Wie groß ist jeweils der Abstand zwischen P und g_1 bzw. P′ und g_2?

4 Zeichne einen Quader mit den Kantenlängen 8 cm; 4 cm; 3 cm im Schrägbild in zwei verschiedenen Lagen.

5 Wie sehen die Würfelhäuser von hinten, von links, von rechts aus? Zeichne die Schrägbilder der anderen Ansichten.

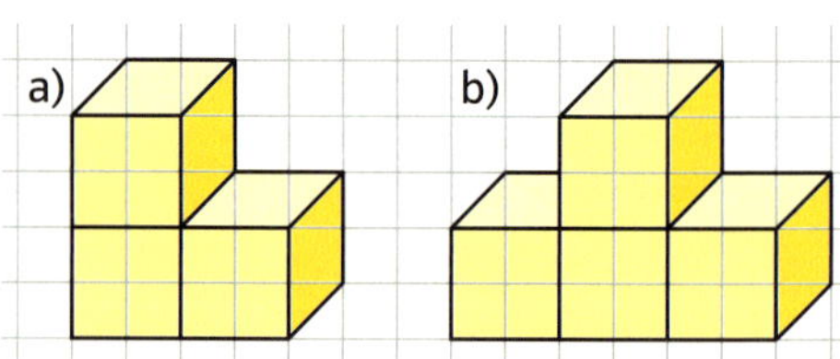

Basiswissen | Größen und Sachrechnen

Eine **Maßzahl** zusammen mit einer **Maßeinheit** nennt man **Größe**.

7m: Maßzahl – Maßeinheit

Die Maßeinheit unseres **Geldes** sind Euro (€) und Cent (ct).
Die gebräuchlichsten **Zeiteinheiten** sind Tage (d), Stunden (h), Minuten (min) und Sekunden (s).
Die gebräuchlichsten **Gewichtseinheiten** sind Tonne (t), Kilogramm (kg), Gramm (g) und Milligramm (mg).
Die gebräuchlichsten **Längeneinheiten** sind Kilometer (km), Meter (m), Dezimeter (dm), Zentimeter (cm) und Millimeter (mm).
Bei Längenangaben wird im Alltag meist die Kommaschreibweise verwendet.

3,24 € = 3 € + 24 ct = 324 ct
320 min = 5·60 min + 20 min = 5 h 20 min
2 min 5 s = 2·60 s + 5 s = 125 s
3,762 t = 3 t 762 kg = 3762 kg
42,185 kg = 42 kg 185 g = 42185 g
4,032 km = 4 km 32 m = 4032 m
70,01 m = 70 m 1 cm = 7001 cm

Beim **Addieren, Subtrahieren und Dividieren** von Größen müssen die Maßeinheiten gleich sein.

4 kg + 25 g = 400 g + 25 g = 4025 g
2 € − 18 ct = 200 ct − 18 ct = 182 ct

Beim **Lösen von Sachaufgaben** geht man planmäßig vor.
1. Aufgabe sorgfältig lesen
2. Informationen entnehmen
3. Rechenplan aufstellen
4. Ergebnis abschätzen
5. Rechenschritte durchführen
6. nach der Prüfung des Ergebnisses Antwortsatz formulieren

1 Wandle in die angegebene Einheit um.
a) 12 € (ct); 8 kg (g); 5 h (min); 15 min (s); 170 cm (dm); 25 m (cm); 3 m (mm)
b) 4 € 2 ct (ct); 5 kg 40 g (g); 6 min 10 s (s); 9 m 9 dm (cm); 9 km 99 m (m)
c) 6,05 € (ct); 29,85 t (kg); 0,75 m (cm); 8,7 dm (cm); 10,03 km (m)

2 Wandle um und berechne.
a) 4 kg 500 g + 12 kg 780 g + 307 kg 99 g
b) 4 h 31 min + 7 h 54 min + 3 h 15 min
c) 12,26 € − 4,38 € + 1,74 €
d) 5 m 3 dm + 2 m 25 cm + 1 m 3 cm

3 Ein Woll-Pullover wiegt 800 g.
Der Faden eines 50-g-Knäuels ist 85 m lang.
a) Wie viel Meter Wolle wurden verbraucht?
b) Ein Schal aus dieser Wolle wiegt 250 g.

4 Kevin ist am 2. Mai 1998 geboren, Aishe am 17. November 1998. Wie viele Tage ist Kevin älter als Aishe?

5 Ein langes Haar wiegt etwa 1 mg. Ein Mädchen hat ungefähr 120 000 Haare. Gib das Gesamtgewicht der Haare in g und in kg an.

6 Marius kauft beim Bäcker drei Brötchen für je 35 Cent und ein Brot für 2,95 €. Er hat 5 € dabei. Reicht sein Geld, um im Nachbarladen die Zeitschrift für 1,15 € zu kaufen?

7 Nathalie verdient 9,65 € pro Arbeitsstunde.
a) Wie viel verdient sie in einer Woche bei achtstündigen Arbeitstagen?
b) Nach einer Lohnerhöhung bekommt sie 408 € in der Woche.

8 Ein 2-Euro-Stück wiegt knapp 10 g.
a) Wie viele Münzen wiegen 50 kg?
b) Was wiegt eine Million Euro in 2-Euro-Stücken?

Zahlen zu verteilen

1 2 3 4 5 6 7 8 9 10 11 12 13 14 15 16 17 18 19 20 21 22 23 24 25 26 27 28 29 30
2 4 6 8 10 12 14 16 18 20 22 24 26 28 30
3 6 9 12 15 18 21 24 27 30
4 8 12 16 20 24 28
5 10 15 20 25 30
6 12 18 24 30
7 14 21 28
8 16 24
9 18 27
10 20 30
11 22
12 24
13 26
14 28
15 30
16
17
18
19
20
21
22
23
24
25
26
27
28
29
30

Zahlenharfe

- Kannst du den Bauplan der Zahlenharfe links enträtseln?
- Sortiere die Zahlen nach der Häufigkeit, mit der du sie findest.
- In welchen Zeilen kommt die Zahl 12 vor?
- Schreibe selbst eine solche Zahlenharfe bis 50 und sortiere wieder.
- Ein geduldiger Schüler hat eine 100er-Harfe aufgeschrieben. Wie oft findet er die Zahl 10, die Zahl 29, die Zahl 30?
- Versuche zu erklären, warum eine Zahl 2-mal, 3-mal, 4-mal, … vorkommt.

Gerecht teilen

Hier siehst du eine Tafel *NumberOne*-Schokolade.

- An wie viele Personen kannst du die Tafel gerecht verteilen?
- Welchen Bruchteil bekommt jede Person bei den verschiedenen Möglichkeiten?
- Zeichne wie im Beispiel das Bild verschiedener Bruchteile.

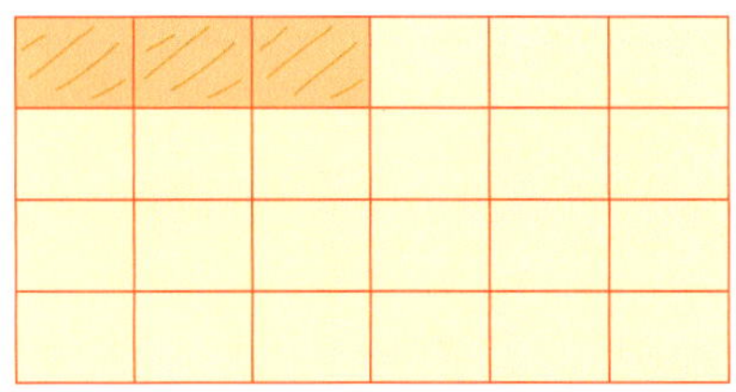

Zahlenspiel für 3 bis 5 Spieler

- Schreibt die Zahlen von 2 bis 121 auf 120 Karten. Mischt die Karten, verteilt sie gleichmäßig und legt sie offen vor euch hin.
- Wer die 2 hat, ruft „2" aus und legt die Karte verdeckt vor sich hin. Alle anderen Spielerinnen und Spieler legen die Karten, auf denen eine gerade Zahl steht, verdeckt in die Mitte des Tischs.
- Wer die 3 hat, ruft sie aus und legt sie verdeckt vor sich hin. Alle Karten mit Zahlen, die ohne Rest durch 3 teilbar sind, werden verdeckt in die Mitte gelegt.
- Immer mit der kleinsten noch offenen Zahl geht es so lange weiter, bis alle Karten verdeckt sind.
- Wer am Ende die meisten verdeckten Karten besitzt, hat Glück gehabt und soll erklären, welche Art von Zahlen auf seinen Karten steht.

In diesem Kapitel lernst du,

- was Teiler und Vielfache sind,
- wie man Zahlen auf Teilbarkeit prüft,
- was eine Primzahl ist,
- was Brüche sind,
- wie man Brüche am Zahlenstrahl darstellt,
- wie man Brüche erweitert und kürzt,
- wie man Brüche der Größe nach ordnet,
- wie Brüche und Prozentzahlen zusammenhängen.

1 Teiler und Vielfache

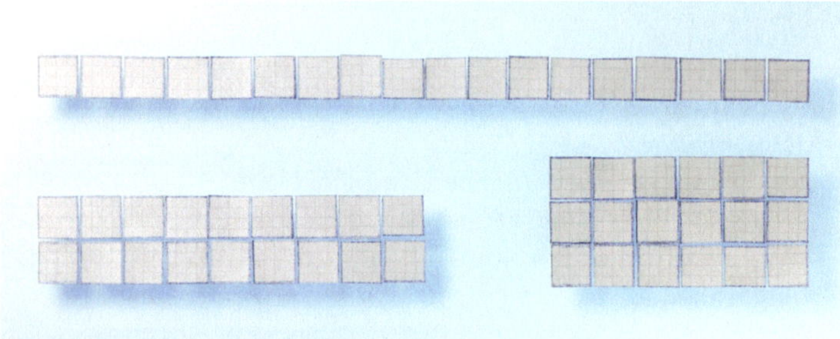

Aus 18 Quadraten lassen sich drei unterschiedliche Rechtecke legen.
→ Wie viele Möglichkeiten gibt es mit 12; 13; 14; 15; 16 Quadraten?
→ Wann gibt es erstmals fünf Möglichkeiten?

Zu jeder Multiplikationsaufgabe gehören zwei Divisionsaufgaben mit Rest 0.

$1 \cdot 18 = 18$ $\quad 18 : 1 = 18$ und $18 : 18 = 1$
$2 \cdot 9 = 18$ $\quad 18 : 2 = 9$ und $18 : 9 = 2$
$3 \cdot 6 = 18$ $\quad 18 : 3 = 6$ und $18 : 6 = 3$

Die Zahl 18 kann also durch 1; 2; 3; 6; 9; 18 geteilt werden.

Die Zahl 18 hat die **Teiler** 1; 2; 3; 6; 9; 18.
Jede der Zahlen 1; 2; 3; 6; 9; 18 **teilt** 18.
Die Zahl 18 ist ein **Vielfaches** der Zahlen 1; 2; 3; 6; 9; 18.

Beispiele

a) Alle Teiler von 48 werden gesucht.
Man schreibt 48 auf alle möglichen Arten als Produkt von zwei Zahlen. Dazu probiert man, ob 2; 3; 4; ... ein Teiler von 48 ist. Produkte, in denen der erste Faktor größer ist als der zweite, muss man nicht mehr aufschreiben. Die Teiler werden in der **Teilermenge** zusammengefasst.

48	90	25	31
1·48	1·90	1·25	1·31
2·24	2·45	5·5	
3·16	3·30		
4·12	5·18		
6·8	6·15		
	9·10		

T_{48} = {1; 2; 3; 4; 6; 8; 12; 16; 24; 48} $\quad$ T_{90} = {1; 2; 3; 5; 6; 9; 10; 15; 18; 30; 45; 90}
T_{25} = {1; 5; 25} $\quad$ T_{31} = {1; 31}

b) Die Vielfachen der Zahl 6 sind 1·6; 2·6; 3·6; ... Man fasst sie in der **Vielfachenmenge** zusammen. Es genügt, die ersten 3 oder 4 Vielfachen aufzuschreiben.

V_6 = {6; 12; 18; 24; ...} $\quad$ V_9 = {9; 18; 27; ...} $\quad$ V_{18} = {18; 36; 54; 72; ...}

Aufgaben

1 Setze ein: „teilt" oder „teilt nicht".

a)	b)	c)
4 □ 64	6 □ 666	16 □ 64
9 □ 108	15 □ 1515	15 □ 60
11 □ 121	22 □ 222	15 □ 75
12 □ 112	18 □ 198	16 □ 76
12 □ 84	13 □ 312	15 □ 55
15 □ 90	13 □ 313	22 □ 110

2 Welche der Zahlen sind Vielfache

a) von 8?
24; 36; 28; 104; 164; 72; 88; 84; 799

b) von 12?
24; 32; 48; 124; 132; 148; 97; 111; 240

c) von 16?
32; 48; 50; 160; 154; 96; 112; 108; 161

3 Bestimme die Teilermenge.

a) T_4 b) T_6 c) T_8
d) T_5 e) T_9 f) T_{10}
g) T_{18} h) T_{22} i) T_{27}

4 Die Zahlen werden größer.
Bestimme die Teilermenge.

a) T_{36} b) T_{63} c) T_{81}
d) T_{56} e) T_{85} f) T_{243}
g) T_{100} h) T_{37} i) T_{225}

5 Bestimme die Vielfachenmenge.

a) V_3 b) V_{10} c) V_4
d) V_9 e) V_{20} f) V_8
g) V_{12} h) V_{15} i) V_{17}

6 Die Zahlen werden größer.
Bestimme die Vielfachenmenge.

a) V_{18} b) V_{13} c) V_{16}
d) V_{40} e) V_{28} f) V_{24}
g) V_{100} h) V_{56} i) V_{48}

7 Welche Vielfachenmenge ist das?
Setze die fehlenden Zahlen ein.

a) $V_{\square} = \{\square; 18; \square; 36; \square; \square; \ldots\}$
b) $V_{\square} = \{\square; \square; \square; 28; \square; 42; \ldots\}$
c) $V_{\square} = \{\square; \square; 36; \square; \square; \ldots\}$
d) $V_{\square} = \{\square; \square; 27; \square; \ldots\}$
e) $V_{\square} = \{\square; 36; \square; 72; \ldots\}$
f) $V_{\square} = \{\square; \square; \square; \square; 55; \square; \ldots\}$
g) $V_{\square} = \{\square; \square; \square; \square; \square; \square; 91; \square; 117; \square; \ldots\}$

8 Welche Teilermenge ist das?
Setze die fehlenden Zahlen ein.

a) $T_{\square} = \{\square; 5\}$
b) $T_{\square} = \{1; 2; \square; \square; 6; \square\}$
c) $T_{\square} = \{\square; \square; 17; 51\}$
d) $T_{\square} = \{1; 2; 5; 10; \square; \square\}$
e) $T_{\square} = \{\square; \square; \square; \square; 6; \square; 15; \square\}$
f) $T_{\square} = \{\square; 7; \square\}$
g) $T_{\square} = \{\square; 2; 3; 4; \square; \square; 12; 18; \square\}$

9 Bestimme die beiden Teilermengen und die beiden Vielfachenmengen der folgenden Zahlenpaare.

a) 4; 12 b) 6; 36
c) 21; 63 d) 11; 44
e) 12; 24 f) 16; 48

Was fällt dir auf? Suche ähnliche Zahlenpaare.

10 Welche Teilermenge könnte das sein?
Es gibt mehr als eine Möglichkeit.

a) $T_{\square} = \{\square; \square; 5; \square\}$
b) $T_{\square} = \{\square; \square; 11; \square\}$
c) $T_{\square} = \{\square; \square; \square; \square; 11; \square; \square; \square\}$
d) $T_{\square} = \{\square; \square; \square\}$
e) $T_{\square} = \{\square; \square; \square; \square\}$

Stelle selbst solche Aufgaben.

11 Jedes zweite Vielfache von 2 ist auch ein Vielfaches von 4.

$V_2 = \{2; 4; 6; 8; 10; 12; 14; 16; \ldots\}$
$V_4 = \{\quad 4; \quad 8; \quad 12; \quad 16; \ldots\}$

Formuliere solche Sätze auch für diese Paare.

a) V_4 und V_8 b) V_4 und V_{16}
c) V_2 und V_6 d) V_4 und V_6
e) V_4 und V_5 f) V_5 und V_4

12 Solche und ähnliche Sätze helfen dir, wenn du die Teilermengen größerer Zahlen bestimmen sollst und nicht Schritt für Schritt alle Zahlen ausprobieren willst.

Hat eine Zahl nicht den Teiler 2, dann hat sie auch nicht die Teiler 4; 6; 8; …

Hat eine Zahl nicht den Teiler 3, dann hat sie auch nicht die Teiler 6; 9; 12; …

a) Bestimme T_{125}; T_{375}; T_{110}; T_{217}.
b) Versuche die oben aufgeschriebenen Regeln zu begründen.
c) Schreibe weitere solche Regeln auf.

Teiler würfeln

- Jeder wirft zweimal mit drei Würfeln.
- Die Augenzahlen des ersten Wurfs werden multipliziert.
- Aus den Augenzahlen des zweiten Wurfs werden möglichst viele Zahlen ausgerechnet, die das Produkt aus dem ersten Wurf teilen.
  Alle Rechenoperationen sind erlaubt.
- Für jeden Teiler gibt es einen Punkt.
- Wer die volle Teilermenge herstellen kann, bekommt fünf Punkte extra.

1. Wurf:

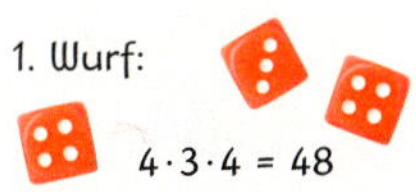

$4 \cdot 3 \cdot 4 = 48$

2. Wurf:

1; $2 = 5 + 1 - 4$;
$3 = 4 - 1$; 4;
$6 = 5 + 1$;
$8 = 5 + 4 - 1$;
$16 = (5 - 1) \cdot 4$;
$24 = (5 + 1) \cdot 4$

13 In beiden Teilermengen kommen die Zahlen 1; 2; 5; 10 vor. Sie sind die **gemeinsamen Teiler** von 20 und 30.

T_{20} = {1; 2; 4; 5; 10; 20}
T_{30} = {1; 2; 3; 5; 6; 10; 15; 30}

Bestimme die gemeinsamen Teiler von:

a) 15 und 25
b) 6 und 9
c) 18 und 24
d) 25 und 70
e) 48 und 60
f) 26 und 39
g) 28 und 63
h) 150 und 225

Suche den größten und den kleinsten gemeinsamen Teiler.

14 In beiden Vielfachenmengen kommen die Zahlen 60; 120; 180; … vor. Sie sind die **gemeinsamen Vielfachen** von 20 und 30.

V_{20} = {20; 40; 60; 80; 100; 120; 140; … }
V_{30} = {30; 60; 90; 120; 150; 180; 210; … }

Bestimme gemeinsame Vielfache von:

a) 15 und 25
b) 6 und 9
c) 18 und 24
d) 25 und 70
e) 48 und 60
f) 26 und 39
g) 28 und 63
h) 150 und 225

Gibt es ein kleinstes gemeinsames Vielfaches, gibt es ein größtes?

15 Bestimme die gemeinsamen Teiler und die gemeinsamen Vielfachen. Was fällt dir auf? Schreibe deine Beobachtung auf.

a) 6 und 12
b) 15 und 30
c) 20 und 100
d) 15 und 45
e) 9 und 27
f) 7 und 21

Kim	Tim
18	42
36	42
54	42
54	84
72	84
…	…
…	…
…	…
…	…

16 Kim und Tim suchen Vielfache.

- Kim schreibt 18 auf, Tim 42.
- Kims Zahl ist kleiner. Sie erhöht um 18 auf 36. Tim bleibt bei 42.
- Kims neue Zahl ist immer noch kleiner. Sie erhöht um 18 auf 54. Tim bleibt bei 42.
- Jetzt ist Tims Zahl kleiner. Er erhöht um 42 auf 84. Kim bleibt bei 54.
- Jetzt ist Kim wieder an der Reihe.

Kommen Kim und Tim schließlich zu einem gemeinsamen Ergebnis? Spielt das Spiel mit eigenen Zahlen, auch zu dritt.

17 Ein Riesenblech Streuselkuchen ist 144 cm lang und 120 cm breit. Die Stücke sollen quadratisch sein.

a) Welche Möglichkeiten gibt es?
b) Wie wird der Bäcker teilen?

18 Der Bus, die Straßenbahn und die S-Bahn fahren um 8:00 Uhr am Willy-Brandt-Platz ab.
Alle 8 Minuten fährt der nächste Bus, alle 12 Minuten die nächste Straßenbahn, alle 15 Minuten die nächste S-Bahn.
Zu welchen Zeiten fahren alle drei Verkehrsmittel gleichzeitig ab?

19 Eichhörnchen, Frosch und Springmaus hüpfen gleich schnell nebeneinander her.

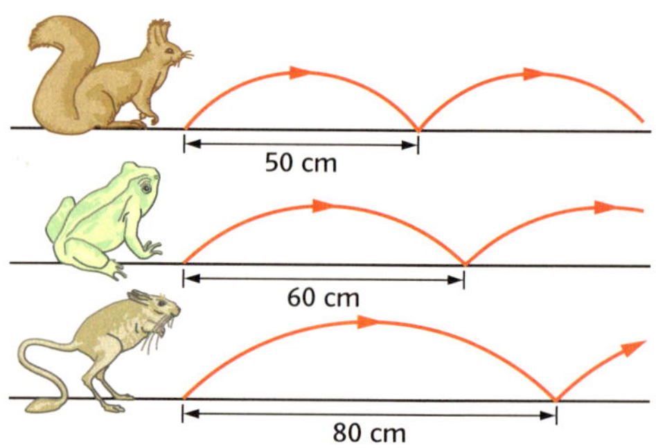

a) Nach welcher Strecke springen Eichhörnchen und Frosch wieder genau nebeneinander ab?
b) Nach welcher Strecke springen alle drei Tiere wieder genau nebeneinander ab?

20 Das große Zahnrad hat 30 Zähne, das kleine 12.

a) Wo steht der rote Zahn des kleinen Zahnrads, nachdem sich das große Zahnrad um 360° gedreht hat?
b) Nach wie vielen vollen Umdrehungen des großen Zahnrads steht der rote Zahn des kleinen Zahnrads wieder wie anfangs?
c) Überlege dir selbst Zahnrad-Aufgaben.

2 Endziffernregeln

→ Sortiere die Kärtchen in jeder Zeile so um, dass die neuen Zahlen durch 2 teilbar sind.
→ Sortiere dann so, dass sie durch 2, aber nicht durch 4 teilbar sind.
→ Kannst du auch lauter durch 5 teilbare Zahlen erhalten?
→ Gelingt es dir, die 16 Kärtchen so zu legen, dass alle Zahlen in den Zeilen und den Spalten durch 4 teilbar sind?

Durch geschickte Zerlegung kann man prüfen, ob eine Zahl durch 2; 5 oder 4 teilbar ist. An der Beispielzahl 5738 ist das Verfahren gut zu sehen.

	$5 \cdot 1000$	+	$7 \cdot 100$	+	$3 \cdot 10$	+	8	=	5738
teilbar durch 2?	ja		ja		ja		ja		ja
teilbar durch 5?	ja		ja		ja		nein		nein

10; 100; 1000 und alle Vielfachen dieser Zahlen sind durch 2 teilbar. Daher ist auch die Summe $5 \cdot 1000 + 7 \cdot 100 + 3 \cdot 10$ durch 2 teilbar. Es kommt also nur auf die letzte Ziffer an. Bei 5738 ist sie 8, also durch 2 teilbar. Damit ist auch 5738 durch 2 teilbar.

Genauso prüft man die Teilbarkeit durch 5. Weil 8 nicht durch 5 teilbar ist, ist auch 5738 nicht durch 5 teilbar.
100 und 1000 sind durch 4 teilbar. Also kommt es nur auf die letzten beiden Ziffern an.

$100 = 4 \cdot 25$
$1000 = 4 \cdot 250$
Jetzt weißt du auch die Teilbarkeitsregeln für 25 und 250!
Wie sieht es eigentlich mit der 10 aus?

	$5 \cdot 1000$	+	$7 \cdot 100$	+	38	=	5738
teilbar durch 4?	ja		ja		nein		nein

Die Zahl 38 ist nicht durch 4 teilbar, also auch die Zahl 5738 nicht.

Eine Zahl ist nur dann
- durch 2 teilbar, wenn die Endziffer 0; 2; 4; 6 oder 8 ist.
- durch 5 teilbar, wenn die Endziffer 0 oder 5 ist.
- durch 4 teilbar, wenn die zwei letzten Ziffern eine durch 4 teilbare Zahl bilden.

Beispiele
a) 8276 ist durch 2 teilbar, da die Endziffer 6 ist.
b) 8276 ist durch 4 teilbar, da 76 durch 4 teilbar ist.
c) 8274 ist nicht durch 4 teilbar, da 74 nicht durch 4 teilbar ist.
d) 8276 ist nicht durch 5 teilbar, da die Endziffer weder eine 0 noch eine 5 ist.
e) 8760 ist durch 5 und 4 teilbar, weil die Endziffer 0 ist und 60 durch 4 teilbar ist.

Aufgaben

1 Ist die Zahl durch 2, durch 5 teilbar?

a) 908 b) 752 c) 645 d) 998
e) 1005 f) 3332 g) 35 891 h) 129 454
i) 1 234 567 890 j) 987 654 321

2 Ist die Zahl durch 4 teilbar?

a) 112 b) 336 c) 824 d) 714
e) 666 f) 668 g) 876 h) 554
i) 1560 j) 1722 k) 4548 l) 5598

3 52□ 79□ 51□4 45□
875□ 449□ 56□2 97□4

a) Setze Ziffern so ein, dass die Zahl den Teiler 2, aber nicht den Teiler 4 hat.
b) Setze Ziffern so ein, dass die Zahl den Teiler 4 hat.
c) Wie viele Möglichkeiten gibt es? Erkläre die unterschiedlichen Ergebnisse.

4 Du hast 15 Zahlenkärtchen und einen Joker.

Bilde daraus vier vierstellige durch 4 teilbare Zahlen. Den Joker darfst du für jede beliebige Ziffer setzen.

5 Welche zwei Endziffern können die durch 4 teilbaren Zahlen haben? Beachte, dass auch Zahlen, die auf 00 enden, durch 4 teilbar sind.

6 a) Welche zwei Endziffern muss eine Zahl haben, damit sie durch 25 teilbar ist?
b) Prüfe mit der gefundenen Regel, ob die folgenden Zahlen durch 25 teilbar sind.

2375 6980 7225 2572
8550 1600 7576 9775

7 Dividiere mit Rest: 9175 : 4
Dividiere ebenso: 75 : 4
Probiere dasselbe mit anderen Zahlen. Formuliere eine Regel über die Divisionsreste einer Zahl und der Zahl, die aus ihren zwei letzten Ziffern gebildet ist.

8 Gilt die Regel, die du in Aufgabe 7 für die Division durch 4 gefunden hast, auch für die Division durch 5? Prüfe an Beispielen.

9 Welche Endziffern haben die Vielfachen von 125? Woran erkennt man also eine durch 125 teilbare Zahl?

10 Die Teilbarkeit durch 8 kannst du in fünf Schritten prüfen:
- Prüfe mit der Vierer-Regel, ob die Zahl durch 4 teilbar ist.
- Ist die Zahl nicht durch 4 teilbar, so auch nicht durch 8.
- Ist die Zahl durch 4 teilbar, so dividiere die aus ihren letzten drei Ziffern gebildete Zahl durch 4.
- Ist das Ergebnis durch 2 teilbar, ist die Ausgangszahl durch 8 teilbar.
- Ist das Ergebnis nicht durch 2 teilbar, ist die Ausgangszahl nicht durch 8 teilbar.

a) Prüfe nach dieser Regel:
1136; 2728; 5412; 6936; 7402; 92 424
b) Begründe.

11 Schaltjahre sind Jahre, in denen es einen zusätzlichen Tag gibt. Man hat ihn auf den 29. Februar festgesetzt. Ein Jahr ist ein Schaltjahr, wenn seine Jahreszahl durch 4 teilbar ist. Ausgenommen sind die vollen Jahrhunderte, deren Jahreszahl nicht durch 400 teilbar ist.
a) Welche Jahre sind Schaltjahre?
1648; 1716; 1800; 1814;
1992; 2000; 2030; 4000

b) Karin hat am 29. Februar Geburtstag. Wie oft feiert sie in den nächsten 20 Jahren am richtigen Datum?

3 Quersummenregeln

Marc hat neun Plättchen in die Stellenwerttafel gelegt. Er schiebt das Plättchen aus der Hunderterspalte in die Einerspalte. Dann schiebt er das Plättchen aus der Tausenderspalte ist die Einerspalte.

→ Um wie viel ändert sich die Zahl im ersten Schritt, um wie viel im zweiten?

→ Um wie viel ändert sie sich insgesamt?

→ Welchen Teiler haben daher alle Zahlen aus neun Plättchen? Gib eine Begründung.

→ Dann probiert Marc es mit 10 Plättchen, dann mit 18 Plättchen.

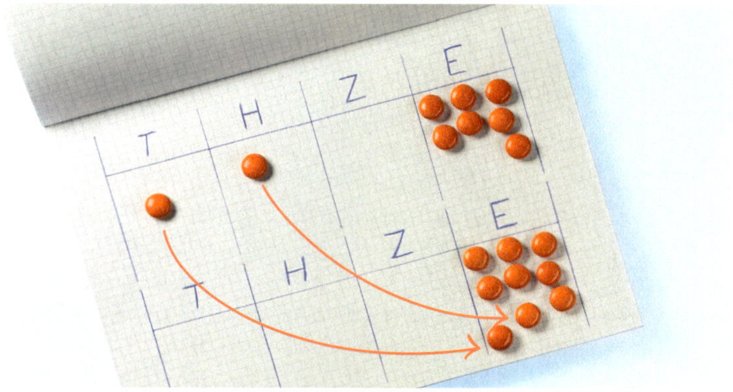

Die Teilbarkeit einer Zahl durch 9 und durch 3 lässt sich an einer geschickten Summenzerlegung überprüfen.

$$8274 = \underbrace{8 \cdot 1000}_{} + \underbrace{2 \cdot 100}_{} + \underbrace{7 \cdot 10}_{} + 4$$

$$= 8 \cdot 999 + 8 + 2 \cdot 99 + 2 + 7 \cdot 9 + 7 + 4$$

$$= 8 \cdot 999 + 2 \cdot 99 + 7 \cdot 9 + (8 + 2 + 7 + 4)$$

Die Zahlen 999; 99; 9 und ihre Vielfachen sind alle durch 9 und durch 3 teilbar.
Es kommt also nur auf die Summe in der Klammer an: $(8 + 2 + 7 + 4) = 21$.
Da 21 durch 3, aber nicht durch 9 teilbar ist,
ist auch 8274 durch 3, aber nicht durch 9 teilbar.

Die Summe der Ziffern einer Zahl heißt **Quersumme**.
Eine Zahl ist nur dann
- durch 3 teilbar, wenn ihre Quersumme durch 3 teilbar ist.
- durch 9 teilbar, wenn ihre Quersumme durch 9 teilbar ist.

Beispiele

a) 1728 ist durch 3 und durch 9 teilbar, da die Quersumme $1 + 7 + 2 + 8 = 18$ durch 3 und durch 9 teilbar ist.

b) 7467 ist durch 3, aber nicht durch 9 teilbar, da die Quersumme $7 + 4 + 6 + 7 = 24$ durch 3, aber nicht durch 9 teilbar ist.

c) 2615 ist weder durch 3 noch durch 9 teilbar, denn die Quersumme 14 ist weder durch 3 noch durch 9 teilbar.

Aufgaben

1 Ist die Zahl durch 3 teilbar?

a) 165 b) 213 c) 678
d) 921 e) 1049 f) 3942
g) 7201 h) 4297 i) 51723
j) 82464 k) 33771 l) 48831
m) 349752 n) 509486 o) 602427

2 Ist die Zahl durch 9 teilbar?

a) 181 b) 252 c) 423
d) 780 e) 8640 f) 1296
g) 5861 h) 8298 i) 99999
j) 17388 k) 47653 l) 27496
m) 123456 n) 123456789

3 Welche Zahl ist durch 3 teilbar, welche auch durch 9?

a) 5796	b) 7563
c) 17322	d) 99075
e) 290542	f) 867442
g) 123456789	h) 12345654321

4 Setze eine Ziffer so ein, dass eine durch 3 teilbare Zahl entsteht.
Wie viele Möglichkeiten gibt es?

a) 25□	b) 73□	c) 9□4	d) □56
e) □256	f) 20□1	g) 865□	h) 100□

5 Setze Ziffern so ein, dass eine durch 3 aber nicht durch 9 teilbare Zahl entsteht.
Wie viele Möglichkeiten gibt es?

a) □41	b) 3□8	c) 65□	d) 4□0
e) 6□39	f) 720□	g) 32□0	h) 444□
i) 318□2	j) □3726	k) 90□28	l) 1000□

143
243
343
443
543
643
743
843
943

123456
234567
345678
456789
567890
678901
…

6 Welche der Zahlen auf den beiden Zetteln am Rand sind durch 3 teilbar?

7 Suche die nächstkleinere durch 9 teilbare Zahl.

a) 568	b) 334	c) 328	d) 659
e) 2341	f) 4454	g) 5000	h) 3783
i) 3252	j) 6666	k) 8642	l) 9753

8 Wie viele von 9 aufeinander folgenden Zahlen sind durch 3 teilbar?

9 Woran erkennst du eine durch 6 teilbare Zahl? Schreibe eine Regel auf und überprüfe sie.

a) 354	b) 357	c) 678	d) 182
e) 216	f) 264	g) 498	h) 3662

10 Welche Zahlen sind durch 4 und zugleich durch 9 teilbar?

a) 384	b) 11106	c) 585	d) 5967
e) 3782	f) 2088	g) 1332	h) 4936

Schreibe eine Regel auf:
Durch welche Zahl ist eine Zahl teilbar, die durch 4 und durch 9 teilbar ist?

11 a) Welches ist die kleinste vierstellige Zahl, die durch 4 und durch 9 teilbar ist?
b) Welches ist die größte vierstellige Zahl, die durch 4 und durch 9 teilbar ist?

12 Nimm die Anfangszahl 4689 und bilde ihre Quersumme. Addiere fortlaufend 9 zur Anfangszahl. Wie ändert sich die Quersumme? Was weißt du also über diese Zahlen?

13 Würfelt mit drei Würfeln Zahlen. Prüft auf Teilbarkeit durch 2; 3; 4; 5; 6; 7; 8; 9. Für jeden gefundenen Teiler gibt es Punkte nach diesem Gewinnplan.

Teiler	2	3	4	5	6	7	8	9
Punkte	1	2	2	1	4	5	4	2

Wer nach 10 Runden die meisten Punkte hat, hat gewonnen.

Verquere Summen

■ Wenn man von einer Zahl die Quersumme nimmt, von der Quersumme wieder die Quersumme und so fort – wie endet die Zahlenkette? Probiere aus!

■ Du kannst auch mit der doppelten Quersumme experimentieren.
6797 → 2 · 29 = 58 → 26 → ? → ?

■ 6797 → 87 → ? → ?
Wie kommt hier die Zahl 87 aus der Zahl 6797 zustande? Nenne die Regel und setze die Kette nach dieser Regel fort.

■ Denke dir eine eigene „verquere" Summe aus und bilde Ketten.

Das Querprodukt ist das Produkt aller Ziffern einer Zahl. Also:
347 → 3 · 4 · 7 = 84; 222 → 8; 973 → ?

■ Du kannst auch Ketten von Querprodukten bilden:
347 → 84 → 32 → …
Probiere das mit eigenen Zahlen aus. Sobald eine einstellige Zahl herauskommt, ist die Kette zu Ende.

■ Welche Endzahl kommt besonders oft vor?

4 Primzahlen

In rechteckigen Packungen liegen Pralinen auf Lücke oder im Quadratraster.
→ Versuche die Pralinen umzupacken.
→ Probiere es auch mit anderen Packungsgrößen.

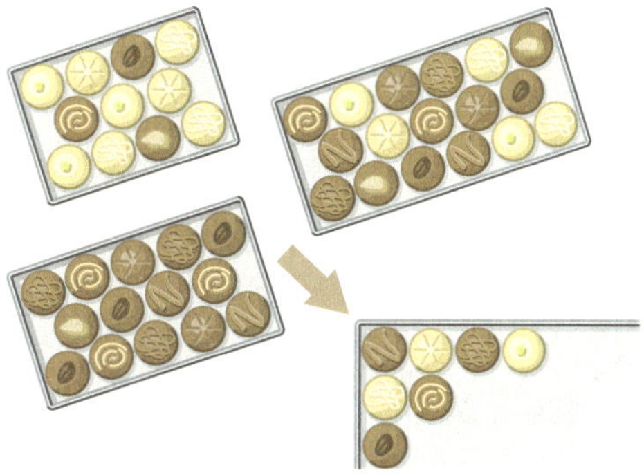

Manche Zahlen lassen sich in ein Produkt aus kleineren Faktoren zerlegen, andere nicht:
$20 = 4 \cdot 5$ $\quad 21 = 3 \cdot 7$ $\quad 22 = 2 \cdot 11$ $\quad 23 = ? \cdot ??$

Eine Zahl mit nur zwei Teilern heißt **Primzahl**.
Sie lässt sich nicht in ein Produkt aus zwei kleineren Faktoren zerlegen.

? *Warum ist die Zahl 1 keine Primzahl?*

Beispiele

a) Die ersten zehn Primzahlen sind 2; 3; 5; 7; 11; 13; 17; 19; 23; 29.
b) Um zu prüfen, ob die Zahl 97 eine Primzahl ist, geht man die möglichen Teiler durch. Geschicktes Überlegen spart dabei viel Arbeit.
- 2 ist kein Teiler von 97.
- 4 ist kein Teiler von 97, weil dann auch 2 ein Teiler von 97 wäre. Aus demselben Grund sind 6; 8; 10; … keine Teiler von 97 und brauchen nicht mehr geprüft zu werden.
- 3 ist kein Teiler von 97.
- Damit sind auch die Vielfachen von 3, also 6; 9; 12; … keine Teiler von 97.
- 5 ist kein Teiler von 97.
- Damit sind auch die Vielfachen von 5, also 10; 15; 20; … keine Teiler von 97.
- 7 ist kein Teiler von 97, denn $97 : 7 = 13$ Rest 6.
- Der nächstmögliche Teiler ist 11. Ginge die Division $97 : 11$ auf, wäre der Quotient kleiner als 11, weil $11 \cdot 11 > 97$ gilt. Er wäre ein Teiler von 97. Die Zahlen bis 10 sind aber schon geprüft. Also muss man ab 11 nicht mehr nach Teilern suchen.

Die Zahl 97 ist also eine Primzahl.

Aufgaben

1 Welche Zahl ist eine Primzahl?
a) 11; 21; 31; 41 b) 13; 23; 33; 43
c) 17; 27; 37; 47 d) 19; 29; 39; 49

2 Begründe mit den Teilbarkeitsregeln, dass die folgenden Zahlen keine Primzahlen sind.
102; 123; 177; 205; 249; 591; 777; 1002

3 Welche Zahl ist eine Primzahl?
a) 51 b) 59 c) 79 d) 91
e) 101 f) 113 g) 117 h) 137

4 Bestimme
a) die kleinste zweistellige Primzahl.
b) die größte zweistellige Primzahl.
c) die kleinste dreistellige Primzahl.

5 Im Diagramm ist dargestellt, wie viele Teiler eine Zahl hat.

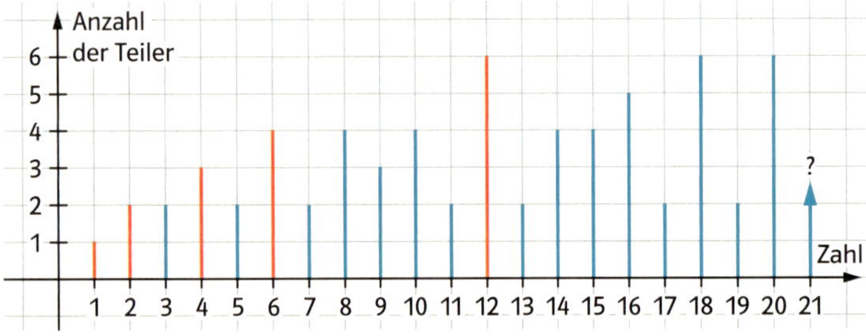

Setzt es in Gemeinschaftsarbeit fort.
Je größer die Zahlen, desto größere Anzahlen von Teilern sind möglich.
Säulen, die einen neuen Rekord bedeuten, könnt ihr rot färben.

Eratosthenes (276 – 194 v. Chr.) studierte in Athen an der berühmten Akademie. Später leitete er die Bibliothek von Alexandria, die größte und bedeutendste der antiken Welt. Als Erster berechnete er den Erdumfang.

6 Vor mehr als 2000 Jahren hat der Mathematiker Eratosthenes ein Verfahren gefunden, wie man Primzahlen ohne jede Rechnung finden kann. Weil alle Zahlen, die keine Primzahlen sind, dabei weggestrichen werden, nennt man sein Verfahren das Sieb des Eratosthenes.

~~1~~	[2]	[3]	~~4~~	[5]	~~6~~
[7]	~~8~~	~~9~~	~~10~~	11	~~12~~
13	~~14~~	~~15~~	~~16~~	17	~~18~~
19	~~20~~	~~21~~	~~22~~	23	~~24~~
25	26	27	28	…	

- Streiche die 1.
- Umrahme die 2 und streiche von da aus alle Vielfachen von 2.
- Umrahme die 3 und streiche von da aus alle Vielfachen von 3.
- Verfahre ebenso mit der 5 und der 7.

Alle nicht durchgestrichenen Zahlen sind jetzt Primzahlen. Wie kam das zustande?
Wenn ihr zusammenarbeitet, könnt ihr auch aus den Zahlen bis 200 oder sogar bis 300 die Primzahlen aussieben. Ihr dürft dann aber nicht mit der Zahl 7 aufhören. Das Verfahren geht immer mit der nächsten noch nicht gestrichenen Zahl weiter.
Es ist praktisch, die Zahlen in 6er-Zeilen oder 10er-Zeilen anzuordnen. Dabei könnt ihr einiges beobachten.

7 Jede Primzahl mit Ausnahme von 2 und 3 ist entweder um 1 kleiner oder um 1 größer als ein Vielfaches von 6. Prüfe das an Beispielen nach. Vielleicht findest du auch eine Begründung.

8 Manche Primzahlen bleiben Primzahlen, wenn man sie rückwärts liest. Eine solche „Mirpzahl" ist beispielsweise 13. Suche mehr Mirpzahlen.
Zwischen welchen zwei Zahlen suchst du bestimmt vergeblich nach Mirpzahlen?

9 Zwei im Abstand 2 aufeinanderfolgende Primzahlen heißen Primzahlzwillinge. Kleine Zwillinge sind 3 und 5 oder auch 5 und 7. Suche größere Zwillinge.

10 Die Primzahlen 11, 13, 17 und 19 bilden einen Primzahlvierling. Suche noch mehr so dicht beieinander liegende Primzahlen.

Große Primzahlen

Es ist sehr mühsam, eine große Zahl daraufhin zu prüfen, ob sie eine Primzahl ist. Auch Computer müssen dazu lange rechnen.
Viele große Primzahlen sind um 1 verminderte Zweierpotenzen. Eine von dieser Art ist

$2^{127} - 1 = 170\,141\,183\,460\,469\,231\,731\,687\,303\,715\,884\,105\,727.$

Heutzutage kennt man aber schon Zehntausende von Primzahlen mit mehr als 1000 Ziffern. Ein solcher Primzahlgigant wurde im Jahr 2003 gefunden. Er heißt

$$2^{20\,996\,011} - 1.$$

Das sind mehr als 20 Millionen Zweier-Faktoren. Wenn man diese Zahl ausrechnet, hat sie 6 320 430 Stellen.

■ Wie viel Platz bräuchte man für diese Zahl auf Karopapier?
Würde ein Schulheft reichen? Wie lange würde es dauern, sie aufzuschreiben? Überschlage grob.

5 Brüche erkennen und darstellen

Ein Blatt Papier wird gefaltet.
Durch das Falten entstehen Felder.
→ Welche Felder haben gleich große Flächen? Begründe.
→ Nimm ein Blatt Papier und teile es durch Falten in 16 gleich große Teile. Es gibt mehrere Möglichkeiten.
→ Versuche nun ein Blatt in drei und anschließend in 12 gleich große Felder aufzuteilen.

Wird ein Ganzes in 2; 3; 4; 5, … gleich große Teile zerlegt, so erhält man Halbe; Drittel; Viertel; Fünftel, …
Ein Viertel; drei Viertel; fünf Achtel; … sind Bezeichnungen für **Bruchteile** eines Ganzen. Man nennt sie **Brüche**.

$\frac{2}{5}$ — 2: Zähler; —: Bruchstrich; 5: Nenner } Bruch   Lies: „zwei Fünftel"

Der **Nenner** gibt an, in wie viele gleich große Teile zerlegt wird.
Der **Zähler** gibt an, wie viele dieser Teile jeweils ausgewählt werden.

Beispiele

a)

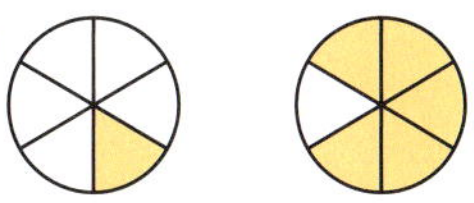

ein Sechstel $\frac{1}{6}$ fünf Sechstel $\frac{5}{6}$

b)

ein Achtel $\frac{1}{8}$ drei Achtel $\frac{3}{8}$

c)

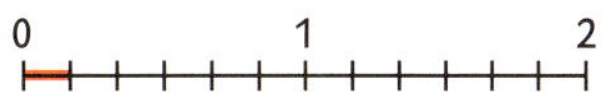

ein Sechstel $\frac{1}{6}$

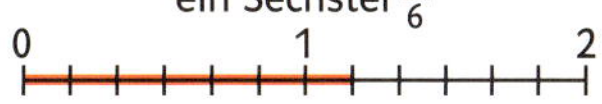

sieben Sechstel $\frac{7}{6}$

Bemerkung

$2\frac{1}{3}$ bezeichnen wir als gemischte Zahl, weil eine natürliche Zahl und ein Bruch gemeinsam auftreten. Das Pluszeichen wird weggelassen: $2\frac{1}{3} = 2 + \frac{1}{3}$.

Aufgaben

1 a) Schreibe als Bruch: ein Halbes; ein Drittel; zwei Drittel; drei Achtel; sieben Zehntel.
b) Schreibe mehrere Brüche mit dem Nenner 9 auf.
c) Schreibe mehrere Brüche auf, die den Zähler 3 besitzen.

2 Welche Brüche werden dargestellt? Erkläre, wie der Bruch entstanden ist.

a)

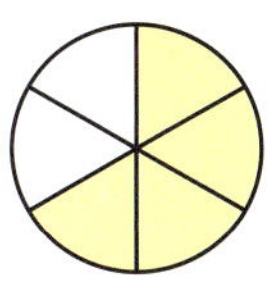

b)

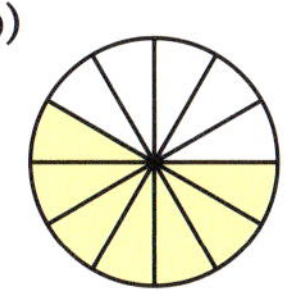

c)

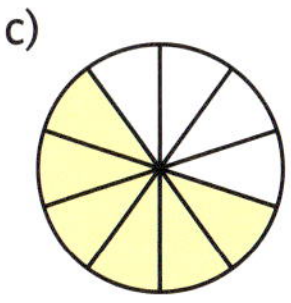

Falten und Schneiden

Gleiche Bruchteile können auf mehrere Arten entstehen.

Beispiel:

Die beiden Teile sind gleich groß, auch wenn sie verschieden aussehen.

- Begründe.

- Falte und schneide auf zwei Arten: $\frac{1}{4}$; $\frac{1}{8}$; $\frac{1}{3}$; $\frac{1}{6}$.

- Schneide aus und zeige, dass die beiden Teile gleich groß sind.

a) 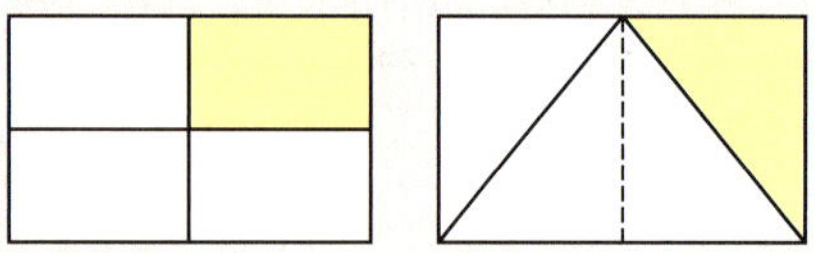

b) 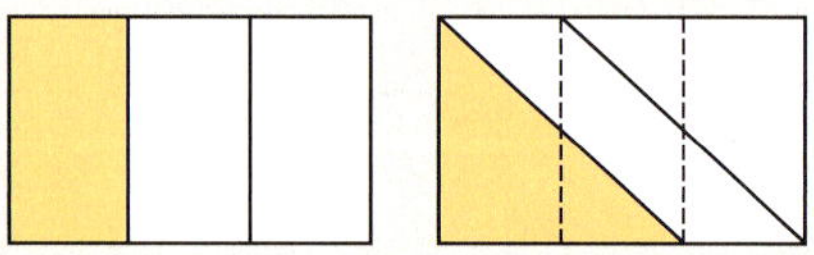

c) 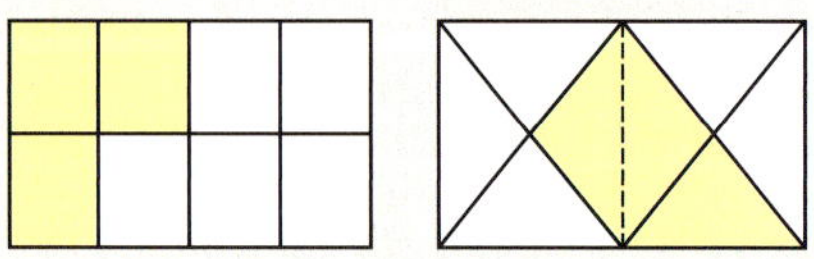

- Stelle dir weitere Aufgaben.

3 Welchen Bruchteil der Gesamtfläche macht der Buchstabe aus?

a) 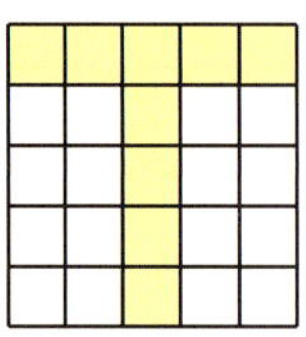

b) 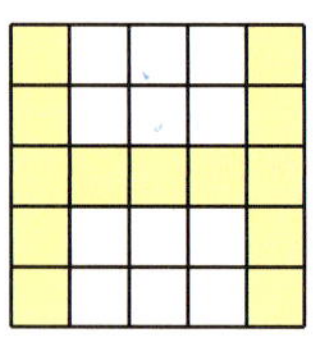

4 Welcher Bruchteil ist dargestellt?

a) 

b) 

c) 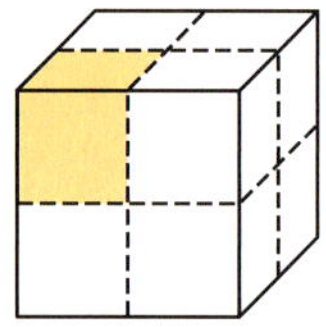

d) 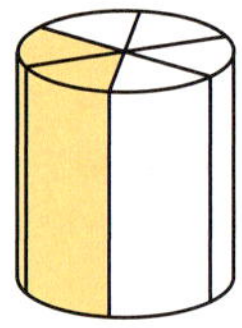

5 In wie viele gleich große Teile ist das Ganze zerlegt?
Wie heißt der gefärbte Bruchteil?

a) 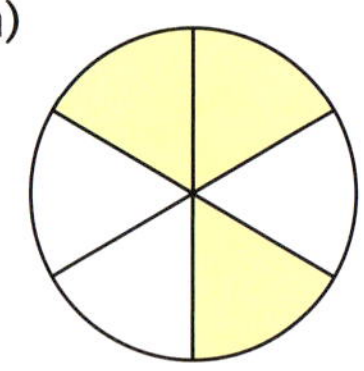

b) 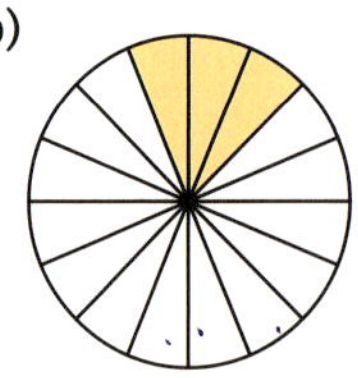

c) 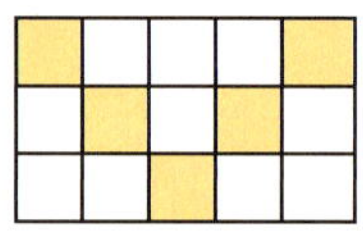

d) 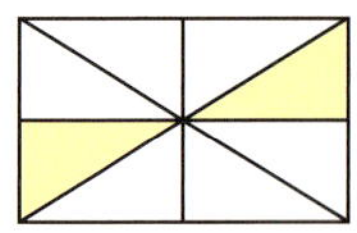

e) 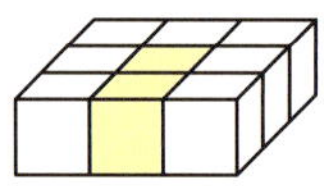

f) 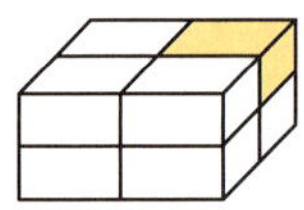

6 Vergleiche. Was fällt dir auf?

a) 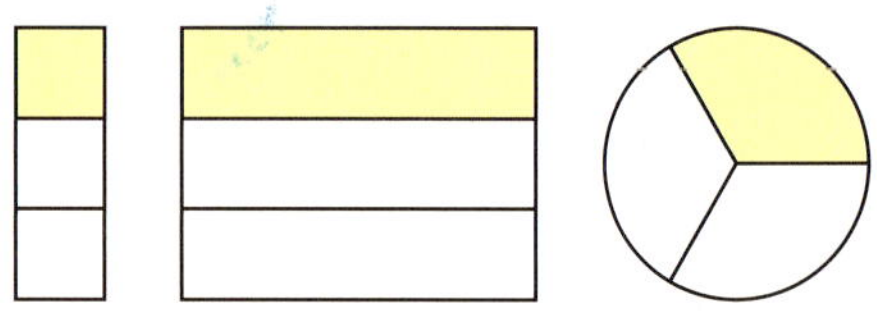

b) 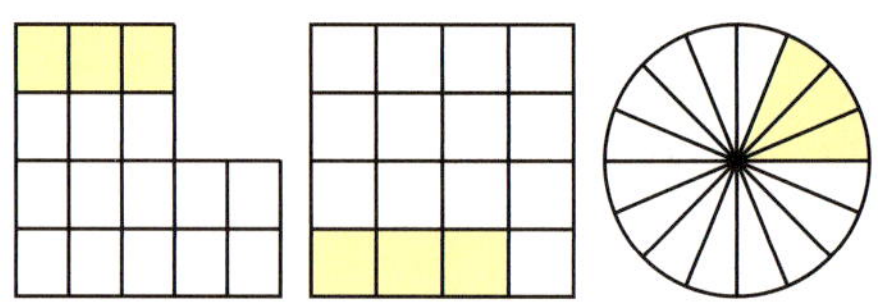

7 In wie viele Teile ist unterteilt worden?
Welcher Bruchteil ist gefärbt?
Welcher Bruchteil bleibt weiß?

a)

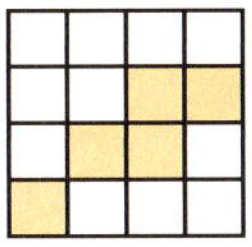

b)

8 Unterschiedliche Figuren, unterschiedliche Bruchteile.

a)

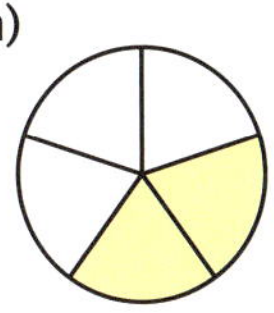

b)

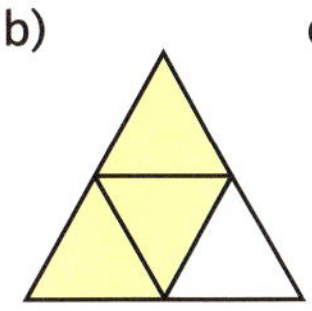

c)

d)

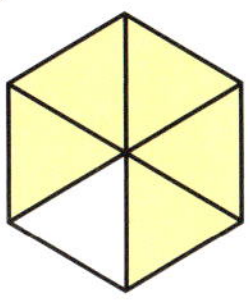

e)

f)

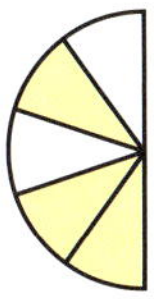

9 Stelle den Bruchteil im Rechteck dar. Wähle die Länge geschickt.

$\frac{2}{5}$ $\frac{3}{7}$ $\frac{4}{9}$ $\frac{9}{12}$

10 Stelle den Bruchteil in einem Rechteck dar. Wähle die Länge des Rechtecks geschickt.

$\frac{3}{5}$ $\frac{5}{6}$ $\frac{4}{7}$ $\frac{7}{9}$ $\frac{5}{12}$

Eignen sich auch andere Formen?

11 Wo haben sich Fehler eingeschlichen?

a)

$\frac{1}{3}$

b)

$\frac{3}{5}$

c)

$\frac{2}{5}$

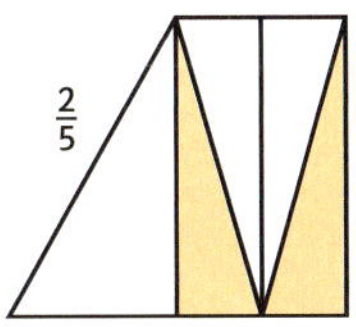

12 Zeichne ein geeignetes Rechteck und stelle die Brüche $\frac{1}{3}$; $\frac{1}{12}$ und $\frac{3}{8}$ nebeneinander farbig dar.
Welcher Bruchteil bleibt frei?

Brüche als Quotienten

Zwei Pizzas – drei Hungrige!
Bevor sie zu essen anfangen können, müssen sie die Aufgabe 2 : 3 lösen. Sie schneiden durch und sehen:
$2:3 = \frac{2}{3}$.

Man kann verallgemeinern:
Jeder Quotient kann als Bruch aufgefasst werden, das Divisionszeichen und der Bruchstrich bedeuten also dasselbe.

■ Schreibe als Bruch.
4 geteilt durch 5
3 geteilt durch 7
9 geteilt durch 12

■ Welcher Bruch ist gemeint?
2:5; 3:4; 6:7
7:3; 8:5; 11:10
12:5; 21:4; 45:6

■ Schreibe den Quotienten als gemischte Zahl.
15:4; 20:3; 18:5
8:3; 13:2; 25:4

13 Zeichne die Figur in dein Heft und ergänze zu einem Ganzen.

a)

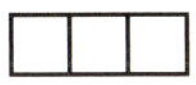

$\frac{1}{4}$

b)

$\frac{1}{7}$

c)

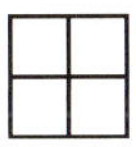

$\frac{1}{3}$

d)

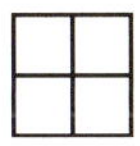

$\frac{2}{5}$

14 Gib die Größe der farbigen Fläche als Bruch und in cm^2 an.

a)

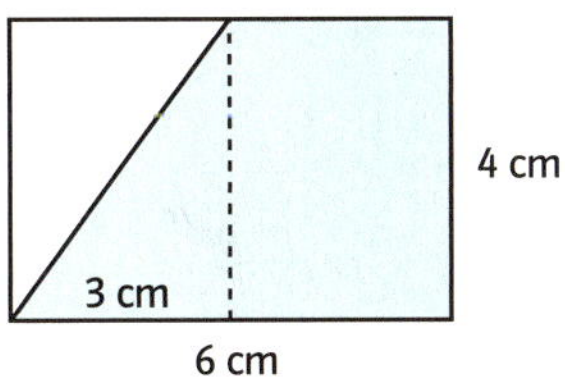

b)

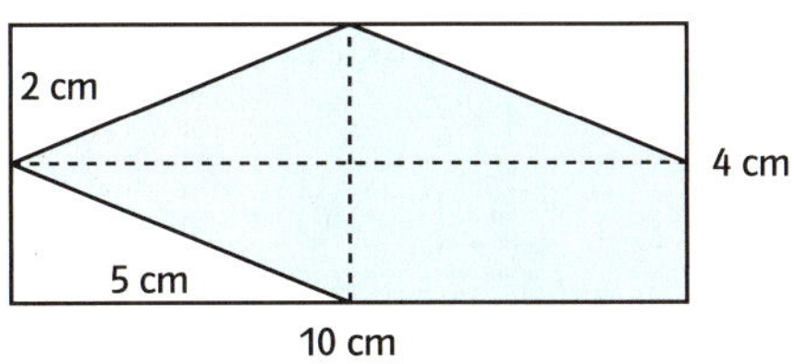

Welchen Bruchteil der Gesamtfläche nehmen die einzelnen Farben in den abgebildeten Flaggen ein?

Polen

Spanien

Frankreich

Vereinigte Arabische Emirate

15 Welcher Bruchteil des Bretts ist jeweils mit einem Gummiband umspannt?

a) 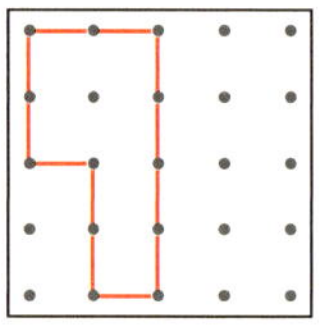

b) 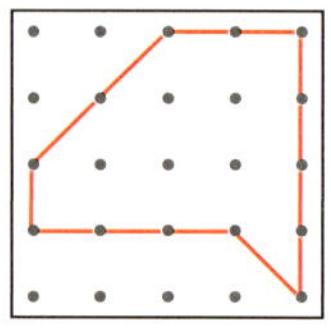

c) 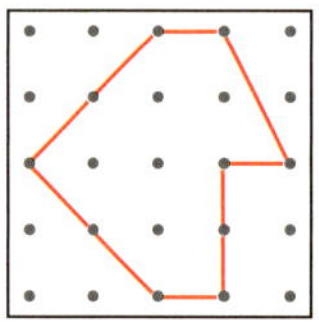

d) 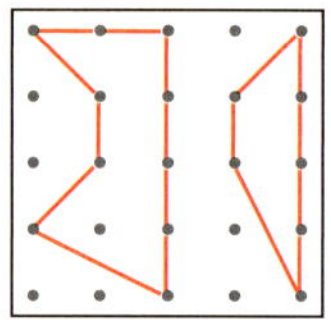

e) 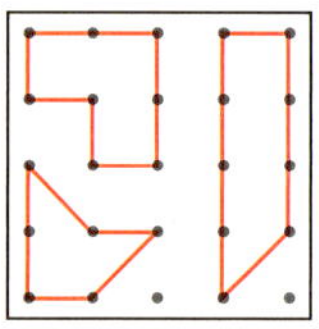

f) 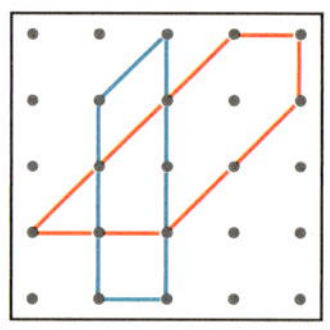

16 Übertrage ins Heft und färbe jeweils den angegebenen Bruchteil der Fläche.

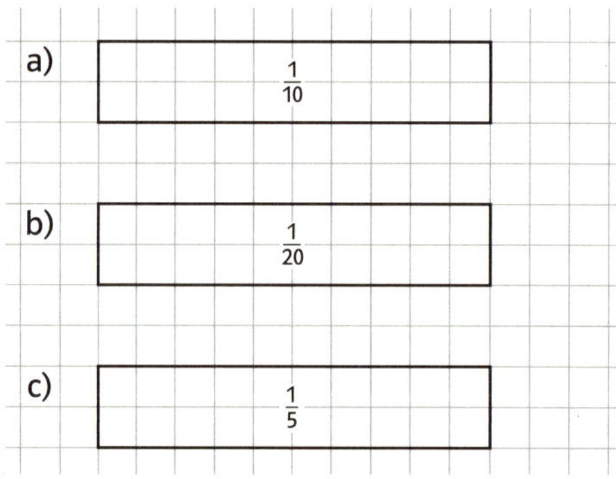

17 Schreibe als Bruch.

a) $1\frac{1}{2}$ b) $8\frac{3}{8}$ c) $15\frac{2}{3}$ d) $10\frac{2}{5}$
e) $2\frac{1}{4}$ f) $3\frac{3}{10}$ g) $12\frac{4}{7}$ h) $15\frac{4}{5}$

18 Suche Paare gleicher Größe.

125 m | $\frac{1}{5}$ m | 375 g | 100 ml | $\frac{3}{4}$ kg | $\frac{1}{10}$ l | $\frac{3}{8}$ kg | 2 dm | $\frac{1}{8}$ km | 750 g | $\frac{3}{5}$ m | 60 cm

Der Bruchzauber

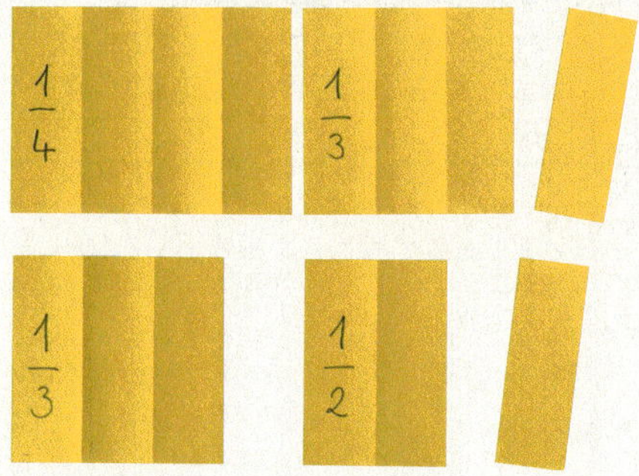

- Erkläre den Bruchzauber.

19 Wie heißt der zugehörige Bruch? Begründe.

a) $\frac{2}{3}$ oder $\frac{3}{4}$

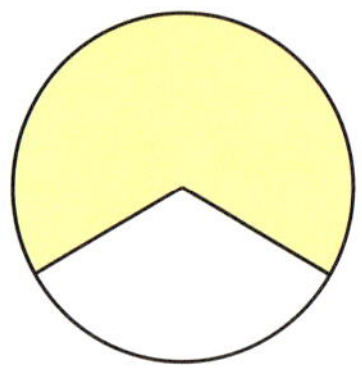

b) $\frac{1}{5}$ oder $\frac{1}{7}$

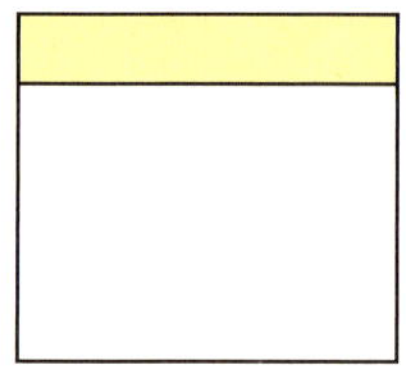

c) $\frac{3}{5}$ oder $\frac{2}{3}$

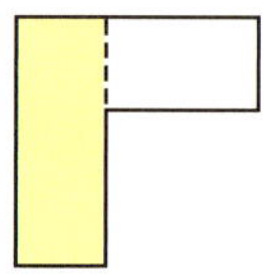

d) $\frac{1}{6}$ oder $\frac{1}{3}$

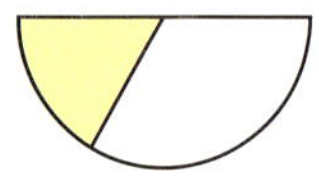

20 Stimmen die farbigen Markierungen und die angegebenen Brüche überein? Wenn nicht, erkläre was falsch ist.

a) 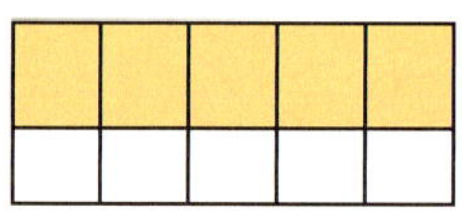

b) 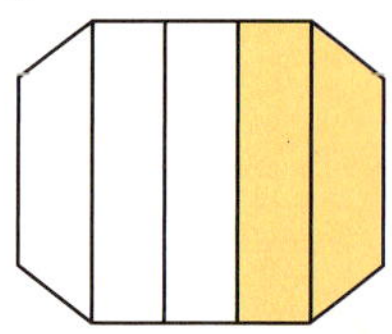

c) 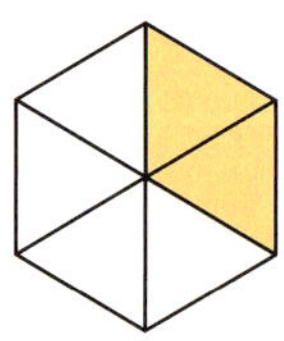

d) 

6 Brüche am Zahlenstrahl

→ Jede Schülerin und jeder Schüler schreibt einen Bruch auf ein Kärtchen. Der Zähler des Bruches soll nicht größer sein als der Nenner, und der Nenner soll nicht größer sein als 12.
→ Hängt die Brüche an die Skala des 1-m-Lineals.
→ Für welche Brüche ist das schwierig?

Wie die natürlichen Zahlen 0; 1; 2; 3; … können auch Brüche am Zahlenstrahl dargestellt werden. Dazu unterteilt man die Strecke von 0 bis 1 gleichmäßig z. B. in 12 gleich lange Teilstrecken.

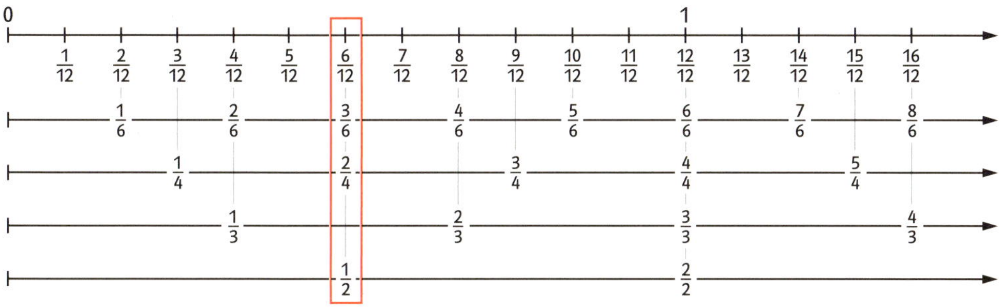

Am Zahlenstrahl erkennt man, dass die Brüche $\frac{6}{12}$; $\frac{3}{6}$; $\frac{1}{2}$ an demselben Teilstrich liegen; sie gehören zur gleichen **Bruchzahl**.

Jeder Bruch kann bei geeigneter Teilung am Zahlenstrahl eingetragen werden.
Alle Brüche an derselben Stelle des Zahlenstrahles bezeichnen dieselbe **Bruchzahl**.

Beispiel

Auf dem Zahlenstrahl (Einheit 8 cm) sind die Brüche $\frac{3}{8}$; $\frac{5}{8}$; $\frac{9}{8}$; $\frac{1}{4}$; $\frac{1}{2}$ eingetragen.

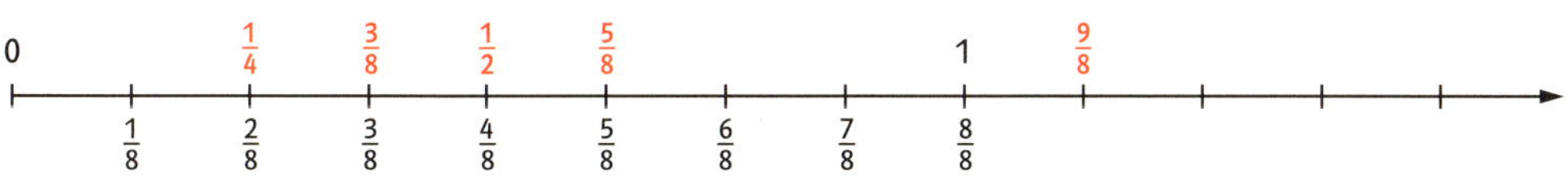

Aufgaben

1 Wie teilst du die Länge zwischen 0 und 1 am Zahlenstrahl günstig ein
a) für Drittel- und Viertelbrüche?
b) für Viertel- und Fünftelbrüche?

2 Beschrifte den Zahlenstrahl im Heft.
a) 

b) 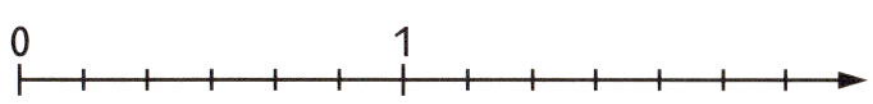

3 Übertrage den Zahlenstrahl in dein Heft und bezeichne die Markierungen mit den entsprechenden Brüchen.

a)
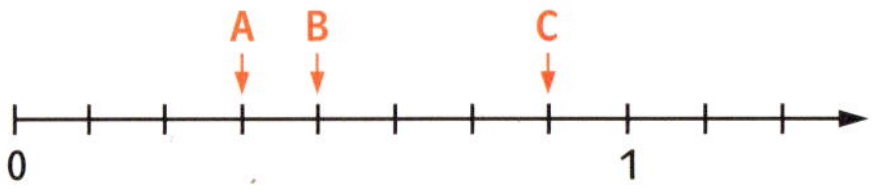

b)
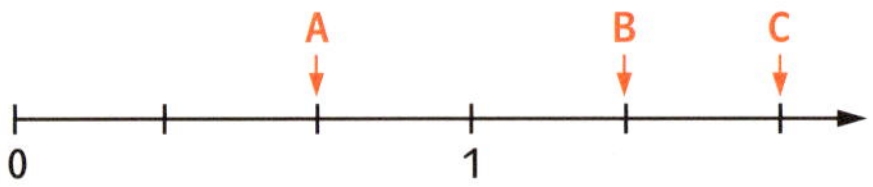

c)
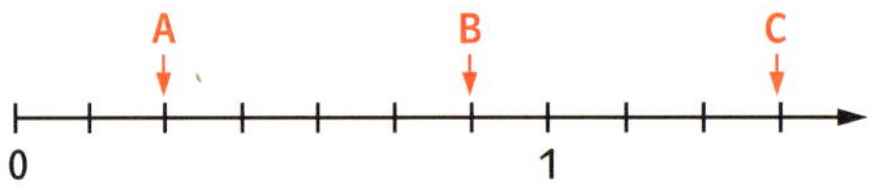

4 Zeichne einen Zahlenstrahl mit der angegebenen Einheit (Abstand zwischen 0 und 1). Markiere die Brüche.

a) Einheit 10 cm:
$\frac{3}{10}$; $\frac{7}{10}$; $\frac{1}{2}$; $\frac{1}{5}$; $\frac{4}{5}$

b) Einheit 6 cm:
$\frac{1}{6}$; $\frac{5}{6}$; $\frac{1}{3}$; $\frac{1}{2}$; $\frac{7}{6}$; $\frac{5}{12}$

c) Einheit 16 cm:
$\frac{3}{8}$; $\frac{1}{4}$; $\frac{5}{8}$; $\frac{1}{2}$; $\frac{3}{4}$; $\frac{7}{16}$

5 Zeichne einen geeigneten Zahlenstrahl. Zu welchen Brüchen gehört derselbe Punkt am Zahlenstrahl?

a) $\frac{3}{12}$; $\frac{8}{12}$; $\frac{9}{12}$; $\frac{1}{4}$; $\frac{2}{3}$; $\frac{4}{6}$; $\frac{6}{8}$

b) $\frac{2}{10}$; $\frac{5}{10}$; $\frac{1}{5}$; $\frac{2}{5}$; $\frac{7}{10}$; $\frac{1}{2}$; $\frac{4}{10}$

c) $\frac{3}{7}$; $\frac{4}{7}$; $\frac{2}{14}$; $\frac{6}{14}$; $\frac{5}{7}$; $\frac{10}{14}$; $\frac{13}{14}$

d) $\frac{2}{12}$; $\frac{1}{4}$; $\frac{4}{24}$; $\frac{3}{12}$; $\frac{12}{24}$; $\frac{15}{24}$; $\frac{4}{8}$

? *Welcher Bruch liegt genau in der Mitte?*

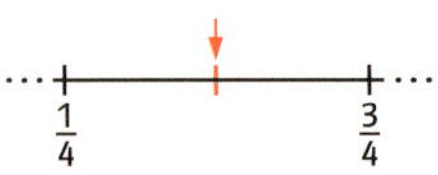

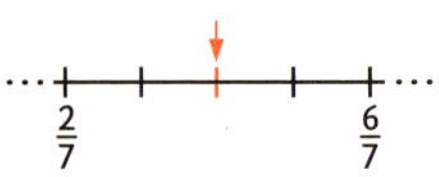

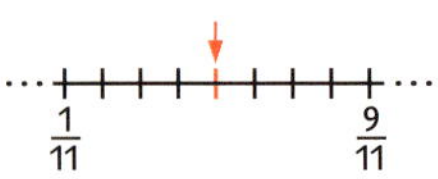

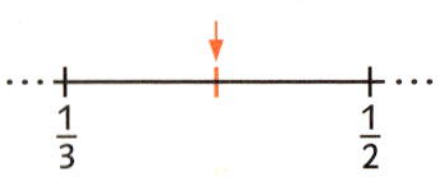

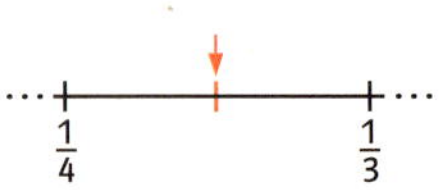

6 Überlege dir vor dem Markieren der Brüche zuerst eine sinnvolle Einteilung.

a) $\frac{1}{3}$; $\frac{1}{4}$; $\frac{2}{3}$; $\frac{1}{2}$; $\frac{3}{4}$; $\frac{4}{3}$

b) $\frac{1}{2}$; $\frac{3}{5}$; $\frac{2}{3}$; $\frac{2}{5}$; $\frac{1}{3}$; $\frac{4}{5}$; $\frac{3}{3}$

c) $\frac{2}{6}$; $\frac{1}{5}$; $\frac{3}{5}$; $\frac{5}{10}$; $\frac{4}{6}$; $\frac{4}{5}$; $\frac{7}{10}$

7 Nenne drei verschiedene Brüche, die dieselbe Bruchzahl bezeichnen wie der angegebene Bruch.

a) $\frac{1}{2}$ b) $\frac{2}{3}$ c) $\frac{3}{4}$
d) $\frac{4}{5}$ e) $\frac{3}{7}$ f) $\frac{4}{3}$

Teile wie du willst

Auf ein breites, gut dehnbares Gummiband wie z. B. ein Gymnastikband wird eine Skala aufgezeichnet. Durch Dehnen kannst du die Skala auf viele Gegenstände übertragen.

- Teile die Schultischlänge, Tafelbreite, Fensterbreite usw. in gleiche Teile.
- Wie lang sind $\frac{2}{5}$ der Tischlänge, Stuhlbreite, Fensterhöhe, Pulthöhe?
- Markiere mithilfe des Gummibandes $\frac{3}{7}$; $\frac{4}{5}$; $\frac{5}{8}$; $\frac{2}{3}$ der Längen. Schätze zuerst.

8 Ein 840 cm langer Baumstamm wird in zwei Teile zersägt. Wie lang sind die Teile?

a)
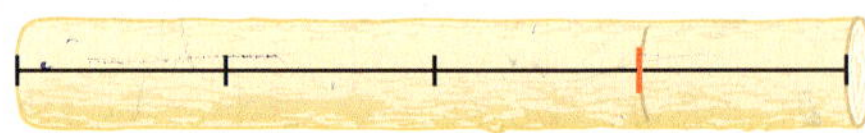

b)
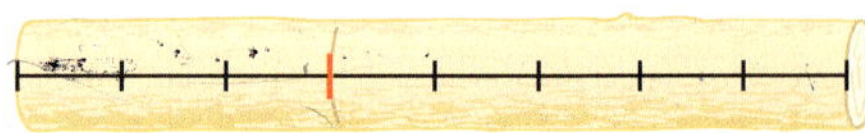

c)

d)
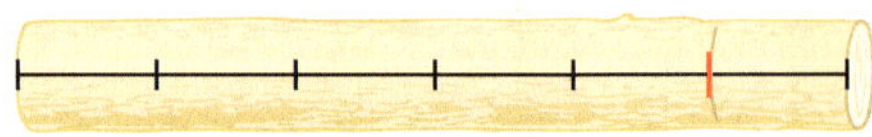

9 Ein Balken wird durch drei Schnitte in gleiche Teilstücke zersägt.
Welchem Bruchteil entspricht ein Teilstück?

10 Ein Holzstab wird in zwei Teile zersägt. Um welche Bruchteile der ursprünglichen Länge handelt es sich bei den Teilstücken?

a) Ein Teilstück ist 30 cm, das andere 90 cm lang.

b) Ein Teilstück ist 30 cm, das andere 150 cm lang.

c) Ein Teilstück ist 45 cm, das andere 225 cm lang.

7 Bruchteile von Größen

Links sind verschiedene Größen abgebildet.
→ Nenne Beispiele aus dem Alltag, in denen diese Größen vorkommen.
Statt 1 m kann man auch 10 dm oder 100 cm sagen.
→ Welche Unterteilungen kennst du für die abgebildeten Größen? Kennst du noch andere Größen?
→ Schreibe die dargestellten Mengen als Bruch und als ganze Zahl.

Im Alltag spricht man häufig von $\frac{1}{4}$ Stunde; $\frac{1}{2}$ kg; $\frac{3}{4}$ m; … Dabei werden Brüche als **Maßzahlen** verwendet. Das Ganze ist dabei eine Stunde; ein Kilogramm; ein Meter; …

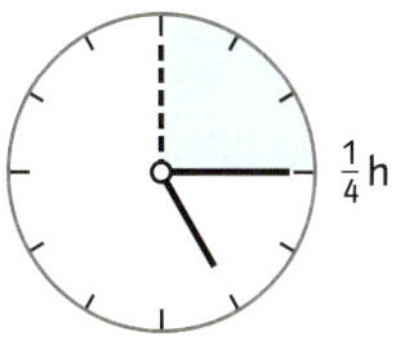

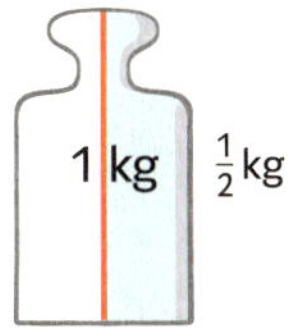

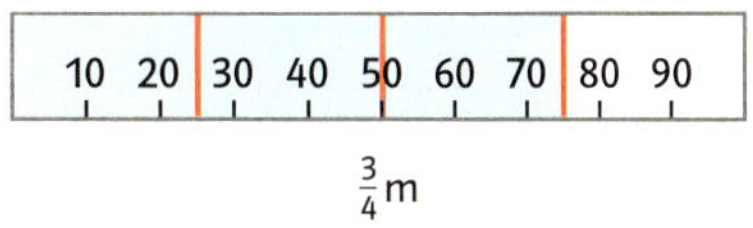

$\frac{3}{4}$ m ist der **Bruchteil** von 1 m, den man erhält, wenn 1 m in 4 gleiche Teile geteilt wird und danach 3 Teile zusammengenommen werden.

Beispiele

In vielen Fällen können wir in eine andere Maßeinheit umwandeln.

a) $1\,cm^2 = 100\,mm^2$
$\frac{1}{4}\,cm^2 = 25\,mm^2$

b) 1 dm = 10 cm
$\frac{1}{5}$ dm = 2 cm
$\frac{2}{5}$ dm = 4 cm

c) 1 kg = 1000 g
$\frac{1}{8}$ kg = 125 g
$\frac{3}{8}$ kg = 375 g

Bemerkung

Bei manchen Maßzahlen treten natürliche Zahlen und Brüche auf: $1\frac{1}{2}$ h; $1\frac{1}{4}$ kg.
Wir nennen dies **gemischte Schreibweise**; dabei bedeutet $1\frac{1}{4}$ kg:
$1\frac{1}{4}$ kg = 1 kg + $\frac{1}{4}$ kg
= 1000 g + 250 g = 1250 g.

Aufgaben

1 Ordne eine Größe zu.
- eine Flasche Sprudelwasser
- ein Glas Wein
- ein Becher Quark
- ein Sack Kartoffeln
- ein Stück Pizza

2 Suche Paare gleicher Größe.

$\frac{3}{4}$ m; 250 ml; 1 dm; $\frac{1}{4}$ km; 500 g; $\frac{1}{2}$ kg; 400 m; $\frac{1}{4}$ l; 250 m; 75 cm; $\frac{1}{10}$ m; $\frac{2}{5}$ km

Dezi

bedeutet der zehnte Teil, also ein Zehntel.

Zenti

bedeutet der hundertste Teil, also ein Hundertstel.

Milli

bedeutet der tausendste Teil, also ein Tausendstel.

Längenmaße

1 m = 10 dm; also ist 1 dm = $\frac{1}{10}$ m

1 m = 100 cm; also ist 1 cm = $\frac{1}{100}$ m

1 km = 1000 m; also ist 1 m = $\frac{1}{1000}$ km

Suche weitere Beispiele.

3 Setze die Reihe fort.

a) $\frac{1}{10}$ m = 1 dm; $\frac{2}{10}$ m = 2 dm; …

b) $\frac{1}{100}$ m = 1 cm; $\frac{2}{100}$ m = 2 cm; …

c) $\frac{1}{100}$ dm = 1 mm; $\frac{2}{100}$ dm = 2 mm; …

d) Finde weitere Reihen.

4 Welche Bruchteile eines Meters sind dargestellt? Gib sie auch in cm an.

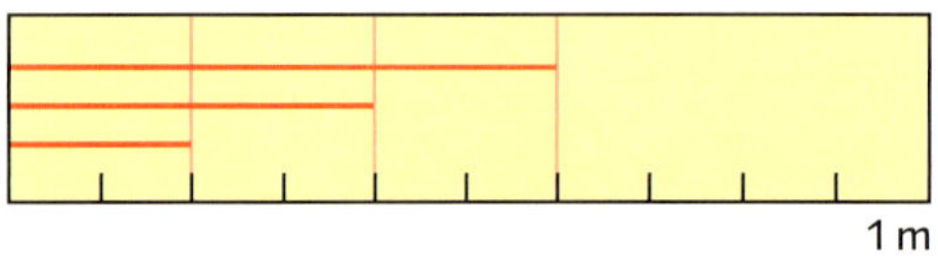

5 Gib die rot markierte Strecke als Bruchteil und in einer kleineren Maßeinheit an.

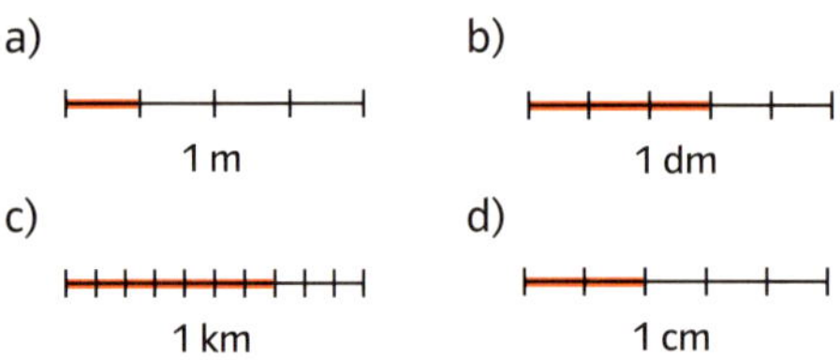

6 Schreibe ohne Brüche.

a)	b)	c)
$\frac{1}{4}$ m	$\frac{1}{5}$ km	$\frac{1}{2}$ dm
$\frac{1}{5}$ m	$\frac{1}{8}$ km	$\frac{1}{25}$ dm
$\frac{1}{20}$ m	$\frac{1}{50}$ km	$\frac{1}{250}$ m

7 a) Wer hat den kürzesten, wer den weitesten Schulweg?
b) Wer hat einen längeren Schulweg als Marvin?

Ina 800 m	Stefan $2\frac{3}{4}$ km
Klaus $2\frac{1}{4}$ km	Anke 2700 m
Svenya $1\frac{1}{8}$ km	Marvin $2\frac{1}{3}$ km
Ali $2\frac{4}{5}$ km	Leo 1250 m
Benita $\frac{3}{4}$ km	Theo $1\frac{2}{5}$ km
Pit 1200 m	

Flächenmaße

1 m² = 100 dm²; also ist 1 dm² = $\frac{1}{100}$ m²

1 dm² = 100 cm²; also ist 1 cm² = $\frac{1}{100}$ dm²

1 m² = 10 000 cm²; also ist 1 cm² = $\frac{1}{10\,000}$ m²

Suche weitere Beispiele.

8 Gib die gefärbte Fläche in den abgebildeten Quadraten als Bruchteil des Quadrats und in der nächstkleineren Maßeinheit an.

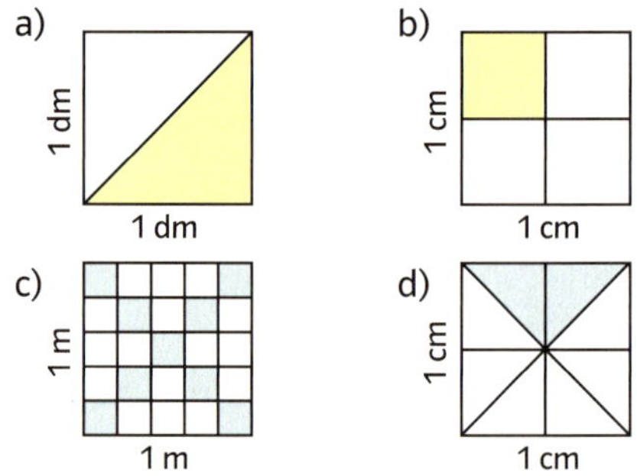

9 Zeichne drei Quadrate mit 10 cm Seitenlänge und färbe $\frac{1}{10}$ dm²; $\frac{2}{5}$ dm²; $\frac{13}{20}$ dm² davon.

10 Wie groß ist die gefärbte Fläche? Schätze und begründe.

a)

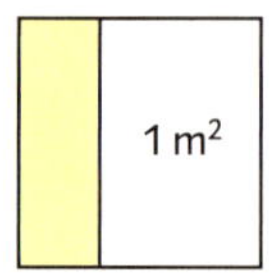

$\frac{1}{3}$ m² oder $\frac{1}{4}$ m²

b)

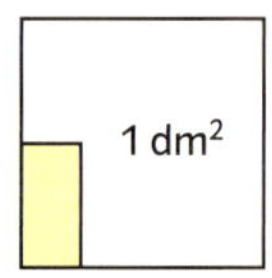

$\frac{1}{10}$ dm² oder $\frac{1}{8}$ dm²

c)

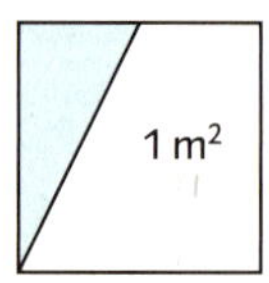

25 dm² oder $\frac{2}{5}$ dm²

d)

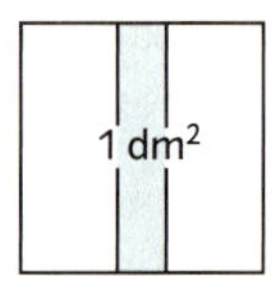

$\frac{1}{6}$ cm² oder 20 cm²

11 Der Flügel einer Schultafel hat eine Fläche von 1 m². Auf ihm ist ein Karonetz eingezeichnet. Das Netz hat in der Länge und in der Höhe je 20 Kästchen.
a) Welchen Bruchteil des Flügels nimmt die Fläche eines Karos ein?
b) Gib die Fläche eines Karos in cm² an.

Raum- und Hohlmaße

$1\,m^3 = 1000\,dm^3$; also ist $1\,dm^3 = \frac{1}{1000}\,m^3$

$1\,dm^3 = 1000\,cm^3$; also ist $1\,cm^3 = \frac{1}{1000}\,dm^3$

$1\,m^3 = 1\,000\,000\,cm^3$; also ist $1\,cm^3 = \frac{1}{1\,000\,000}\,m^3$

$1\,l = 10\,dl$; also ist $1\,dl = \frac{1}{10}\,l$

$1\,l = 100\,cl$; also ist $1\,cl = \frac{1}{100}\,l$

$1\,l = 1000\,ml$; also ist $1\,ml = \frac{1}{1000}\,l$

Suche weitere Beispiele.

12 a) Setze die beiden Listen fort.

$1\,m^3 = 1000\,dm^3$	$1\,dm^3 = 1000\,cm^3$
$\frac{1}{2}\,m^3 = 500\,dm^3$	$\frac{1}{10}\,dm^3 = 100\,cm^3$
$\frac{1}{4}\,m^3 =$	$\frac{2}{10}\,dm^3 =$
$\frac{1}{5}\,m^3 =$	$\frac{3}{10}\,dm^3 =$

b) Entwickle weitere Listen.

13 Welches Volumen hat der Würfel, welches der gefärbte Teil? Gib in zwei verschiedenen Maßeinheiten an.

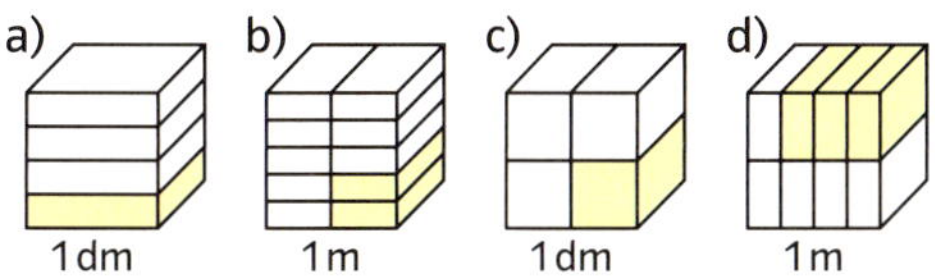

14 Welche Vasen sind halb voll? Begründe.

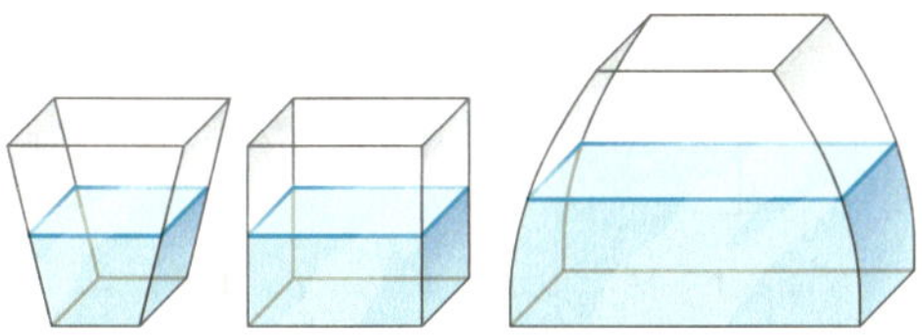

15 Wie viele Einzelgefäße können mit einem Liter Flüssigkeit gefüllt werden?

a) Bierkrug: $\frac{1}{2}\,l$
b) Likörglas: $\frac{1}{50}\,l$
c) Saftglas: $\frac{1}{5}\,l$
d) Tasse: $\frac{1}{8}\,l$

16 Das Volumen eines Steins kann mithilfe eines Messbechers bestimmt werden.

a) Beschreibe das Verfahren.
b) Gib das Volumen des Steins in cm^3 an.

Gewichtsmaße

$1\,t = 1000\,kg$; also ist $1\,kg = \frac{1}{1000}\,t$

$1\,kg = 1000\,g$; also ist $1\,g = \frac{1}{1000}\,kg$

$1\,g = 1000\,mg$; also ist $1\,mg = \frac{1}{1000}\,g$

Suche weitere Beispiele.

17 Ein Wägesatz besteht aus folgenden Gewichtsstücken: 50 g; 100 g; $\frac{1}{4}$ kg und $\frac{1}{2}$ kg. Gib alle Gewichte an, die du damit auswiegen könntest.

18 Bis zu welchem Messstrich wird der Becher jeweils gefüllt?
250 g; 500 g; 1000 g; 750 g; 125 g; 375 g

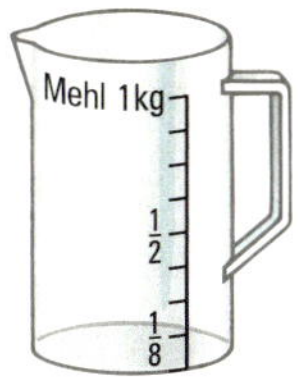

Zeitmaße

$1\,h = 60\,min$; also ist $1\,min = \frac{1}{60}\,h$

$1\,h = 3600\,s$; also ist $1\,s = \frac{1}{3600}\,h$

1 Tag = 24 h; also ist $1\,h = \frac{1}{24}$ Tag

1 Jahr = 12 Mon.; also ist 1 Mon. = $\frac{1}{12}$ Jahr

19 Wie viele Stunden sind seit 12:00 Uhr verstrichen?

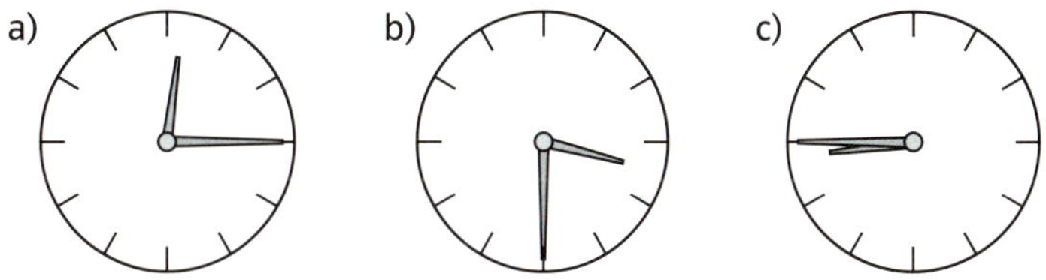

20 Bestimme den Bruchteil.

a) in Stunden	b) in Tagen	c) in Jahren
45 min	6 h	4 Mon.
20 min	3 h	3 Mon.
6 min	18 h	1 Mon.

21 Gib den Zeitpunkt an.

a) $\frac{1}{4}$ h nach 13:15 Uhr
b) $\frac{1}{10}$ h vor 17:40 Uhr
c) $\frac{1}{5}$ h nach 7:24 Uhr
d) $\frac{7}{12}$ vor 4:17 Uhr

22 a) Der Schnellzug aus Stuttgart kommt laut Fahrplan um 16:47 Uhr an. Er hat jedoch eine Viertelstunde Verspätung.
b) Der ICE aus Hamburg trifft mit dreiviertelstündiger Verspätung um 13:09 Uhr ein.

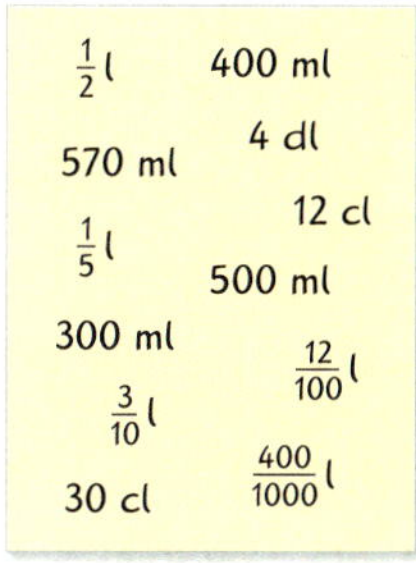

Was ist gleich?

8 Erweitern und Kürzen

→ Falte ein DIN-A4-Blatt zweimal.
→ Färbe drei Viertel der Fläche.
→ Wenn du weiter faltest, erhältst du die abgebildeten Unterteilungen.
→ Benenne die gefärbte Fläche mit verschiedenen Brüchen.
→ Kannst du dir eine noch feinere Unterteilung denken?

Man kann zu jeder Unterteilung eines Ganzen eine immer feinere Aufteilung wählen. Verdoppelt, verdreifacht, vervierfacht man z. B. die Anzahl der Teile, muss man bei gleich bleibendem Bruchteil doppelt, dreimal, viermal so viele Teile nehmen. Aus dem Bruch $\frac{2}{3}$ wird demnach $\frac{4}{6}$; $\frac{6}{9}$; $\frac{8}{12}$; …
Man erkennt, dass Zähler und Nenner mit demselben Faktor multipliziert werden. Dieser Vorgang wird **Erweitern** genannt.

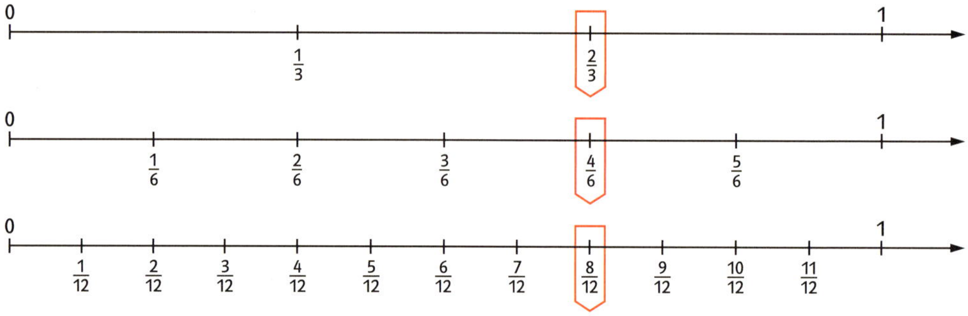

Beim **Erweitern** eines Bruches werden Zähler und Nenner mit derselben Zahl multipliziert: $\frac{3}{5} = \frac{3 \cdot 4}{5 \cdot 4} = \frac{12}{20}$

Bruch und erweiterter Bruch bezeichnen dieselbe Bruchzahl; sie haben denselben Wert.

Beispiele

a) Erweitern mit einer vorgegebenen Zahl:

$\frac{2}{3} = \frac{2 \cdot 5}{3 \cdot 5} = \frac{10}{15}$

$\frac{2}{3} = \frac{2 \cdot 7}{3 \cdot 7} = \frac{14}{21}$

b) Erweitern auf einen vorgegebenen Nenner:

$\frac{5}{8} = \frac{\square}{32}$ $\quad 32:8 = 4 \quad$ $\frac{5 \cdot 4}{8 \cdot 4} = \frac{20}{32}$

$\frac{\square}{12} = \frac{21}{36}$ $\quad 36:12 = 3 \quad$ $\frac{7}{12} = \frac{7 \cdot 3}{12 \cdot 3}$

Bemerkung

Brüche heißen **gleichnamig**, wenn sie denselben Nenner haben.

Zähler und Nenner des Bruches $\frac{4}{12}$ enthalten gemeinsame Teiler. Bei Division des Zählers und des Nenners durch dieselbe Zahl erhält man weitere Brüche wie $\frac{2}{6}$ oder $\frac{1}{3}$ mit demselben Wert. Diesen Vorgang nennt man **Kürzen**.

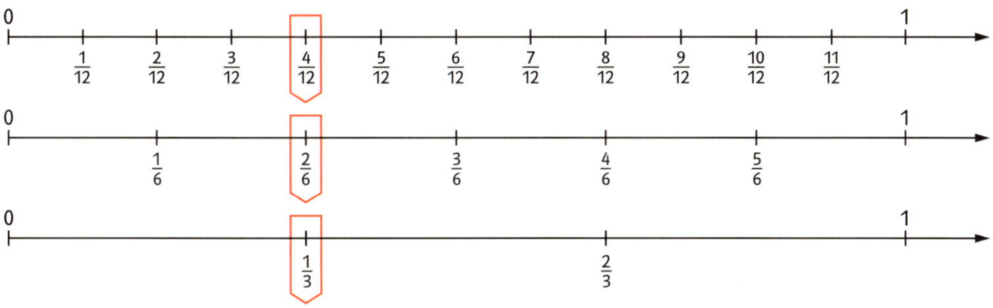

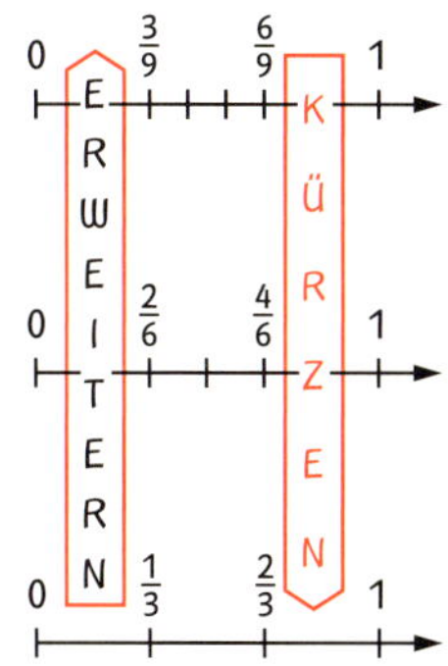

Beim **Kürzen** eines Bruches werden Zähler und Nenner durch dieselbe Zahl dividiert: $\frac{15}{20} = \frac{15:5}{20:5} = \frac{3}{4}$

Bruch und gekürzter Bruch bezeichnen dieselbe Bruchzahl.

Beispiele

Beim Kürzen sucht man gemeinsame Teiler von Zähler und Nenner.

a) $\frac{15}{35} = \frac{15:5}{35:5} = \frac{3}{7}$

b) $\frac{12}{32} = \frac{12:2}{32:2} = \frac{6}{16} = \frac{6:2}{16:2} = \frac{3}{8}$ In einem Schritt: $\frac{12}{32} = \frac{12:4}{32:4} = \frac{3}{8}$

Aufgaben

1 a) Wie viele Viertel, Sechstel, Achtel sind $\frac{1}{2}$?

b) Wie viele Sechstel, Neuntel sind $\frac{1}{3}$?

c) Wie viele Achtel, Zwölftel sind $\frac{1}{4}$?

d) Wie viele Zehntel, Zwanzigstel sind $\frac{1}{5}$?

2 Die erste gewürfelte Augenzahl gibt den Zähler an, die zweite den Nenner. Der Bruch soll dann mit der dritten Augenzahl erweitert werden.

Beispiel:

$\frac{3 \cdot 5}{2 \cdot 5} = \frac{15}{10}$

Denke dir ein Würfelspiel zum Kürzen aus.

3 Erweitere im Kopf.

a) $\frac{1}{5}$ mit 3; 6; 8
b) $\frac{1}{7}$ mit 2; 6; 7
c) $\frac{2}{9}$ mit 4; 5; 8
d) $\frac{7}{5}$ mit 8; 9; 12
e) $\frac{3}{4}$ mit 3; 5; 7
f) $\frac{5}{8}$ mit 4; 5; 8

4 Ergänze die unten stehenden Brüche. Die richtige Reihenfolge der Zahlen ergibt ein Lösungswort.

$\frac{1}{2} = \frac{\square}{12}$ $\frac{4}{5} = \frac{\square}{40}$ $\frac{5}{9} = \frac{35}{\square}$

$\frac{3}{7} = \frac{18}{\square}$ $\frac{\square}{108} = \frac{5}{9}$ $\frac{\square}{121} = \frac{8}{11}$

$\frac{9}{\square} = \frac{1}{3}$ $\frac{16}{\square} = \frac{2}{7}$ $\frac{45}{\square} = \frac{5}{8}$

$\frac{91}{130} = \frac{7}{\square}$ $\frac{60}{\square} = \frac{5}{12}$ $\frac{99}{143} = \frac{\square}{13}$

27	144	32	60	9	42
T	U	C	I	H	L

6	10	72	88	56	63
S	H	C	T	S	H

5 Erweitere auf den angegebenen Nenner.

a) 20: $\frac{1}{2}$; $\frac{1}{4}$; $\frac{2}{5}$; $\frac{4}{10}$; $\frac{13}{10}$; $\frac{19}{10}$

b) 36: $\frac{1}{2}$; $\frac{1}{3}$; $\frac{1}{4}$; $\frac{2}{3}$; $\frac{3}{4}$; $\frac{5}{6}$; $\frac{5}{12}$; $\frac{7}{18}$

c) 60: $\frac{1}{2}$; $\frac{1}{3}$; $\frac{3}{4}$; $\frac{2}{5}$; $\frac{1}{6}$; $\frac{11}{10}$; $\frac{13}{15}$

d) 100: $\frac{1}{50}$; $\frac{3}{10}$; $\frac{7}{20}$; $\frac{9}{25}$; $\frac{4}{5}$; $\frac{3}{4}$; $\frac{5}{2}$

e) 1000: $\frac{3}{500}$; $\frac{11}{250}$; $\frac{8}{125}$; $\frac{12}{25}$; $\frac{9}{20}$

6 Erweitere auf einen gemeinsamen Nenner.
Gib mehrere Möglichkeiten an.

a) $\frac{1}{3}$ und $\frac{1}{4}$
b) $\frac{5}{6}$ und $\frac{4}{9}$
c) $\frac{1}{2}$ und $\frac{4}{7}$
d) $\frac{1}{2}$ und $\frac{1}{3}$
e) $\frac{3}{4}$ und $\frac{1}{8}$
f) $\frac{3}{7}$ und $\frac{3}{8}$
g) $\frac{1}{4}$ und $\frac{1}{6}$
h) $\frac{2}{5}$ und $\frac{3}{10}$
i) $\frac{2}{9}$ und $\frac{5}{11}$
j) $\frac{3}{4}$ und $\frac{5}{18}$
k) $\frac{5}{12}$ und $\frac{7}{8}$
l) $\frac{2}{15}$ und $\frac{7}{18}$

7 Kürze die Brüche

a) mit 2: $\frac{4}{10}$; $\frac{8}{10}$; $\frac{6}{14}$; $\frac{10}{16}$; $\frac{12}{18}$

b) mit 3: $\frac{3}{9}$; $\frac{6}{15}$; $\frac{9}{12}$; $\frac{3}{24}$; $\frac{15}{21}$

c) mit 5: $\frac{5}{15}$; $\frac{10}{15}$; $\frac{15}{25}$; $\frac{20}{35}$; $\frac{25}{45}$

d) mit 7: $\frac{14}{49}$; $\frac{28}{35}$; $\frac{21}{56}$; $\frac{49}{77}$; $\frac{63}{91}$

8 Ergänze.
Kontrolliere mit dem Lösungswort unten.

a) $\frac{21}{27} = \frac{\square}{9}$
$\frac{24}{36} = \frac{\square}{9}$
$\frac{48}{54} = \frac{\square}{9}$

b) $\frac{15}{25} = \frac{\square}{5}$
$\frac{36}{60} = \frac{\square}{5}$
$\frac{65}{91} = \frac{\square}{7}$

c) $\frac{16}{64} = \frac{4}{\square}$
$\frac{24}{72} = \frac{8}{\square}$
$\frac{49}{126} = \frac{7}{\square}$

3	8	16	5	7	18	24	3	6
O	L	E	W	H	N	E	L	A

Kürzen bis zum Schluss

Oft lassen sich Brüche mehrmals kürzen:

$$\frac{24}{36} = \frac{12}{18} = \frac{6}{9} = \frac{2}{3}$$

Die Kürzungszahlen 2 und 3 gehören zu den Teilermengen von Zähler und Nenner. Mithilfe der Teilermengen kannst du gleich den **größten gemeinsamen Teiler** finden.

$T_{24} = \{1; 2; 3; 4; 6; 8; 12; 24\}$
$T_{36} = \{1; 2; 3; 4; 6; 9; 12; 18; 36\}$

Da 12 der größte gemeinsame Teiler ist, kannst du direkt mit 12 kürzen:

$$\frac{24}{36} = \frac{24:12}{36:12} = \frac{2}{3}$$

Damit ist der Bruch **vollständig gekürzt**.

■ Suche den größten gemeinsamen Teiler von Zähler und Nenner und kürze.
$\frac{42}{48}$; $\frac{90}{120}$; $\frac{54}{90}$; $\frac{40}{56}$; $\frac{72}{108}$; $\frac{60}{135}$; $\frac{48}{144}$; $\frac{54}{243}$

9 Wo kannst du das Gleichheitszeichen setzen?

a) $\frac{4}{12} \square \frac{8}{24}$
b) $\frac{4}{5} \square \frac{24}{30}$
c) $\frac{3}{8} \square \frac{6}{24}$
d) $\frac{3}{4} \square \frac{12}{18}$
e) $\frac{1}{3} \square \frac{6}{24}$
f) $\frac{4}{7} \square \frac{16}{49}$
g) $\frac{3}{5} \square \frac{9}{25}$
h) $\frac{3}{2} \square \frac{9}{4}$
i) $\frac{6}{13} \square \frac{36}{169}$

10 Kürze vollständig.

a) $\frac{8}{16}$
b) $\frac{25}{75}$
c) $\frac{12}{18}$
d) $\frac{24}{64}$
e) $\frac{36}{90}$
f) $\frac{32}{128}$
g) $\frac{48}{144}$
h) $\frac{56}{140}$

11 Bei der Suche nach dem größten gemeinsamen Teiler hilft dir manchmal auch die Differenz von Zähler und Nenner.

Beispiel: $\frac{75}{90}$; $90 - 75 = 15$; $\frac{75:15}{90:15} = \frac{5}{6}$

a) $\frac{72}{90}$
b) $\frac{78}{91}$
c) $\frac{108}{144}$
d) $\frac{48}{72}$
e) $\frac{96}{108}$
f) $\frac{85}{102}$
g) $\frac{112}{140}$
h) $\frac{95}{114}$

12 Welche Brüche passen genau auf

a) die Zwölftelskala? $\frac{2}{3}$; $\frac{3}{4}$; $\frac{4}{5}$; $\frac{5}{6}$; $\frac{7}{8}$

b) die Sechzehntelskala? $\frac{1}{2}$; $\frac{2}{3}$; $\frac{3}{4}$; $\frac{5}{12}$; $\frac{5}{8}$; $\frac{9}{12}$

9 Brüche ordnen

Catrin und Elena würfeln um die Wette Sechsen. In je 20 Würfen erzielt Catrin 4-mal und Elena 3-mal die Sechs.
Im zweiten Durchgang mit je 30 Würfen erreicht Catrin 6-mal und Elena 5-mal die Sechs. Sie notieren die Ergebnisse in Bruchschreibweise.

→ Welche Serie war die beste?

→ Würfelt selbst Serien mit 40; 50; … Würfen und vergleicht eure Ergebnisse. Ihr könnt dazu auch mehrere Würfel gleichzeitig einsetzen.

Brüche wie $\frac{3}{7}$ und $\frac{4}{7}$ lassen sich ihrer Größe nach leicht vergleichen, da es bei gleichen Nennern nur auf die Zähler ankommt: $\frac{3}{7} < \frac{4}{7}$.
Beim Größenvergleich von Brüchen mit unterschiedlichen Nennern wie $\frac{2}{3}$ und $\frac{3}{5}$ muss zuerst eine gemeinsame Unterteilung gefunden werden.
Bei Dritteln und Fünfteln sind dies z. B. Fünfzehntel.

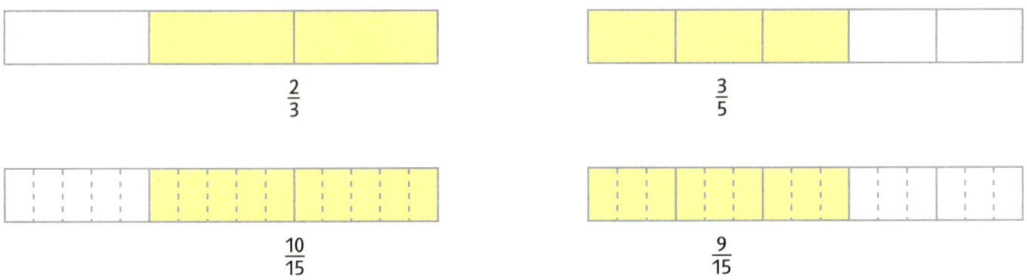

$\frac{2}{3} > \frac{3}{5}$, da $\frac{10}{15} > \frac{9}{15}$

Beim Größenvergleich von Brüchen mit gleichem Nenner gehört zum größeren Zähler die größere Bruchzahl.
Bei Brüchen mit verschiedenen Nennern ist es günstig, sie zum Vergleichen zuerst auf gleiche Nenner zu bringen, also **gleichnamig** zu machen.

Beispiele

a) Wir ordnen der Größe nach: $\frac{7}{11}$; $\frac{5}{11}$ und $\frac{9}{11}$. Da $5 < 7 < 9$, ist $\frac{5}{11} < \frac{7}{11} < \frac{9}{11}$.

b) Um $\frac{5}{7}$ und $\frac{3}{4}$ vergleichen zu können, machen wir die Brüche durch Erweitern gleichnamig: $\frac{3}{4} = \frac{3 \cdot 7}{4 \cdot 7} = \frac{21}{28}$; $\frac{5}{7} = \frac{5 \cdot 4}{7 \cdot 4} = \frac{20}{28}$. Da $\frac{21}{28} > \frac{20}{28}$, folgt: $\frac{3}{4} > \frac{5}{7}$.

c) Oft bietet sich zum Ordnen ein Vergleichsbruch wie z. B. der Bruch $\frac{1}{2}$ an:
$\frac{3}{7} < \frac{5}{9}$, da $\frac{3}{7} = \frac{6}{14} < \frac{1}{2}$ und $\frac{5}{9} = \frac{10}{18} > \frac{1}{2}$

Bemerkung

Vergleichen wir Brüche mit gleichem Zähler wie $\frac{3}{8}$ und $\frac{3}{5}$, dann hat der Bruch mit dem kleineren Nenner den größeren Wert: $\frac{3}{5} > \frac{3}{8}$.

$\frac{3}{5} > \frac{3}{8}$

Aufgaben

1 Welche Brüche sind größer als 1, welche kleiner als $\frac{1}{2}$?

a) $\frac{13}{12}$; $\frac{3}{2}$; $\frac{4}{9}$; $\frac{15}{11}$; $\frac{6}{11}$; $\frac{14}{13}$

b) $\frac{3}{8}$; $\frac{3}{5}$; $\frac{5}{4}$; $\frac{10}{11}$; $\frac{9}{18}$; $\frac{17}{13}$; $\frac{5}{12}$

2 Welche Brüche liegen

a) zwischen 1 und 2?

$\frac{5}{3}$; $\frac{9}{2}$; $\frac{7}{4}$; $\frac{11}{3}$; $\frac{9}{5}$; $\frac{12}{6}$; $\frac{13}{7}$

b) zwischen $\frac{1}{2}$ und 1?

$\frac{2}{3}$; $\frac{3}{4}$; $\frac{2}{5}$; $\frac{3}{8}$; $\frac{6}{7}$; $\frac{5}{13}$; $\frac{8}{15}$; $\frac{9}{20}$

3 Vergleiche die Brüche.

a) $\frac{2}{5}$ und $\frac{3}{10}$ b) $\frac{2}{3}$ und $\frac{5}{6}$ c) $\frac{3}{4}$ und $\frac{7}{12}$

d) $\frac{4}{5}$ und $\frac{11}{15}$ e) $\frac{4}{7}$ und $\frac{7}{14}$ f) $\frac{6}{5}$ und $\frac{23}{20}$

4 Setze < oder > im Heft passend ein.

a) $\frac{5}{6}$ ▢ $\frac{7}{9}$ b) $\frac{3}{8}$ ▢ $\frac{5}{12}$ c) $\frac{1}{6}$ ▢ $\frac{2}{15}$

d) $\frac{7}{12}$ ▢ $\frac{11}{15}$ e) $\frac{8}{9}$ ▢ $\frac{19}{21}$ f) $\frac{13}{24}$ ▢ $\frac{17}{30}$

5 Ordne die Brüche nach ihrer Größe ohne sie gleichnamig zu machen.

$\frac{1}{3}$ $\frac{5}{8}$ $\frac{7}{12}$ $\frac{11}{9}$ $\frac{35}{13}$

Begründe deine Entscheidungen.

Wo gehört mein Bruch hin?

■ Jede Schülerin und jeder Schüler schreibt eine Bruchzahl auf ein Kärtchen, deren Zähler nicht größer als 12 und deren Nenner nicht größer als 10 sein soll.

■ Anschließend darf jeder seine Bruchzahl dort aufhängen, wo sie ihrer Größe nach hingehört.

■ Wer sein Kärtchen aufhängt oder umhängt, muss seine Entscheidung begründen.

6 Beim Ordnen der folgenden Brüche suchen Philipp und Nina lange nach einem gemeinsamen Nenner: $\frac{5}{6}$; $\frac{6}{7}$; $\frac{7}{8}$ und $\frac{8}{9}$.

Marina unterbricht die beiden: „Ich habe eine andere Idee, wie wir die Brüche ordnen können!"

7 Warum ist die Anordnung falsch? Schreibe die Begründung auf.

a) $\frac{2}{7} > \frac{2}{5} > \frac{2}{3} > \frac{2}{1}$

b) $\frac{5}{9} > \frac{6}{10} > \frac{7}{11} > \frac{8}{12}$

8 Setze das Zeichen >, < oder = ein. Begründe deine Entscheidung.

a) $\frac{151}{300}$ ▢ $\frac{299}{600}$ b) $\frac{149}{300}$ ▢ $\frac{297}{600}$

c) $\frac{152}{303}$ ▢ $\frac{333}{667}$ d) $\frac{155}{309}$ ▢ $\frac{310}{618}$

9 Ordne die Brüche nach der Größe.

a) $\frac{3}{4}$; $\frac{5}{8}$; $\frac{9}{12}$; $\frac{17}{24}$ b) $\frac{7}{12}$; $\frac{5}{9}$; $\frac{11}{18}$; $\frac{5}{6}$

c) $\frac{2}{3}$; $\frac{4}{9}$; $\frac{5}{12}$; $\frac{13}{24}$ d) $\frac{5}{8}$; $\frac{11}{12}$; $\frac{5}{9}$; $\frac{9}{16}$

10 René behauptet, dass man die Mitte von zwei Bruchzahlen am Zahlenstrahl ganz einfach findet.

$\frac{2}{3}$ $\frac{3}{4}$ $\frac{4}{5}$

Stimmt das? Überprüfe an weiteren Beispielen. Kannst du deine eigene Lösung begründen?

11 Zwischen zwei Brüchen lassen sich durch Erweitern immer weitere Brüche finden. Gib einen oder mehrere Brüche zwischen den beiden an.

a) $\frac{1}{3}$ und $\frac{1}{2}$ b) $\frac{4}{5}$ und $\frac{5}{6}$

c) $\frac{5}{7}$ und $\frac{3}{4}$ d) $\frac{2}{3}$ und $\frac{3}{4}$

12 a) Sven behauptet, dass die Brüche $\frac{5}{6}$; $\frac{7}{8}$ und $\frac{8}{9}$ gleich groß sein müssen, weil alle Nenner um 1 größer sind als die zugehörigen Zähler.
Was meinst du?
b) Die Brüche $\frac{8}{12}$; $\frac{7}{11}$ und $\frac{6}{10}$ unterscheiden sich alle in Zähler und Nenner um 4.
Vergleiche sie.

10 Prozent[1, 2]

Auf dem 11 × 11-Nagelbrett sind drei Figuren in zwei verschiedenen Farben gespannt.

→ Welcher Farbanteil überwiegt?

→ Überprüfe deine Schätzung durch Auszählen der Kästchen.

→ Gib die Farbanteile und den Anteil der Restfläche mit Brüchen an.

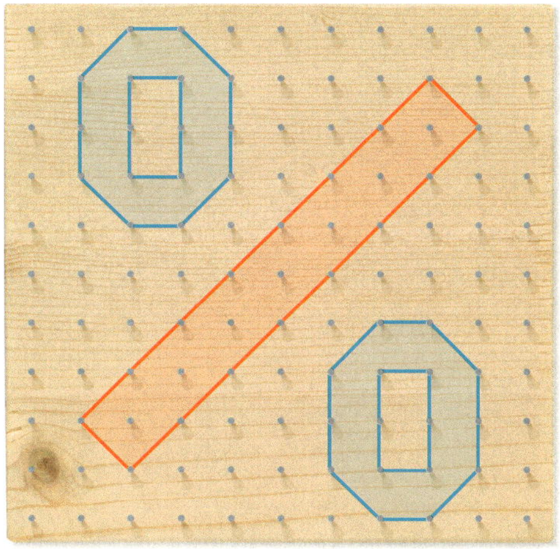

Um im Alltag unterschiedliche Anteile besser vergleichen zu können, verwendet man Brüche mit dem Nenner 100, z. B. $\frac{3}{100}$; $\frac{15}{100}$; $\frac{70}{100}$ usw. Hundertstelbrüche werden oft als Prozentangaben geschrieben. So bedeutet $\frac{3}{100}$ so viel wie 3 von Hundert oder 3 %.

Prozentangaben und Brüche mit dem Nenner 100 bezeichnen denselben Anteil.

$$1\,\% = \frac{1}{100};\quad 2\,\% = \frac{2}{100};\quad 3\,\% = \frac{3}{100};\quad \text{usw.}$$

So entstand das %-Zeichen aus dem Wort cento für hundert:

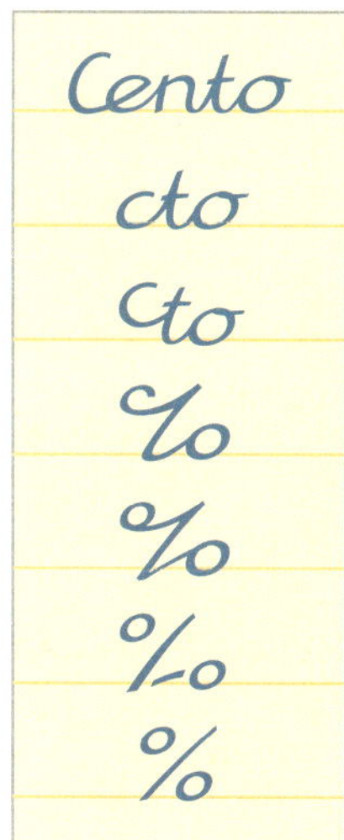

Beispiele

a) Umwandeln von Prozentangaben in Brüche:

$5\,\% = \frac{5}{100} = \frac{1}{20}$ $\qquad$ $36\,\% = \frac{36}{100} = \frac{9}{25}$

b) Umwandeln von Brüchen in Prozentangaben:

$\frac{3}{20} = \frac{15}{100} = 15\,\%$ $\qquad$ $\frac{5}{8} = \frac{25}{40} = \frac{625}{1000} = 62{,}5\,\%$

c) Von den 540 Schülern einer Realschule kommen 189 mit dem Bus, 216 zu Fuß und der Rest mit dem Rad.

mit dem Bus: $\frac{189}{540} = \frac{7}{20} = \frac{35}{100} = 35\,\%$

zu Fuß: $\frac{216}{540} = \frac{36}{90} = \frac{2}{5} = \frac{40}{100} = 40\,\%$

Mit dem Rad kommen demnach: $100\,\% - (35\,\% + 40\,\%) = 100\,\% - 75\,\% = 25\,\%$

Aufgaben

1 Benutze Prozentangaben.

a) Jeder Vierte liest dieses Buch.

b) Tim schlägt vor, fifty-fifty zu teilen.

c) Jedes zwanzigste Los gewinnt.

d) Neun von zehn Haushalten haben einen Kühlschrank.

2 Wie viel Prozent sind das?

a) die Hälfte

b) ein Zehntel

c) ein Viertel

d) der achte Teil

e) drei von vier

f) vier von fünf

g) sieben Achtel

h) vier Fünftel

i) acht Zehntel

j) die Hälfte der Hälfte

Merke dir:

$10\,\% = \frac{1}{10}$

$20\,\% = \frac{1}{5}$

$25\,\% = \frac{1}{4}$

$33\frac{1}{3}\,\% = \frac{1}{3}$

$40\,\% = \frac{2}{5}$

$50\,\% = \frac{1}{2}$

$60\,\% = \frac{3}{5}$

$66\frac{2}{3}\,\% = \frac{2}{3}$

$75\,\% = \frac{3}{4}$

$80\,\% = \frac{4}{5}$

$100\,\% = 1$

3 Schreibe als Bruch und kürze, wenn möglich.

a) 3 %	b) 5 %	c) 10 %
d) 12 %	e) 20 %	f) 25 %
g) 30 %	h) 40 %	i) 50 %
j) 65 %	k) 100 %	l) 200 %

4 Schreibe als Prozentangabe.

a) $\frac{1}{2}$	b) $\frac{3}{4}$	c) $\frac{3}{5}$
d) $\frac{4}{5}$	e) $\frac{7}{10}$	f) $\frac{8}{10}$
g) $\frac{1}{20}$	h) $\frac{9}{20}$	i) $\frac{17}{25}$
j) $\frac{24}{25}$	k) $\frac{7}{50}$	l) $\frac{49}{50}$

5 Setze >, < oder = ein.

a) $\frac{2}{5}$ ▢ 40 %	b) $\frac{3}{4}$ ▢ 70 %
c) 60 % ▢ $\frac{3}{5}$	d) $\frac{9}{10}$ ▢ 90 %
e) $\frac{1}{3}$ ▢ 30 %	f) $\frac{17}{25}$ ▢ 65 %

6 Ordne den Bruchteilen die entsprechenden Prozentangaben zu. Bei richtiger Lösung bleibt ein Bruchteil übrig.

$\frac{9}{10}$ 5 % 80 % $\frac{3}{20}$ 37,5 % $\frac{3}{4}$ $\frac{3}{8}$ $\frac{4}{5}$ 75 % $\frac{2}{5}$ 90 % $\frac{1}{8}$ 25 % 12,5 % $\frac{1}{4}$ 15 % $\frac{1}{20}$

? *Was sagst du dazu?*

Lauter Schumis?
Bei der gestrigen Verkehrskontrolle waren 5% der Fahrer zu schnell.
Also fuhr ein Fünftel aller Pkw-Lenker gestern auf dem Autobahnabschnitt der A8 mehr als die erlaubten 120 Kilometer pro Stunde. Der schnellste unter ihnen war mit unglaublichen 183 km/h unterwegs.

7 Gib an, wie viel Prozent der Fläche gefärbt sind.

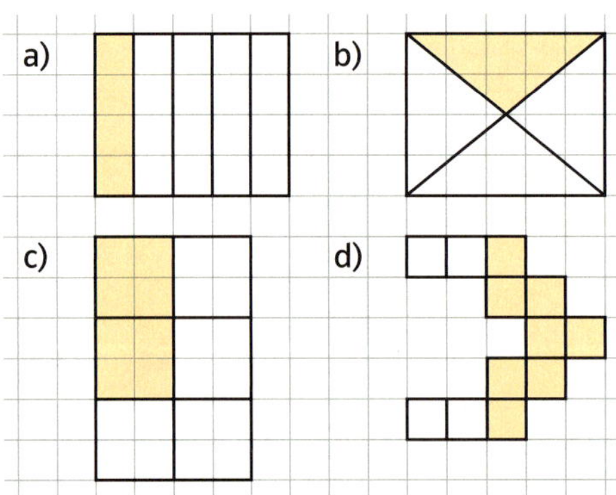

8 Übertrage die Figur in dein Heft und färbe die angegebenen Bruchteile der Gesamtfläche.

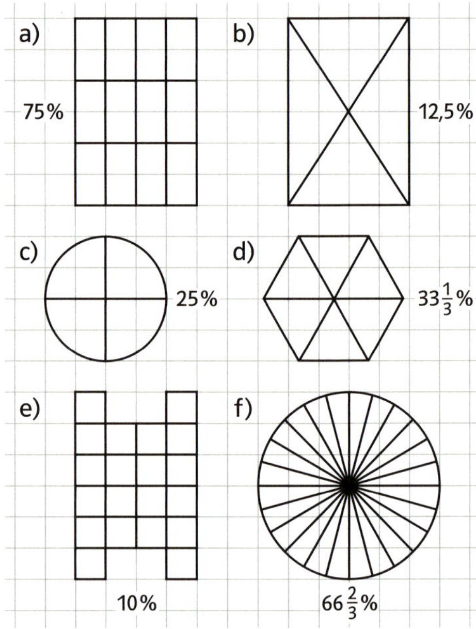

9 Das Material eines Pullovers ist eine Zusammensetzung aus 40 % Baumwolle, 30 % Acrylfaser, 20 % Wolle und Seide und 10 % sonstigen Fasern.
Stelle die Zusammensetzung in einem Diagramm dar.

10 Von 25 Schülerinnen und Schülern der 6b spielen acht Volleyball, 40 % spielen Fußball, $\frac{14}{50}$ spielen Tennis.
a) Welche Sportart ist in der Klasse 6b die Lieblingssportart?
b) Stelle die Verteilung der in deiner Klasse gewählten Sportarten in einem Diagramm dar.

11 Bei einer Befragung von 100 Jugendlichen nach ihrer bevorzugten Modefarbe ergaben sich folgende Angaben.

schwarz	40
blau	25
rot	23
grün	5
sonstige	7

a) Stelle die Anteile anschaulich dar.
b) Führe selbst eine Befragung durch.

Zusammenfassung

Teiler und Vielfache

Wenn eine Divisionsaufgabe aufgeht, ist die zweite Zahl ein **Teiler** der ersten Zahl. Auch der Quotient ist dann ein Teiler der ersten Zahl.

$48:8 = 6$; 8 ist ein Teiler von 48; 6 teilt 48
$48:6 = 8$; 6 ist ein Teiler von 48; 8 teilt 48

Multipliziert man eine Zahl mit 1; 2; 3; … so entstehen ihre **Vielfachen**.

Die Vielfachen von 8 sind
$1 \cdot 8;\ 2 \cdot 8;\ 3 \cdot 8;\ 4 \cdot 8; \ldots$

Die **Teilermenge** enthält die Teiler der Zahl. Die Vielfachen einer Zahl bilden die **Vielfachenmenge**.

$T_{48} = \{1; 2; 3; 4; 6; 8; 12; 16; 24; 48\}$
$V_8 = \{8; 16; 24; 32; \ldots\}$

Teilbarkeitsregeln

Eine Zahl ist nur dann teilbar durch
- 2, wenn die Endziffer 0; 2; 4; 6 oder 8 ist,
- 5, wenn die Endziffer 0 oder 5 ist,
- 4, wenn die aus den letzten zwei Ziffern gebildete Zahl durch 4 teilbar ist,
- 3, wenn die Quersumme durch 3 teilbar ist,
- 9, wenn die Quersumme durch 9 teilbar ist.

2 teilt 89**6** — 2 teilt nicht 89**7**
5 teilt 129**5** — 5 teilt nicht 129**6**
4 teilt 7**48** — 4 teilt nicht 7**62**

3 teilt 7428, denn 3 teilt die Quersumme $7 + 4 + 2 + 8 = 21$.
9 teilt nicht 7428, denn 9 teilt nicht die Quersumme 21.

Primzahlen

Eine Zahl mit nur zwei Teilern ist eine **Primzahl**.

2; 3; 5; 7; 11; 13; 17; 19; 23; 29; 31; 37;…

Brüche am Zahlenstrahl

Jeder Bruch gehört an eine Stelle am Zahlenstrahl. Alle Brüche an derselben Stelle des Zahlenstrahls bezeichnen dieselbe **Bruchzahl**.

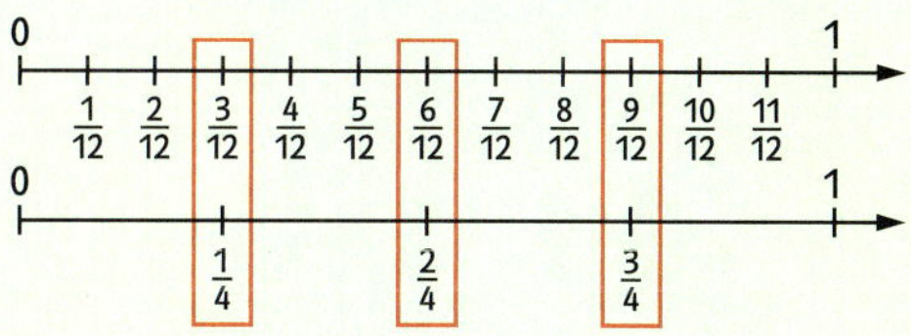

Erweitern und Kürzen

Brüche werden **erweitert**, indem man Zähler und Nenner mit derselben Zahl multipliziert.
Brüche werden **gekürzt**, indem man Zähler und Nenner durch dieselbe Zahl dividiert.
Beim Erweitern und Kürzen ändert sich der Wert des Bruchs nicht.

Erweitern →
$$\frac{4}{7} = \frac{4 \cdot 3}{7 \cdot 3} = \frac{12}{21}$$
← Kürzen

Kürzen →
$$\frac{18}{24} = \frac{18:6}{24:6} = \frac{3}{4}$$
← Erweitern

Brüche ordnen

Von zwei Brüchen mit gleichem Nenner ist der mit dem größeren Zähler der größere.
Brüche mit verschiedenen Nennern kann man zuerst **gleichnamig** machen, also auf gleiche Nenner bringen. Dann vergleicht man die Zähler.

$\frac{4}{7} > \frac{3}{7}$, da $4 > 3$

$\frac{7}{18} < \frac{5}{12}$, da $\frac{7 \cdot 2}{18 \cdot 2} = \frac{14}{36}$ und $\frac{5 \cdot 3}{12 \cdot 3} = \frac{15}{36}$

Prozent

Prozentangaben sind Brüche mit dem Nenner 100.

$\frac{9}{100} = 9\,\%$ — $\frac{2}{5} = \frac{40}{100} = 40\,\%$

Üben • Anwenden • Nachdenken

1 Bestimme die Teilermengen.
a) $T_{\square} = \{\square; \square; 9; \square\}$
b) $T_{\square} = \{\square; \square; 9; \square; \square\}$
c) $T_{\square} = \{\square; \square; \square; 6; \square; \square\}$
d) $T_{\square} = \{\square; 2; \dots; 48; \square\}$

2 Welche Teilermengen können das sein?
$T_{\square} = \{\square; \square; \square; 7; \dots; \square\}$

3 Bestimme den größten gemeinsamen Teiler der beiden Zahlen.
a) 24 und 42 b) 28 und 35 c) 44 und 132

4 Welche Vielfachenmengen sind das?
a) $V_{\square} = \{\square; \square; 36; \square; \dots\}$
b) $V_{\square} = \{\square; \square; \square; 36; \dots\}$
c) $V_{\square} = \{\square; \square; \square; \square; \square; 36; \dots\}$

5 Wie viele Karten muss ein Spiel mindestens haben, damit die Karten gleichmäßig an 3, an 4, an 5 und auch an 6 Personen verteilt werden können?

6 Welche Zahlen kannst du als Summe aus einem Vielfachen von 3 und einem Vielfachen von 5 schreiben? Probiere.

$V_3 = \{3; 6; 9; 12; 15; 18; 21; \dots\}$
$V_5 = \{5; 10; 15; 20; 25; 30; \dots\}$

18 = 3 + 15	22 = 10 + 12
30 = 15 + 15	31 = 21 + 10
32 = ? + ?	33 = ? + ?

7 Der indische Mathematikstudent S. P. Sundaram erdachte ein Sieb für die Primzahlsuche.
Man schreibt den Anfang des Zahlenmusters auf und denkt es sich unbegrenzt fortgesetzt. Dann bekommt man Primzahlen in drei Schritten:

- Wähle eine Zahl, die im Zahlenmuster fehlt. 20
- Verdopple die Zahl. $2 \cdot 20 = 40$
- Addiere 1. $2 \cdot 20 + 1 = 41$

Suche nach diesem Verfahren 10 Primzahlen. Falls sie nicht zu groß sind, dann prüfe, ob es wirklich Primzahlen sind.

04	07	10	13	16	…
07	12	17	22	27	…
10	17	24	31	38	…
13	22	31	40	49	…
16	27	38	49	60	…
…	…	…	…	…	…

Teilerpäckchen und Teilerpakete

Der senkrechte Strich „|" erinnert an ein „t". Er ist ein Kurzzeichen für „teilt".

■ Du erkennst sicher eine Regel für die aufeinander folgenden Päckchen.
Setze die Reihe fort und prüfe nach.

4 | 24 5 | 25	5 | 35 6 | 36	6 | 48 7 | 49	7 | 63 8 | 64

■ Hier ist die Regel schon schwerer zu finden.
Wie geht die Reihe weiter?

2 | 14 3 | 15	3 | 27 4 | 28	4 | 44 5 | 45	5 | 65 6 | 66

■ Noch zwei Reihen von Päckchen.
Wie geht es in jeder Reihe weiter?

2 | 20 3 | 21	3 | 39 4 | 40	4 | 64 5 | 65	? | ?? ? | ??
2 | ?? 3 | ??	3 | 51 4 | 52	4 | 84 5 | 85	5 | ??? 6 | ???

■ Setze in jedem einzelnen Paket die Reihe so lange fort, bis die erste Zahl die zweite nicht mehr teilt.

2 | 64 3 | 66 4 | 68 ? | ?? ? | ??	4 | 428 5 | 430 6 | 432 ? | ??? ? | ???	8 | 3976 9 | 3978 10 | 3980 ?? | ???? ?? | ????

2 | 360 364 3 | 360 366 4 | 360 368 ? | ??? ??? ? | ??? ???	2 | 7574 3 | 7581 4 | 7588 ? | ???? ? | ????

8 a) Drücke die Teilfiguren als Bruchteile des ganzen Quadrates aus.
b) Finde weitere Bruchteile durch Kombination der Einzelteile.
Beispiel:
A + C
$\frac{1}{16} + \frac{5}{16}$
$= \frac{6}{16} = \frac{3}{8}$

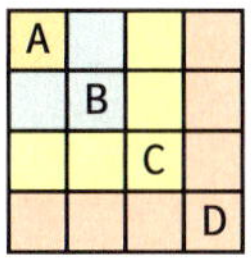

9 Stelle den Bruchteil in einer geeigneten Figur dar.
a) $\frac{5}{9}$ b) $\frac{9}{16}$ c) $\frac{2}{3}$ d) $\frac{7}{8}$

10 Zeichne einen geeigneten Zahlenstrahl und trage Folgendes ein.
a) $\frac{1}{2}$ in die Reihe der Drittelbrüche
b) $\frac{1}{3}$ und $\frac{2}{3}$ in die Reihe der Fünftelbrüche

11 Erweitere auf einen gemeinsamen Nenner.
a) $\frac{3}{4}$ und $\frac{2}{3}$ b) $\frac{3}{4}$ und $\frac{3}{10}$ c) $\frac{3}{4}$ und $\frac{5}{6}$
d) $\frac{1}{9}$ und $\frac{5}{6}$ e) $\frac{2}{15}$ und $\frac{1}{6}$ f) $\frac{5}{12}$ und $\frac{7}{8}$

12 Die Insel Reichenau hat eine Fläche von etwa 400 ha. Auf 60 % der Fläche werden Gemüse und Wein, auf 5 % der Fläche Blumen angebaut.
a) Bestimme die Anbauflächen von Gemüse, Wein und von Blumen in ha.
b) Veranschauliche mit einem Kreisdiagramm.

13 Schreibe als Bruch mit dem Nenner 100 und als Prozentangabe.
a) $\frac{4}{5}$ b) $\frac{7}{10}$ c) $\frac{3}{20}$ d) $\frac{17}{50}$

14 Drücke mit einem Bruch aus.
a) 50 % b) 1 % c) 8 %
d) $12\frac{1}{2}$ % e) 99 % f) 175 %

15 Versuche die Brüche vor allem durch den Vergleich von Zähler und Nenner zu ordnen. Erkläre.

$\frac{5}{6}$ $\frac{13}{4}$ $\frac{17}{35}$ $\frac{15}{61}$
$\frac{8}{9}$ $\frac{7}{29}$ $\frac{59}{117}$ $\frac{15}{2}$

16 Begründe, wie du die drei größten und wie du die drei kleinsten Brüche findest.
$\frac{7}{9}$; $\frac{9}{13}$; $\frac{6}{7}$; $\frac{7}{8}$; $\frac{7}{6}$; $\frac{8}{7}$; $\frac{8}{9}$

17 Welche der Brüche liegen zwischen $\frac{1}{4}$ und $\frac{1}{2}$? Begründe.
$\frac{2}{5}$; $\frac{7}{20}$; $\frac{11}{24}$; $\frac{17}{32}$; $\frac{15}{40}$; $\frac{27}{100}$

18 Setze <, > oder = ein. Begründe.
a) $\frac{6}{11}$ ▢ $\frac{7}{13}$ b) $\frac{13}{20}$ ▢ $\frac{19}{30}$ c) $\frac{11}{18}$ ▢ $\frac{7}{12}$

19 Wie lang sind die Pfähle?

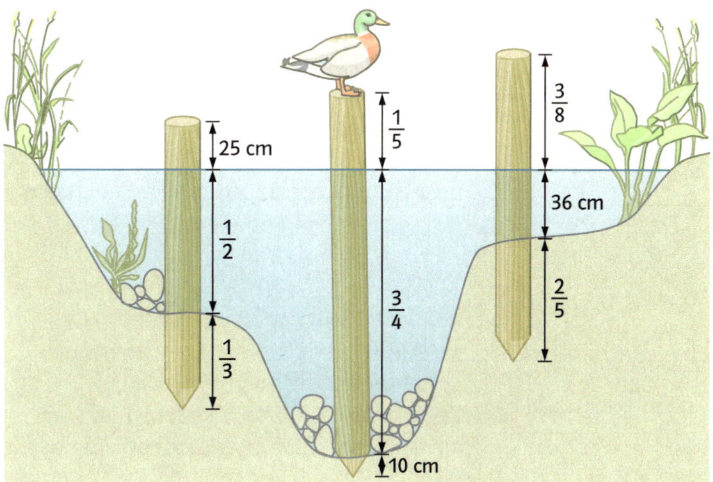

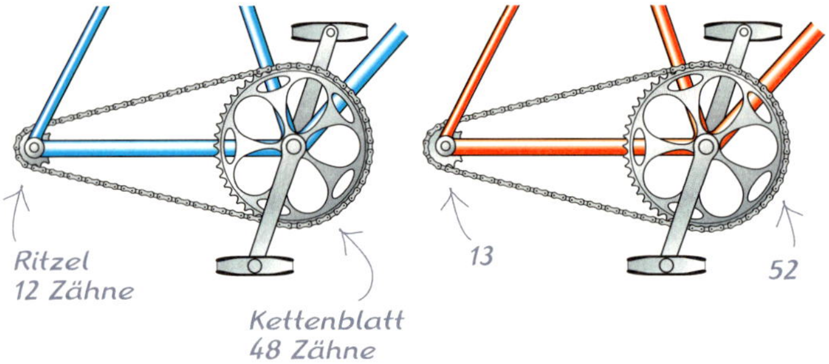

■ Welchen Gang hatte Susanne wohl eingeschaltet, als sie
- eine steile Steigung hochfuhr?
- oft treten musste und nur langsam voran kam?
- ganz wenig treten musste und mit jedem Tritt weit voran kam?
- auf flacher Strecke viel Kraft zum Treten brauchte?

■ Die Kette überträgt die Drehung des Kettenblatts Zahn für Zahn auf das Ritzel. Oben sind zwei Kettengetriebe abgebildet. Wie oft dreht sich das Ritzel, wenn sich das Kettenblatt genau 1-mal dreht?

■ Ein Kettenblatt hat 36 Zähne, ein Ritzel hat 24 Zähne. Wie oft dreht sich das Ritzel bei 2 Umdrehungen des Kettenblatts, wie oft bei einer Umdrehung?

Die Anzahl der Drehungen des Ritzels bei einer Drehung des Kettenblatts heißt **Übersetzung**. Oft ist die Übersetzung keine natürliche Zahl, sondern ein Bruch. Man kann sie aus den Zähnezahlen berechnen:

$$\text{Übersetzung} = \frac{\text{Zähnezahl des Kettenblatts}}{\text{Zähnezahl des Ritzels}}$$

■ Wie groß ist die Übersetzung?

Kettenblatt 42 Zähne	Ritzel 28 Zähne
Kettenblatt 42 Zähne	Ritzel 30 Zähne
Kettenblatt 28 Zähne	Ritzel 21 Zähne
Kettenblatt 28 Zähne	Ritzel 28 Zähne

■ Berechne die Übersetzungen als gemischte Zahlen und vergleiche sie.

Ritzel	Kettenblatt		
	50	40	30
30	$1\frac{2}{3}$		
20			
15			

■ Kai und Maike haben in einem Fahrradbuch das Diagramm einer 21-Gang-Schaltung gefunden. Erkläre.

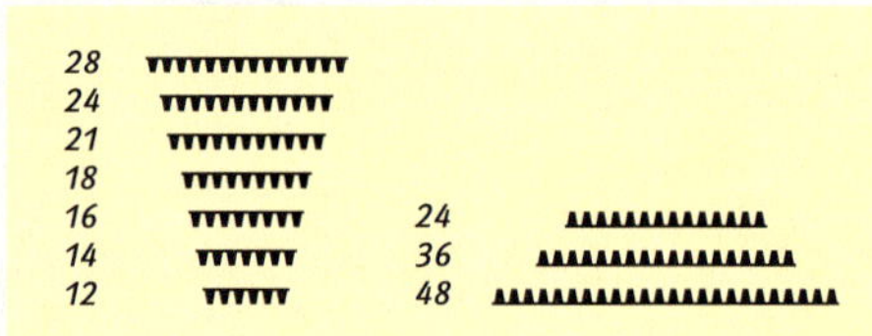

Lege eine Übersetzungstabelle wie in der vorigen Aufgabe an.

■ Manche Gangwechsel sind nutzlos, weil die Übersetzungen sehr nahe beieinander liegen. Die Kette soll auch nicht zu schräg laufen. Daher fallen neun Kombinationen aus.
Erkläre das Schaltdiagramm.

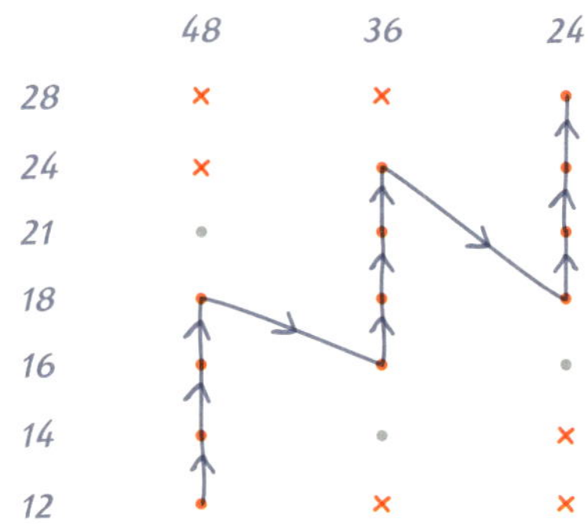

■ Jetzt weißt du genug, um dein eigenes Fahrrad zu untersuchen.

Rückspiegel

1 Bestimme die Teilermenge.

a) T_{18} b) T_{27} c) T_{37} d) T_{48}

2 Welche Zahl ist durch 2, welche ist durch 5, welche durch 4 teilbar?

78 90 120 255
616 890 1200 9999

3 Welche Zahl ist durch 3, welche durch 9 teilbar?

123 609 729 3009
4321 87 654 654 321 58 737

4 Welche Zahl ist eine Primzahl?

37 57 97 103 121

5 Welcher Bruch gehört zu A, B, …, G?

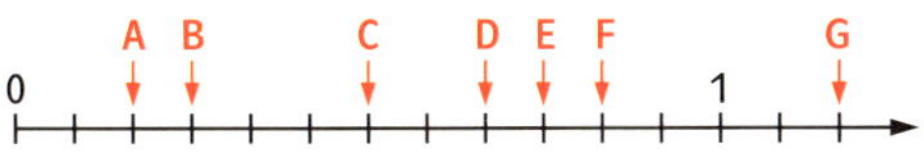

6 Wandle entweder in einen Bruch oder in die gemischte Schreibweise um.

a) $\frac{9}{4}$ b) $\frac{8}{3}$ c) $\frac{17}{2}$ d) $\frac{35}{13}$
e) $1\frac{7}{8}$ f) $1\frac{7}{12}$ g) $8\frac{4}{5}$ h) $10\frac{9}{10}$

7 Schreibe ohne Brüche.

a) $\frac{1}{4}$ m b) $\frac{3}{5}$ kg c) $\frac{1}{8}$ l

8 Mit welcher Zahl wurde erweitert?

a) $\frac{2}{5} = \frac{6}{15}$ b) $\frac{3}{4} = \frac{12}{16}$ c) $\frac{5}{7} = \frac{30}{42}$
d) $\frac{2}{7} = \frac{16}{56}$ e) $\frac{5}{8} = \frac{25}{40}$ f) $\frac{7}{9} = \frac{91}{117}$

9 Kürze so weit wie möglich.

$\frac{36}{38}$; $\frac{32}{52}$; $\frac{27}{54}$; $\frac{19}{57}$; $\frac{48}{72}$; $\frac{64}{72}$; $\frac{64}{96}$

10 Gib in Prozent oder als Bruch an.

a) $\frac{1}{2}$ b) $\frac{4}{5}$ c) $\frac{7}{10}$ d) $\frac{13}{20}$
e) 7% f) 12% g) 32% h) 85%

11 Setze > oder < ein.

a) $\frac{2}{5}$ ☐ $\frac{7}{15}$ b) $\frac{1}{6}$ ☐ $\frac{1}{7}$ c) $\frac{7}{8}$ ☐ $\frac{10}{12}$
$\frac{11}{24}$ ☐ $\frac{3}{8}$ $\frac{5}{12}$ ☐ $\frac{2}{5}$ $\frac{9}{16}$ ☐ $\frac{13}{24}$
$\frac{7}{45}$ ☐ $\frac{2}{9}$ $\frac{5}{7}$ ☐ $\frac{7}{10}$ $\frac{11}{30}$ ☐ $\frac{17}{45}$

1 Bestimme die Teilermenge.

a) T_{49} b) T_{53} c) T_{72} d) T_{100}

2 Welche Zahl ist durch 4, welche ist durch 2, aber nicht durch 4 teilbar?

82 96 150 200
430 1005 1500 5596

3 Welche Zahl ist durch 3, aber nicht durch 9 teilbar?

586 821 984 6003
10 002 79 842 777 222 40 302

4 Zwei der Zahlen sind Primzahlen.

408 211 109 187 975

5 Welcher Bruch gehört zu A, B, …, G?

a)
b)
c)

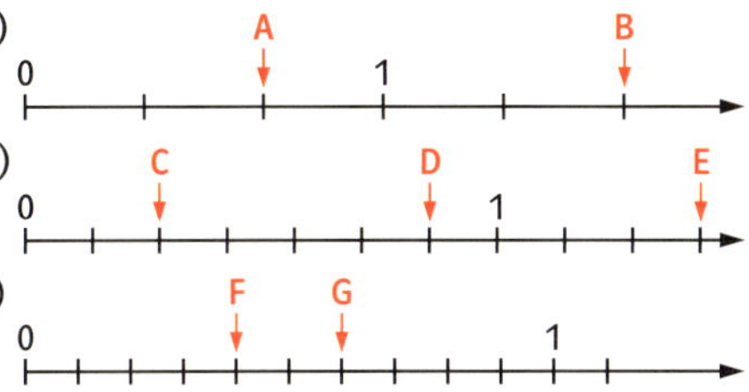

6 Wandle entweder in einen Bruch oder in die gemischte Schreibweise um.

a) $1\frac{3}{8}$ b) $\frac{48}{15}$ c) $\frac{34}{3}$ d) $13\frac{2}{9}$

7 Schreibe ohne Brüche.

a) $1\frac{3}{4}$ h b) $\frac{4}{100}$ cm^2 c) $\frac{9}{8}$ t

8 Wie heißt der Zähler, wie der Nenner?

a) $\frac{8}{12} = \frac{48}{☐}$ b) $\frac{6}{15} = \frac{☐}{105}$ c) $\frac{7}{☐} = \frac{49}{91}$
d) $\frac{3}{☐} = \frac{33}{121}$ e) $\frac{☐}{23} = \frac{10}{115}$ f) $\frac{14}{☐} = \frac{112}{136}$

9 Kürze so weit wie möglich.

$\frac{32}{44}$; $\frac{56}{63}$; $\frac{38}{95}$; $\frac{85}{102}$; $\frac{210}{315}$; $\frac{140}{175}$; $\frac{336}{420}$

10 Gib in Prozent oder als Bruch an.

a) $\frac{3}{5}$ b) $\frac{9}{10}$ c) $\frac{1}{8}$ d) $\frac{5}{4}$
e) 15% f) 46% g) 110% h) 0,5%

11 Welche der Bruchzahlen sind

a) größer als $\frac{1}{2}$? b) kleiner als $\frac{2}{3}$?

$\frac{13}{20}$; $\frac{12}{25}$; $\frac{24}{37}$; $\frac{45}{97}$; $\frac{54}{108}$; $\frac{43}{21}$; $\frac{21}{43}$; $1\frac{5}{6}$

Mit Kreisen rechnen

Das Rechnen mit Brüchen kannst du dir gut an Kreisen und an Kreisausschnitten vorstellen.

Bruchkreise herstellen

Schneide aus farbigem Papier Teile von Kreisen aus, die du zuvor durch Falten über den Mittelpunkt erhalten hast.
Es sollen **zwei Halbe**, **vier Viertel**, **acht Achtel** und **sechzehn Sechzehntel** entstehen.

Beschrifte die entstandenen Ausschnitte gleich mit den richtigen Brüchen.

Mit Kreisen rechnen

Bestimme die Lösungen durch Auslegen:

$\frac{1}{8} + \frac{1}{8}$ $\quad \frac{1}{2} - \frac{1}{8}$ $\quad \frac{1}{8} \cdot 4$ $\quad \frac{1}{4} : 2$

Stellt euch gegenseitig weitere Aufgaben. Schreibt die Aufgaben mit ihren Lösungen auf.

Überlege, probiere und schreibe auf:
Durch welche Rechnungen kannst du $\frac{1}{4}$ erhalten?

Was ergibt $\frac{1}{2}+\frac{1}{4}+\frac{1}{8}+\frac{1}{16}$ und $\frac{1}{2}-\frac{1}{4}-\frac{1}{8}-\frac{1}{16}$?

Wie viele Arten findest du, ein Ganzes zu legen?

Mit Bruchkreisen spielen

Legt abwechselnd Ausschnitte zu einem Kreis aneinander.
Wer als Erster über das Ganze hinauskommt, hat verloren.

Ihr könnt das Spiel noch interessanter machen, indem ihr Fünftel, Zehntel und Zwanzigstel oder Drittel, Sechstel und Zwölftel ausschneidet und mitverwendet.

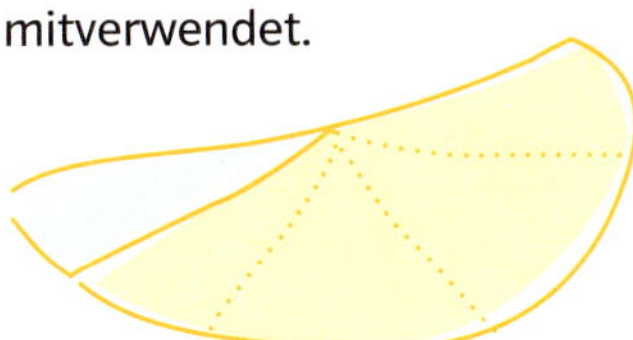

In diesem Kapitel lernst du,

- wie man Brüche addiert und subtrahiert,
- wie man Brüche multipliziert und dividiert,
- wie man Rechenausdrücke mit Brüchen ausrechnet,
- wie man Rechenvorteile erkennt und ausnutzt.

1 Addieren und Subtrahieren gleichnamiger Brüche

→ Legt Papierstreifen, die in zwölf gleiche Teile eingeteilt sind, mit $\frac{2}{12}$-, $\frac{3}{12}$- und $\frac{7}{12}$-Bruchstreifen vollständig aus.
Vier unterschiedliche Möglichkeiten findet ihr schnell.

→ Sucht noch eine weitere Möglichkeit.

Das Addieren und Subtrahieren von Brüchen mit gleichen Nennern kann man am Zahlenstrahl verdeutlichen.

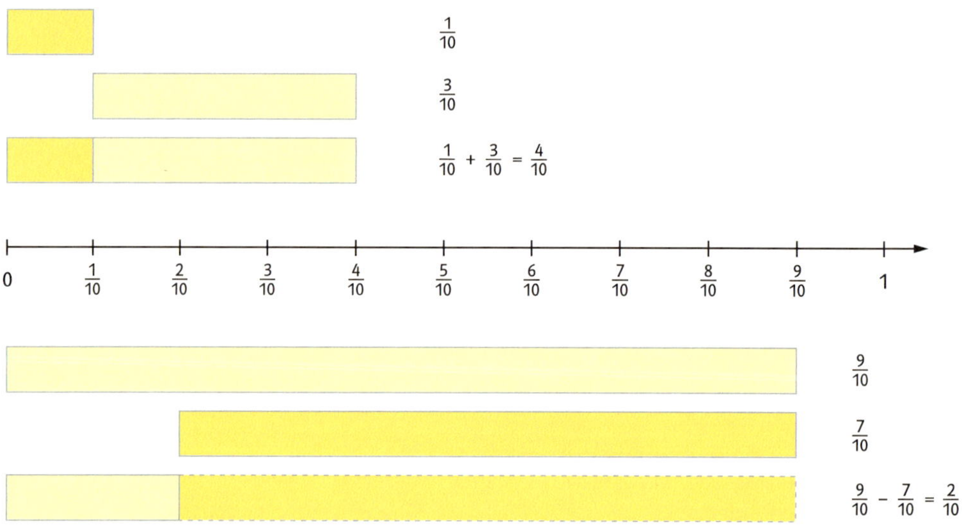

Gleichnamige Brüche werden **addiert**, indem man ihre Zähler addiert und den Nenner beibehält.
Gleichnamige Brüche werden **subtrahiert**, indem man ihre Zähler subtrahiert und den Nenner beibehält.

? $\frac{3}{76543} + \frac{4}{76543}$

$\frac{3}{77777} + \frac{4}{77777}$

Beispiele

a) $\frac{2}{11} + \frac{7}{11} = \frac{9}{11}$

b) $\frac{7}{9} - \frac{2}{9} = \frac{5}{9}$

c) $2\frac{3}{5} + 1\frac{4}{5} = 2 + 1 + \frac{3}{5} + \frac{4}{5} = 3 + \frac{7}{5} = 4\frac{2}{5}$

d) $3\frac{1}{4} - 1\frac{3}{4} = \frac{13}{4} - \frac{7}{4} = \frac{6}{4} = \frac{3}{2} = 1\frac{1}{2}$

Aufgaben

1 Lies und löse.

a) 2 Achtel + 3 Achtel
b) 9 Zehntel – 6 Zehntel
c) 3 Fünftel + 2 Fünftel
d) 4 Viertel – 3 Viertel
e) 6 Zwölftel + 4 Zwölftel
f) 5 Sechstel – 3 Sechstel

2 Fomuliere mindestens eine Additions- und eine Subtraktionsaufgabe und gib das Ergebnis an.

Beispiel:
$\frac{4}{9} + \frac{3}{9} = \frac{7}{9}$
$\frac{4}{9} - \frac{3}{9} = \frac{1}{9}$

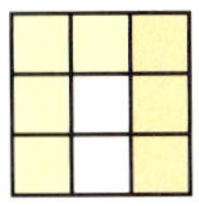

a) 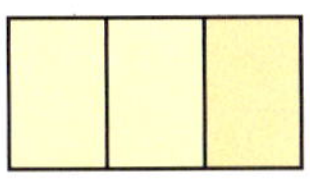

b) 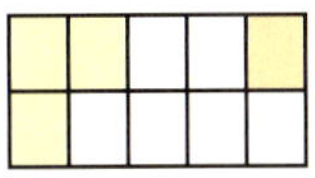

c) 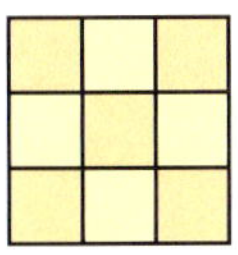

d) 

e) 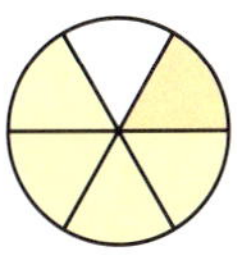

f) 

3 Rechne im Kopf.

a) $\frac{2}{5} + \frac{1}{5}$
$\frac{5}{8} - \frac{2}{8}$
$\frac{1}{9} + \frac{7}{9}$

b) $\frac{2}{7} + \frac{3}{7} + \frac{5}{7}$
$\frac{9}{11} - \frac{7}{11} + \frac{2}{11}$
$\frac{11}{13} - \frac{7}{13} - \frac{2}{13}$

4 Rechne und kürze.

a) $\frac{1}{6} + \frac{5}{6}$
$\frac{7}{12} - \frac{1}{12}$
$\frac{1}{8} + \frac{5}{8}$

b) $\frac{3}{15} + \frac{6}{15} + \frac{1}{15}$
$\frac{9}{10} + \frac{3}{10} - \frac{6}{10}$
$\frac{17}{18} - \frac{7}{18} - \frac{1}{18}$

5 Gib das Ergebnis der Rechnung in der gemischten Schreibweise an.

a) $\frac{2}{3} + \frac{2}{3}$
$\frac{9}{4} - \frac{3}{4}$
$\frac{5}{7} + \frac{6}{7}$

b) $\frac{8}{9} + \frac{7}{9} - \frac{2}{9}$
$\frac{40}{13} - \frac{12}{13} - \frac{1}{13}$
$\frac{22}{11} - \frac{2}{11} + \frac{15}{11}$

6 Ergänze.

a) $\frac{\square}{14} + \frac{3}{14} = \frac{9}{14}$
b) $\frac{11}{17} - \frac{5}{\square} = \frac{6}{17}$
c) $\frac{4}{15} + \frac{\square}{15} = \frac{11}{15}$
d) $\frac{22}{27} - \frac{7}{27} = \frac{\square}{27}$
e) $\frac{18}{37} + \frac{17}{37} = \frac{\square}{\square}$
f) $\frac{51}{\square} - \frac{\square}{53} = \frac{26}{53}$

7 Rechne in gemischter Schreibweise.

a) $1\frac{1}{5} + 1\frac{3}{5}$
b) $2\frac{3}{10} - 1\frac{1}{10}$
c) $2\frac{5}{8} + 1\frac{7}{8}$
d) $3\frac{1}{4} - 2\frac{3}{4}$

8 Fülle die Bruchmauern. Nach oben werden benachbarte Brüche addiert und nach unten wird der rechte vom linken subtrahiert.

a) 

b) 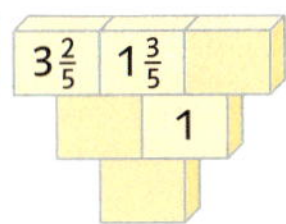

c) 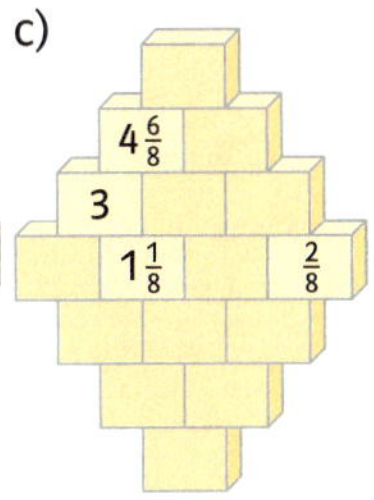

9 Auf welchen Brüchen am Zahlenstrahl landen die ersten sieben Sprünge?

a) 

b) 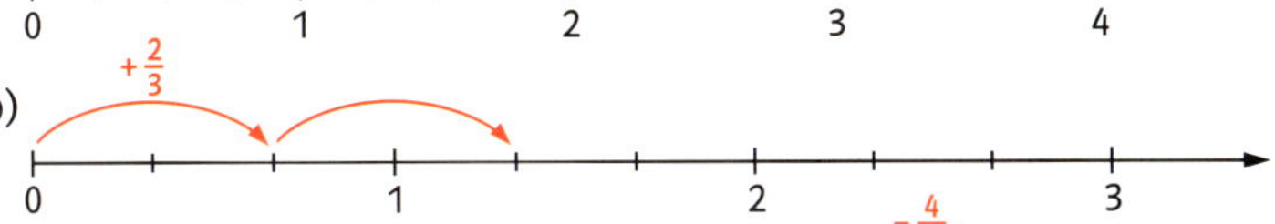

c) 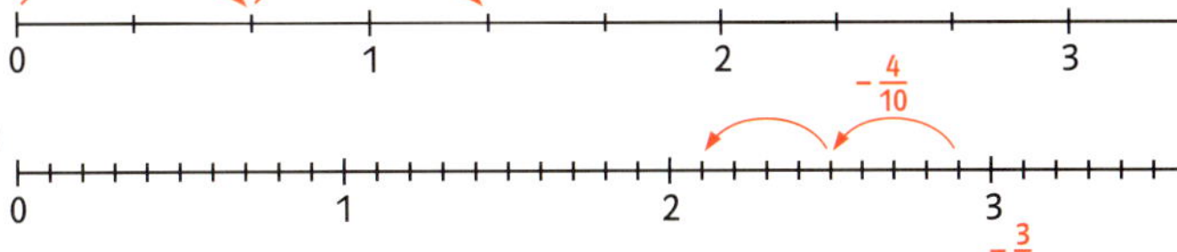

d) 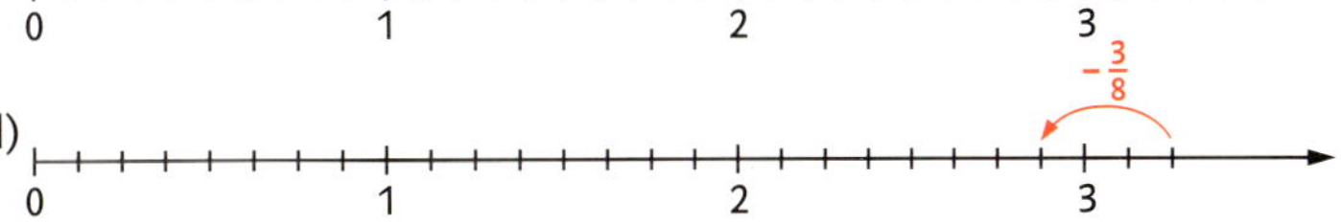

10 Diese Aufgaben kannst du leichter lösen, wenn du das Zifferblatt einer Uhr zur Hilfe nimmst. Gib das Ergebnis einmal als Bruch und zusätzlich auch in einer kleineren Zeiteinheit an.

a) $\frac{2}{4}$h + $\frac{1}{4}$h
b) $\frac{5}{6}$h – $\frac{3}{6}$h
c) $\frac{3}{2}$h + $\frac{1}{2}$h
d) $2\frac{1}{2}$h – $1\frac{1}{2}$h
e) $\frac{3}{4}$h + $1\frac{3}{4}$h
f) $1\frac{3}{4}$h – $\frac{1}{4}$h
g) $\frac{8}{12}$min – $\frac{7}{12}$min
h) $\frac{5}{10}$min – $\frac{4}{10}$min

2 Addieren und Subtrahieren ungleichnamiger Brüche

Falte ein Blatt so, dass du nach dem Auffalten acht gleiche Teile erhältst. Markiere dann $\frac{3}{8}$ und $\frac{1}{4}$ der Fläche.

→ Welchen Bruchteil der Fläche nehmen die zwei markierten Flächen zusammen ein?

→ Um welchen Bruchteil der ganzen Fläche sind $\frac{3}{8}$ größer als $\frac{1}{4}$?

Wenn Brüche mit verschiedenen Nennern addiert oder subtrahiert werden sollen, müssen sie zuerst auf einen gleichen Nenner gebracht werden. Dies geschieht am einfachsten durch Erweitern auf einen gemeinsamen Nenner.

$\frac{1}{4} + \frac{2}{3}$

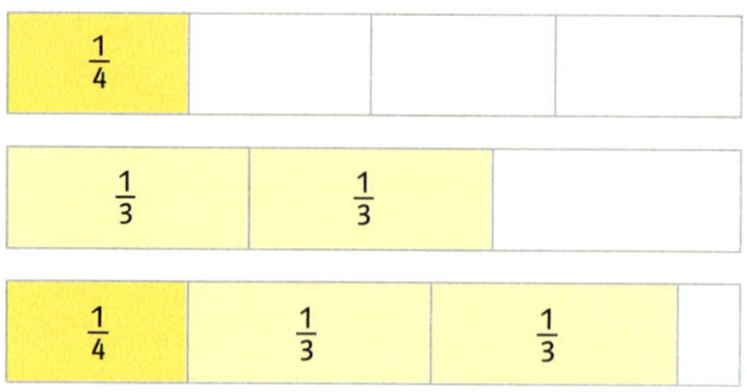

$\frac{1}{4} + \frac{2}{3} = ?$

$\frac{1}{4} + \frac{2}{3}$ mit Erweitern auf Nenner 12

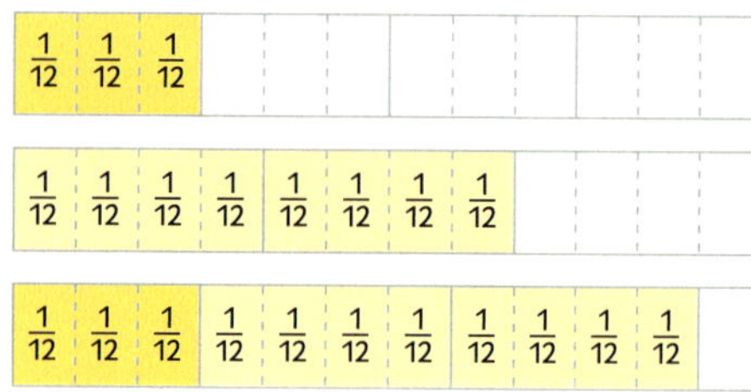

$\frac{1}{4} + \frac{2}{3} = \frac{3}{12} + \frac{8}{12} = \frac{11}{12}$

Ungleichnamige Brüche werden **addiert** oder **subtrahiert**, indem man
1. einen gemeinsamen Nenner bestimmt,
2. die Brüche auf diesen gemeinsamen Nenner erweitert und
3. die gleichnamigen Brüche addiert oder subtrahiert.

Beispiele

a) Ein Nenner ist Vielfaches des anderen Nenners:

$\frac{5}{14} + \frac{2}{7} = \frac{5}{14} + \frac{4}{14} = \frac{9}{14}$

b) Der größere Nenner ist kein Vielfaches des kleineren Nenners:

$\frac{2}{3} - \frac{2}{5} = \frac{2 \cdot 5}{3 \cdot 5} - \frac{2 \cdot 3}{5 \cdot 3} = \frac{10}{15} - \frac{6}{15} = \frac{4}{15}$

c) Bei großen Nennern lohnt es sich, nach gemeinsamen Vielfachen zu suchen:

$\frac{7}{16} + \frac{5}{12} = ?$

$\frac{7 \cdot 3}{16 \cdot 3} + \frac{5 \cdot 4}{12 \cdot 4} = \frac{21}{48} + \frac{20}{48} = \frac{41}{48}$

$V_{16} = \{16; 32; 48; \ldots\}$

$V_{12} = \{12; 24; 36; 48; \ldots\}$

Bemerkung

Der kleinste gemeinsame Nenner wird als Hauptnenner (HN) bezeichnet.

Aufgaben

1 Lies und löse.

a) 1 Halbes + 1 Viertel
b) 1 Drittel − 1 Sechstel
c) 1 Viertel + 3 Achtel
d) 3 Viertel − 1 Halbes

2 Rechne im Kopf.

a) $\frac{1}{2}+\frac{3}{8}$ $\frac{5}{6}-\frac{1}{3}$ $\frac{1}{2}-\frac{1}{10}$
b) $\frac{1}{3}-\frac{1}{12}$ $\frac{1}{5}+\frac{3}{10}$ $\frac{4}{5}-\frac{1}{2}$
c) $\frac{1}{2}+\frac{1}{6}$ $\frac{1}{10}+\frac{4}{5}$ $\frac{2}{3}-\frac{1}{4}$

3 Stelle die Summen und Differenzen im 24er- oder 12er-Streifen dar und berechne sie mit dieser Hilfe.

Beispiel:

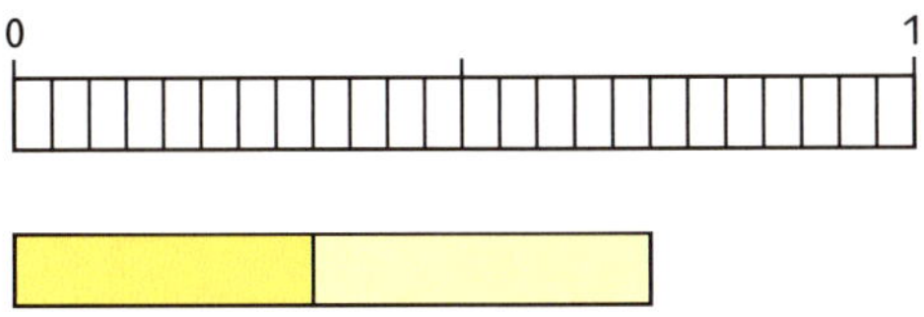

$\frac{1}{3}+\frac{3}{8}=\frac{8}{24}+\frac{9}{24}=\frac{17}{24}$

a) $\frac{1}{4}+\frac{5}{12}$; $\frac{1}{6}+\frac{5}{12}$
b) $\frac{3}{4}+\frac{1}{6}$; $\frac{7}{12}+\frac{1}{4}$
c) $\frac{5}{6}-\frac{5}{8}$; $\frac{2}{3}-\frac{3}{8}$
d) $\frac{3}{12}-\frac{1}{8}$; $\frac{3}{4}-\frac{2}{3}$

4 Addiere oder subtrahiere.

a) $\frac{1}{3}+\frac{1}{4}$ $\frac{1}{4}+\frac{1}{5}$
b) $\frac{1}{4}-\frac{1}{6}$ $\frac{1}{6}-\frac{1}{8}$
c) $\frac{2}{5}+\frac{1}{2}$ $\frac{1}{5}+\frac{2}{8}$
d) $\frac{3}{5}-\frac{1}{2}$ $\frac{5}{6}-\frac{1}{2}$
e) $\frac{3}{8}+\frac{4}{7}$ $\frac{7}{12}+\frac{2}{5}$
f) $\frac{2}{3}-\frac{5}{8}$ $\frac{4}{5}-\frac{4}{9}$

5 Wandle das Ergebnis der Rechnungen wenn möglich in die gemischte Schreibweise um oder kürze.

a) $\frac{1}{3}+\frac{1}{6}$ $\frac{8}{15}-\frac{3}{10}$ $\frac{8}{7}+\frac{1}{14}$
b) $\frac{7}{10}-\frac{4}{9}$ $\frac{8}{9}-\frac{2}{5}$ $\frac{6}{7}-\frac{5}{6}$
c) $\frac{3}{4}+\frac{2}{5}$ $\frac{3}{8}-\frac{1}{9}$ $\frac{5}{12}-\frac{2}{5}$
d) $\frac{17}{16}-\frac{11}{12}$ $1\frac{1}{18}+\frac{4}{9}$ $1\frac{2}{5}-\frac{5}{6}$
e) $\frac{16}{15}+\frac{9}{25}$ $1\frac{7}{8}+1\frac{4}{5}$ $2\frac{7}{10}-\frac{14}{25}$
f) $\frac{21}{20}+\frac{15}{16}$ $2\frac{2}{9}+1\frac{11}{15}$ $1\frac{24}{25}-\frac{19}{20}$

6 Addiere oder subtrahiere.

a) $\frac{11}{18}-\frac{29}{90}$ $\frac{8}{15}+\frac{3}{8}$ $\frac{21}{12}-\frac{23}{28}$
b) $\frac{1}{16}+1\frac{5}{9}$ $1\frac{17}{36}+2\frac{1}{4}$ $1\frac{1}{18}+\frac{15}{27}$
c) $\frac{97}{96}-\frac{7}{12}$ $\frac{6}{13}-\frac{1}{12}$ $\frac{62}{105}+\frac{43}{70}$

7 Übertrage die Tabellen ins Heft.

a)

+	$\frac{1}{3}$	$\frac{2}{5}$	$\frac{1}{6}$	$\frac{3}{7}$	$\frac{5}{8}$
$\frac{1}{2}$					
$\frac{2}{3}$					
$\frac{3}{4}$					

b)

−	$\frac{2}{7}$	$\frac{3}{8}$	$\frac{1}{9}$
$\frac{1}{2}$			
$\frac{2}{3}$			
$\frac{4}{5}$			
$\frac{7}{8}$			
$\frac{8}{9}$			

8 Subtrahiere den kleineren vom größeren Bruch.

a) $\frac{4}{5}$; $\frac{7}{9}$
b) $\frac{2}{3}$; $\frac{7}{8}$
c) $\frac{3}{11}$; $\frac{2}{7}$
d) $\frac{5}{8}$; $\frac{7}{11}$
e) $\frac{4}{15}$; $\frac{9}{25}$
f) $\frac{6}{13}$; $\frac{4}{9}$

9 Stelle deinem Partner Additions- oder Subtraktionsaufgaben auf dem Nagelbrett wie in den Beispielen. Schreibt eure Aufgaben mit gekürzten Brüchen auf, löst sie und besprecht die Ergebnisse.

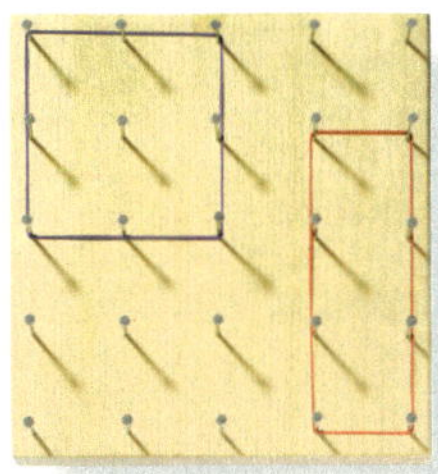

$\frac{1}{4}+\frac{3}{16}$
$=\frac{4}{16}+\frac{3}{16}$
$=\frac{7}{16}$

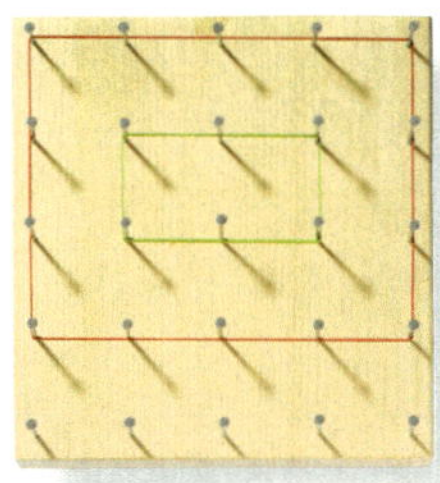

$\frac{3}{4}-\frac{1}{8}$
$=\frac{6}{8}-\frac{1}{8}$
$=\frac{5}{8}$

10 Ordne die Summen oder Differenzen der Größe nach.

a) $\frac{2}{3}+\frac{1}{8}$; $\frac{4}{5}-\frac{3}{10}$; $\frac{5}{6}-\frac{3}{8}$; $\frac{1}{4}+\frac{1}{3}$
b) $\frac{1}{15}+\frac{1}{10}$; $\frac{7}{10}-\frac{3}{5}$; $\frac{1}{6}+\frac{1}{15}$; $\frac{1}{3}-\frac{4}{15}$
c) $\frac{5}{6}-\frac{2}{9}$; $\frac{4}{9}+\frac{3}{10}$; $\frac{7}{20}+\frac{11}{30}$; $\frac{13}{18}-\frac{2}{15}$

11 Berechne die Bruchmauern. Nach oben wird addiert und nach unten subtrahiert.

a)

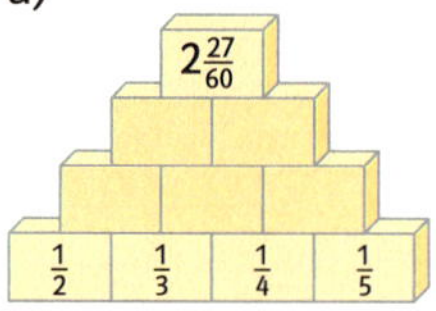

b)

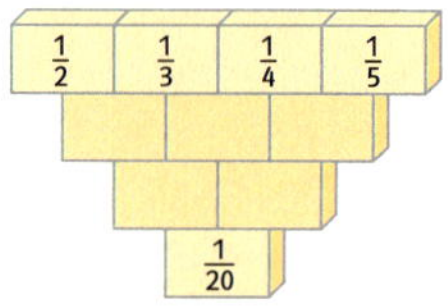

c)

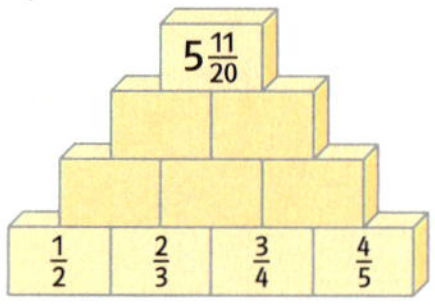

d)

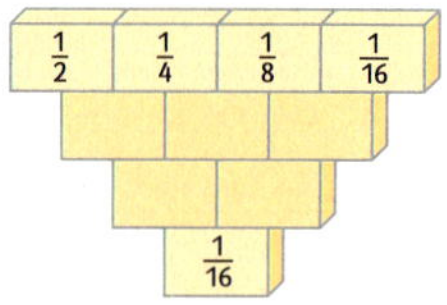

e) Füge in jeder Zeile einen passenden Stein an und rechne neu.

12 Berechne und setze fort.

a) $1 + 4;\ 1 + 2;\ 1 + 1;\ 1 + \frac{1}{2};\ \dots$

b) $1 + \frac{1}{2};\ 1 + \frac{1}{3};\ 1 + \frac{1}{4};\ \dots$

c) $1 + \frac{1}{2};\ 1 + \frac{1}{2} + \frac{1}{3};\ 1 + \frac{1}{2} + \frac{1}{3} + \frac{1}{4};\ \dots$

d) $\frac{2}{3} + \frac{3}{2};\ \frac{3}{4} + \frac{4}{3};\ \frac{4}{5} + \frac{5}{4};\ \dots$

e) $\frac{1}{2} + \frac{1}{4};\ \frac{1}{2} + \frac{1}{4} + \frac{1}{8};\ \frac{1}{2} + \frac{1}{4} + \frac{1}{8} + \frac{1}{16};\ \dots$

Rechengesetze

In Summen dürfen die Summanden vertauscht werden.

Dies ist das **Kommutativgesetz** (Vertauschungsgesetz) der Addition.

$$\frac{1}{3} + \frac{1}{5} = \frac{1}{5} + \frac{1}{3}$$

$$\frac{1}{3} + \frac{1}{5} = \frac{8}{15} \qquad \frac{1}{5} + \frac{1}{3} = \frac{8}{15}$$

In Summen mit drei und mehr Summanden dürfen beliebig Klammern gesetzt oder weggelassen werden.

Dies ist das **Assoziativgesetz** (Verbindungsgesetz) der Addition.

$$\frac{2}{3} + \frac{1}{4} + \frac{1}{2}$$

$$\left(\frac{2}{3} + \frac{1}{4}\right) + \frac{1}{2} = \frac{11}{12} + \frac{1}{2} = \frac{17}{12} = 1\frac{5}{12} \qquad \frac{2}{3} + \left(\frac{1}{4} + \frac{1}{2}\right) = \frac{2}{3} + \frac{3}{4} = \frac{17}{12} = 1\frac{5}{12}$$

■ Nutze beide Gesetze, um dir bei mehrgliedrigen Aufgaben einen Rechenvorteil zu verschaffen.

a) $\frac{5}{6} + \frac{1}{3} + \frac{7}{6}$ b) $\frac{3}{8} + \frac{1}{4} + \frac{3}{8}$ c) $\frac{4}{9} + \frac{3}{14} + \frac{5}{9} + \frac{1}{7}$

d) $\frac{4}{15} + \frac{1}{3} + \frac{1}{15}$ e) $\frac{2}{3} + \frac{2}{5} + 2\frac{1}{3}$ f) $\frac{2}{9} + 1\frac{1}{4} + \frac{17}{18} + 2\frac{3}{4}$

13 Ergänze die Zauberquadrate. In jeder Zeile, Spalte und Diagonale ist die Summe 1.

a)

$\frac{4}{15}$		$\frac{2}{15}$
	$\frac{1}{3}$	
$\frac{8}{15}$		$\frac{2}{5}$

b)

		$\frac{1}{6}$
	$\frac{1}{3}$	
		$\frac{7}{18}$

14 Findest du den Fehler? Erkläre.

a) $\frac{1}{6} + \frac{3}{5} = \frac{4}{11}$

b) $\frac{6}{8} - \frac{2}{3} = \frac{4}{5}$

c) $\frac{3}{4} - \frac{2}{5} = \frac{1}{20}$

d) $\frac{7}{8} + \frac{2}{3} = \frac{9}{24}$

15 Löse das Rechenpuzzle mit den sechs Zahlenkärtchen.

$$\frac{\square}{\square} - \frac{\square}{\square} = \frac{\square}{\square}$$

16 Entscheide, ob >, < oder = stehen muss. Dazu brauchst du das Ergebnis nicht jedes Mal auszurechnen.

a) $\frac{12}{25} + \frac{3}{8}$ ▢ 1 b) $\frac{30}{11} - \frac{25}{12}$ ▢ 1

c) $\frac{49}{24} - \frac{12}{13}$ ▢ 1 d) $\frac{13}{24} + \frac{33}{24}$ ▢ 1

17 Suche einen Weg von oben nach unten
a) mit dem kleinsten Summenwert.
b) mit dem größten Summenwert.

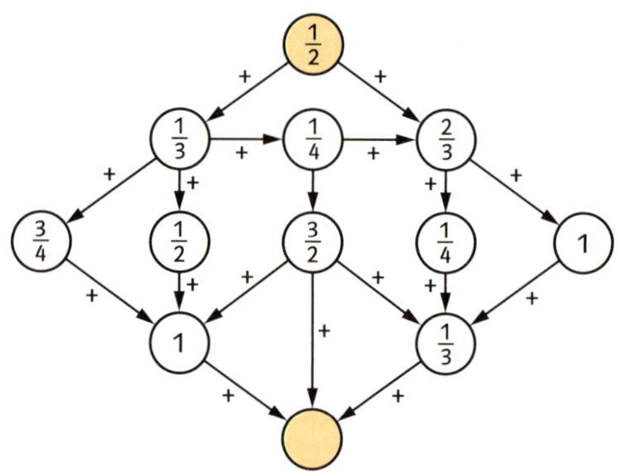

Aufgabe? Skizze?! Lösung!

In einer Schatztruhe funkeln viele Edelsteine. Die Hälfte sind Diamanten, ein Viertel Rubine, ein Siebtel Türkise. Die Namen der sechs übrigen Edelsteine kennt der Schatzsucher nicht. Wie viele Edelsteine sind es?

Eine Skizze verschafft dir Übersicht über die Angaben.

- Skizziere die Schatzkiste.
- Trenne Fächer in etwa der richtigen Größe für die drei bekannten Sorten ab.
- Schreibe die Angaben gut geordnet in die Fächer.

Die bekannten Edelsteine machen $\frac{1}{2} + \frac{1}{4} + \frac{1}{7}$ aller Edelsteine aus, also $\frac{25}{28}$. Die sechs Stück im letzten Fach machen daher $\frac{3}{28}$ aus. Weil es aber nicht 3, sondern 6 Stück sind, wird der Bruch $\frac{3}{28}$ zu $\frac{6}{56}$ erweitert. Du siehst jetzt, insgesamt sind es 56 Edelsteine.

- Anita gab auf der Klassenfahrt am ersten Tag die Hälfte, am zweiten ein Viertel und am dritten Tag ein Achtel ihres Taschengeldes aus. Danach blieben ihr noch 5 €.

- Von einem Vogelschwarm fliegen fünf Vögel in den Baum, zehn auf den Dachfirst und 18 verstecken sich in der Hecke. Ein Zwölftel bleibt sitzen.

$\frac{2}{3}$ einer Tafel Schokolade sind $\frac{1}{2}$ Tafel und 2 Stückchen.

- Wie viele Stückchen hat die Tafel?

18 Florian kauft beim Metzger ein: 1 kg Gulasch, $\frac{1}{2}$ kg Hackfleisch, $\frac{1}{4}$ kg Schinken und 200 g Wurstaufschnitt.
Die Tasche, mit der er seinen Einkauf nach Hause trägt, wiegt 250 g.

19 Für ein Klassenfest mischen die Schülerinnen und Schüler der Klasse 6 ein Erfrischungsgetränk aus $3\frac{1}{2}$ l Orangensaft, $\frac{3}{4}$ l Limonade und zwei Flaschen Grapefruitsaft zu je $\frac{7}{10}$ l zusammen.
Welche Gesamtmenge erhalten sie?

20 Auf einem Blatt sind neun Quadrate verteilt. Jedes von vier roten Quadraten nimmt $\frac{1}{20}$, jedes von drei blauen $\frac{1}{15}$ und jedes von zwei gelben $\frac{1}{12}$ der Gesamtfläche ein. Welcher Teil der Fläche bleibt weiß?

21 Bei einer Wahl mit 15 935 gültigen Stimmen wurden für die Partei A 37 % und für die Partei B 29 % der Stimmen abgegeben. Partei C bekam die restlichen Stimmen. Wer hat die Wahl gewonnen?

22 Die Lösung führt dich in eine sehenswerte Stadt.

$\frac{5}{12} + \frac{1}{3} = \square$ $\quad \frac{3}{7} + \frac{5}{21} = \square$ $\quad \frac{4}{3} + \frac{1}{6} = \square$

$\frac{13}{5} + \frac{17}{10} = \square$ $\quad \frac{5}{8} + \frac{1}{4} = \square$ $\quad \frac{1}{9} + \frac{1}{3} = \square$

$\frac{11}{15} + \frac{4}{5} = \square$

$\frac{23}{15}$ N	$\frac{7}{8}$ H	$\frac{3}{2}$ N
$\frac{4}{9}$ E	$\frac{3}{4}$ M	$\frac{7}{10}$ H
$\frac{43}{10}$ C	$\frac{2}{3}$ Ü	$\frac{7}{9}$ M

23 Ergänze.

Beispiel: $\frac{1}{6} + \square = \frac{3}{4}$; $\quad \frac{2}{12} + \frac{7}{12} = \frac{9}{12}$

a) $\frac{5}{8} + \square = \frac{37}{40}$ $\qquad$ b) $\square + \frac{4}{15} = \frac{5}{6}$

c) $\frac{4}{9} + \square = \frac{31}{36}$ $\qquad$ d) $\square + \frac{3}{10} = \frac{21}{25}$

e) $\square + \frac{3}{8} = \frac{5}{7}$ $\qquad$ f) $\frac{1}{5} + \square = \frac{5}{8}$

24 Ergänze.

Beispiel: $\frac{2}{3} + \frac{\square}{4} = \frac{11}{12}$ $\qquad \frac{8}{12} + \frac{3}{12} = \frac{11}{12}$

$\frac{2}{3} + \frac{1}{4} = \frac{11}{12}$

a) $\frac{\square}{9} + \frac{5}{12} = \frac{31}{36}$ $\qquad$ b) $\frac{3}{\square} + \frac{5}{12} = \frac{19}{24}$

c) $\frac{3}{8} + \frac{\square}{5} = \frac{31}{40}$ $\qquad$ d) $\frac{1}{6} + \frac{2}{\square} = \frac{17}{30}$

e) $\frac{\square}{7} + \frac{2}{3} = \frac{20}{21}$ $\qquad$ f) $\frac{1}{\square} + \frac{3}{10} = \frac{7}{15}$

3 Vervielfachen von Brüchen

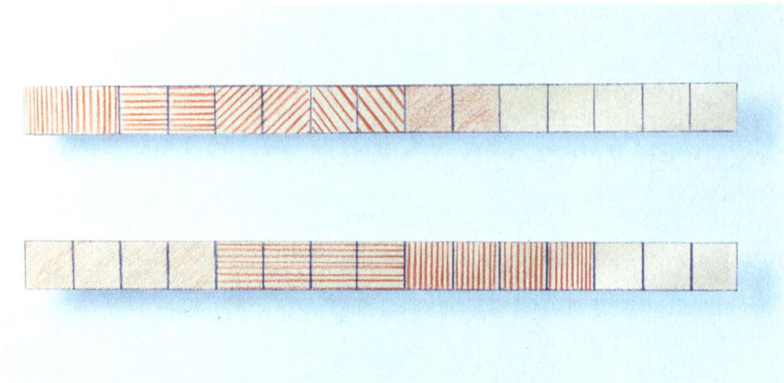

Stelle Papierstreifen mit 15 gleichen Bruchteilen her.

→ Welchen Bruchteil des ganzen Streifens erhältst du, wenn du fünf $\frac{2}{15}$-Bruchteile färbst?

→ Welchen Bruchteil des Ganzen machen drei $\frac{4}{15}$-Bruchteile aus?

→ Stellt euch weitere Färbeaufgaben.

Man kann das Vervielfachen von Brüchen am Zahlenstrahl erklären:

$5 \cdot \frac{3}{4} = \frac{3}{4} + \frac{3}{4} + \frac{3}{4} + \frac{3}{4} + \frac{3}{4} = \frac{15}{4} = 3\frac{3}{4}$

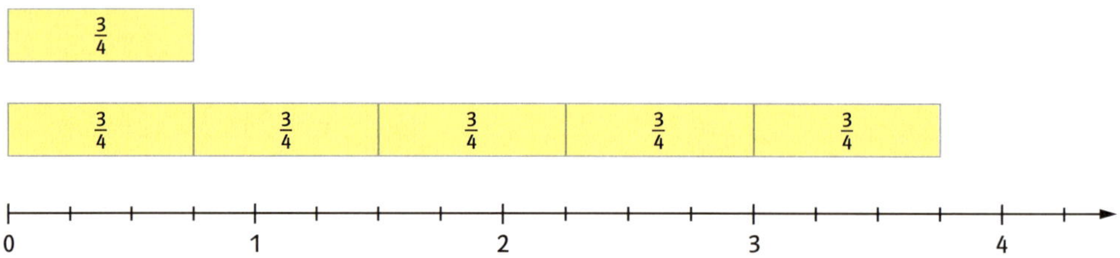

Beim **Vervielfachen eines Bruches** mit einer natürlichen Zahl multipliziert man den Zähler mit der natürlichen Zahl und lässt den Nenner unverändert.

Beispiele

a) $2 \cdot \frac{3}{7} = \frac{2 \cdot 3}{7} = \frac{6}{7}$

b) $5 \cdot \frac{5}{8} = \frac{5 \cdot 5}{8} = \frac{25}{8} = 3\frac{1}{8}$

c) Wenn man vor dem Vervielfachen kürzt, wird die Rechnung einfacher.

$9 \cdot \frac{5}{6} = \frac{9 \cdot 5}{6} = \frac{3 \cdot 5}{2} = \frac{15}{2} = 7\frac{1}{2}$

Bemerkung

Das Schreiben von Vielfachen muss sich deutlich von gemischten Zahlen unterscheiden.

$5 \cdot \frac{1}{5} = \frac{5 \cdot 1}{5} = \frac{5}{5} = 1$

$5\frac{1}{5} = \frac{25}{5} + \frac{1}{5} = \frac{26}{5}$

Aufgaben

1 Lies und löse.
a) 2 · zwei Fünftel
b) 4 · zwei Drittel
c) 3 · drei Zehntel
d) 5 · vier Fünftel
e) 6 · drei Viertel

2 Wie groß ist das Vielfache?
Kontrolliere das Ergebnis am Zahlenstrahl.
a) das 2-Fache von $\frac{1}{2}$; $\frac{3}{4}$ und $\frac{5}{4}$
b) das 4-Fache von $\frac{1}{6}$; $\frac{3}{8}$ und $\frac{6}{5}$
c) das 3-Fache von $\frac{1}{3}$; $\frac{4}{5}$ und $\frac{5}{6}$

3 Vervielfache.

a) $4 \cdot \frac{1}{9}$ b) $7 \cdot \frac{1}{12}$ c) $3 \cdot \frac{2}{7}$

$5 \cdot \frac{2}{11}$ $2 \cdot \frac{4}{5}$ $6 \cdot \frac{6}{7}$

d) $4 \cdot \frac{3}{4}$ e) $5 \cdot \frac{3}{10}$ f) $3 \cdot \frac{5}{6}$

$4 \cdot \frac{3}{2}$ $3 \cdot \frac{13}{9}$ $4 \cdot \frac{23}{12}$

4 Wie heißt das Lösungswort?

2 V; $2\frac{8}{11}$ F; $9\frac{3}{4}$ H; $4\frac{1}{2}$ I; 8 A; 6 L; $4\frac{3}{8}$ C; $7\frac{1}{3}$ E; $1\frac{2}{3}$ E

a) $4 \cdot \frac{1}{2}$ b) $5 \cdot \frac{9}{10}$ c) $8 \cdot \frac{5}{24}$

d) $9 \cdot \frac{2}{3}$ e) $6 \cdot \frac{5}{11}$ f) $10 \cdot \frac{4}{5}$

g) $5 \cdot \frac{7}{8}$ h) $15 \cdot \frac{13}{20}$ i) $24 \cdot \frac{11}{36}$

5 Ergänze.

a) $5 \cdot \frac{\square}{7} = \frac{10}{7}$ b) $\square \cdot \frac{4}{5} = \frac{12}{5}$

c) $7 \cdot \frac{\square}{20} = 2\frac{9}{20}$ d) $\square \cdot \frac{7}{15} = 3\frac{11}{15}$

e) $4 \cdot \frac{\square}{\square} = \frac{24}{11}$ f) $\square \cdot \frac{13}{15} = \frac{52}{\square}$

g) $8 \cdot \frac{6}{\square} = 6\frac{\square}{7}$ h) $11 \cdot \frac{\square}{12} = 4\frac{7}{\square}$

6 Setze die Zahlen 2; 5 und 12 in die Kästchen so ein, dass

a) eine ganze Zahl entsteht.

b) eine Zahl kleiner als 1 entsteht.

c) eine Zahl größer als 1 entsteht.

$\square \cdot \frac{\square}{\square} =$

7 Wenn du vier der Brüche richtig auswählst, findest du zu jedem dieser Brüche zwei Partner. Einer davon entsteht durch Erweitern mit einer bestimmten Zahl, der andere durch Vervielfachen mit derselben Zahl.

$\frac{3}{10}$; $\frac{5}{15}$; $\frac{1}{3}$; $\frac{12}{45}$; $\frac{6}{20}$; $\frac{5}{3}$; $\frac{8}{5}$; $\frac{2}{5}$; $\frac{8}{20}$; $\frac{4}{15}$; $\frac{4}{5}$; $\frac{3}{5}$

8 Löse durch Probieren oder Überlegen.

a) Kannst du den Bruch $\frac{7}{8}$ so vervielfachen, dass du als Produkt eine natürliche Zahl erhältst?

b) Wie oft ist der Bruch $\frac{5}{6}$ in 5 enthalten?

c) Welche Vielfachen von $\frac{3}{11}$ liegen zwischen den beiden Zahlen 2 und 3?

d) Wie oft passt $\frac{2}{3}$ in 8?

e) Der Bruch $\frac{4}{7}$ soll mit einer natürlichen Zahl so multipliziert werden, dass eine natürliche Zahl kleiner als 15 entsteht.

9 In dem Quadrat sind vier Brüche und ihre Vielfachen verteilt. Übertrage ins Heft und färbe die zusammengehörenden Vielfachen in gleichen Farben.

$\frac{1}{2}$	$7\frac{4}{5}$	$\frac{8}{5}$	$\frac{3}{5}$	1
$\frac{27}{5}$	$5\frac{1}{4}$	$5\frac{3}{5}$	$\frac{9}{4}$	$6\frac{3}{5}$
$\frac{2}{5}$	$\frac{26}{5}$	$3\frac{3}{4}$	$\frac{4}{5}$	$3\frac{1}{5}$
$1\frac{4}{5}$	$6\frac{3}{4}$	$\frac{14}{5}$	$\frac{3}{4}$	$\frac{21}{5}$
$\frac{7}{2}$	$\frac{57}{5}$	$\frac{22}{5}$	$10\frac{1}{5}$	$\frac{5}{2}$

10 Petra trainiert in der Woche dreimal eineinhalb Stunden Tennis, Sven fünfmal eine Dreiviertelstunde Gewichtheben und Marion viermal eineinviertel Stunden Badminton.

11 Berechne die Unterrichtszeit in Stunden und Minuten für

a) einen Unterrichtstag mit sechs Schulstunden.

b) eine Unterrichtswoche mit drei Tagen zu sechs und zwei Tagen zu sieben Unterrichtsstunden.

12 a) Legt aus „$\frac{3}{4}$-Stücken" eines Rasters Rechtecke.

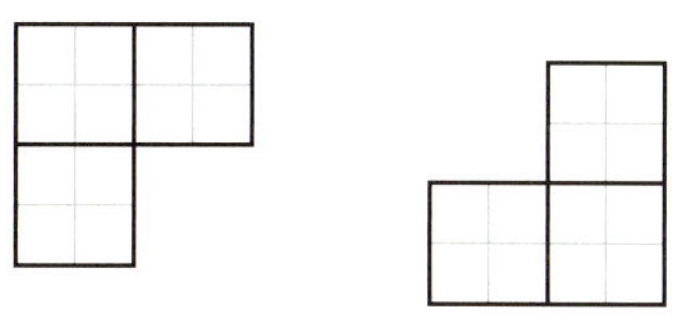

b) Wie viele Stücke braucht ihr für Quadrate verschiedener Größen?

·	$\frac{2}{3}$	$\frac{5}{8}$	$\frac{7}{12}$
2			
3			
4			
5			
8			

4 Teilen von Brüchen

Faltet zwei Blätter Papier in 16 gleich große Teile. Färbt auf beiden Blättern einen Bruchteil grün.

→ Zerlegt auf einem Blatt den nicht gefärbten Bruchteil in drei gleich große Teile.

→ Was passiert, wenn ihr den nicht gefärbten Bruchteil in zwei gleiche Teile zerlegen wollt?

Ein Bruch lässt sich durch jede natürliche Zahl teilen.
Ist der Zähler ein Vielfaches der Zahl, durch die geteilt werden soll, so wird der Zähler geteilt.

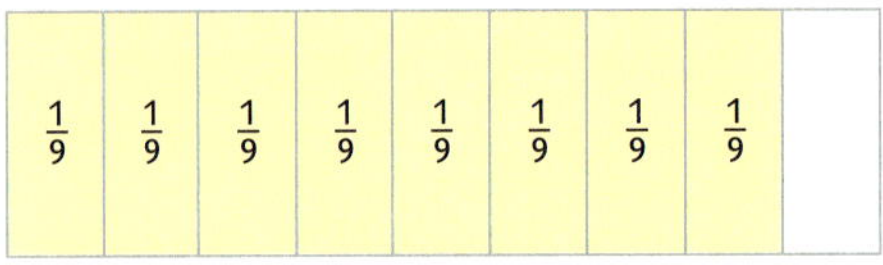

$\frac{8}{9}$

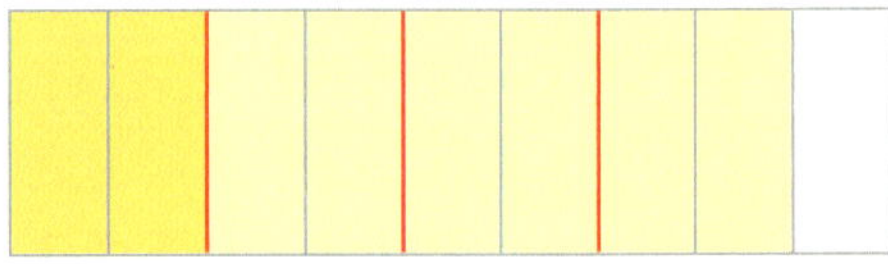

$\frac{8}{9} : 4 = \frac{8:4}{9} = \frac{2}{9}$

Ist der Zähler kein Vielfaches der Zahl, durch die geteilt werden soll, so muss man jeden einzelnen Bruchteil teilen.
Dazu muss man erst erweitern.

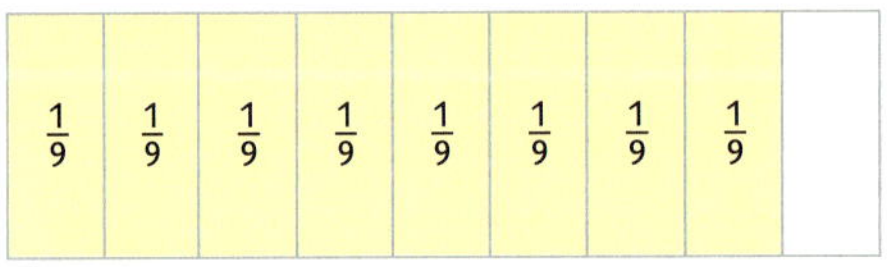

$\frac{8}{9}$

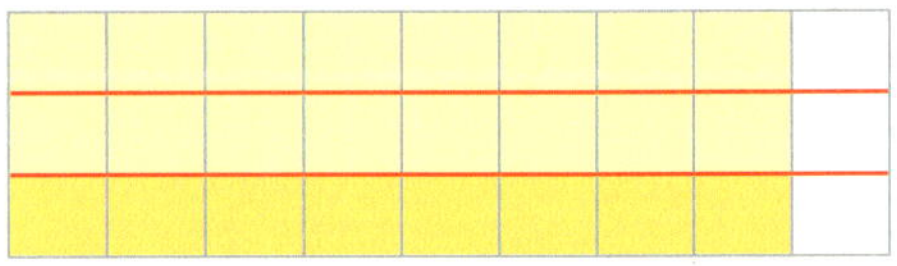

$\frac{1}{9} : 3 = \frac{3}{27} : 3 = \frac{1}{27}$, also $\frac{8}{9} : 3 = \frac{8}{27}$

Man sieht, dass nur der Nenner mit der Zahl vervielfacht werden muss.

$\frac{8}{9} : 3 = \frac{8}{9 \cdot 3} = \frac{8}{27}$

Beim **Teilen** eines Bruches durch eine natürliche Zahl multipliziert man den Nenner mit der Zahl und behält den Zähler bei.

Bemerkung

Die Regel gilt auch, wenn der Zähler ein Vielfaches der Zahl ist, durch die geteilt werden soll:

$\frac{12}{13} : 3 = \frac{12}{13 \cdot 3} = \frac{4}{13 \cdot 1} = \frac{4}{13}$

Beispiele

a) $\frac{5}{7} : 6 = \frac{5}{7 \cdot 6} = \frac{5}{42}$

b) $\frac{6}{7} : 5 = \frac{6}{7 \cdot 5} = \frac{6}{35}$

Aufgaben

1 Was ergibt
a) vier Fünftel geteilt durch 2?
b) die Hälfte von einem Drittel?
c) sechs Siebtel geteilt durch 3?
d) der dritte Teil von einem Viertel?
e) der vierte Teil von einem Drittel?

2 Rechne im Kopf.

a)	b)	c)
$\frac{1}{2}:3$	$\frac{3}{4}:5$	$\frac{5}{8}:4$
$\frac{4}{3}:2$	$\frac{8}{5}:4$	$\frac{15}{7}:5$
$\frac{2}{5}:4$	$\frac{3}{10}:6$	$\frac{4}{7}:8$
$\frac{6}{7}:12$	$\frac{3}{4}:18$	$\frac{6}{11}:9$

3 Dividiere und stelle die Aufgaben nacheinander auf Zahlenstrahlen mit einem Ganzen bei 36 Teilstrichen dar.
$\frac{2}{3}$ durch 2; 3; 4; 6 und 8

Beispiel:

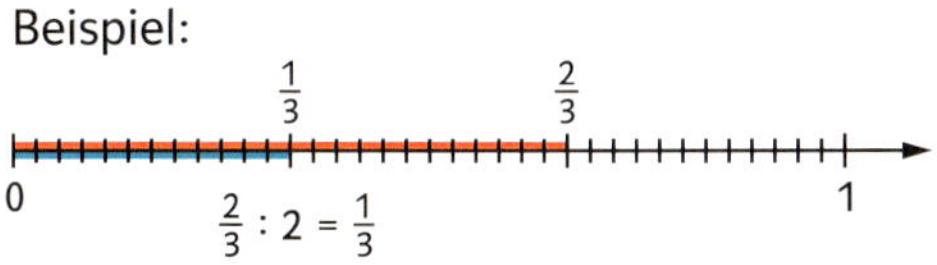

4 Teile der Reihe nach. Was stellst du dabei fest?
a) $\frac{4}{5}$ durch 1; 2; 3; …; 7 und 8
b) $\frac{8}{15}$ durch 32; 16; 8; 4; 2 und 1

5 Überprüfe deine Rechnung.

Beispiel: $\frac{2}{5}:3=\frac{2}{15}$ $\quad 3\cdot\frac{2}{15}=\frac{6}{15}=\frac{2}{5}$

a)	b)	c)
$\frac{4}{9}:8$	$\frac{6}{5}:15$	$\frac{16}{7}:20$
$\frac{6}{7}:24$	$\frac{9}{10}:12$	$\frac{14}{5}:21$
$\frac{13}{20}:26$	$\frac{20}{11}:25$	$\frac{25}{8}:30$

6 Rechne mit Größen. Gib das Ergebnis auch in der nächstkleineren Einheit an.
a) Wie viel ist die Hälfte von $\frac{3}{4}$kg?
b) Teile eine halbe Stunde durch 4.
c) Wie viel ist der dritte Teil von $1\frac{1}{2}$t?
d) Teile einen halben Kilometer durch 10.
e) Wie viel ist der vierte Teil von $\frac{1}{5}$ Liter?
f) Teile einen halben Hektar durch 5.

7 Ergänze.
a) $\frac{2}{3}:\square=\frac{2}{9}$ b) $\frac{8}{9}:\square=\frac{2}{9}$
c) $\frac{\square}{7}:4=\frac{5}{28}$ d) $\frac{\square}{13}:6=\frac{2}{13}$
e) $\frac{6}{\square}:5=\frac{6}{35}$ f) $\frac{10}{\square}:5=\frac{2}{15}$
g) $\frac{6}{\square}:5=\frac{3}{35}$ h) $\frac{10}{\square}:5=\frac{1}{4}$

8 Unterscheide die Ergebnisse beim Teilen und Kürzen.
a) Teile durch 5. Kürze mit 5 und vergleiche.
$\frac{5}{45}$; $\frac{25}{90}$; $\frac{100}{135}$; $\frac{185}{10}$
b) Teile $\frac{24}{32}$ durch 2; 4 und 8.
Kürze $\frac{24}{32}$ mit 2; 4 und 8.
c) Teile $\frac{96}{72}$ durch 2; 3; 4; 6; 8; 12 und 24.
Kürze $\frac{96}{72}$ mit 2; 3; 4; 6; 8; 12 und 24.

9 Setze die Zahlen 3; 5 und 15 so in die Kästchen ein, dass
a) das größtmögliche Ergebnis entsteht.
b) das kleinstmögliche Ergebnis entsteht.

$\frac{\square}{\square}:\square=$

10 Drei Freunde vereinbaren telefonisch ein Treffen und starten mit ihren Fahrrädern. Heiner schafft seine $3\frac{1}{2}$km in 15 min, Tom seine $5\frac{1}{4}$km in 21 min und Sebastian seine $2\frac{3}{4}$km in 10 min.
a) Wer fährt am schnellsten?
b) Wann wäre Heiner und wann wäre Sebastian angekommen, wenn beide ebenso schnell wie Tom gefahren wären?

11 Für einen $\frac{3}{4}$km langen Rundweg gibt der Wanderführer 15 Minuten und für den $\frac{1}{5}$km langen Anstieg 12 Minuten Wanderzeit an.

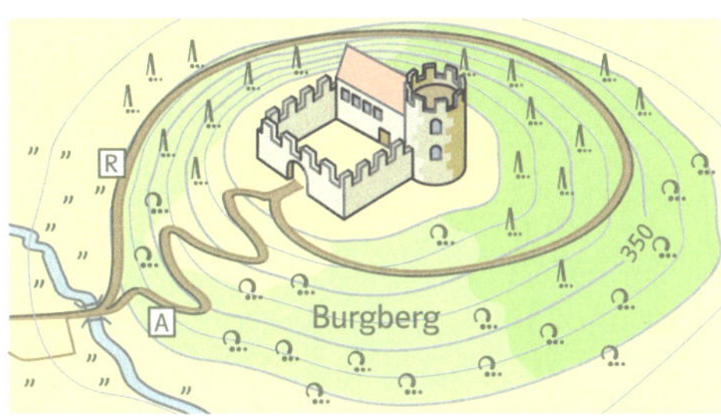

:	2	5	12
$\frac{2}{5}$			
$\frac{5}{9}$			
$\frac{12}{7}$			
$\frac{20}{21}$			
$\frac{60}{31}$			

5 Multiplizieren von Brüchen

→ Zeichne vier Quadrate auf deinem Blatt, teile sie in 16 gleiche Teile und färbe $\frac{1}{4}$ in einer hellen Farbe.

→ Schraffiere nun in einer dunkleren Farbe
- das Doppelte von $\frac{1}{4}$,
- das Einfache von $\frac{1}{4}$,
- die Hälfte von $\frac{1}{4}$,
- den vierten Teil von $\frac{1}{4}$.

→ Welchen Bruchteil vom Ganzen hast du jeweils schraffiert?

Bruchteile von Bruchteilen kann man durch Teilen und Vervielfachen bestimmen.
$\frac{2}{3}$ von $\frac{4}{5}$ kann man sich so vorstellen:

$\frac{4}{5}$ | durch 3 teilen | und mal 2 nehmen

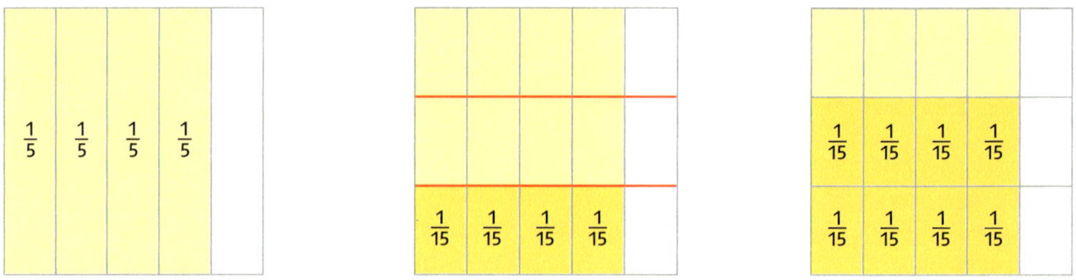

$\frac{4}{5} : 3 = \frac{4}{15}$ $\qquad$ $2 \cdot \frac{4}{15} = \frac{8}{15}$

Man erkennt, dass $\frac{8}{15}$ der Bruch ist, der aus $\frac{2}{3}$ und $\frac{4}{5}$ durch Multiplikation der zwei Zähler und der zwei Nenner entstanden ist.

$\frac{2}{3} \cdot \frac{4}{5} = \frac{2 \cdot 4}{3 \cdot 5} = \frac{8}{15}$

Man nennt diesen Rechenvorgang die Multiplikation von Brüchen.

Brüche multiplizieren

$\frac{\text{Zähler} \cdot \text{Zähler}}{\text{Nenner} \cdot \text{Nenner}}$

Brüche werden **multipliziert**, indem man Zähler mit Zähler und Nenner mit Nenner multipliziert.

Beispiele

a) $\frac{3}{4} \cdot \frac{5}{7} = \frac{3 \cdot 5}{4 \cdot 7} = \frac{15}{28}$

b) $\frac{3}{5} \cdot \frac{7}{4} = \frac{21}{20} = 1\frac{1}{20}$

c) Wenn man vor dem Multiplizieren kürzt, kann man sich die Rechnung vereinfachen.

$\frac{27}{40} \cdot \frac{16}{21} = \frac{27 \cdot 16}{40 \cdot 21} = \frac{3 \cdot 9 \cdot 8 \cdot 2}{8 \cdot 5 \cdot 3 \cdot 7} = \frac{9 \cdot 2}{5 \cdot 7} = \frac{18}{35}$

d) Ist der Faktor eine natürliche Zahl, kann man diese als Bruch schreiben.

$\frac{5}{6} \cdot 4 = \frac{5}{6} \cdot \frac{4}{1} = \frac{5 \cdot 4}{6 \cdot 1} = \frac{5 \cdot 2 \cdot 2}{2 \cdot 3 \cdot 1} = \frac{5 \cdot 2}{3 \cdot 1} = \frac{10}{3} = 3\frac{1}{3}$

Aufgaben

1 Was ergibt
a) ein Drittel von drei Vierteln?
b) $\frac{1}{6}$ von $\frac{3}{4}$?
c) das $\frac{1}{2}$-Fache von vier Fünfteln?
d) $\frac{1}{4}$ von $\frac{3}{5}$?
e) der vierte Teil von $\frac{1}{2}$?

2 Rechne mit einem Rechteck.

Beispiel:
$\frac{2}{3} \cdot \frac{3}{5} = \frac{6}{15} = \frac{2}{5}$

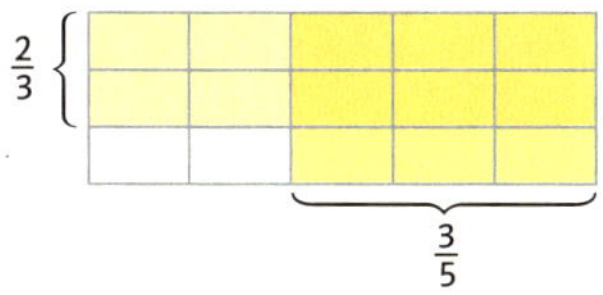

a) $\frac{2}{3} \cdot \frac{1}{4}$ b) $\frac{3}{4} \cdot \frac{2}{3}$ c) $\frac{1}{4} \cdot \frac{1}{10}$

3 Multipliziere.

a) $\frac{1}{2} \cdot \frac{1}{3}$
$\frac{1}{5} \cdot \frac{1}{6}$
$\frac{1}{6} \cdot \frac{1}{7}$
$\left(\frac{1}{2}\right)^2$

b) $\frac{2}{5} \cdot \frac{3}{4}$
$\frac{3}{5} \cdot \frac{4}{7}$
$\frac{3}{7} \cdot \frac{3}{8}$
$\left(\frac{2}{3}\right)^2$

c) $\frac{4}{5} \cdot \frac{6}{7}$
$\frac{7}{9} \cdot \frac{7}{10}$
$\frac{2}{7} \cdot \frac{5}{11}$
$\left(\frac{3}{4}\right)^2$

4 Berechne. Kürze wenn möglich.

a) $\frac{1}{2} \cdot \frac{4}{5}$
$\frac{5}{6} \cdot \frac{3}{5}$
$\frac{7}{9} \cdot \frac{3}{10}$

b) $\frac{6}{7} \cdot \frac{5}{8}$
$\frac{8}{3} \cdot \frac{3}{4}$
$\frac{2}{7} \cdot \frac{5}{12}$

c) $\frac{3}{4} \cdot \frac{4}{5}$
$\frac{5}{6} \cdot \frac{3}{8}$
$\frac{2}{9} \cdot \frac{1}{4}$

d) $\frac{15}{16} \cdot \frac{12}{25}$
$\frac{7}{25} \cdot \frac{10}{21}$
$\frac{49}{48} \cdot \frac{16}{35}$

e) $\frac{9}{16} \cdot \frac{8}{15}$
$\frac{18}{35} \cdot \frac{7}{12}$
$\frac{15}{17} \cdot \frac{34}{5}$

f) $\frac{3}{14} \cdot \frac{7}{9}$
$\frac{10}{17} \cdot \frac{3}{5}$
$\frac{27}{55} \cdot \frac{10}{9}$

5 Würfle mit deinem Partner.
Bildet aus den vier Augenzahlen zwei Brüche und multipliziert sie.

Beispiel:

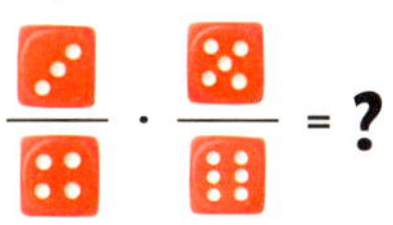

$\frac{3}{4} \cdot \frac{5}{6} = \frac{5}{8}$

a) Wer kommt mit dem Ergebnis einem Ganzen am nächsten?
b) Wer schafft das größere Ergebnis?
c) Wer erreicht das kleinere Ergebnis?

Rechengesetze

In Produkten dürfen die Faktoren vertauscht werden.
Dies ist das **Kommutativgesetz** (Vertauschungsgesetz) der Multiplikation.

$$\frac{5}{7} \cdot \frac{2}{3} = \frac{2}{3} \cdot \frac{5}{7}$$

$$\frac{5}{7} \cdot \frac{2}{3} = \frac{5 \cdot 2}{7 \cdot 3} = \frac{10}{21} \qquad \frac{2}{3} \cdot \frac{5}{7} = \frac{2 \cdot 5}{3 \cdot 7} = \frac{10}{21}$$

In Produkten mit drei und mehr Faktoren dürfen beliebig Klammern gesetzt oder weggelassen werden.

Dies ist das **Assoziativgesetz** (Verbindungsgesetz) der Multiplikation.

$$\left(\frac{2}{5} \cdot \frac{1}{3}\right) \cdot \frac{5}{8} = \frac{2}{5} \cdot \left(\frac{1}{3} \cdot \frac{5}{8}\right)$$

$$\left(\frac{2}{5} \cdot \frac{1}{3}\right) \cdot \frac{5}{8} = \frac{2}{15} \cdot \frac{5}{8} = \frac{1}{12} \qquad \frac{2}{5} \cdot \left(\frac{1}{3} \cdot \frac{5}{8}\right) = \frac{2}{5} \cdot \frac{5}{24} = \frac{1}{12}$$

■ Benutze beide Gesetze, um dir bei umfangreichen Aufgaben Rechenvorteile zu verschaffen.

a) $\frac{4}{5} \cdot \frac{2}{3} \cdot \frac{5}{9}$
b) $\frac{4}{5} \cdot \frac{3}{5} \cdot \frac{3}{4}$
c) $\frac{5}{4} \cdot \frac{3}{8} \cdot \frac{2}{7} \cdot \frac{16}{5}$
d) $\frac{7}{2} \cdot \frac{5}{6} \cdot \frac{8}{7} \cdot \frac{4}{5}$
e) $\frac{5}{7} \cdot \frac{1}{7} \cdot \frac{14}{25} \cdot \frac{49}{3}$
f) $\frac{16}{21} \cdot \frac{5}{9} \cdot \frac{35}{24} \cdot \frac{27}{15}$
g) $\frac{11}{13} \cdot \frac{15}{17} \cdot \frac{13}{19} \cdot \frac{17}{15} \cdot \frac{19}{21}$
h) $\frac{33}{14} \cdot \frac{36}{102} \cdot \frac{13}{15} \cdot \frac{70}{11} \cdot \frac{51}{72} \cdot \frac{45}{39}$

6 Rechne mit Größen.
a) zwei Drittel von $\frac{1}{2}$ Meter
b) ein Drittel von $\frac{3}{4}$ Kilogramm
c) drei Viertel von $\frac{1}{3}$ Liter
d) fünf Sechstel von $\frac{2}{5}$ Gramm
e) vier Fünftel von $\frac{3}{4}$ Kilometern
f) ein Viertel von $\frac{4}{5}$ Dezimetern
g) zwei Drittel von $\frac{3}{4}$ Stunden

7 Hier wird multipliziert.
Der Produktwert steht jeweils in dem Kästchen darüber.

a)

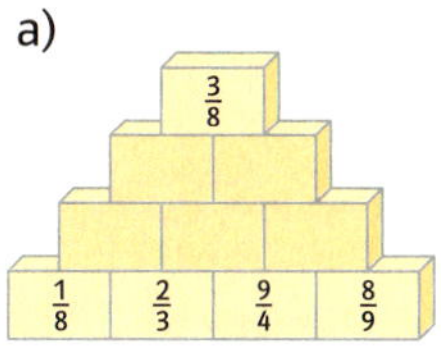

b)

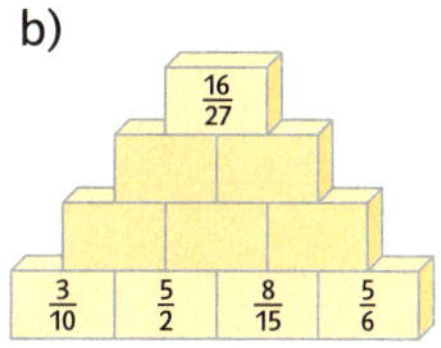

c)

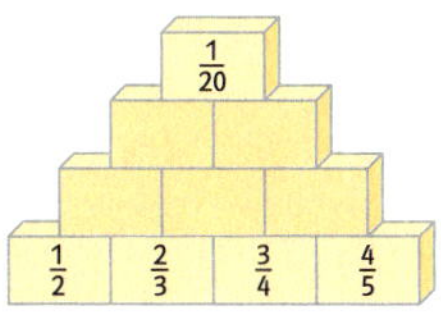

d)

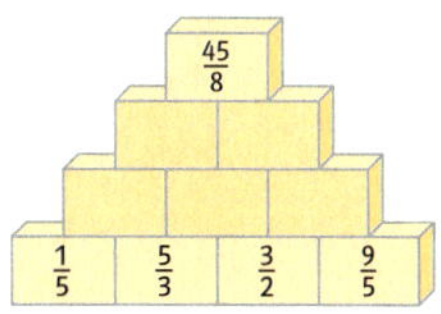

$\cdot$	$\frac{4}{5}$	$\frac{3}{7}$	$\frac{4}{3}$
$\frac{3}{4}$			
$\frac{7}{8}$			
$\frac{7}{4}$			
$\frac{5}{2}$			
$\frac{10}{9}$			

8 Findest du den Fehler? Erkläre.

a) $\frac{3}{5} \cdot \frac{2}{5} = \frac{6}{10}$ b) $\frac{4}{7} \cdot \frac{2}{7} = \frac{8}{7}$

c) $\frac{3}{4} \cdot 2 = \frac{6}{8}$ d) $\frac{5}{6} \cdot \frac{2}{3} = \frac{7}{9}$

9 Ersetze. Probiere, ob es mehrere Möglichkeiten gibt.

a) $\frac{4}{7} \cdot \frac{5}{9} = \frac{\square}{63}$ b) $\frac{8}{15} = \frac{4}{5} \cdot \frac{\square}{\square}$

c) $\frac{3}{14} = \frac{\square}{\square} \cdot \frac{3}{7}$ d) $\frac{2}{5} \cdot \frac{8}{\square} = \frac{8}{25}$

e) $\frac{8}{5} \cdot \frac{\square}{12} = \frac{16}{15}$ f) $\frac{\square}{10} \cdot \frac{3}{4} = \frac{21}{\square}$

g) $\frac{5}{\square} \cdot \frac{\square}{9} = \frac{5}{18}$ h) $\frac{\square}{15} \cdot \frac{12}{\square} = \frac{84}{120}$

10 Was stellst du fest? Formuliere es.

a) $\frac{5}{11} \cdot \frac{11}{5} = \square$; $\frac{7}{2} \cdot \frac{2}{7} = \square$; $\frac{35}{62} \cdot \frac{62}{35} = \square$

b) $\frac{4}{5} \cdot \square = 1$; $\frac{7}{8} \cdot \square = 1$; $6 \cdot \square = 1$

Bruchrechnung im Mittelalter

Hier siehst du, wie Adam Ries vor über 400 Jahren seinen Zeitgenossen das Multiplizieren mit Bruchzahlen erklärt hat. Lies die Beispiele im Originaltext sehr genau. Entdeckst du einen Druckfehler?

$\frac{3}{4} \cdot \frac{4}{5} = \frac{12}{20}$ oder $\frac{3}{5}$

$24 \cdot \frac{3}{7} = \frac{24}{1} \cdot \frac{3}{7} = 10\frac{2}{7}$

$3\frac{2}{3} \cdot 3\frac{3}{4} = \frac{11}{3} \cdot \frac{15}{4} = 13\frac{3}{4}$

Adam Risen Rechenbuch

1574.

Multipliciren in gebrochnen.

Die Zehler multiplicir mit einander / vnnd auch die Nenner/so hastu es gemacht.

Item $\frac{3}{4}$ mit $\frac{4}{5}$ wirdt $\frac{12}{20}$ oder $\frac{3}{5}$ theil.

Wiltu gantze mit gebrochnen multipliciren/ so brich die gantzen mit vndersetzung 1. Als dann multiplicir die obern mit einander vnd auch die vndern.

Item 24 mit $\frac{3}{7}$ setz $\frac{24}{1}$ mit $\frac{3}{7}$. Machs fort wie oben/kommen $10\frac{2}{7}$ theil. Wiltu aber multipliciren gantze mit gantzen vnd gebrochnen/ oder gantze vnd gebrochne/mit gantzen vnd gebrochnen/so resoluir vorhin die gantzen in theil/vnd machs darnach wie oben.

Item $3\frac{2}{3}$ mit $\frac{3}{4}$. resoluir gantze in theil/kommen $\frac{11}{3}$. $\frac{15}{4}$. Machs nach gesagten/so kommen $13\frac{3}{4}$ theil.

11 Wähle den zweiten Faktor zu $\frac{7}{8}$ so, dass
a) das Produkt kleiner als ein Ganzes ist.
b) das Produkt ein Ganzes ist.
c) das Produkt größer als ein Ganzes ist.

12 Wähle zwei Brüche so aus, dass sich
a) der größte Produktwert ergibt.
b) der kleinste Produktwert ergibt.
c) der Produktwert $1\frac{5}{16}$ entsteht.

$\frac{2}{3}$ $\frac{4}{5}$ $\frac{7}{4}$ $\frac{3}{4}$ $\frac{5}{8}$ $\frac{10}{7}$

13 Fülle die Felder aus.

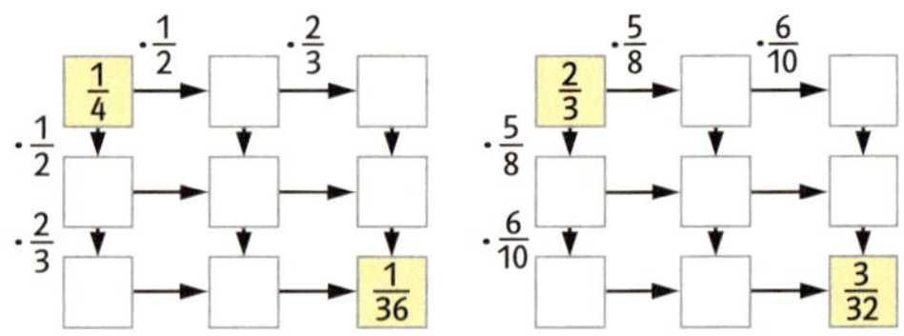

14 Laura erhält drei Viertel eines Lottogewinns und muss ihr Versprechen gegenüber ihrem Freund Luca halten: „Wenn ich gewinne, bekommst du die Hälfte."
a) Mit welchem Anteil am Gesamtgewinn kann Luca rechnen?
b) Wie viel Euro bekommt Luca, wenn der Gesamtgewinn 10 000 € beträgt?

15 Ein 42 km langer Radweg wird angelegt. Davon sind $\frac{4}{7}$ bereits geteert, $\frac{2}{3}$ der geteerten Strecke sind schon befahrbar. Wie viele Kilometer sind das?

16 Der afrikanische Kontinent ist zu $\frac{3}{5}$ mit Wüsten oder Halbwüsten bedeckt. Die Sahara nimmt $\frac{5}{12}$ davon ein. Welcher Anteil am Kontinent ist das?

17 Die Erdoberfläche (510 000 000 km^2) ist zu etwa $\frac{7}{10}$ mit Meeren bedeckt. Davon fallen $\frac{3}{10}$ auf den Atlantischen Ozean, $\frac{1}{5}$ auf den Indischen Ozean und der Rest auf den Pazifischen Ozean.
a) Welchen Anteil der Erdoberfläche nehmen die drei Ozeane ein?
b) Wie viel Quadratkilometer beträgt die Fläche der Ozeane?

6 Dividieren von Brüchen

Faltet zwei Blätter in 16 gleiche Anteile.
Schneidet jeweils $\frac{1}{16}$ ab.
Löst durch Schneiden oder Zeichnen:

- Wie oft passen $\frac{3}{16}$ in $\frac{15}{16}$?
- Wie oft passen $\frac{3}{8}$ in $\frac{15}{16}$?

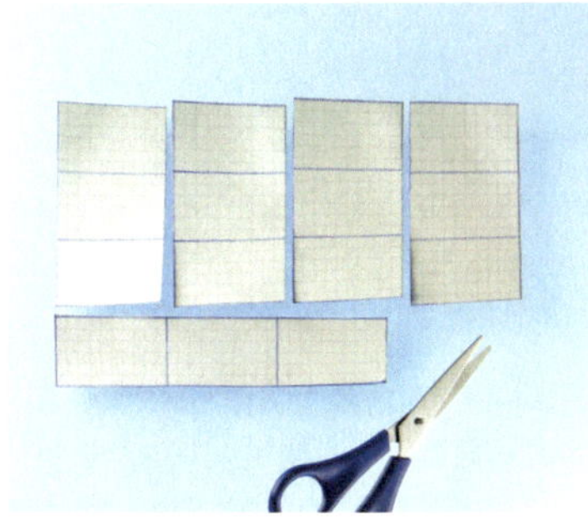

Um zu bestimmen, wie oft $\frac{2}{5}$ in $\frac{3}{4}$ passt, muss man die Divisionsaufgabe $\frac{3}{4}:\frac{2}{5}$ lösen.

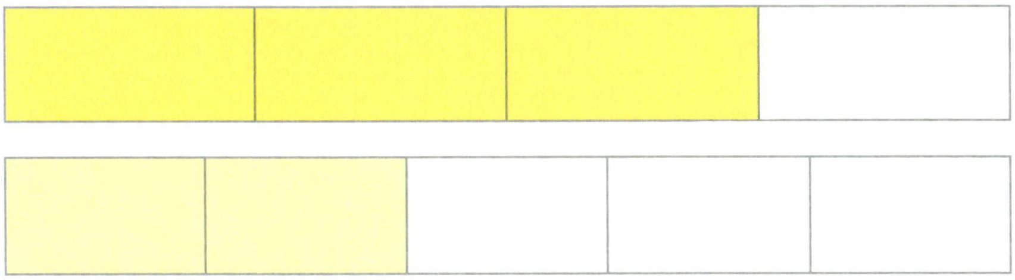

$\frac{3}{4}$

$\frac{2}{5}$

Das Ergebnis lässt sich so nur abschätzen. Um es genau zu erhalten, bringt man beide Brüche auf einen gemeinsamen Nenner.

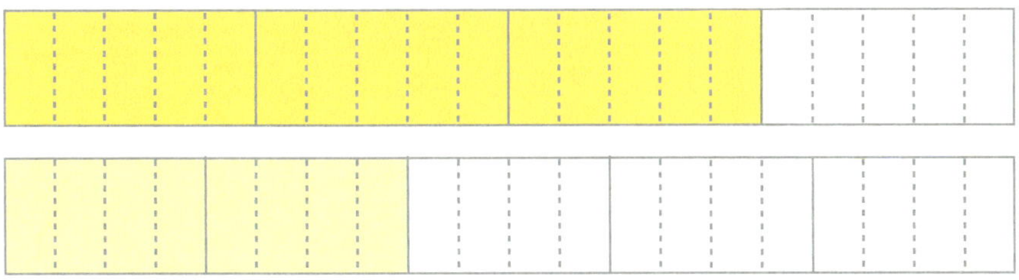

$\frac{3}{4} = \frac{15}{20}$

$\frac{2}{5} = \frac{8}{20}$

Nun sieht man, dass $\frac{8}{20}$ so oft in $\frac{15}{20}$ passt wie 8 in 15. Das Ergebnis ist also $15:8 = \frac{15}{8}$.
Man erkennt, dass $\frac{3}{4}:\frac{2}{5} = \frac{15}{8}$ sofort lösbar ist durch $\frac{3}{4}:\frac{2}{5} = \frac{3}{4}\cdot\frac{5}{2} = \frac{15}{8}$.
Die Suche nach einem gemeinsamen Nenner ist damit nicht mehr nötig.
Vertauscht man Zähler und Nenner eines Bruches, so erhält man seinen **Kehrbruch**.
$\frac{5}{2}$ ist also der Kehrbruch von $\frac{2}{5}$.

Brüche werden **dividiert**, indem man den ersten Bruch mit dem Kehrbruch des zweiten Bruches multipliziert.

Beispiele

a) $\frac{4}{7}:\frac{3}{5} = \frac{4}{7}\cdot\frac{5}{3} = \frac{4\cdot 5}{7\cdot 3} = \frac{20}{21}$

b) $9:\frac{3}{4} = \frac{9}{1}:\frac{3}{4} = \frac{9}{1}\cdot\frac{4}{3} = \frac{9\cdot 4}{1\cdot 3} = \frac{3\cdot 3\cdot 4}{1\cdot 3} = \frac{12}{1} = 12$

! *Kürzen nicht vergessen!*

Aufgaben

1 Lies und löse.

a) Teile $\frac{3}{4}$ durch $\frac{1}{2}$.

b) Teile $\frac{1}{2}$ durch $\frac{1}{4}$.

c) Wie oft passt $\frac{1}{4}$ in $1\frac{1}{2}$?

d) Wie oft passen $\frac{2}{5}$ in $\frac{3}{2}$?

2 Zeichne zur Erklärung zwei Rechtecke untereinander. Wähle 24 Kästchen für ein Ganzes.

Beispiel: $\frac{3}{4}$

$\frac{1}{6}$

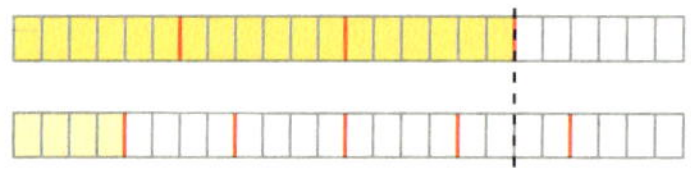

$\frac{3}{4} : \frac{1}{6} = 4\frac{1}{2}$

a) $\frac{2}{3} : \frac{1}{6}$ b) $\frac{5}{6} : \frac{1}{8}$ c) $\frac{7}{8} : \frac{1}{2}$

3 Dividiere die Brüche.

a)	b)	c)
$\frac{2}{3} : \frac{1}{2}$	$\frac{4}{5} : \frac{3}{2}$	$\frac{5}{8} : \frac{2}{3}$
$\frac{1}{7} : \frac{2}{3}$	$\frac{3}{4} : \frac{4}{3}$	$\frac{1}{10} : \frac{1}{20}$
$\frac{5}{4} : \frac{7}{3}$	$\frac{3}{4} : \frac{2}{3}$	$\frac{3}{5} : \frac{2}{7}$
$\frac{4}{5} : \frac{3}{4}$	$\frac{5}{6} : \frac{1}{5}$	$\frac{8}{5} : \frac{9}{7}$

4 Kürze bevor du dividierst.

a)	b)	c)
$\frac{3}{4} : \frac{9}{8}$	$\frac{3}{5} : \frac{18}{15}$	$\frac{17}{18} : \frac{68}{63}$
$\frac{17}{4} : \frac{17}{2}$	$\frac{13}{6} : \frac{26}{6}$	$\frac{35}{42} : \frac{45}{46}$
$\frac{5}{3} : \frac{7}{3}$	$\frac{29}{3} : \frac{29}{9}$	$\frac{64}{81} : \frac{24}{27}$
$\frac{9}{2} : \frac{27}{4}$	$\frac{4}{13} : \frac{15}{39}$	$\frac{63}{50} : \frac{98}{75}$

5 Gib das Ergebnis der Rechnung als gemischte Zahl an.

a)	b)	c)
$\frac{7}{2} : \frac{7}{3}$	$\frac{48}{7} : \frac{16}{3}$	$\frac{76}{9} : \frac{19}{4}$
$\frac{17}{5} : \frac{8}{5}$	$\frac{35}{4} : \frac{25}{8}$	$\frac{35}{3} : \frac{50}{9}$
$\frac{5}{4} : \frac{15}{28}$	$\frac{19}{22} : \frac{38}{55}$	$\frac{28}{3} : \frac{56}{16}$
$\frac{70}{36} : \frac{35}{27}$	$\frac{22}{21} : \frac{11}{28}$	$\frac{39}{5} : \frac{13}{11}$

6 Ordne die Schilder, die dasselbe Ergebnis haben, einander zu.
Wie heißt das gesuchte Lösungswort?

$\frac{3}{4} \cdot \frac{5}{9}$ C

$\frac{2}{3} \cdot \frac{4}{5}$ H

$1 : \frac{15}{8}$ 5

$\frac{1}{4} : \frac{3}{5}$ 4

$\frac{12}{13} \cdot 2\frac{1}{2}$ 1

$\frac{4}{7} : \frac{2}{7}$ U

$\frac{3}{4} : \frac{1}{2}$ 2

$\frac{5}{12} \cdot 3\frac{3}{5}$ R

$4 : 1\frac{11}{15}$ B

$\frac{5}{3} \cdot \frac{6}{5}$ 3

7 Berechne die Aufgaben spaltenweise.

$8:8 =$	$8:8 =$	$8:\frac{1}{2} =$	$\frac{1}{2}:8 =$
$8:4 =$	$4:8 =$	$4:\frac{1}{2} =$	$\frac{1}{2}:4 =$
$8:2 =$	$2:8 =$	$2:\frac{1}{2} =$	$\frac{1}{2}:2 =$
$8:1 =$	$1:8 =$	$1:\frac{1}{2} =$	$\frac{1}{2}:1 =$
$8:\frac{1}{2} =$	$\frac{1}{2}:8 =$	$\frac{1}{2}:\frac{1}{2} =$	$\frac{1}{2}:\frac{1}{2} =$
$8:\frac{1}{4} =$	$\frac{1}{4}:8 =$	$\frac{1}{4}:\frac{1}{2} =$	$\frac{1}{2}:\frac{1}{4} =$
$8:\frac{1}{8} =$	$\frac{1}{8}:8 =$	$\frac{1}{8}:\frac{1}{2} =$	$\frac{1}{2}:\frac{1}{8} =$

8 Was fällt dir auf?

a) $1:\frac{3}{2}$; $1:\frac{4}{5}$; $1:\frac{7}{8}$; $1:\frac{8}{9}$

b) $3:\frac{1}{2}$; $8:\frac{1}{7}$; $4:\frac{1}{3}$; $9:\frac{1}{6}$

c) $\frac{11}{5}:\frac{11}{2}$; $\frac{7}{4}:\frac{7}{6}$; $\frac{12}{7}:\frac{12}{3}$; $\frac{13}{2}:\frac{13}{9}$

d) $\frac{7}{9}:\frac{2}{9}$; $\frac{5}{12}:\frac{7}{12}$; $\frac{8}{7}:\frac{3}{7}$; $\frac{3}{10}:\frac{9}{10}$

9 Dividiere nacheinander.

a) 6 durch $\frac{1}{6}$; $\frac{1}{5}$; $\frac{1}{4}$; $\frac{1}{3}$; $\frac{1}{2}$; 1; 2; 3; …
Wann wird das Ergebnis 1?

b) $\frac{3}{4}$ durch $\frac{1}{2}$; $\frac{1}{4}$; $\frac{1}{6}$; $\frac{1}{8}$; $\frac{1}{10}$; …
Wann wird das Ergebnis größer als 8?

c) $\frac{1}{4}$ durch 4; 3; 2; 1; $\frac{1}{2}$; $\frac{1}{3}$; $\frac{1}{4}$; …
Wann wird das Ergebnis größer als 1?

d) $3\frac{2}{3}$ durch $\frac{1}{3}$; $\frac{2}{3}$; $\frac{4}{3}$; $\frac{8}{3}$; $\frac{16}{3}$; $\frac{32}{3}$; …
Wann wird das Ergebnis kleiner als 1?

10 Bilde aus zwei Brüchen eine Divisionsaufgabe, deren Ergebnis

a) kleiner als ein Ganzes ist.

b) ein Ganzes ist.

c) größer als ein Ganzes ist.

11 a) Durch welche Zahl muss man $\frac{1}{16}$ dividieren, um $\frac{1}{2}$ zu erhalten?

b) Welche Zahl muss man durch $2\frac{1}{2}$ dividieren, um $1\frac{3}{4}$ zu erhalten?

c) Durch welche Zahl muss man $2\frac{3}{8}$ dividieren, um $\frac{3}{8}$ zu erhalten?

12 Ordne die Ergebnisse nach ihrer Größe.

a) $8:\frac{8}{9}$; $16:\frac{8}{9}$; $2:\frac{8}{9}$; $4:\frac{8}{9}$

b) $24:\frac{16}{17}$; $24:\frac{4}{17}$; $24:\frac{8}{17}$; $24:\frac{2}{17}$

c) $36:\frac{12}{5}$; $36:\frac{12}{7}$; $36:\frac{12}{11}$; $36:\frac{12}{13}$

13 Ersetze die Leerstellen.

a) $\frac{2}{3} : \square = \frac{4}{3}$ $\quad \frac{3}{5} : \square = \frac{9}{10}$

b) $\frac{1}{3} : \square = \frac{7}{6}$ $\quad \frac{5}{4} : \square = \frac{7}{8}$

c) $\square : \frac{1}{6} = 12$ $\quad \square : 5 = \frac{1}{2}$

d) $\square : \frac{2}{5} = \frac{11}{5}$ $\quad \square : \frac{5}{4} = \frac{3}{4}$

e) $\frac{6}{5} : \square = \frac{3}{10}$ $\quad \square : \frac{8}{5} = \frac{3}{2}$

f) $\frac{3}{4} : \square = \frac{5}{2}$ $\quad \square : \frac{5}{22} = \frac{11}{3}$

14 Wie alt ist der Lokführer?
Rechne vom letzten Wagen bis zur Lok.

a) $\frac{2}{3} : \frac{1}{6} : \frac{4}{9} : \frac{3}{11}$

b) $2 : \frac{5}{3} : \frac{23}{50} : \frac{3}{46}$

c) $\frac{7}{3} : \frac{5}{3} : \frac{4}{65} : \frac{7}{8}$

d) $3 : \frac{3}{34} : \frac{17}{9} : \frac{3}{7}$

15 Findest du den Fehler? Erkläre.

a) $\frac{3}{4} : \frac{2}{5} = \frac{6}{20} = \frac{3}{10}$

b) $\frac{6}{7} : \frac{3}{7} = \frac{2}{7}$

c) $\frac{4}{5} : 2 = \frac{8}{5} = 1\frac{3}{5}$

d) $\frac{4}{3} : 3 = \frac{12}{9}$

16 Übertrage die unten stehenden Felder in dein Heft und fülle die leeren Felder der Rechtecksrechnung aus.

$\frac{5}{4}$	:	$\frac{1}{2}$	=	
:		:		:
	:	$\frac{1}{5}$	=	
=		=		=
$\frac{15}{4}$	:		=	

17 Rechne und kontrolliere.

$\frac{5}{8}$	→ $:\frac{5}{6}$ →			
↓ :		↓ :		
$\frac{5}{6}$	→ : →	$\frac{15}{16}$		

$\frac{3}{4}$	→ $:\frac{5}{6}$ →			
↓ $:\frac{2}{3}$		↓ :		
	→ : →	$\frac{9}{14}$		

18 Dividiere.

a) $\frac{\frac{4}{5}}{\frac{3}{2}}$ b) $\frac{\frac{3}{4}}{\frac{2}{5}}$ c) $\frac{\frac{13}{5}}{\frac{13}{4}}$

d) $\frac{\frac{40}{9}}{\frac{8}{9}}$ e) $\frac{\frac{8}{5}}{\frac{2}{3}}$ f) $\frac{\frac{9}{14}}{\frac{6}{7}}$

! *Der Doppelbruch ist eine andere Schreibweise für den Quotienten.*
$\frac{\frac{1}{5}}{\frac{2}{3}} = \frac{1}{5} : \frac{2}{3}$

19 Würfle mit deinem Partner, bilde zwei Brüche und dividiere.

Beispiel:

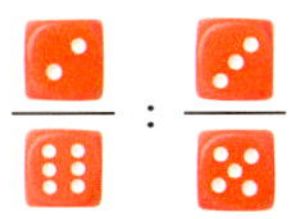

$\frac{2}{6} : \frac{3}{5} = \frac{2 \cdot 5}{6 \cdot 3} = \frac{5}{9}$

a) Wer schafft das größte Ergebnis?
b) Wer schafft das kleinste Ergebnis?

20 Die Kinder sollen Obst pressen und 20 l Saft in $\frac{7}{10}$-l-Flaschen abfüllen.

21 Auf dem Geburtstag soll mit Kindersekt angestoßen werden. Wie viele Sektgläser können mit zwei Flaschen gefüllt werden?

22 Wenn man für eine Kinderbowle zwei $\frac{3}{4}$-l-Flaschen in das Bowlegefäß gießt, ist es zu $\frac{1}{3}$ gefüllt. Wie viel Liter passen in das Bowlegefäß? Wie viele Flaschen kann man noch hineingießen?

:	$\frac{3}{4}$	$\frac{4}{3}$	$\frac{2}{5}$
$\frac{2}{3}$			
$\frac{3}{2}$			
$\frac{4}{7}$			
$\frac{3}{8}$			
$\frac{11}{10}$			

7 Punkt vor Strich. Klammern[1]

Familie Schnell verbringt ihren Winterurlaub in der Schweiz. Die Kinder haben festgestellt, dass man für 2 € ziemlich genau 3 CHF (Schweizer Franken) bekommt und überschlagen ihre Ausgaben immer mit 1 CHF = $\frac{2}{3}$ €. Sie rechnen am Abend ihre Tagesausgaben um:

- einen Imbiss von $27\frac{1}{2}$ CHF;
- einmal Sonnencreme für $2\frac{1}{2}$ CHF und
- eine Liftkarte für 30 CHF.

Ina rechnet $27\frac{1}{2} \cdot \frac{2}{3} + 2\frac{1}{2} \cdot \frac{2}{3} + 30 \cdot \frac{2}{3} = \ldots$;

Hanna rechnet $(27\frac{1}{2} + 2\frac{1}{2} + 30) \cdot \frac{2}{3} = \ldots$

und Julia rechnet $27\frac{1}{2} + 2\frac{1}{2} + 30 \cdot \frac{2}{3} = \ldots$

→ Rechne nach und vergleiche.
Was meinst du dazu?

Für Rechenausdrücke mit natürlichen Zahlen gilt „Punktrechnung vor Strichrechnung". Auch beim Rechnen mit Brüchen kommen Multiplikation und Division vor Addition und Subtraktion. Der Inhalt von Klammern wird zuerst berechnet.

Reihenfolge beim Berechnen von Rechenausdrücken mit Brüchen:
- Punktrechnung kommt vor Strichrechnung.
- Was in Klammern steht, wird zuerst berechnet.

Beispiele

a) Punktrechnung vor Strichrechnung

$\frac{3}{5} + \frac{2}{3} \cdot \frac{1}{4}$
$= \frac{3}{5} + \frac{1}{6} = \frac{23}{30}$

$\frac{7}{2} - \frac{2}{5} : \frac{1}{3}$
$= \frac{7}{2} - \frac{6}{5} = 2\frac{3}{10}$

b) Klammer zuerst

$\left(\frac{4}{9} + \frac{1}{6}\right) : \frac{2}{3}$
$= \frac{11}{8} : \frac{2}{3} = 2\frac{1}{16}$

$\left(\frac{6}{5} - \frac{3}{4}\right) \cdot \frac{3}{5}$
$= \frac{9}{20} \cdot \frac{3}{5} = \frac{27}{100}$

c) $\frac{2}{3} + \left(\frac{4}{5} \cdot \frac{3}{4} - \frac{3}{10}\right) : \frac{6}{5}$ — Punkt vor Strich in der Klammer
$= \frac{2}{3} + \left(\frac{3}{5} - \frac{3}{10}\right) : \frac{6}{5}$ — Klammer zuerst
$= \frac{2}{3} + \frac{3}{10} : \frac{6}{5}$ — Punkt vor Strich
$= \frac{2}{3} + \frac{1}{4} = \frac{11}{12}$

d) Bei mehreren Klammern gilt wie bei natürlichen Zahlen:
Innere Klammer kommt vor äußerer Klammer.

$\left(\frac{5}{6} + \frac{3}{8} : \left(\frac{1}{2} - \frac{1}{4}\right)\right) \cdot \frac{4}{7}$ — innere Klammer
$= \left(\frac{5}{6} + \frac{3}{8} : \frac{1}{4}\right) \cdot \frac{4}{7}$ — Punkt vor Strich
$= \left(\frac{5}{6} + \frac{3}{2}\right) \cdot \frac{4}{7}$ — äußere Klammer
$= \frac{14}{6} \cdot \frac{4}{7} = \frac{4}{3} = 1\frac{1}{3}$

Aufgaben

1 Rechne im Kopf.

a) $\frac{3}{4} + \frac{3}{2} \cdot \frac{1}{2}$
b) $\left(\frac{4}{7} - \frac{2}{7}\right) : \frac{1}{7}$
c) $\frac{1}{3} \cdot \left(\frac{2}{5} + \frac{3}{5}\right)$
d) $\frac{1}{2} + \frac{6}{5} : \frac{3}{5}$
e) $\frac{2}{3} \cdot \frac{3}{4} - \frac{1}{4}$
f) $\frac{3}{5} : \frac{1}{3} - \frac{4}{5}$
g) $\left(\frac{7}{8} - \frac{1}{8}\right) \cdot \frac{2}{3}$
h) $\frac{6}{5} : \left(\frac{3}{10} + \frac{1}{10}\right)$

2 Berechne.

a) $\frac{4}{5} : \frac{2}{3} - \frac{1}{5}$
b) $\frac{5}{8} \cdot \frac{4}{5} - \frac{1}{3}$
c) $\frac{1}{2} + \frac{3}{4} : \frac{2}{5}$
d) $\frac{6}{5} \cdot \left(\frac{2}{3} - \frac{5}{9}\right)$
e) $\left(\frac{2}{5} + \frac{1}{3}\right) : \frac{3}{5}$
f) $\frac{3}{4} : \left(\frac{4}{5} - \frac{3}{5}\right)$
g) $\left(\frac{3}{5} + \frac{3}{4}\right) \cdot \frac{5}{9}$
h) $\frac{1}{3} \cdot \frac{3}{7} + \frac{3}{5}$

3 Schreibe den Rechenbaum als Rechenausdruck und berechne.

a)

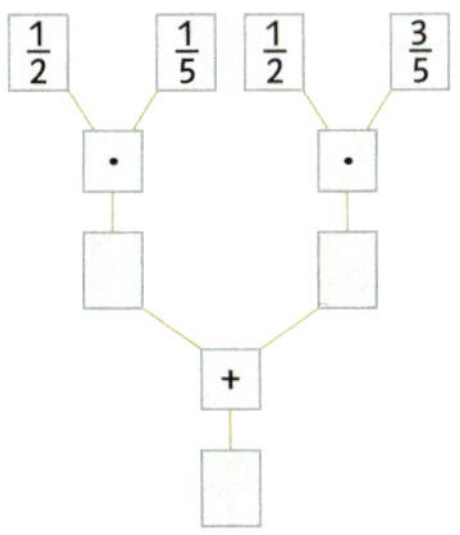

b)

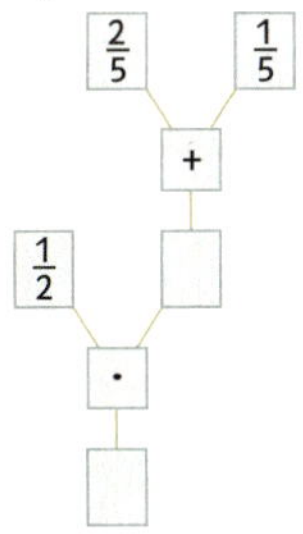

4 Zeichne den passenden Rechenbaum und berechne.

a) $\left(\frac{2}{9} + \frac{1}{3}\right) \cdot \frac{3}{4}$
b) $\frac{5}{2} - \frac{6}{5} \cdot \frac{1}{2}$
c) $\left(\frac{3}{4} + \frac{1}{2}\right) \cdot \left(\frac{4}{5} - \frac{1}{5}\right)$
d) $\frac{3}{4} \cdot \left(\frac{7}{6} - \frac{1}{2}\right)$
e) $\frac{3}{5} : \left(\frac{1}{2} - \frac{1}{3}\right)$
f) $\left(\frac{4}{5} + \frac{2}{15}\right) : \left(\frac{1}{5} + \frac{1}{2}\right)$
g) $\frac{3}{4} \cdot \frac{5}{6} + \frac{3}{4} : \frac{5}{6}$
h) $\left(\frac{2}{3} - \frac{2}{5}\right) \cdot \frac{1}{2}$

5 Beachte die Reihenfolge beim Rechnen.

a) $\frac{3}{5} \cdot \frac{5}{6} - \frac{4}{15} \cdot \left(\frac{3}{4} + \frac{1}{2}\right)$
b) $\left(\frac{8}{9} \cdot \frac{3}{4} + \frac{1}{6}\right) : \frac{5}{8} + \frac{2}{3}$
c) $\left(\frac{1}{4} \cdot \frac{2}{3} + \frac{5}{3}\right) - \frac{8}{5} \cdot \frac{5}{12}$
d) $\left(\frac{1}{4} : \frac{1}{8} + \frac{3}{4} \cdot \frac{2}{3}\right) - \frac{1}{4}$
e) $\left(\frac{4}{9} + \frac{5}{6}\right) \cdot \left(\frac{6}{7} - \frac{3}{14}\right) + \frac{5}{28}$
f) $\left(\frac{1}{6} + \frac{2}{5}\right) \cdot \frac{15}{17} - \frac{1}{4} : \frac{1}{2}$
g) $\left(\frac{8}{9} : \frac{8}{9} - \frac{1}{3}\right) \cdot \frac{6}{5} - \frac{1}{2}$
h) $\frac{4}{5} + \frac{2}{7} \cdot \left(\frac{3}{5} + \frac{1}{10}\right) \cdot \frac{5}{6}$
i) $\frac{2}{3} + \left(\left(\frac{4}{7} \cdot \frac{14}{15} + \frac{2}{5}\right) - \frac{1}{3}\right)$
j) $\left(\left(\frac{7}{6} \cdot \frac{3}{7} + \frac{1}{5}\right) + \frac{3}{10}\right) : \frac{5}{8}$
k) $\frac{8}{11} - \left(\frac{1}{2} : \frac{2}{3} - \frac{2}{3} \cdot \frac{1}{2}\right) \cdot \frac{6}{5}$
l) $\frac{7}{10} + \left(\frac{3}{10} \cdot \frac{5}{2} - \frac{7}{5} : \frac{7}{2}\right) - 1$

6 Berechne den Term.

a) Subtrahiere von 3 das Produkt aus den Zahlen $\frac{5}{9}$ und $\frac{3}{5}$.
b) Addiere zu $\frac{9}{10}$ den Quotienten aus den Zahlen $\frac{5}{12}$ und $\frac{5}{24}$.
c) Vermehre das Produkt aus den Zahlen $\frac{2}{3}$ und 2 um $\frac{3}{4}$.
d) Vermindere den Quotienten aus den Zahlen $\frac{2}{7}$ und $\frac{5}{14}$ um $\frac{3}{10}$.
e) Dividiere die Summe von $\frac{1}{3}$ und $\frac{1}{8}$ durch die Differenz von $\frac{5}{3}$ und $\frac{3}{4}$.
f) Addiere das Produkt aus den Zahlen $\frac{21}{8}$ und $\frac{4}{3}$ zum Quotienten der Zahlen $\frac{25}{26}$ und $\frac{5}{13}$.
g) Multipliziere die Summe aus den Zahlen $\frac{5}{12}$ und $\frac{3}{5}$ mit der Differenz der Zahlen 2 und $\frac{4}{5}$.

Summe
$\frac{1}{8} + \frac{1}{8}$

Produkt
$\frac{5}{9} \cdot \frac{3}{5}$

Quotient
$\frac{5}{3} : \frac{3}{4}$

Differenz
$\frac{5}{12} - \frac{5}{24}$

7
□ + △ · ○ □ + △ : ○
□ · △ + ○ □ : △ + ○

a) Berechne mit □ = $\frac{1}{2}$; △ = $\frac{1}{3}$ und ○ = $\frac{1}{4}$.
b) Berechne mit □ = $\frac{1}{4}$; △ = $\frac{1}{5}$ und ○ = $\frac{1}{6}$.
c) Verändere die vier Summen durch Setzen von Klammern in zwei Produkte und zwei Quotienten und rechne nochmals mit den Werten von a).

Ausmultiplizieren und Ausklammern

Wenn man eine Summe mit einer Zahl multipliziert, wird zuerst jeder Summand mit der Zahl multipliziert. Anschließend werden die Produktwerte addiert.

$\frac{3}{4} \cdot \left(\frac{1}{3} + \frac{2}{5}\right) = \frac{3}{4} \cdot \frac{1}{3} + \frac{3}{4} \cdot \frac{2}{5} = \frac{1}{4} + \frac{3}{10} = \frac{5}{20} + \frac{6}{20} = \frac{11}{20}$

Wenn in jedem Summand einer Summe der gleiche Faktor vorkommt, kann man diesen Faktor ausklammern.

Dies ist das **Distributivgesetz** (Verteilungsgesetz).

$\frac{3}{4} \cdot \frac{1}{3} + \frac{3}{4} \cdot \frac{2}{5} = \frac{3}{4} \cdot \left(\frac{1}{3} + \frac{2}{5}\right) = \frac{3}{4} \cdot \left(\frac{5}{15} + \frac{6}{15}\right) = \frac{3}{4} \cdot \frac{11}{15} = \frac{11}{20}$

■ Das Distributivgesetz ermöglicht dir Rechenvorteile.

a) $\frac{4}{7} \cdot \frac{3}{8} + \frac{4}{7} \cdot \frac{1}{2}$
b) $\left(\frac{8}{5} + \frac{8}{15}\right) \cdot \frac{5}{4}$
c) $\frac{3}{5} \cdot \left(\frac{10}{9} + \frac{5}{12}\right)$
d) $\frac{3}{4} \cdot \left(\frac{20}{9} + \frac{16}{15}\right)$
e) $\left(\frac{2}{9} + \frac{2}{11}\right) \cdot \frac{99}{100}$
f) $\left(\frac{5}{8} + \frac{5}{7}\right) \cdot \frac{14}{15}$
g) $\frac{2}{3} \cdot \left(\frac{12}{5} + \frac{15}{11}\right)$
h) $\frac{7}{4} \cdot \frac{9}{5} + \frac{1}{4} \cdot \frac{9}{5}$

Zusammenfassung

Addieren von Brüchen

Zwei Brüche werden **addiert**, indem man beide Brüche auf einen gemeinsamen Nenner erweitert und dann die beiden Zähler addiert.

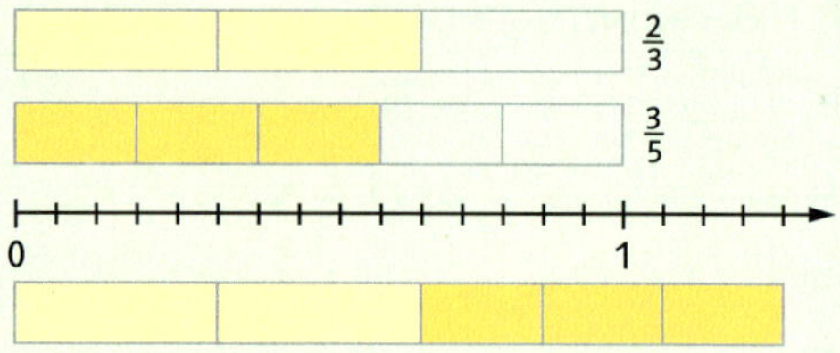

$$\frac{2}{3} + \frac{3}{5} = \frac{2 \cdot 5}{3 \cdot 5} + \frac{3 \cdot 3}{5 \cdot 3} = \frac{10}{15} + \frac{9}{15} = \frac{19}{15} = 1\frac{4}{15}$$

Subtrahieren von Brüchen

Zwei Brüche werden **subtrahiert**, indem man beide Brüche auf einen gemeinsamen Nenner erweitert und dann die beiden Zähler subtrahiert.

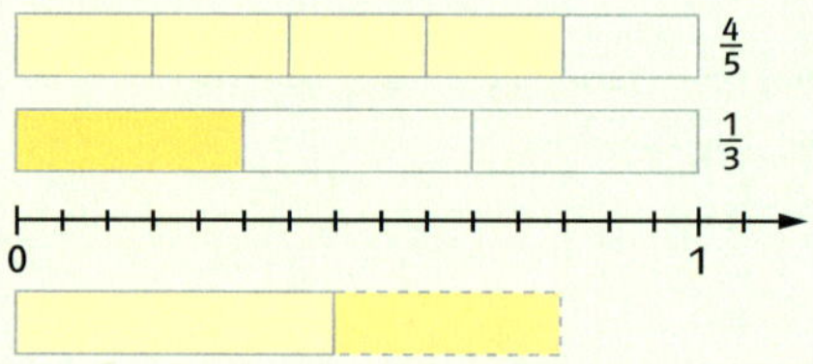

$$\frac{4}{5} - \frac{1}{3} = \frac{4 \cdot 3}{5 \cdot 3} - \frac{1 \cdot 5}{3 \cdot 5} = \frac{12}{15} - \frac{5}{15} = \frac{7}{15}$$

Multiplizieren von Brüchen

Zwei Brüche werden **multipliziert**, indem man Zähler mit Zähler und Nenner mit Nenner multipliziert.

$$\frac{2}{3} \cdot \frac{4}{5} = \frac{2 \cdot 4}{3 \cdot 5} = \frac{8}{15}$$

Dividieren von Brüchen

Zwei Brüche werden **dividiert**, indem man den ersten Bruch mit dem **Kehrbruch** des zweiten Bruches multipliziert.

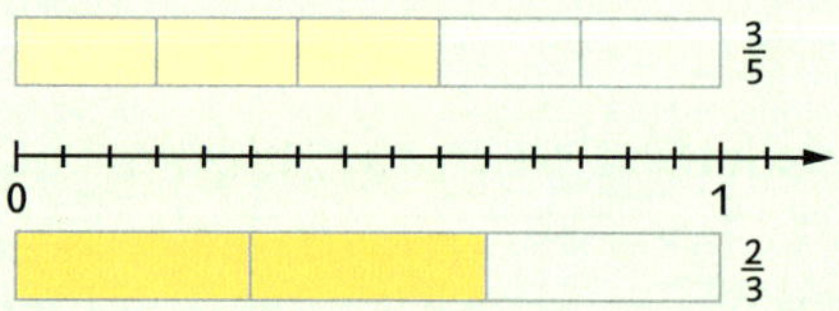

$$\frac{3}{5} : \frac{2}{3} = \frac{3}{5} \cdot \frac{3}{2} = \frac{3 \cdot 3}{5 \cdot 2} = \frac{9}{10}$$

Reihenfolge beim Rechnen

Punktrechnung kommt vor Strichrechnung. Zuerst berechnet man, was in Klammern steht.

$$\frac{4}{7} \cdot \left(\frac{1}{6} + \frac{2}{3} \cdot \frac{1}{4}\right)$$
$$= \frac{4}{7} \cdot \left(\frac{1}{6} + \frac{1}{6}\right)$$
$$= \frac{4}{7} \cdot \frac{1}{3}$$
$$= \frac{4}{21}$$

Üben • Anwenden • Nachdenken

1 Berechne.

a) $\frac{7}{4} - \frac{11}{12}$; $\frac{2}{5} \cdot \frac{4}{3}$; $\frac{1}{4} : \frac{7}{16}$

b) $\frac{3}{5} \cdot \frac{4}{3}$; $\frac{3}{4} : \frac{7}{6}$; $\frac{5}{6} + \frac{1}{2}$

c) $\frac{9}{10} : \frac{3}{5}$; $\frac{1}{11} - \frac{1}{33}$; $\frac{3}{8} + \frac{5}{12}$

d) $\frac{8}{15} - \frac{1}{4}$; $\frac{3}{8} + \frac{2}{5}$; $\frac{5}{9} \cdot \frac{8}{11}$

2 Rechne teilweise in gemischter Schreibweise.

a) $2\frac{1}{4} + 1\frac{2}{3}$; $1\frac{1}{4} - \frac{5}{8}$; $\frac{5}{4} : \frac{7}{6}$

b) $3\frac{3}{4} - 2\frac{5}{8}$; $\frac{9}{2} \cdot \frac{4}{3}$; $3\frac{3}{8} + 6\frac{1}{4}$

c) $\frac{13}{8} \cdot \frac{3}{5}$; $2\frac{2}{9} + 3\frac{1}{2}$; $\frac{8}{3} : \frac{11}{4}$

d) $\frac{44}{5} : \frac{11}{30}$; $2\frac{2}{11} - \frac{1}{22}$; $\frac{64}{11} \cdot \frac{7}{8}$

3 Bilde mit den Brüchen und Rechenzeichen Aufgaben nach folgendem Muster und rechne.

a) Suche zu jeder Rechenart die Aufgabe mit dem kleinsten und die mit dem größten Ergebnis.
b) Welche Aufgabe führt zum kleinsten und welche zum größten Ergebnis?

4 Setze die Reihe fort.

a) bis $3\frac{1}{3}$: $\frac{1}{3} \rightarrow \frac{5}{6} \rightarrow \ldots$

b) bis 1: $\frac{243}{32} \rightarrow \frac{81}{16} \rightarrow \ldots$

c) bis 2: $\frac{162}{256} \rightarrow \frac{54}{64} \rightarrow \ldots$

d) bis 0: $8 \rightarrow 7\frac{1}{3} \rightarrow \ldots$

5 Fülle die Leerstelle aus.

a) $\square + \frac{2}{5} = \frac{4}{5}$

b) $\square - \frac{8}{19} = \frac{5}{19}$

c) $\square \cdot \frac{1}{2} = \frac{5}{8}$

d) $\square : \frac{6}{5} = \frac{55}{42}$

e) $\frac{19}{27} - \square = \frac{8}{27}$

f) $\frac{25}{32} + \square = \frac{31}{32}$

g) $\frac{3}{7} : \square = \frac{6}{35}$

h) $\frac{3}{4} \cdot \square = 2$

6 Setze den passenden Bruch ein.

a) $\frac{1}{2} \cdot \square = \frac{1}{3}$

b) $\frac{2}{3} + \square = \frac{17}{12}$

c) $\frac{7}{9} - \square = \frac{11}{18}$

d) $\frac{4}{5} : \square = \frac{14}{25}$

e) $\square - \frac{2}{9} = \frac{13}{36}$

f) $\square : \frac{3}{2} = \frac{16}{25}$

g) $\square + \frac{3}{14} = \frac{47}{56}$

h) $\square \cdot \frac{32}{7} = 4$

7 Hier wurden die Rechenzeichen vergessen.

a) $\frac{11}{4} \;\square\; \frac{7}{8} = \frac{15}{8}$

b) $\frac{3}{5} \;\square\; \frac{3}{8} = \frac{9}{40}$

c) $\frac{3}{7} \;\square\; \frac{5}{14} = \frac{11}{14}$

d) $\frac{33}{28} \;\square\; \frac{11}{7} = \frac{3}{4}$

e) $\frac{7}{10} \;\square\; \frac{7}{3} = \frac{91}{30}$

f) $\frac{8}{3} \;\square\; \frac{3}{2} = \frac{7}{6}$

g) $\frac{56}{39} \;\square\; \frac{14}{13} = \frac{4}{3}$

h) $\frac{5}{4} \;\square\; \frac{3}{8} = \frac{15}{32}$

8 Setze >; < oder = ein.

a) $\frac{1}{2} + \frac{1}{3} \;\square\; \frac{1}{3} + \frac{1}{4}$

b) $\frac{4}{5} - \frac{1}{3} \;\square\; \frac{2}{3} - \frac{1}{12}$

c) $\frac{11}{12} + \frac{1}{4} \;\square\; \frac{25}{18} - \frac{2}{9}$

d) $\frac{1}{7} - \frac{1}{9} \;\square\; \frac{2}{9} - \frac{1}{7}$

e) $\frac{1}{6} \cdot \frac{3}{7} \;\square\; \frac{4}{5} \cdot \frac{1}{8}$

f) $\frac{12}{5} : \frac{3}{10} \;\square\; \frac{3}{5} : \frac{27}{20}$

9 Setze die drei Karten in die vier Rechenausdrücke so ein, dass möglichst große Ergebnisse entstehen.
Bilde weitere Rechenausdrücke und setze ebenso ein.

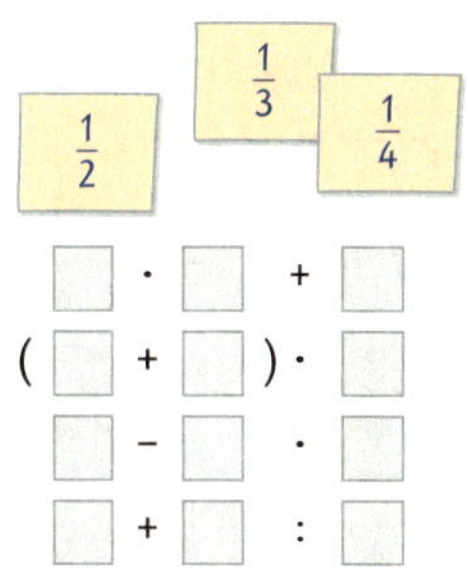

10 Benutze die Rechenregeln zu deinem Vorteil.

a) $\frac{2}{3} + \frac{9}{11} + \frac{1}{3}$

b) $\frac{2}{3} - \frac{1}{7} + \frac{2}{9}$

c) $\frac{3}{5} \cdot \frac{7}{11} \cdot \frac{11}{21}$

d) $\frac{27}{31} \cdot \frac{2}{3} \cdot \frac{31}{9}$

e) $\frac{26}{15} \cdot \frac{25}{28} : \frac{39}{42}$

f) $\frac{4}{5} + \frac{8}{9} : \frac{20}{27}$

g) $\frac{5}{2} : \frac{7}{4} + \frac{4}{7}$

h) $\left(\frac{27}{16} + \frac{3}{8}\right) : \frac{3}{2}$

i) $\left(\frac{11}{4} - \frac{3}{2}\right) : \frac{5}{4}$

j) $\frac{32}{35} \cdot \frac{21}{16} \cdot \frac{14}{3} \cdot \frac{5}{28}$

k) $\frac{13}{24} \cdot \frac{25}{19} \cdot \frac{48}{39} \cdot \frac{57}{75}$

l) $\frac{23}{4} \cdot \frac{2}{3} - \frac{2}{3} : \frac{1}{4}$

11 Berechne.

a) $\frac{4}{15} + \frac{2}{7} - \frac{2}{15} + \frac{5}{7} + \frac{2}{3}$

b) $\frac{2}{3} + 1\frac{1}{2} + \frac{5}{6} - \frac{1}{2} + \frac{7}{12}$

c) $\frac{1}{2} \cdot \frac{3}{4} + \frac{4}{7} : \frac{1}{2} + \frac{5}{8}$

d) $\frac{1}{3} + 2 \cdot \left(\frac{5}{6} - \frac{2}{3}\right) - \frac{5}{12}$

12 Rechne im Kreisparcours links- und rechtsherum.

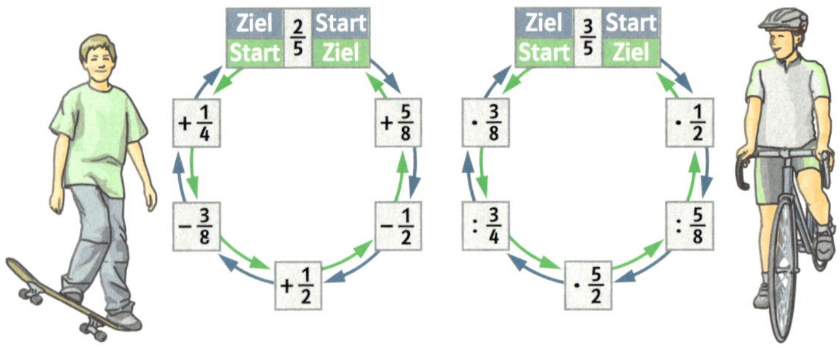

13 Jede Zeile, jede Spalte und jede Diagonale im Quadrat soll die gleiche Summe haben.

a)

$\frac{1}{12}$		$\frac{2}{3}$	
$\frac{7}{6}$		$\frac{11}{12}$	$\frac{1}{6}$
	$\frac{1}{2}$	$\frac{5}{6}$	
$\frac{1}{3}$		$\frac{5}{12}$	$\frac{4}{3}$

b)

$\frac{9}{5}$			$\frac{2}{3}$
	$\frac{8}{5}$	$\frac{6}{5}$	
$\frac{4}{5}$	$\frac{3}{2}$	$\frac{11}{10}$	2
		$\frac{3}{2}$	

14 Erstelle vier Aufgaben, deren Ergebnisse der Zahl 1 sehr nahe kommen. Verwende mindestens in zwei Aufgaben Klammern.

Wer kommt der 1 am nächsten?

15 Löse die Bruchmauern für alle vier Rechenarten.

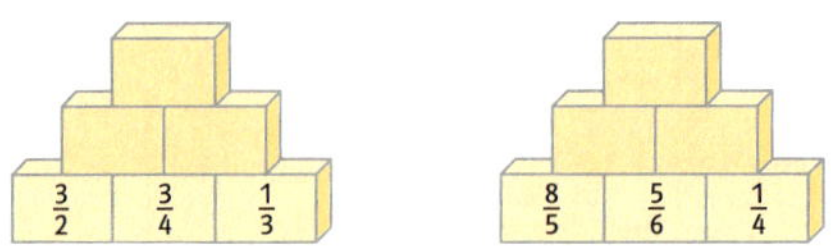

! *Hier sind alle Schlusssteine:*
$\frac{11}{60}$; $\frac{5}{18}$; $\frac{9}{32}$; $\frac{1}{3}$
$\frac{72}{125}$; $\frac{8}{9}$; $3\frac{1}{3}$; $3\frac{31}{60}$

Experimentieren mit Brüchen

■ Subtrahiere und setze die Aufgaben fort.

a) $\frac{1}{2} - \frac{1}{3}$
$\frac{1}{3} - \frac{1}{4}$
$\frac{1}{4} - \frac{1}{5}$
$\frac{1}{5} - \frac{1}{6}$
…

b) $\frac{3}{4} - \frac{3}{5}$
$\frac{3}{6} - \frac{3}{7}$
$\frac{3}{7} - \frac{3}{8}$
$\frac{3}{8} - \frac{3}{9}$
…

c) $\frac{10}{11} - \frac{9}{10}$
$\frac{9}{10} - \frac{8}{9}$
$\frac{8}{9} - \frac{7}{8}$
$\frac{7}{8} - \frac{6}{7}$
…

■ Berechne und setze fort.
$1 + \frac{1}{2}$; $1 + \frac{1}{2} + \frac{1}{4}$; $1 + \frac{1}{2} + \frac{1}{4} + \frac{1}{8}$; …

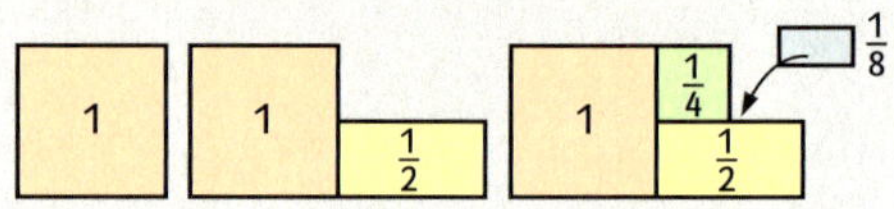

■ Berechne. Erkennst du eine Regel?
$3 - 1$
$3 - \left(1 + \frac{2}{3}\right)$
$3 - \left(1 + \frac{2}{3} + \frac{4}{9}\right)$
$3 - \left(1 + \frac{2}{3} + \frac{4}{9} + \frac{8}{27}\right)$
…

■ Wie geht es weiter? Vergleiche.
$\frac{3}{2} - 1$
$\frac{3}{2} - 1 - \frac{1}{3}$
$\frac{3}{2} - 1 - \frac{1}{3} - \frac{1}{9}$
$\frac{3}{2} - 1 - \frac{1}{3} - \frac{1}{9} - \frac{1}{27}$
…

■ Schreibe die nächste Zeile ohne zu rechnen. Prüfe dann nach.
Berechne den Unterschied zwischen den Ergebnissen und $\frac{1}{2}$. Was fällt dir auf?
$1 - \frac{1}{2} = \frac{1}{2}$
$1 - \frac{1}{2} + \frac{1}{4} = \frac{3}{4}$
$1 - \frac{1}{2} + \frac{1}{4} - \frac{1}{8} = \frac{5}{8}$
$1 - \frac{1}{2} + \frac{1}{4} - \frac{1}{8} + \frac{1}{16} = \frac{11}{16}$
$1 - \frac{1}{2} + \frac{1}{4} - \frac{1}{8} + \frac{1}{16} - \frac{1}{32} = \frac{21}{32}$
…

16 Schreibe zu dem Rechenbaum die Aufgabe und löse sie.

a)

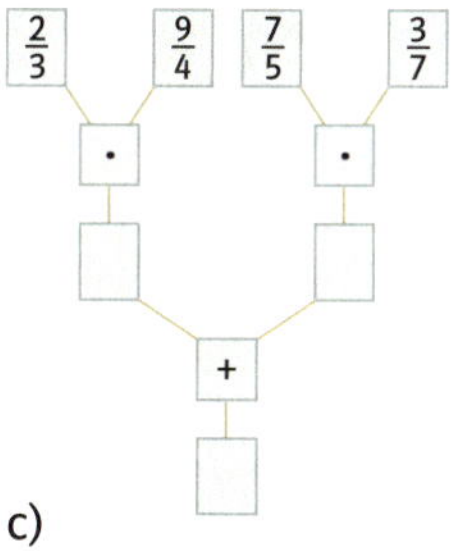

b)

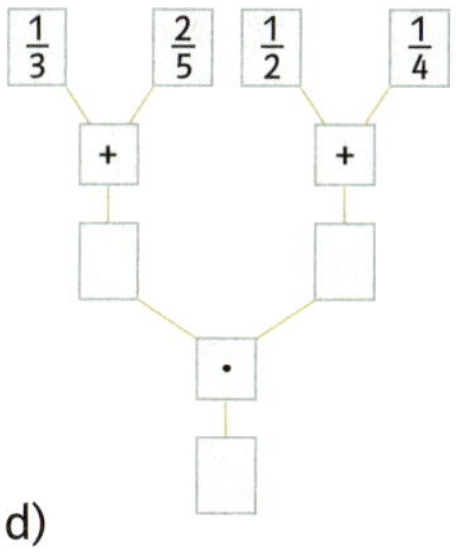

c)

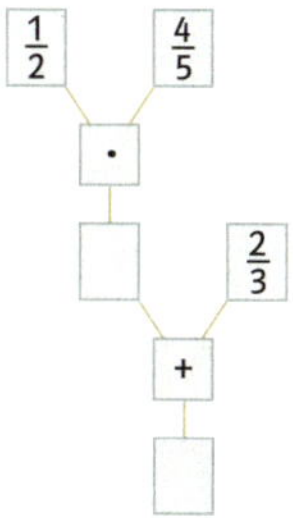

d)

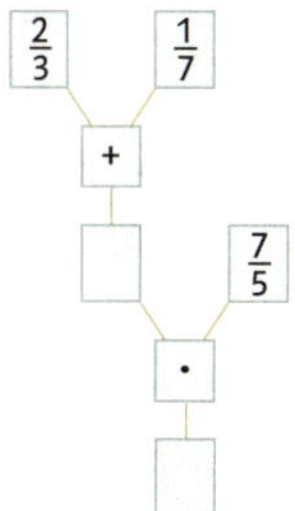

17 Zeichne erst den Rechenbaum und rechne dann.

a) $\frac{2}{9} + \frac{1}{3} \cdot \frac{3}{4}$ b) $\frac{2}{7} \cdot \left(\frac{5}{2} - \frac{3}{4}\right)$

c) $\left(\frac{8}{5} - \frac{2}{3}\right) : \frac{7}{15}$ d) $\frac{2}{5} : \frac{1}{3} + \frac{2}{3} \cdot \frac{4}{5}$

18 Berechne den Umfang der Fläche.

a)

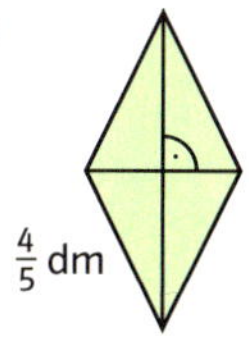

b)

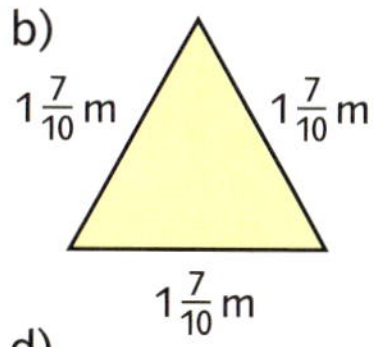

c)

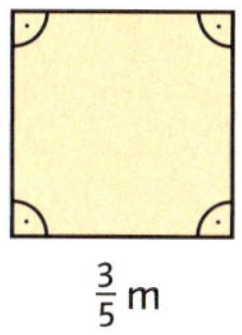

d)

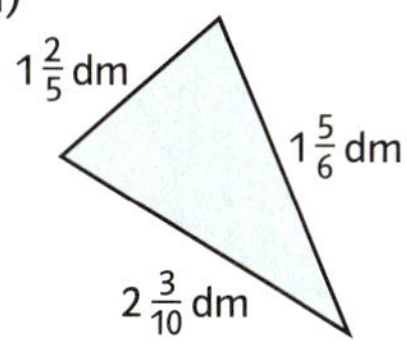

19 Berechne die Summe aller Kantenlängen des Körpers.

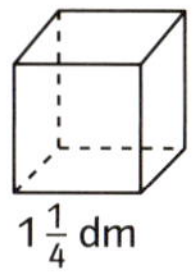

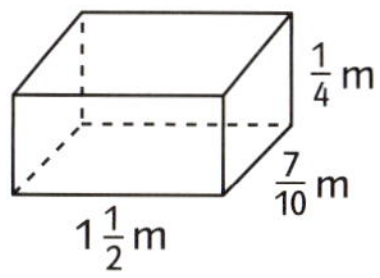

20 Subtrahiere die Summe aus $\frac{3}{4}$ und $\frac{5}{6}$

a) von der Summe der Zahlen $\frac{7}{4}$ und $\frac{5}{9}$.

b) von der Differenz der Zahlen $\frac{17}{3}$ und $\frac{7}{4}$.

c) vom Produkt der Zahlen $\frac{2}{3}$ und $\frac{11}{4}$.

d) vom Quotienten der Zahlen $\frac{3}{5}$ und $\frac{24}{75}$.

Ägyptische Bruchrechnung

In dem mehr als 3500 Jahre alten ägyptischen Rechenbuch des Ahmes wird bereits mit Brüchen gerechnet. Allerdings kommen nur Brüche mit dem Zähler 1 vor, so genannte Stammbrüche. Andere Brüche werden als Summen von verschiedenen Stammbrüchen geschrieben.

Beispiele: $\frac{2}{7} = \frac{1}{4} + \frac{1}{28}$ $\frac{2}{9} = \frac{1}{5} + \frac{1}{45}$

$\frac{2}{11} = \frac{1}{6} + \frac{1}{66}$ $\frac{7}{8} = \frac{1}{2} + \frac{1}{4} + \frac{1}{8}$

■ Schreibe den folgenden Bruch als Summe aus verschiedenen Stammbrüchen.

a) $\frac{3}{4}$ b) $\frac{5}{6}$ c) $\frac{3}{8}$ d) $\frac{7}{12}$

e) $\frac{2}{9}$ f) $\frac{11}{12}$ g) $\frac{17}{18}$ h) $\frac{19}{20}$

Es gibt ein Rechenverfahren, mit dem man jeden Bruch in eine Summe aus verschiedenen Stammbrüchen umwandeln kann.
Du kannst es am Beispiel $\frac{29}{60}$ lernen.

- Subtrahiere von $\frac{29}{60}$ den größtmöglichen Stammbruch: $\frac{29}{60} - \frac{1}{3} = \frac{9}{60} = \frac{3}{20}$
- Verfahre ebenso mit dem Restbruch: $\frac{3}{20} - \frac{1}{10} = \frac{1}{20}$

Der Restbruch ist ein Stammbruch.
Damit ist eine Zerlegung gefunden: $\frac{29}{60} = \frac{1}{3} + \frac{1}{10} + \frac{1}{20}$
Manchmal braucht man noch mehr Schritte.

■ Zerlege nach diesem Verfahren.

a) $\frac{25}{28}$ b) $\frac{17}{40}$ c) $\frac{59}{60}$ d) $\frac{39}{40}$

Mischungen

- Kann man mit zwei Gefäßen, die $\frac{3}{4}$ Liter und $\frac{2}{3}$ Liter fassen, eine Flüssigkeitsmenge von 5 Litern abmessen? Kann man so auch $\frac{1}{3}$ Liter abmessen?

Die Hälfte des Kirschsafts wird in den Krug mit Apfelsaft umgefüllt. Dann wird gut gemischt. Anschließend wird ein Drittel in den Krug mit Kirschsaft zurückgegossen.

- Wie viel Liter Saftgemisch ist jetzt in jedem Krug?
- Wie groß ist der Anteil des Kirschsafts im linken Krug?
- Wie groß ist der Anteil des Apfelsafts im rechten Krug?

21 Von 1120 Schülerinnen und Schülern einer Schule kommen $\frac{2}{7}$ mit dem Bus, $\frac{3}{8}$ mit der Bahn und $\frac{1}{4}$ mit dem Fahrrad. Der Rest kommt zu Fuß.
Wie viele Schülerinnen und Schüler sind das jeweils?

22 Bei der Gemeinderatswahl haben 2400 Bürger ihre Stimme abgegeben. Für Partei A haben 47%, für Partei B 34% und die übrigen für Partei C gestimmt. Welchen Bruchteil hat Partei C und wie viele Stimmen hat jede Partei bekommen?

23 Die Heimatzeitung berichtet:
„In Bruchdorf ist $\frac{1}{8}$ der Fläche mit Wohnhäusern, $\frac{1}{24}$ mit öffentlichen Gebäuden und $\frac{1}{5}$ mit Scheunen und Ställen bebaut. Gärten und Wiesen nehmen den Anteil $\frac{7}{12}$ ein. Der Rest, das ist der Anteil $\frac{1}{10}$, wird von Straßen, Wegen und Plätzen beansprucht."
Wo steckt der Fehler?

24 Aus einem Tank mit 3600 Litern werden nacheinander $\frac{1}{4}$; $\frac{1}{5}$; $\frac{1}{8}$ und $\frac{1}{10}$ des ursprünglichen Inhalts entnommen.
a) Welcher Bruchteil bleibt übrig?
b) Wie viel Liter wurden schrittweise und insgesamt abgepumpt?

25 Eine Weinflasche enthält $\frac{7}{10}$ Liter und eine Sektflasche $\frac{3}{4}$ Liter.
a) Welche Flasche enthält mehr?
b) Wie groß ist der Unterschied?
c) Wie viele Gläser zu $\frac{1}{10}$ Liter kann man füllen?

26 Das Eintopf-Rezept ist für vier Personen gedacht.

$\frac{1}{2}$ kg Rindfleisch — $\frac{1}{2}$ l Brühe
$\frac{1}{4}$ kg Kartoffeln — $\frac{1}{8}$ l saure Sahne
$\frac{3}{4}$ kg Gemüse
50 g Fett
25 g Mehl

Welche Mengen sind für 6 Personen nötig?

27 Die Neubaustrecke der Bundesbahn zwischen Mannheim und Stuttgart ist etwa 100 km lang. Sie besteht zu einem großen Teil aus Tunnels, Geländeeinschnitten und Dämmen.

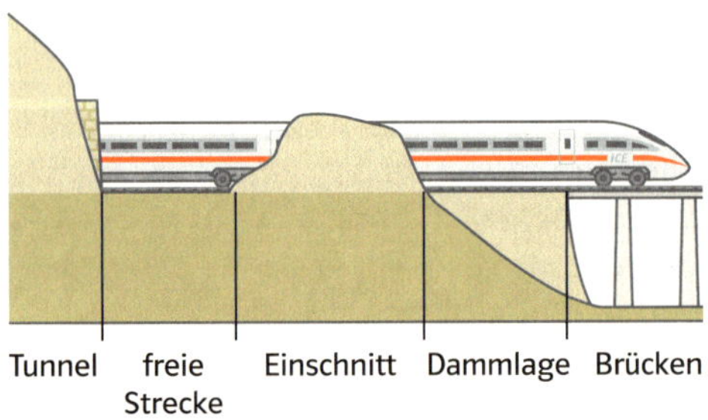

Vervollständige die Tabelle.

	Tunnels	freie Strecken	Geländeeinschnitte	Dämme	Brücken
Länge in km	□	□	□	24	□
Anteil	$\frac{13}{50}$	□	$\frac{2}{5}$	□	$\frac{3}{50}$

Rückspiegel

Rückspiegel

1 Berechne.

a) $\frac{1}{2}+\frac{1}{3}$; $\frac{2}{3}-\frac{1}{2}$; $\frac{3}{4}\cdot\frac{2}{5}$; $\frac{1}{6}:\frac{1}{5}$

b) $\frac{3}{4}-\frac{2}{3}$; $\frac{1}{4}:\frac{2}{5}$; $\frac{1}{3}+\frac{1}{4}$; $\frac{2}{3}\cdot\frac{4}{5}$

c) $\frac{4}{5}\cdot\frac{2}{7}$; $\frac{4}{7}-\frac{1}{5}$; $\frac{2}{7}:\frac{3}{4}$; $\frac{1}{4}+\frac{1}{5}$

2 Berechne. Nutze dabei Rechenvorteile.

a) $\frac{4}{3}\cdot\frac{5}{8}\cdot\frac{9}{5}$; $\frac{16}{7}:\frac{2}{5}-\frac{2}{7}:\frac{2}{5}$; $\frac{3}{7}\cdot\frac{13}{25}+\frac{4}{7}\cdot\frac{13}{25}$; $\left(\frac{5}{11}+\frac{4}{11}\right):\frac{3}{4}$

b) $\frac{5}{9}+1\frac{1}{2}+\frac{4}{9}$; $\left(\frac{3}{8}+\frac{3}{16}\right):3$; $\frac{4}{13}+\frac{2}{11}+\frac{9}{13}+\frac{4}{11}$; $\frac{3}{4}\cdot\left(\frac{4}{9}+\frac{2}{15}+\frac{1}{5}\right)$

3 Berechne und kürze.

a) $1\frac{2}{3}+\frac{7}{12}$; $\frac{7}{15}-\frac{7}{30}$; $\frac{36}{25}\cdot\frac{5}{9}$; $\frac{3}{4}:\frac{5}{3}$

b) $\frac{25}{36}\cdot\frac{63}{45}$; $1\frac{6}{7}+\frac{4}{21}$; $1\frac{3}{4}-\frac{7}{12}$; $\frac{16}{9}:\frac{8}{9}$

c) $2\frac{7}{9}-1\frac{2}{3}$; $\frac{3}{5}:\frac{57}{25}$; $3\frac{2}{9}+3\frac{1}{3}$; $\frac{27}{68}\cdot\frac{85}{36}$

4 Fülle die Leerstellen.

a) $\frac{7}{20}+\square=\frac{42}{60}$; $\frac{7}{5}\cdot\square=\frac{14}{15}$; $\square:\frac{14}{9}=\frac{2}{3}$; $\frac{1}{2}-\square=\frac{1}{5}$

b) $\square-\frac{1}{5}=\frac{11}{20}$; $\square+\frac{1}{4}=\frac{11}{20}$; $\square\cdot\frac{22}{3}=\frac{11}{9}$; $\frac{15}{18}:\square=\frac{1}{2}$

5 In der Technik benutzt man oft die Längenheit Zoll (1″ sind etwa $2\frac{3}{5}$ cm).

a) Welchen Durchmesser in cm hat ein 26-Zoll-Rad?

b) Berechne den Durchmesser der alten 8″-, $5\frac{1}{4}$″- und $3\frac{1}{2}$″-Disketten.

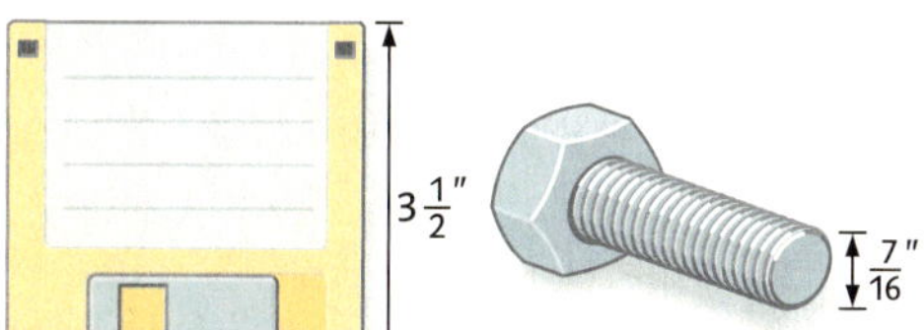

$\frac{7}{16}$-Zoll-Schraube

c) Rechne folgende Angaben in cm um: $\frac{1}{2}$ Zoll; $\frac{3}{4}$ Zoll; $\frac{7}{16}$ Zoll; 16 Zoll und 28 Zoll.

1 Berechne.

a) $\frac{3}{4}\cdot\frac{5}{7}$; $\frac{2}{3}+\frac{1}{4}$; $\frac{7}{10}-\frac{2}{7}$; $\frac{3}{5}:\frac{2}{3}$

b) $\frac{3}{8}:\frac{4}{5}$; $12\cdot\frac{17}{6}$; $\frac{1}{5}+\frac{1}{6}$; $\frac{4}{9}-\frac{4}{11}$

c) $\frac{4}{5}+\frac{1}{7}$; $\frac{3}{5}:\frac{5}{7}$; $\frac{5}{21}-\frac{3}{28}$; $\frac{7}{8}\cdot\frac{5}{6}$

2 Berechne. Nutze dabei Rechenvorteile.

a) $1\frac{5}{6}+1\frac{2}{3}+1\frac{1}{6}+1\frac{2}{3}$; $\frac{4}{5}+\frac{5}{12}-\frac{3}{10}$; $\frac{9}{4}\cdot\frac{1}{3}-\frac{4}{9}\cdot\frac{6}{5}$; $\left(\frac{5}{8}-\frac{3}{16}\right):\frac{21}{32}$

b) $\frac{13}{8}:\frac{3}{5}+\frac{19}{8}:\frac{3}{5}$; $\frac{4}{7}\cdot\frac{29}{5}-\frac{14}{5}\cdot\frac{4}{7}$; $\frac{12}{17}\cdot\frac{7}{12}+\frac{9}{4}:\frac{17}{12}$; $\frac{9}{2}\cdot\frac{8}{3}-\frac{2}{10}:\frac{3}{5}$

3 Berechne und kürze.

a) $\frac{7}{4}:\frac{21}{8}$; $4\frac{5}{12}-3\frac{5}{6}$; $\frac{4}{5}\cdot\frac{7}{2}$; $4\frac{2}{3}+2\frac{1}{2}$

b) $\frac{33}{23}\cdot\frac{46}{77}$; $1\frac{7}{20}+2\frac{2}{5}$; $2:\frac{17}{9}$; $3\frac{3}{4}-2\frac{5}{8}$

c) $\frac{45}{49}\cdot\frac{42}{25}$; $1\frac{1}{17}-1\frac{2}{51}$; $\frac{49}{6}:\frac{7}{12}$; $1\frac{7}{8}+1\frac{3}{4}$

4 Fülle die Leerstellen.

a) $\frac{2}{5}+\square=3\frac{11}{15}$; $\square:\frac{44}{21}=\frac{12}{55}$; $4\frac{1}{2}-\square=2\frac{3}{4}$; $\square\cdot\frac{24}{5}=\frac{20}{3}$

b) $\frac{7}{15}\cdot\square=\frac{28}{55}$; $\square-\frac{1}{2}=1\frac{5}{6}$; $\frac{9}{16}:\square=\frac{9}{28}$; $\square+1\frac{3}{4}=2\frac{13}{20}$

5 Rechne mit Bruchteilen von Flüssigkeits- und Mengenangaben.

a) Eine $\frac{3}{4}$-Liter-Flasche ist zu $\frac{1}{3}$ gefüllt. Wie viel Saft ist in der Flasche?

b) Eine $\frac{3}{4}$-Liter-Flasche ist zu $\frac{1}{4}$ gefüllt. Wie viel wurde getrunken?

c) Wie viele $\frac{3}{4}$-Liter-Flaschen werden benötigt, um $5\frac{1}{4}$ l Saft abzufüllen?

d) Für einen Früchtetrunk werden $1\frac{1}{2}$ l Milch, $\frac{3}{8}$ l pürierte Früchte und $\frac{1}{8}$ l Sirup gut verrührt. Wie viel Liter sind das?

e) Fleisch besteht durchschnittlich zu zwei Dritteln aus Wasser. Wie viel Wasser ist in $1\frac{1}{2}$ kg Fleisch?

f) 10 l Benzin wiegen $7\frac{1}{2}$ kg. Wie viel wiegt 1 l Benzin?

Jetzt geht's rund

Kreise

Könnt ihr Kreise zeichnen?
Welche Hilfsmittel kann man dabei nutzen?
Das geht auch im Freien!

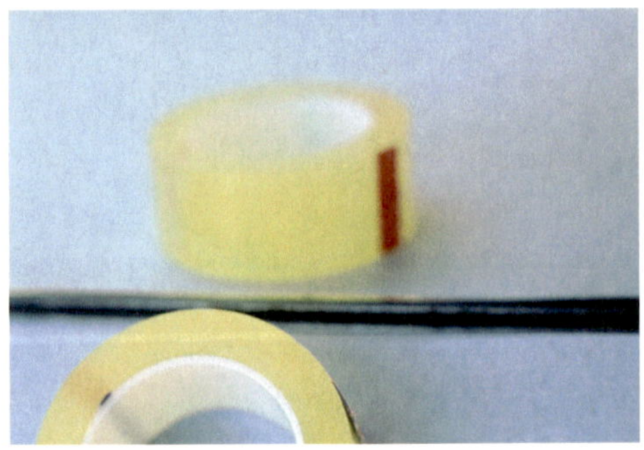

Entsteht ein Kreis, wenn sich alle Schüler der Klasse an den Händen fassen?
Wie kann man das überprüfen?

Könnt ihr die Größe des Klassenkreises bestimmen? Bildet nun Gruppen. Wie viele Schüler benötigt man mindestens für einen Gruppenkreis?

Gesichtsfelder

Verschiedene Lebewesen haben unterschiedliche Gesichtsfelder. Sie sind von oben betrachtet als Kreisteile gezeichnet.

Beschreibt ihre Größe. Welche Gründe sind für die unterschiedlich großen Gesichtsfelder verantwortlich?

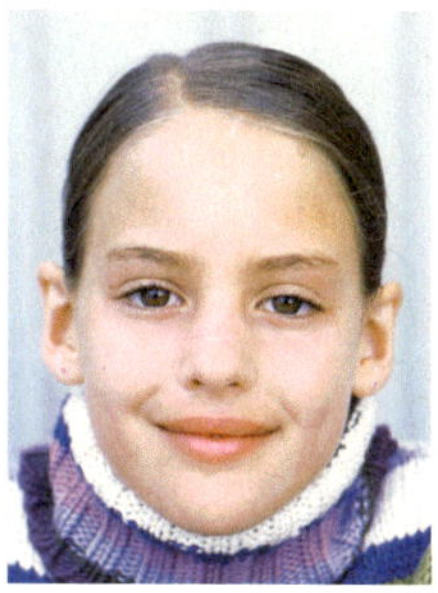

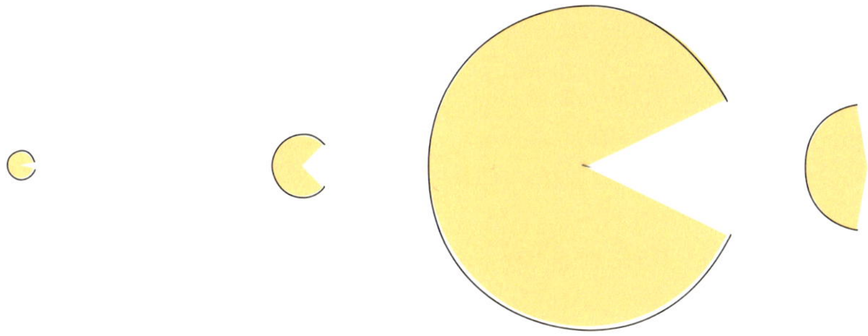

Gelenke

Mit den Gelenken von Armen und Beinen lassen sich Winkel erzeugen.

Prüft die Beweglichkeit verschiedener Gelenke und zeichnet die Kreisteile.

In diesem Kapitel lernst du,

- wie man Kreise, Kreisteile und Winkel zeichnet,
- wie man die Größe von Winkeln bestimmt und angibt,
- dass es verschiedene Arten von Winkeln gibt,
- dass man durch Messung eines einzigen Winkels die Größe von mehreren Winkeln bestimmen kann,
- wie man Figuren drehen, verschieben und spiegeln kann, sodass neue Bilder entstehen.

1 Kreis

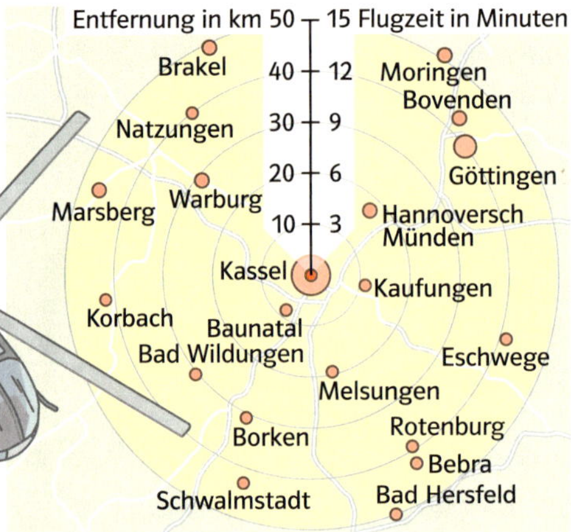

Bei der medizinischen Versorgung von Menschen nach Unfällen ist Zeit sehr kostbar. Rettungshubschrauber sind in ganz Deutschland so stationiert, dass jeder Ort innerhalb von 15 Minuten erreicht werden kann.
Kassel ist der Standort des Rettungshubschraubers „Christoph 7".
→ Nenne Städte, die in 6; 9; 12 oder 15 Minuten erreichbar sind.
Gib ihre Entfernung von Kassel an.
→ Bestimme die Entfernungen ohne Messung.

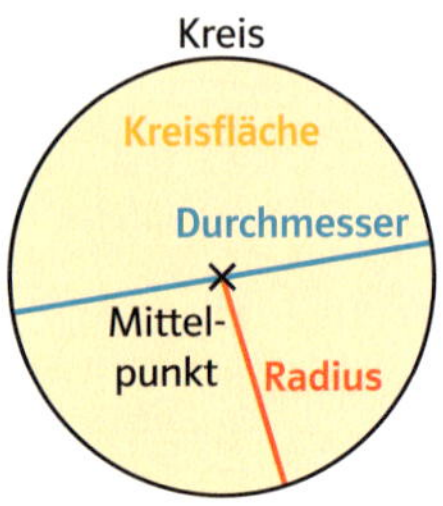

Alle Punkte des Kreises haben vom Mittelpunkt dieselbe Entfernung. Die Kreisfläche wird vom Kreis eingeschlossen.
Kreise zeichnet man mit dem Zirkel. Zuerst wird der Mittelpunkt markiert. Der Radius des Kreises wird zwischen Spitze und Mine des Zirkels eingestellt.

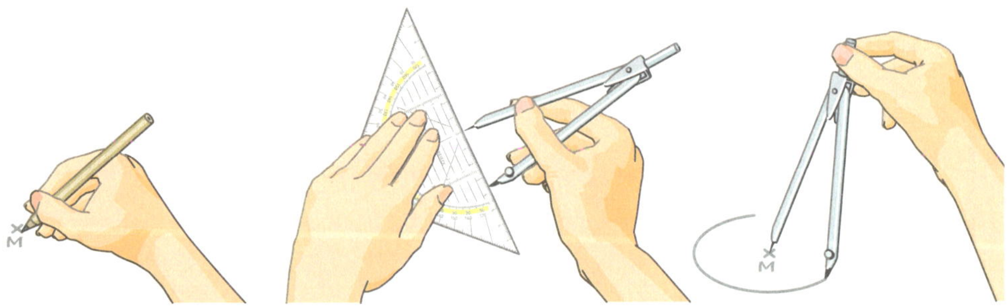

Eigentlich heißt es genauer „Kreislinie" statt Kreis. Im Alltag sagt man aber meistens kürzer „Kreis".

Jede Strecke vom **Mittelpunkt** zu einem Punkt auf dem Kreis heißt **Radius** r.
Jede Strecke, die zwei Punkte auf dem Kreis verbindet und durch den Mittelpunkt geht, heißt **Durchmesser** d.
Der Durchmesser ist doppelt so lang wie der Radius.

Beispiele

a) Um den Mittelpunkt M(5|5) ist ein Kreis mit dem Radius 4 Kästchen eingezeichnet. Der Radius wird zwischen zwei Gitterpunkten oder auf dem Lineal mit dem Zirkel abgegriffen.

b) Um den Mittelpunkt M(11|2) ist ein Kreis gezeichnet, der durch den Punkt P(11|0) geht.
Auf diesem Kreis liegen außerdem die Gitterpunkte Q, R und S.

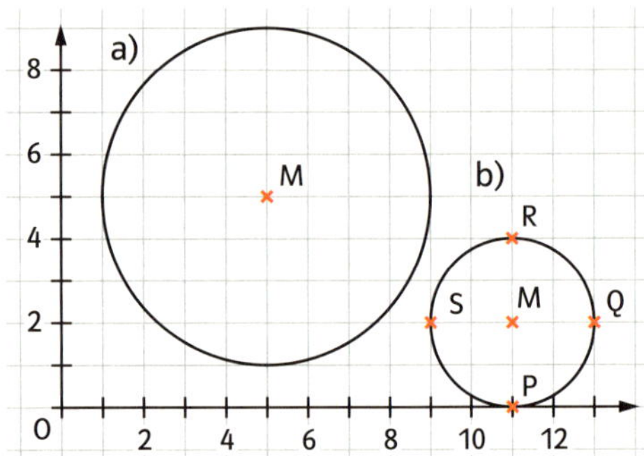

Aufgaben

1 Nenne kreisförmige Gegenstände aus deiner Umgebung. Skizziere.

2 Zeichne Kreise mit
a) Radius: 3 cm; 5 cm; 40 mm; 3,5 cm.
b) Durchmesser: 80 mm; 64 mm; 1 dm.

3 a) Zeichne den Kreis um M mit Radius r bzw. Durchmesser d.

M(4|8); r = 2 cm	M(14|16); r = 3,5 cm
M(7|9); d = 60 mm	M(5|5); d = 50 mm

b) Zeichne den Kreis um M durch P.

M(8|10); P(15|10)	M(13|8); P(10|10)
M(12|10); P(7|6)	M(7|7); P(3|3)

4 a) Zeichne die Kreisfiguren vergrößert ins Heft und färbe sie.

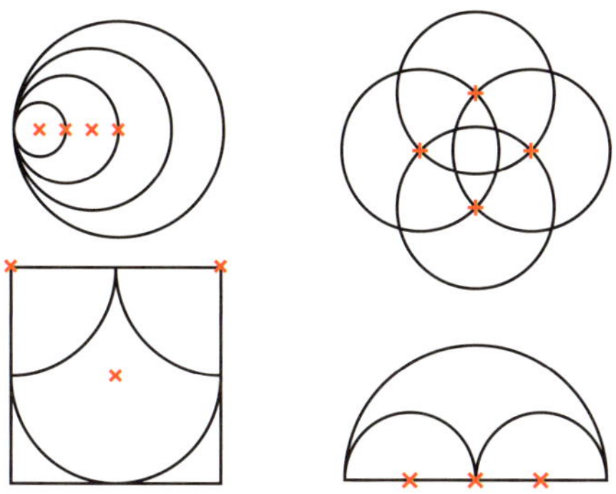

b) Gestalte selbst schöne Kreisfiguren.

5 Für viele Sportarten braucht man kreisförmige Spielfeldmarkierungen.
Zeichnet auf dem Pausenhof mit Kreide ein Basketball-Freiwurffeld.
Welche besonderen Spielregeln gelten auf dem Freiwurffeld?

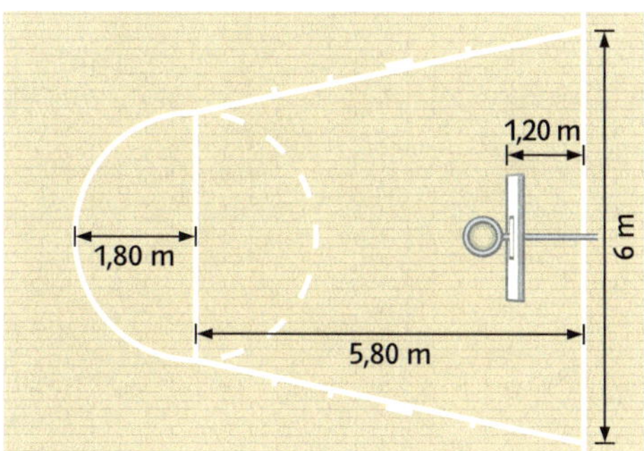

6 Zeichne eine Spirale aus Halbkreisen und schneide an den Kreislinien entlang. Mit Fäden und kleinen Stäbchen lassen sich interessante Mobile herstellen.

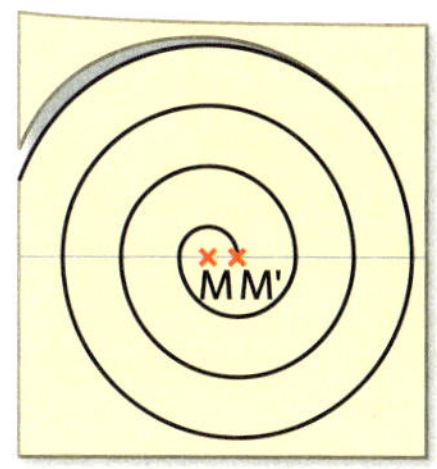

7 Manchmal möchte man Kreise zeichnen und hat keinen Zirkel zur Hand. Es gibt aber einen Trick, wie man trotzdem sehr genau zeichnen kann.

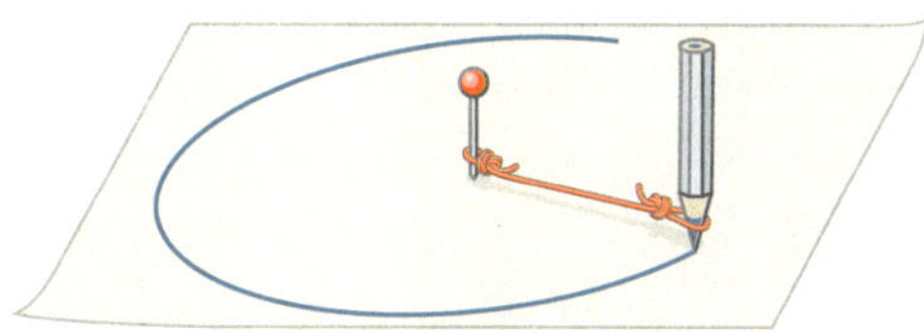

Probiere selbst aus und zeichne Kreise mit verschiedenen Durchmessern.

Kreispuzzles

Wenn ihr die Figuren sinnvoll zerschneidet, könnt ihr aus dem Kreis ein Windrad und aus den Fischen Quadrate legen.

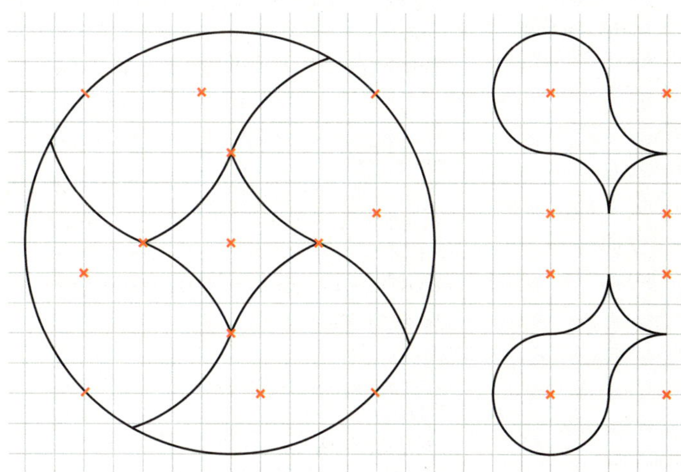

2 Kreisausschnitt[1]

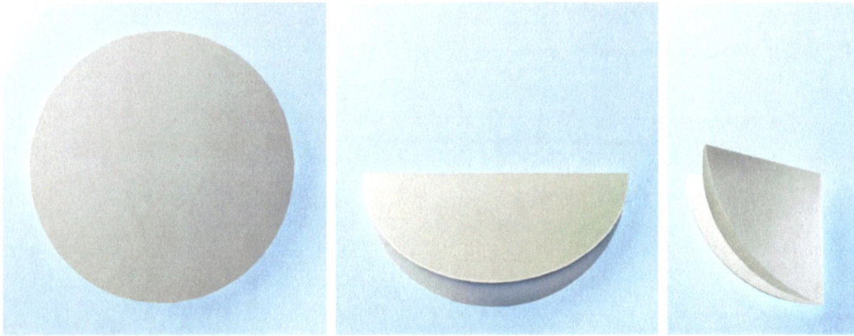

Falte eine ausgeschnittene Kreisfläche immer wieder in der Mitte.
→ Wie werden die entstehenden Teile genannt?
→ Erkläre die Bezeichnungen.
→ Wie oft muss man falten, um einen „Sechzehntelkreis" zu erhalten?
→ Wer von euch kann den kleinsten Kreisteil falten?

Zwei Radien teilen eine Kreisfläche in zwei **Kreisausschnitte**.

Ein von zwei Punkten begrenztes Stück des Kreises heißt **Kreisbogen**.
Ein von zwei Radien und einem Kreisbogen begrenztes Stück der Kreisfläche heißt **Kreisausschnitt**.

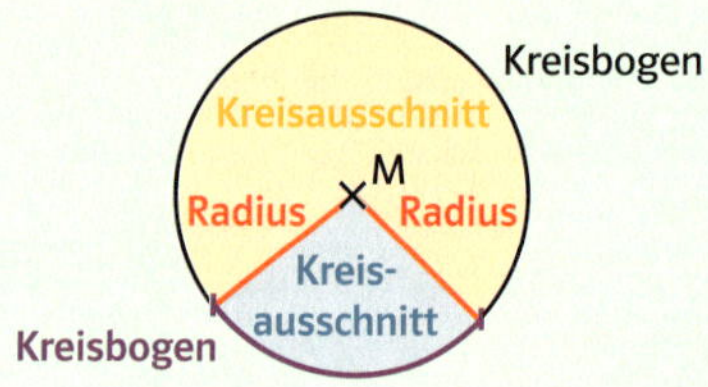

Beispiel
Die Kreisfläche wurde in vier gleich große Kreisausschnitte zerlegt. Davon wurden drei gefärbt.
$\frac{3}{4}$ der Kreisfläche sind also gefärbt, das entspricht einem Dreiviertelkreis.

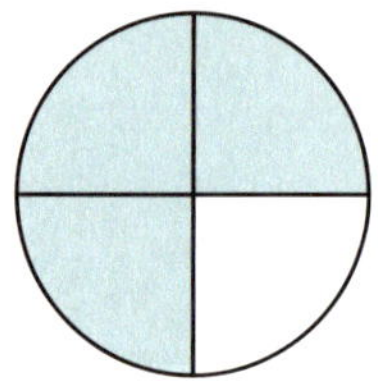

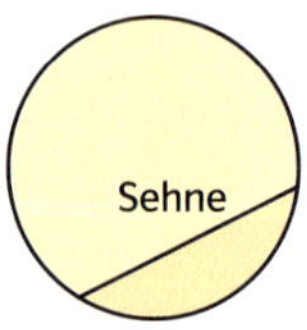

Bemerkung
Faltet man eine Kreisfläche einmal, entstehen zwei Kreisabschnitte.
Die Trennlinie muss dabei nicht durch den Kreismittelpunkt gehen. Sie heißt **Sehne**.

Aufgaben

1 a) Welche Kreisausschnitte kannst du essen?
b) Bei welchen Sportarten werden Kreisausschnitte auf dem Spielfeld abgestreut oder markiert?
Denke auch an Disziplinen der Leichtathletik.

2 Mit Kreisausschnitten lassen sich schöne Figuren legen. Legt die Figuren auf dem Rand nach.
Sammelt weitere Ideen in der Klasse.

3 Welche der abgebildeten Kreisteile sind Kreisausschnitte?

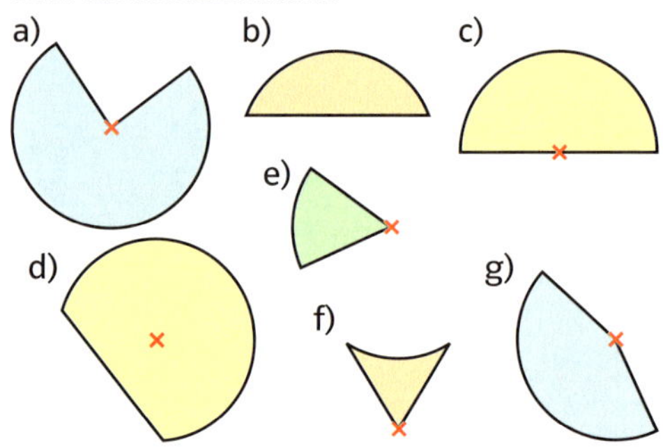

4 Falte einen Kreisausschnitt, der viermal, achtmal, sechzehnmal in einen Kreis passt. Wie erhältst du einen Sechstel- bzw. einen Drittelkreis?

5 In wie viele Teile wurde zerlegt? Benenne jeweils den Kreisausschnitt und den gefärbten Anteil der Kreisfläche.

a)
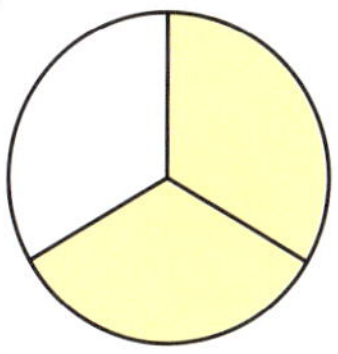

b)
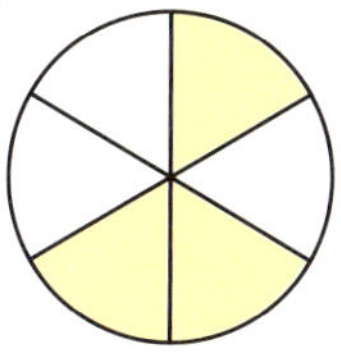

c)
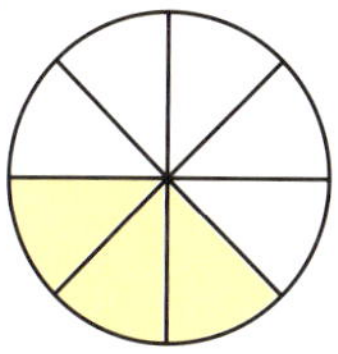

d)

6 Falte Kreisausschnitte, die $\frac{3}{4}$; $\frac{1}{12}$ bzw. $\frac{5}{8}$ eines Kreises ausmachen.

7 Zeichne einen Kreis mit dem Radius r = 4 cm. Wie oft kannst du den Radius auf dem Kreis abtragen?
Welche Figur entsteht, wenn du die abgetragenen Punkte verbindest?

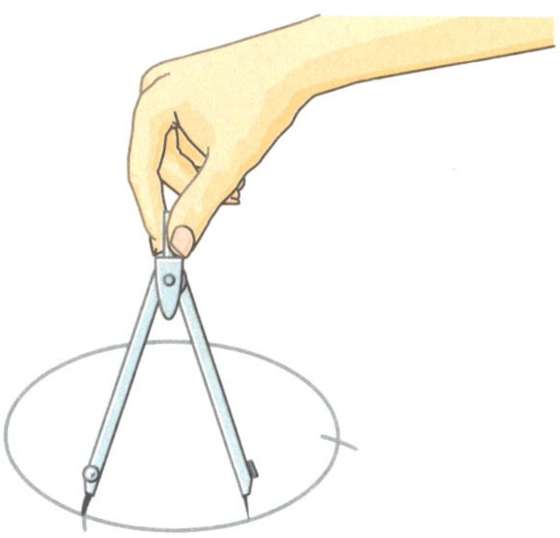

8 An Autofelgen kannst du Kreisausschnitte entdecken.
Stelle deiner Partnerin oder deinem Partner Fragen.

a)
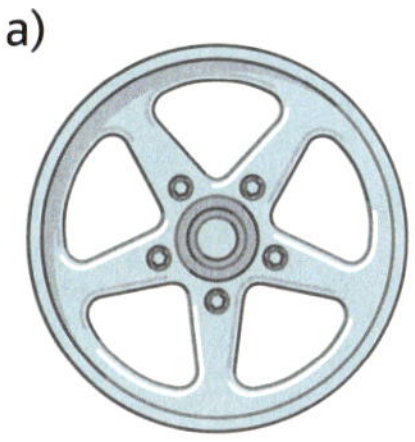

b)
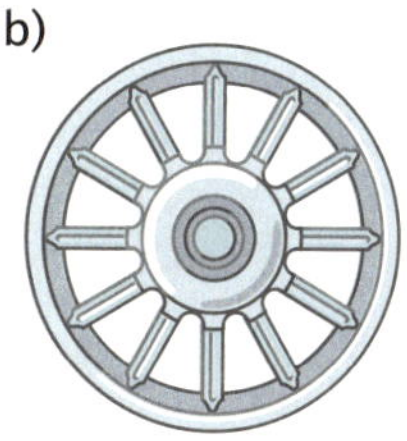

9 Welche Bruchteile sind gegessen?

a)

b)
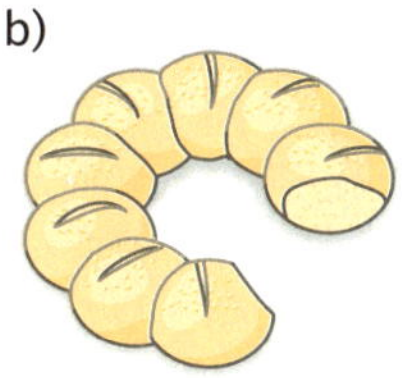

c)

d)
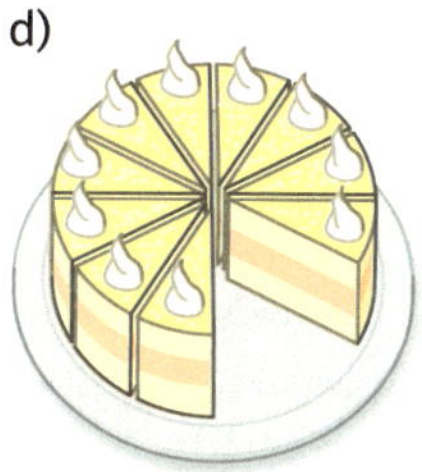

10 Welche Kreisausschnitte überstreicht
a) der große Zeiger einer Uhr in 45 min; 30 min; 10 min; 5 min; 20 min?
b) der kleine Zeiger einer Uhr in 6 h; 3 h; 12 h; 1 h; 5 h?

11 Hier wurden Diagramme verwendet, um die Wahlergebnisse in Parlamenten darzustellen.
Hat eine Partei die absolute Mehrheit?
Welche Parteien müssen zusammenarbeiten, um eine Zweidrittelmehrheit zu erreichen?

a)
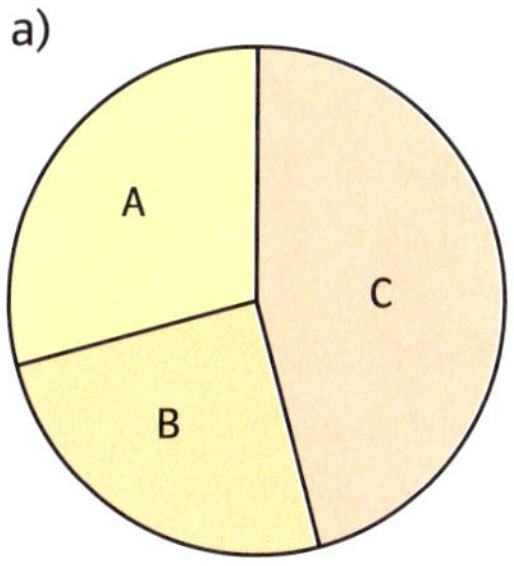

b)
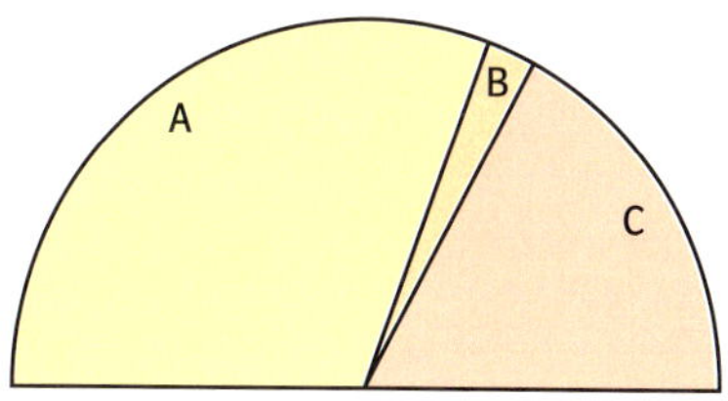

3 Winkel

Die Zeiger von Messgeräten können auf ihren Skalen unterschiedliche Bereiche überstreichen.
→ In welchem Bereich darf sich die Tachonadel im Stadtverkehr bewegen?
→ Lies den zulässigen Bereich des Wasserdrucks am Manometer einer Warmwasserheizung ab.

Ein auf zwei Seiten begrenzter Bereich, in dem sich ein Zeiger drehen kann, heißt in der Mathematik **Winkel**.

Ein **Winkel** wird von zwei **Schenkeln** mit gemeinsamem Anfangspunkt S begrenzt. Der Punkt S heißt **Scheitel** des Winkels.

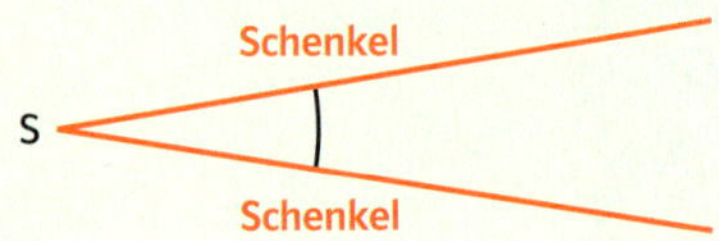

Beispiele

a) Winkel werden mit einem Bogen markiert und mit kleinen griechischen Buchstaben bezeichnet.

α	β	γ	δ	ε
Alpha	Beta	Gamma	Delta	Epsilon

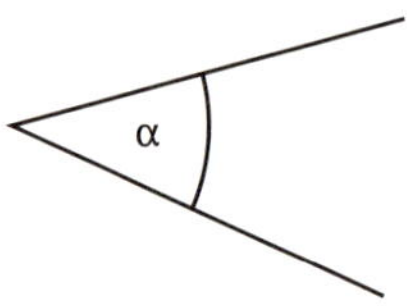

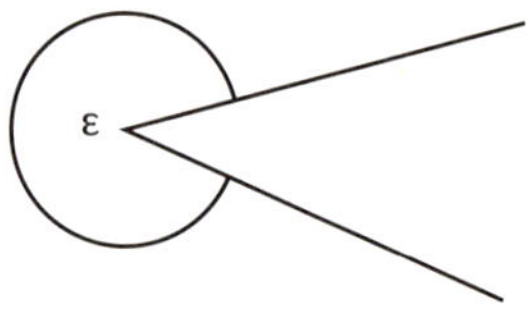

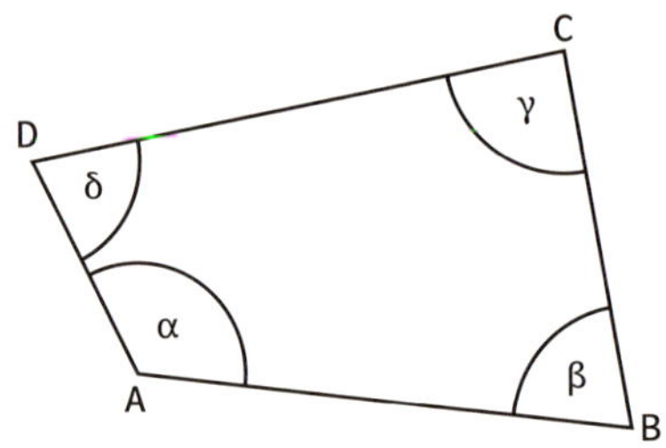

b) Die Größe eines Winkels hängt weder von der Lage noch von der Länge der gezeichneten Schenkel ab.

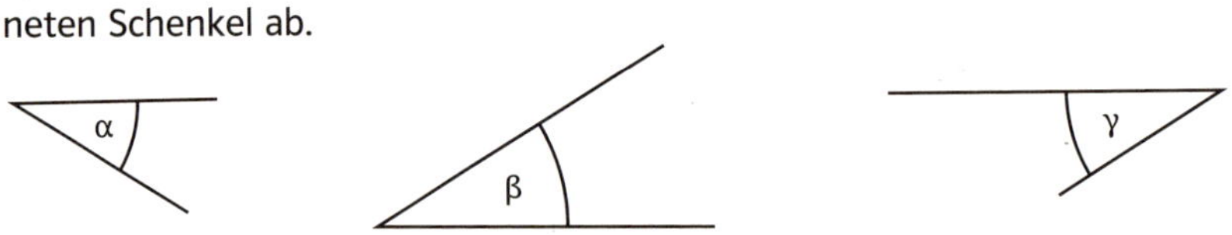

$\alpha = \beta = \gamma$

Aufgaben

1 Kennst du die Bedeutung folgender Redewendungen?
„Das angewinkelte Bein …“
„Die verwinkelten Gassen …“
„Ein geschickter Winkelzug …“
„Im toten Winkel …“

2 Beschreibe die Schenkel und den Scheitelpunkt der Winkel.
a) die Schaukel auf dem Spielplatz
b) die Schranke im Parkhaus
c) der Lichtkegel eines Scheinwerfers
d) das Gesichtsfeld eines Menschen

3 Skizziere ins Heft und zeichne die Winkelbögen ein. Gibt es mehrere Möglichkeiten? Benenne die Winkel mit griechischen Buchstaben.

a)

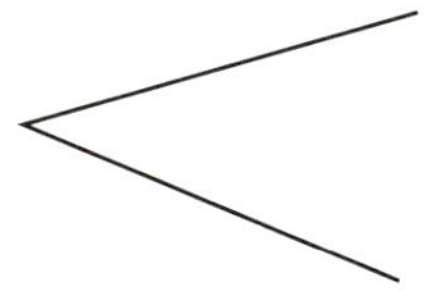

b)

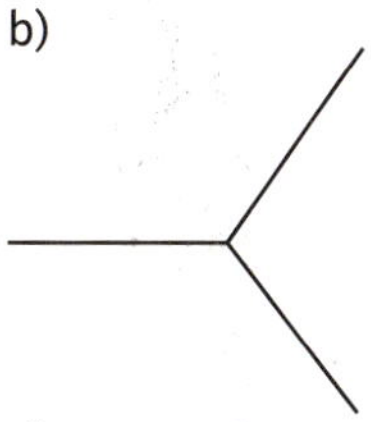

c)

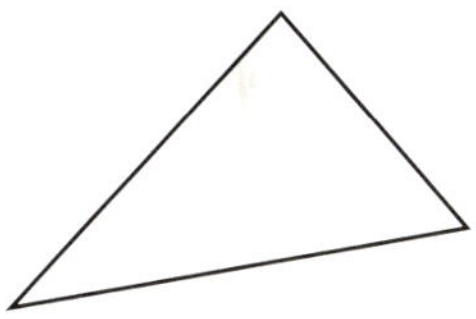

d)

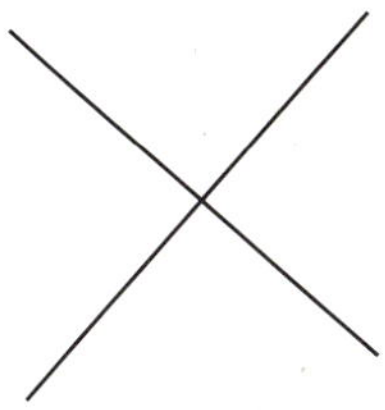

4 Es entstehen jeweils zwei Winkel. Welcher ist der größte?
a) Der Scheitel liegt im Punkt A(6|4). Ein Schenkel geht durch den Punkt B(10|12), der andere durch C(12|6).
b) Die Schenkel gehen durch die Punkte D(2|10) und E(14|2). F(2|2) ist der Scheitelpunkt.

5 Zeichne drei Geraden, die sich in einem gemeinsamen Punkt schneiden. Bezeichne alle entstehenden Winkel.

6 Der Stunden- und der Minutenzeiger einer Uhr bilden um 3:00 Uhr einen besonderen Winkel.

a) Gibt es diesen Winkel auch zu weiteren Uhrzeiten?
b) Nenne Uhrzeiten und skizziere dazu den Winkel, den die Zeiger bilden.
Wenn du mit einer Partnerin oder einem Partner arbeitest, könnt ihr euch gegenseitig Aufgaben stellen.

7 Welchen Schatten wirft die Baumkrone im Scheinwerferlicht an die Hauswand? Zeichne ins Heft.

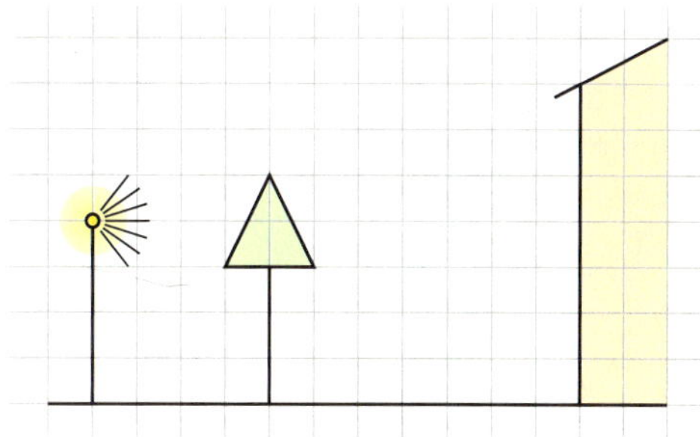

8 In manchen Verkehrssituationen kannst du als Radfahrer von anderen Fahrzeugführern leicht übersehen werden.
Der Pkw-Fahrer kann den Radfahrer nicht sehen, wenn dieser durch die Dachholme des Autos verdeckt wird.
Skizziere.

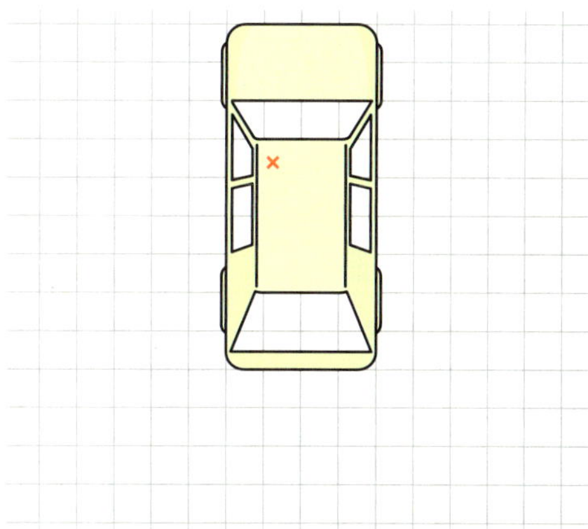

9 Ordne die Winkel nach ihrer Größe. Dafür kannst du Transparentpapier verwenden.

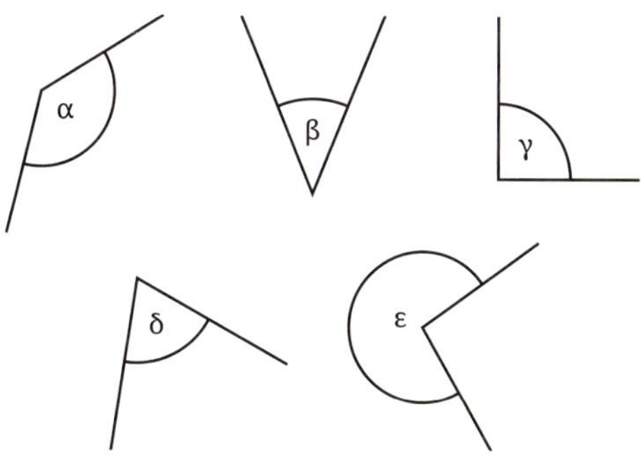

4 Winkelmessung. Einteilung der Winkel

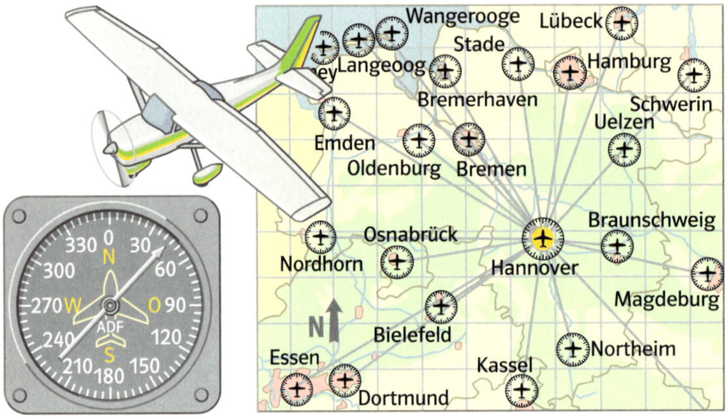

Ein Pilot kann sich nicht nur mithilfe von Straßen, Flüssen oder Bergen orientieren. Für ihn sind Karte und Kompass wichtige Hilfsmittel, um einen gewünschten Ort zu erreichen.
Dabei ist die Angabe der Himmelsrichtung nicht immer ausreichend.
Es gibt eine noch genauere Einteilung.
→ Welchen Flughafen erreicht ein Flugzeug, welches von Hannover aus Südostkurs steuert?
→ Auf welchem Kurs erreicht ein Flugzeug Stade, Bremen oder Osnabrück?

Zum Messen von Winkeln verwendet man eine Maßeinheit. Sie entsteht durch Zerlegung eines Kreises in 360 gleiche Teile. Man nennt diese Einheit °, gelesen **Grad**.

Mithilfe des Geodreiecks kann man einen gegebenen Winkel messen oder einen Winkel mit vorgegebener Größe zeichnen.

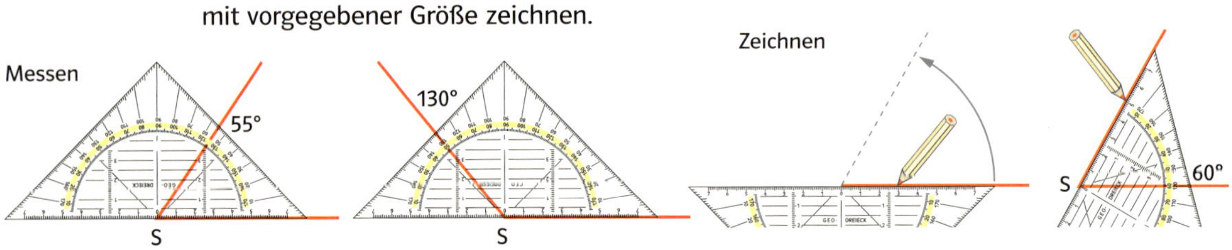

Die Maßeinheit für die Größe eines Winkels heißt **Grad** (kurz: °).
Winkel werden nach ihrer Größe eingeteilt.

spitze Winkel (kleiner als 90°)	**rechte** Winkel (90°)	**stumpfe** Winkel (zwischen 90° und 180°)	**gestreckte** Winkel (180°)	**überstumpfe** Winkel (zwischen 180° und 360°)	**volle** Winkel (360°)

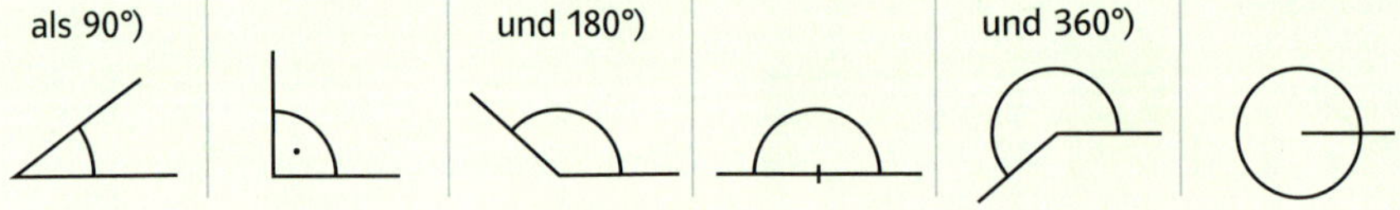

Beispiele

a) Manchmal muss man die Schenkel verlängern, um den Winkel ablesen zu können.

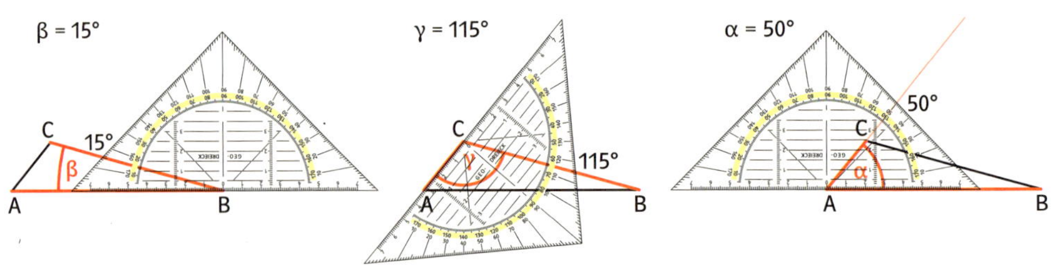

Das Geodreieck hat zwei Skalen, die links bzw. rechts mit 0° beginnen.

b) Um einen überstumpfen Winkel zu zeichnen, wird er in 180° und den fehlenden Rest zerlegt.
210° = 180° + 30°
Man zeichnet zuerst den gestreckten Winkel von 180° und trägt dann den spitzen Winkel von 30° an. Entsprechend geht man beim Messen von überstumpfen Winkeln vor.

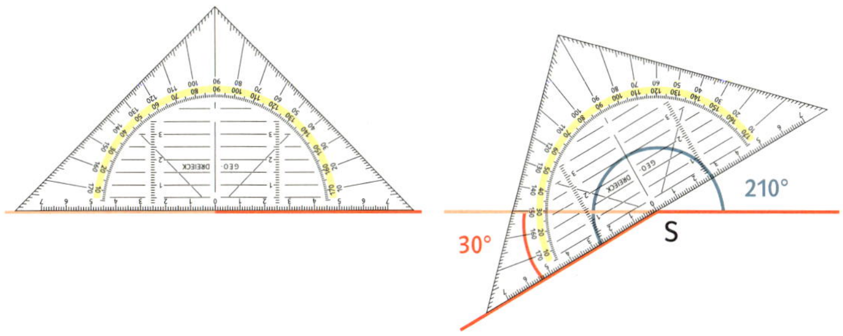

Bemerkung

Für sehr kleine Winkel und für genaue Messungen benutzt man die Maßeinheiten 1′ (1 Winkelminute) und 1″ (1 Winkelsekunde). Die Umrechnung ist: 1° = 60′ und 1′ = 60″.

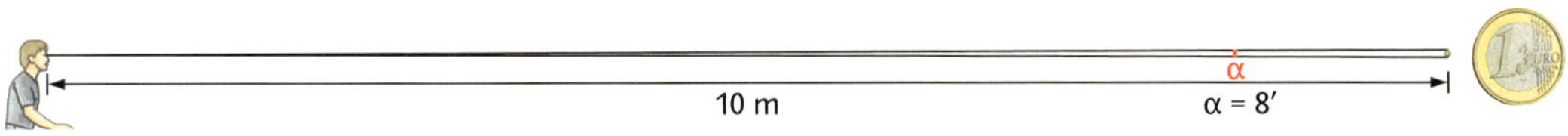

Aufgaben

1 Stelle auf der am Rand abgebildeten Kreisscheibe zunächst nach Augenmaß die Winkel ein und miss nach. Gib die Winkelart an. Du kannst auch mit einer Partnerin oder einem Partner arbeiten.

a) 90°	b) 30°	c) 45°	d) 190°
180°	80°	150°	250°
270°	130°	220°	300°

2 a) Schätze die Größen der Winkel.

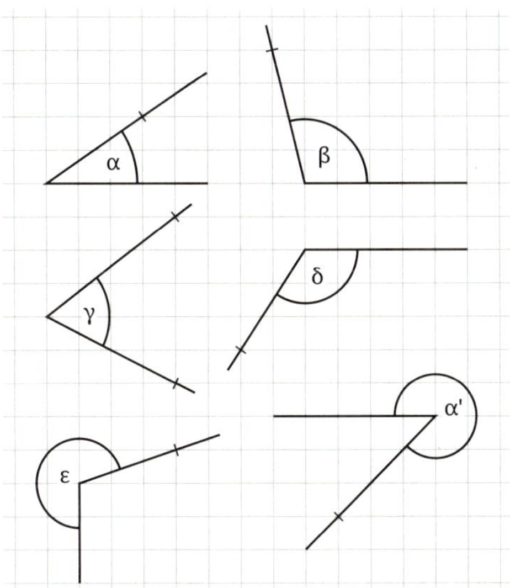

b) Übertrage die Winkel ins Heft und gib ihre Größe in Grad an. Verlängere die Schenkel vor dem Messen falls nötig.

3 Zeichne Winkel der angegebenen Größen. Der erste Schenkel soll nicht immer waagerecht verlaufen. Welche Winkelarten erkennst du?

a) 30°	b) 60°	c) 45°	d) 90°
15°	155°	89°	190°
75°	230°	290°	340°

4 Übertrage die Figur in doppelter Größe. Schätze zunächst und miss die Winkel.

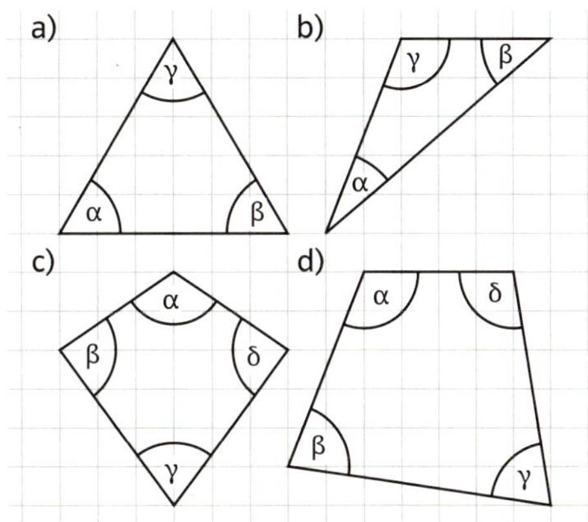

Hast du eine Vermutung, wie groß die Summe der Innenwinkel von Dreiecken bzw. Vierecken ist?

5 Wie lange braucht der Minutenzeiger, um diese Winkel zu überstreichen?
a) 180° b) 90° c) 30° d) 60° e) 12°

Schneide zwei Kreise aus Pappe aus und schneide sie wie im Bild ein. Wenn du sie jetzt ineinander steckst, kannst du Winkel darstellen.

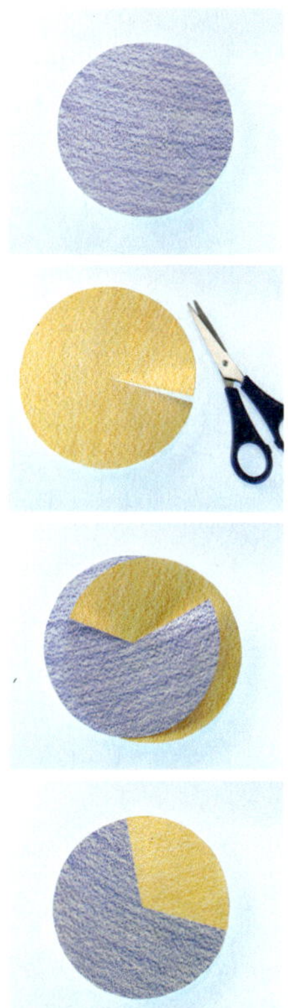

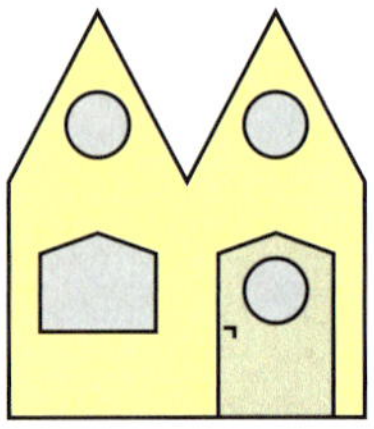

6 Wie viel Grad überstreicht der Minutenzeiger in diesen Zeiträumen?
a) 20 min b) 15 min c) 6 min d) 5 min
e) 1 min f) 15 s g) 45 s h) 50 min

7 Wie viele spitze, rechte, stumpfe, überstumpfe und volle Winkel findest du im abgebildeten Haus?

8 Arbeitet zu zweit. Legt auf dem 5 × 5-Nagelbrett einen Schenkel fest. Einer von euch verändert den zweiten Schenkel, der andere gibt die Winkelart an und misst die Größe.

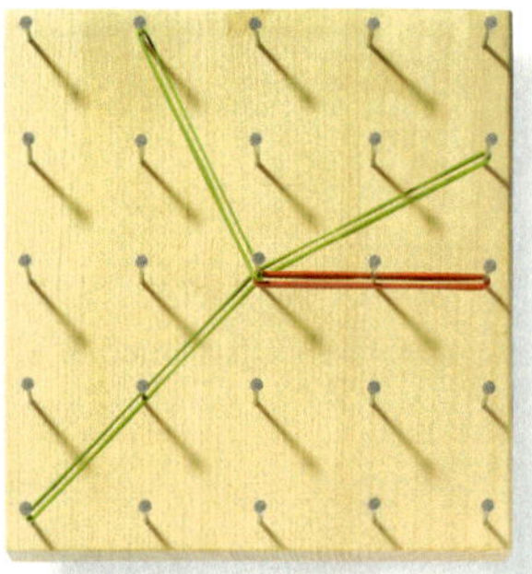

Wenn ihr die Rollen tauscht, könnt ihr die Lage des ersten Schenkels neu festlegen.

9 Bestimme die Größe der Winkel, die durch die gleichmäßige Zerlegung des Kreises entstanden sind.

a)
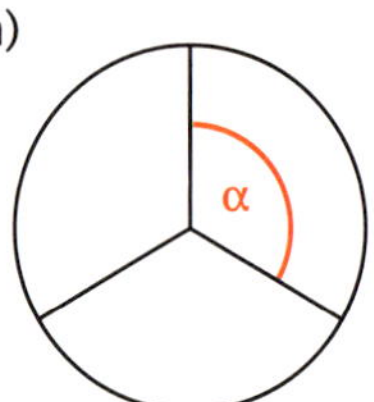

b)
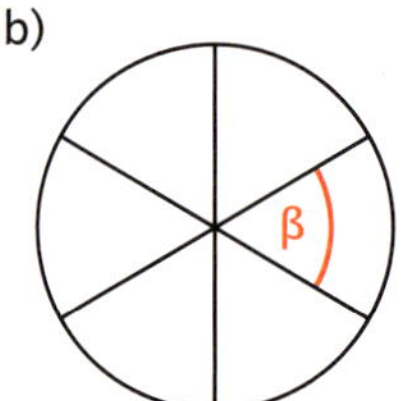

c)
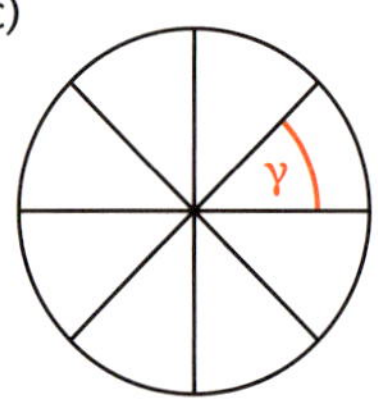

d)
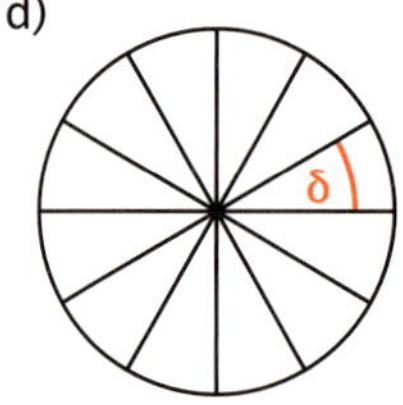

10 Bestimme die Größe
a) $\frac{1}{3}$ des gestreckten Winkels.
b) $\frac{3}{4}$ des Vollwinkels.

Formuliere weitere solche Aufgaben.

11 Berechne den Winkel α mithilfe des gestreckten Winkels.

Beispiel: α = 180° − 50°
α = 130°

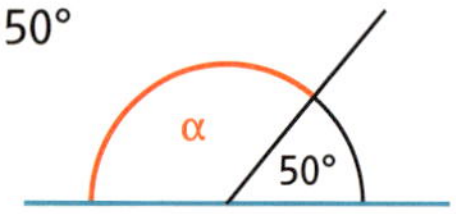

a)
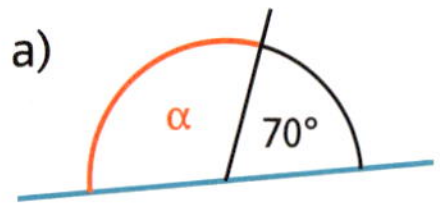

b)
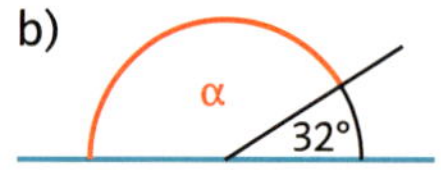

c)
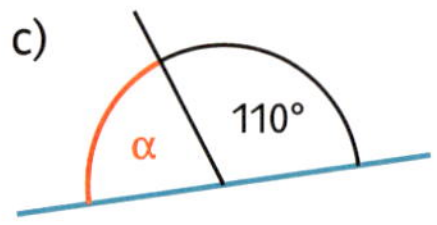

d)
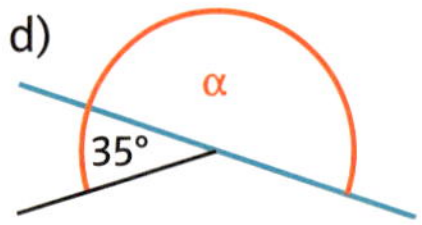

12 Berechne den Winkel α mithilfe der Winkeldifferenz.

Beispiel: α = 30° − 10°
α = 20°

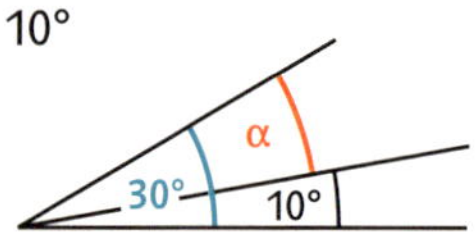

a)
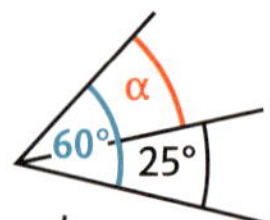

b)
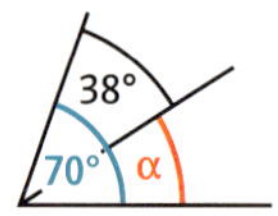

c)
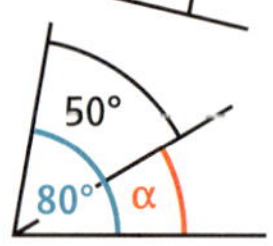

d)
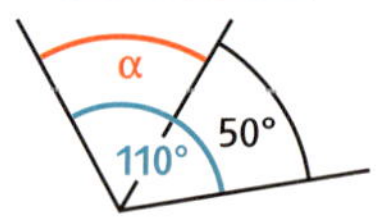

13 Steuert ein Schiff einen bestimmten Kurs, so kann dieser als Himmelsrichtung, aber auch als Winkel angegeben werden.

a) Welche Winkel gehören zu den Richtungen Ost, West, Nordost, Südwest?
b) Welche Richtungen gehören zu den Winkeln 180°; 135°; 0°; 315°?

14 Zeichne ein Dreieck
a) mit einem rechten Winkel.
b) mit einem stumpfen Winkel.
c) mit drei spitzen Winkeln.

5 Drehung

David hat an einem windigen Tag zwei Fotos von einer Windmühle gemacht. „Quatsch", meint Lea „das ist doch dasselbe Bild".

→ Was meinst du?

→ Wie ist das eine Bild aus dem anderen hervorgegangen?

→ Welche Punkte würdest du im Bild markieren, um zu messen, wie weit sich die Flügel gedreht haben?

Bei jeder **Drehung** bleibt der **Drehpunkt** Z fest. Alle anderen Punkte bewegen sich auf Kreisen um Z. Sie werden alle um den gleichen Drehwinkel gedreht.

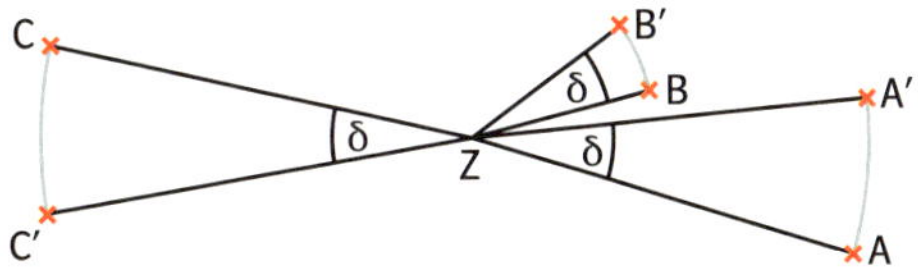

Eine **Drehung** ist durch den **Drehpunkt** (das **Zentrum**) Z und den **Drehwinkel** δ festgelegt. In der Regel wird gegen den Uhrzeigersinn gedreht.

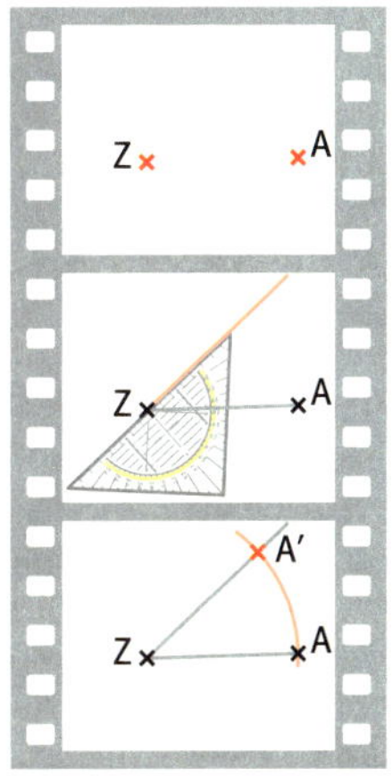

Bemerkungen

- Der Film am Rand zeigt, wie du mithilfe des Geodreiecks und des Zirkels das Drehbild eines Punktes zeichnen kannst.
- Bei einer Drehung von 180° um den Punkt Z spricht man auch von einer **Punktspiegelung**, im Punkt Z.

Beispiele

a) Vierteldrehungen, also Drehungen um 90°, lassen sich im Quadratgitter durch Zählen von Kästchen ausführen.

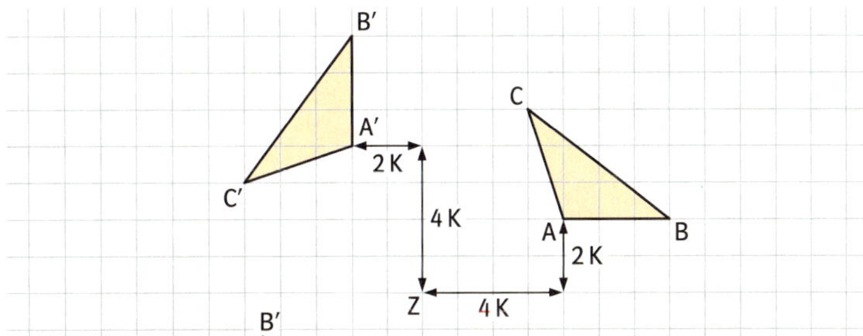

b) Das Quarat ABCD wird um den Drehpunkt Z mit dem Drehwinkel 120° gedreht. Zuerst wird das Bild A' von A mithilfe des Geodreiecks gezeichnet. Weil B auf der Verbindungsgeraden ZA liegt, liegt B' auf der Verbindungsgeraden ZA'.
Die Bildpunkte C' und D' liegen auf Senkrechten zur Geraden ZA' in den Punkten B' und A'.

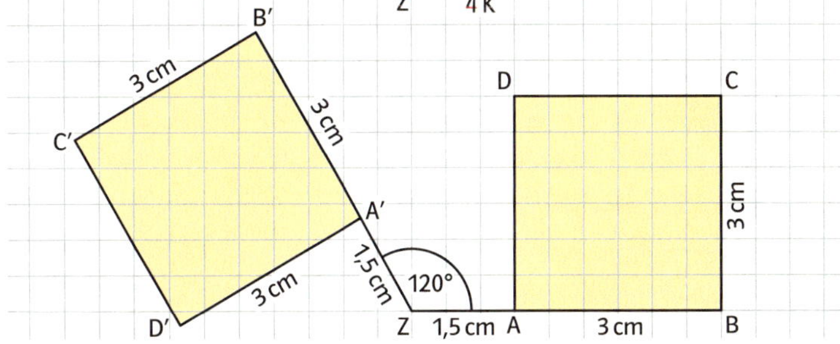

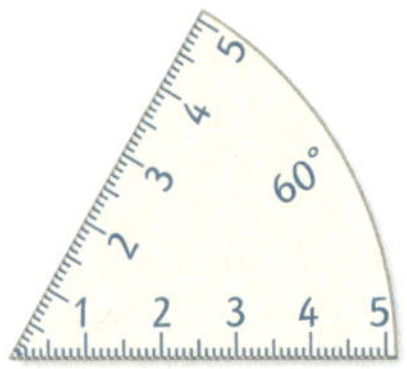

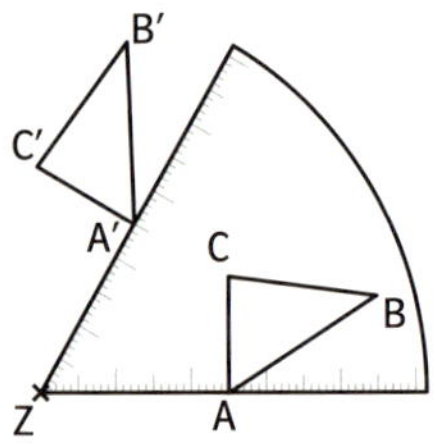

Aufgaben

1 Fertige einige Drehschablonen (30°, 45°, 60°, 120°) aus Karton an. Damit kannst du das Drehbild eines Dreiecks ABC bei Drehung um den Punkt Z zeichnen.

2 Entwirf selbst Figuren und drehe sie mithilfe von Transparentpapier.

3 Wie kann man mit Transparentpapier eine Drehung um 50° ausführen?

4 Drehe die Figur mit einer Vierteldrehung um den Drehpunkt Z.

	A	B	C	D	Z
a)	(9|4)	(16|4)	(16|9)	–	(5|4)
b)	(14|2)	(20|4)	(16|11)	–	(8|6)
c)	(10|2)	(16|2)	(16|6)	(10|6)	(2|6)
d)	(12|5)	(17|5)	(17|9)	(12|9)	(8|4)
e)	(14|3)	(18|0)	(22|3)	(18|6)	(9|1)
f)	(2|3)	(9|2)	(8|9)	(3|8)	(11|12)

5 Drehe das Viereck um den Punkt Z mit dem Winkel δ.

	A	B	C	D	Z	δ
a)	(15|4)	(24|4)	(24|8)	(15|8)	(10|4)	90°
b)	(12|4)	(20|4)	(23|10)	(12|10)	(6|4)	60°
c)	(8|7)	(15|1)	(21|7)	(15|3)	(4|11)	75°

6 Um wie viel Grad wurde gedreht?

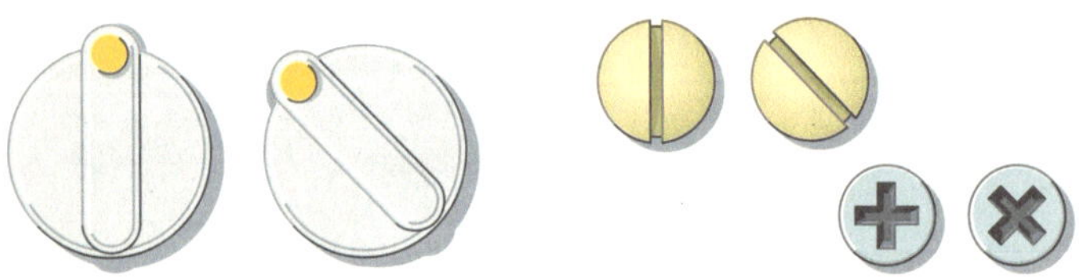

7 Hier liegen Original und Drehbild teilweise übereinander:

	A	B	C	D	Z	δ
a)	(13|5)	(20|5)	(6|13)	–	(9|5)	90°
b)	(4|5)	(12|5)	(4|12)	–	(9|7)	90°
c)	(6|6)	(15|6)	(15|11)	(6|11)	(6|2)	30°

8 a) Einen Kreis kannst du drehen, indem du den Mittelpunkt M um den Drehpunkt Z drehst und um M′ einen Kreis mit demselben Radius zeichnest. Übertrage in dein Heft und zeichne das Drehbild.

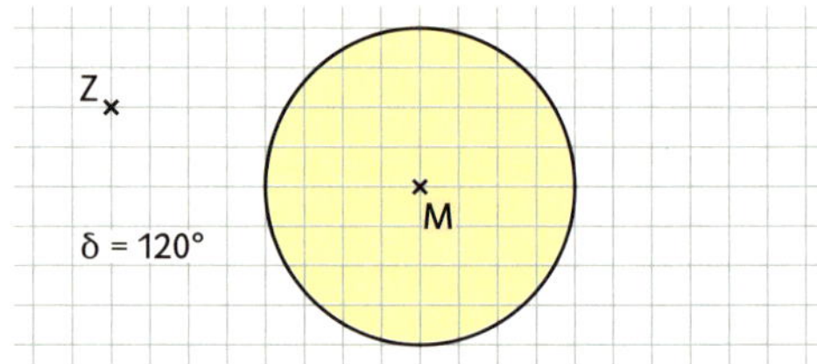

b) Drehe den Halbkreis um das Zentrum Z mit δ = 90°.

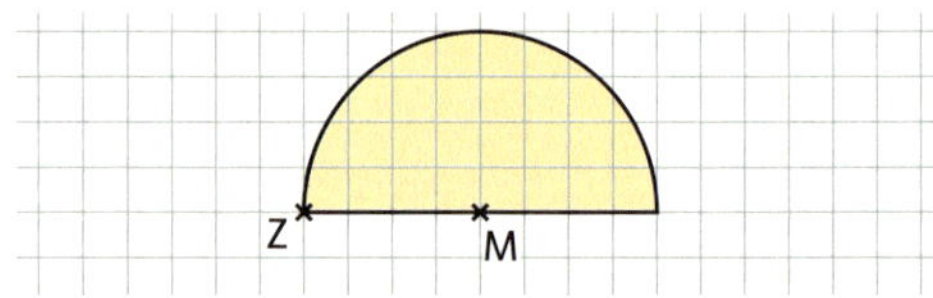

9 Drehe das Rechteck um den Drehpunkt Z so, dass das Bild des Eckpunktes B auf die Gerade g fällt.
Wie viele Möglichkeiten gibt es?

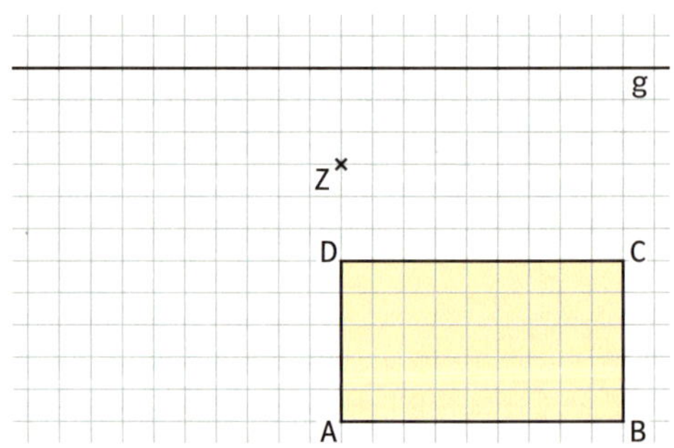

10 Das gelbe Rechteck wurde in das grüne gedreht. Welcher der Punkte P, Q, R war der Drehpunkt?

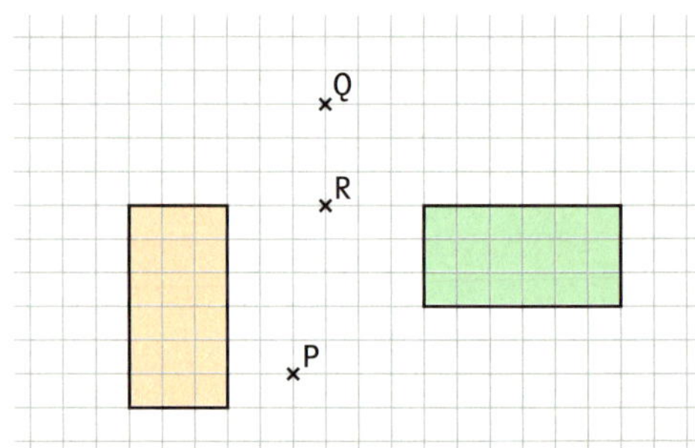

6 Symmetrische Figuren[1]

→ Ein Blütenbild kannst du aus Zeichenkarton anfertigen.
Wie viele Spitzen bekommt die Blüte? Versuche 6, 8 oder 5 Spitzen herzustellen.
→ Blütenbilder kannst du auch im Quadratgitter zeichnen.
Stelle auch einmal einen Spiegel auf die rote Gerade.

Gegenstände und **Figuren** aus zwei spiegelbildlichen Hälften kommen in Natur und Technik sehr oft vor. Sie haben einen besonderen Namen.

Eine **Figur** aus zwei spiegelbildlichen Hälften heißt **achsensymmetrisch**.
Die Trenngerade der zwei Hälften heißt Symmetrieachse. Zwei spiegelbildlich liegende Punkte einer symmetrischen Figur haben den gleichen Abstand von der Symmetrieachse. Ihre Verbindungsstrecke
- steht auf der Symmetrieachse senkrecht,
- wird von der Symmetrieachse halbiert.

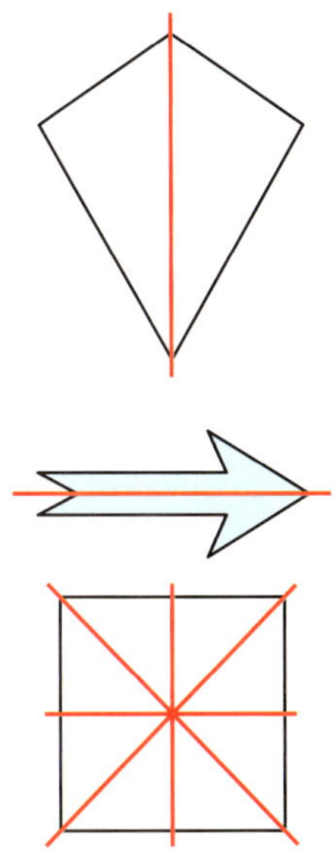

Beispiele

a) Symmetrieachsen können horizontal oder vertikal verlaufen. Beim abgebildeten Pfeil liegt die Symmetrieachse horizontal.
b) Figuren können auch mehr als eine Symmetrieachse haben. Das Quadrat hat sogar vier Symmetrieachsen.

Aufgaben

1 Falte wie im Bild. Schneide Muster in das einmal, zweimal oder dreimal zusammengefaltete Blatt. Wie viele Symmetrieachsen ergibt das?

2 Zeichne alle Symmetrieachsen ein.

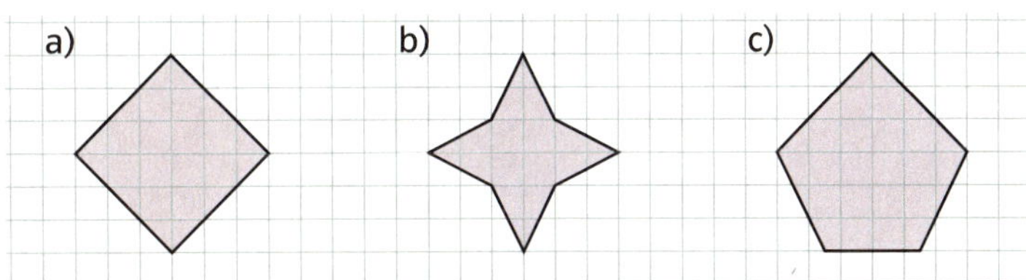

3 Zeichne die Symmetrieachsen ein.

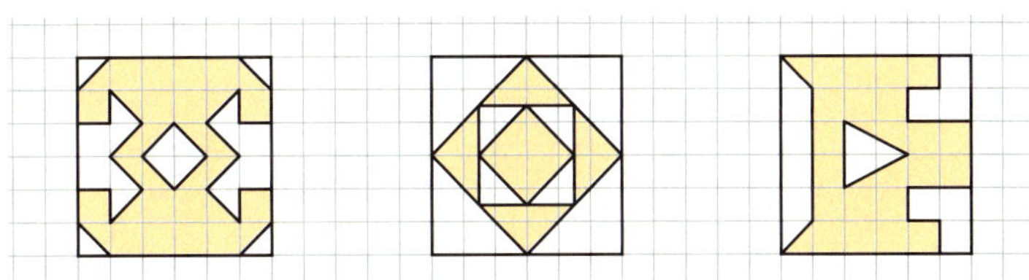

7 Achsenspiegelung[1]

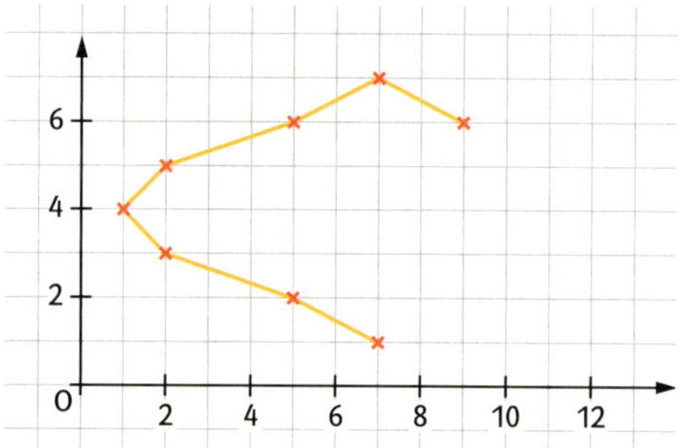

Vier weitere Punkte und du erhältst eine achsensymmetrische Figur.
→ Übertrage die Zeichnung in dein Heft und zeichne die vier fehlenden Punkte ein.
→ Zeichne auch die Symmetrieachse ein.
→ Nenne die Rechts- und Hochwerte der fehlenden Punkte.

Ist eine Gittergerade im **Quadratgitter** die **Spiegelachse**, dann kann man das Spiegelbild eines Punktes einfach durch Auszählen von Kästchen finden. Ebenso einfach geht es, wenn die Spiegelachse diagonal durch die Kästchen läuft.

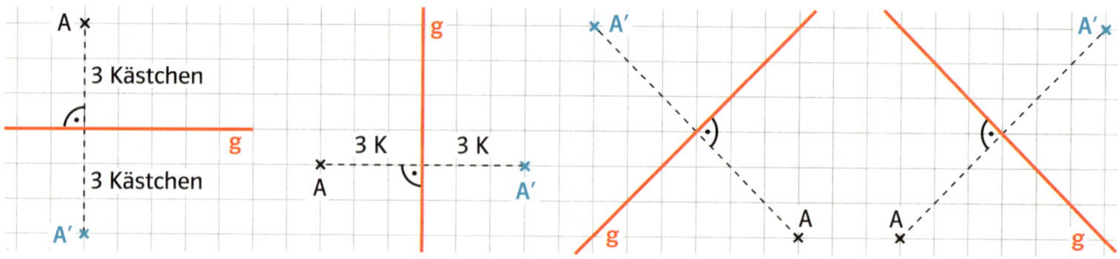

Bei einer **Achsenspiegelung** steht die Verbindungsstrecke zwischen einem Punkt A und seinem Spiegelbild A' senkrecht auf der Spiegelachse. Der Punkt A und sein Spiegelbild A' haben von der Spiegelachse den gleichen Abstand.
Wir nennen A das **Original** und A' das **Bild**.

Beispiele

a) Wenn du die linke Figur in der Abbildung an der Geraden g spiegelst, entsteht die rechte. Die beiden Figuren liegen spiegelbildlich zueinander. Wenn du dieselbe Figur an der Geraden h spiegelst, so wird aus beiden Figuren zusammen eine achsensymmetrische Figur.

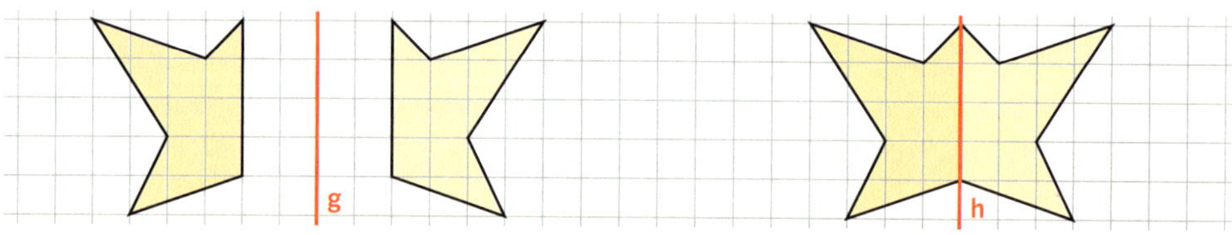

b) Wenn du zum Spiegeln kein Quadratgitter zur Verfügung hast, kannst du das Geodreieck zu Hilfe nehmen.
Lege das Dreieck mit der Mittellinie auf die Gerade g. Markiere den Spiegelpunkt P' im selben Abstand wie P auf der anderen Seite von g.

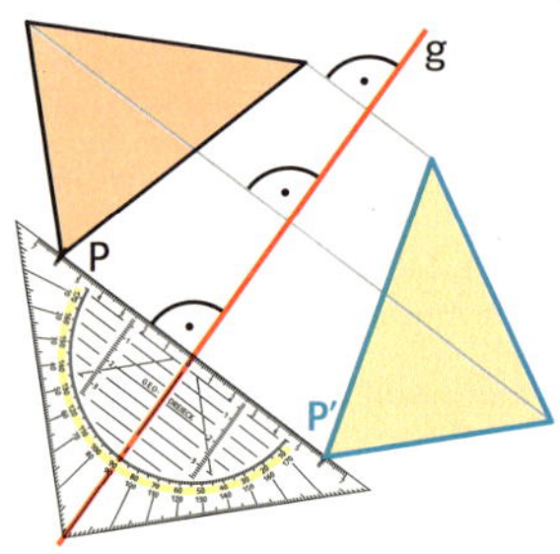

Aufgaben

1 Zeichne in ein Quadratgitter die Punkte A(1|5), B(4|0), C(7|5) und D(4|8) und verbinde sie. Ist die Figur achsensymmetrisch? Zeichne die Symmetrieachse ein.

2 So sieht man das Gartentor von der Straße aus. Zeichne es aus der Gartensicht.

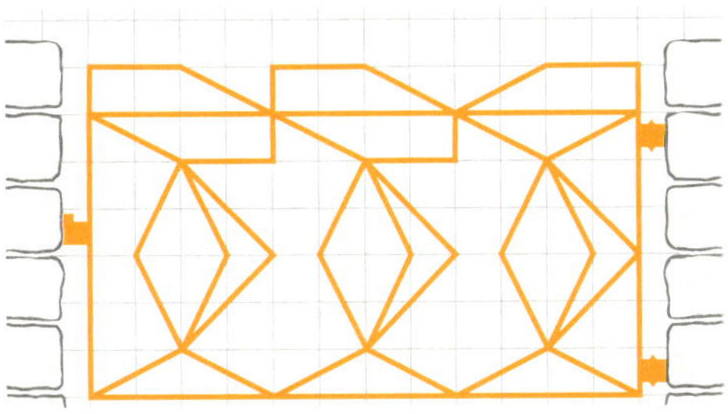

3 Zeichne in dein Heft die Figuren, die Spiegelachsen und die Bilder der Figuren.

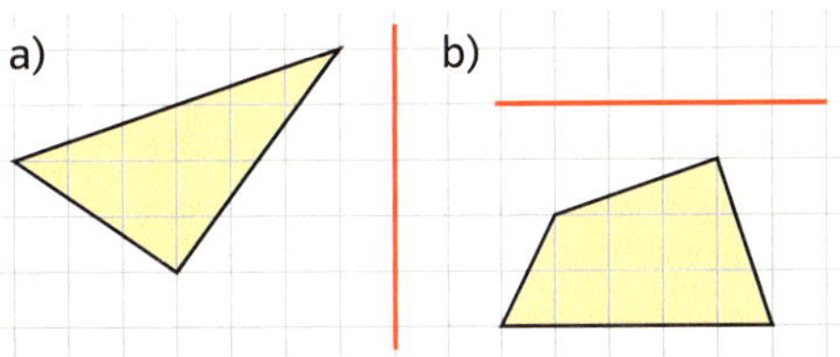

4 Zeichne auf ein Papier ohne Quadratgitter die Symmetrieachse und die linke Hälfte eines Schmetterlings. Ergänze freihändig die rechte Seite. Prüfe mit dem Geodreieck, wie genau du gezeichnet hast.

5 Ergänze in deinem Heft die Figuren zu achsensymmetrischen Figuren.

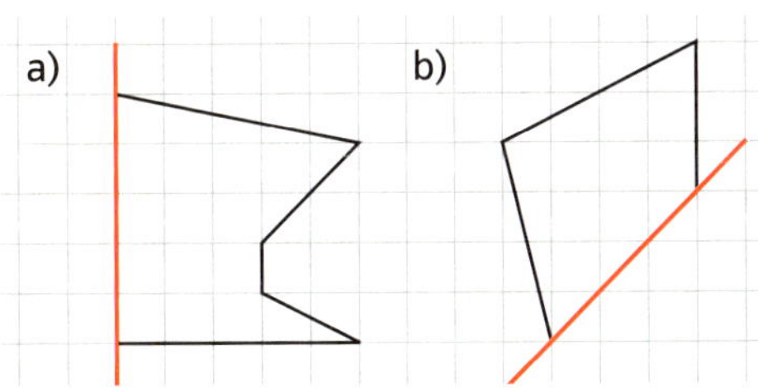

6 Zeichne das Dreieck A(5|6), B(11|7) und C(7|12). Spiegle es in einer einzigen Figur an jeder der drei Geraden, auf denen die Seiten des Dreiecks liegen.

7 Übertrage die Zeichnung in dein Heft. Stelle durch Spiegelung eine Figur mit vier Symmetrieachsen her.

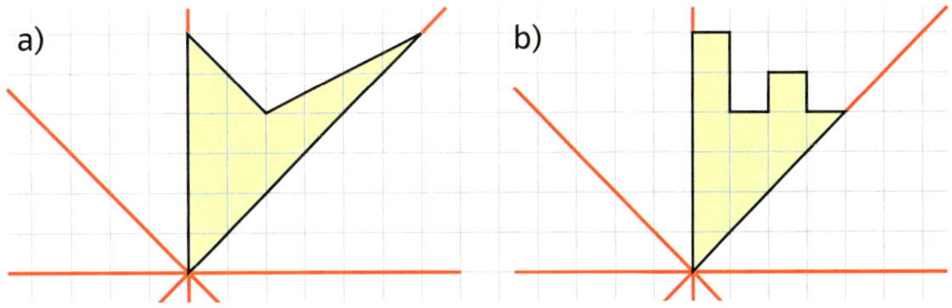

8 A, B und C sind die Eckpunkte von Dreiecken. Durch die Punkte P und Q verläuft jeweils die Spiegelachse. Zeichne die Dreiecke, Spiegelachsen und die gespiegelten Dreiecke. Gib die Rechts- und Hochwerte der gespiegelten Eckpunkte an.

	A	B	C	P	Q
a)	(13|6)	(17|2)	(17|10)	(9|0)	(9|10)
b)	(1|6)	(13|5)	(5|1)	(0|8)	(14|8)
c)	(4|6)	(10|12)	(2|11)	(0|0)	(14|14)

9 Die Punkte A, B und C sind die Eckpunkte eines Dreiecks, die Punkte A′, B′ und C′ die Eckpunkte eines spiegelbildlich liegenden Dreiecks. Zeichne jeweils die Dreiecke und die Spiegelachse.

a) A(3|9); B(12|8); C(8|12)
   A′(3|5); B′(12|6); C′(8|2)

b) A(1|2); B(8|12); C(2|10)
   A′(2|1); B′(12|8); C′(10|2)

10 Zeichne ein Sechseck ähnlich wie auf dem Bild und die Spiegelachse auf unliniertes Papier. Zeichne das Spiegelbild mithilfe des Geodreiecks. Wenn du das Blatt entlang der Spiegelachse knickst, kannst du deine Zeichnung prüfen.

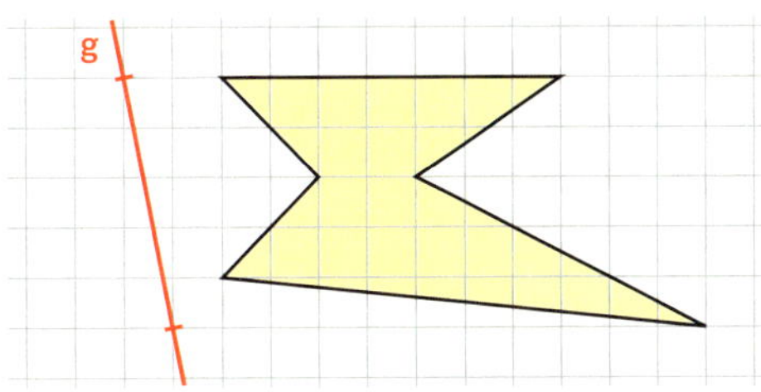

8 Verschiebung[1]

Zwei verschiedene Bandornamente.
→ Beschreibe die Muster mit Worten.
→ Versuche, sie nachzuzeichnen.
→ Wo treten dabei besondere Schwierigkeiten auf? Was könnte dir helfen?

Bandornamente entstehen, wenn eine Grundfigur immer wieder ein bestimmtes Stück verschoben und neu gezeichnet wird. Bei einer solchen Verschiebung werden die Punkte einer Figur durch parallele, gleich lange Verschiebungspfeile abgebildet. Einander entsprechende Seiten bleiben gleich lang und sind zueinander parallel.

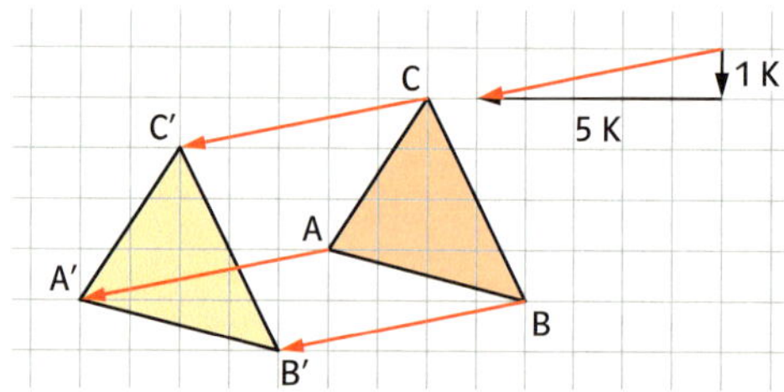

Eine **Parallelverschiebung** wird durch einen **Verschiebungspfeil** (z. B. $\overrightarrow{AA'}$) festgelegt. Alle Pfeile einer Verschiebung sind parallel, gleich lang und gleich gerichtet.

Beispiele

a) Das Fünfeck mit den Punkten A, B, C, D und E wird mit dem Verschiebungspfeil „6 K nach links, 3 K nach oben" verschoben. Aus dem Punkt A(7|1) wird der Bildpunkt A′(1|4), denn $7 - 6 = 1$ und $1 + 3 = 4$. Ebenso lassen sich die Rechts- und Hochwerte der Bildpunkte B′, C′, D′, und E′ bestimmen.

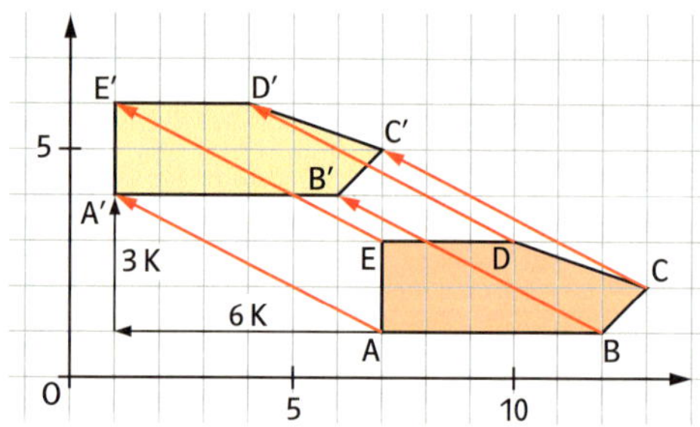

b) **Bandornamente** entstehen durch Verschiebung einer Grundfigur nach links und rechts.

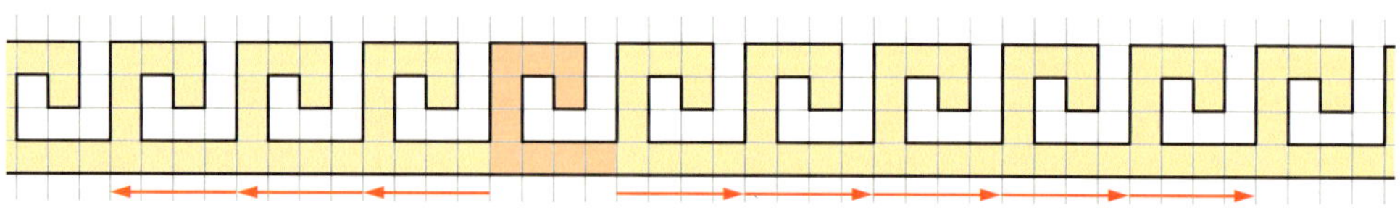

c) Wenn du zum Verschieben kein Quadratgitter zur Verfügung hast, kannst du das Geodreieck zu Hilfe nehmen.

Verschieben des Punktes P mit dem Verschiebungspfeil $\overrightarrow{AA'}$:
Zeichne die Verbindungsgerade g von A und A′. Zeichne durch P die zu g parallele Gerade h. Miss die Strecke $\overrightarrow{AA'}$. Zeichne den Punkt P′ auf h, der von P soweit entfernt ist wie A′ von A. Achte dabei auf die Richtung von $\overrightarrow{AA'}$.

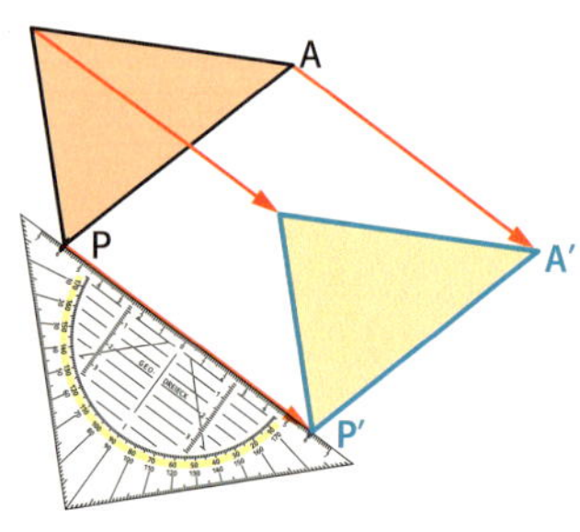

Aufgaben

1 Schreibe deinen Vornamen in Schattenschrift.

2 Stelle aus den folgenden Grundfiguren Ornamente her.

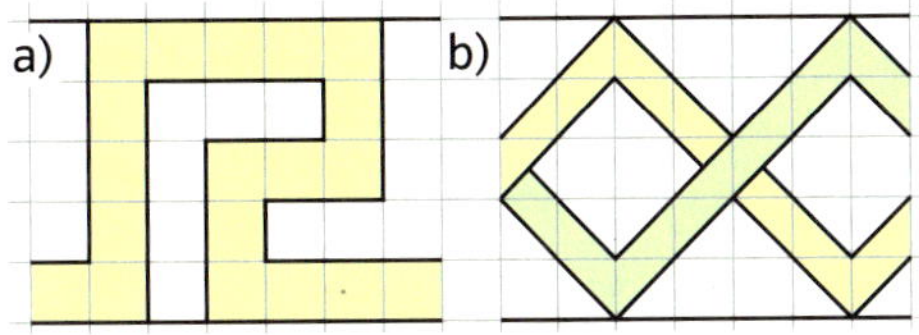

3 Welche Dreiecke lassen sich durch Verschiebung zur Deckung bringen?

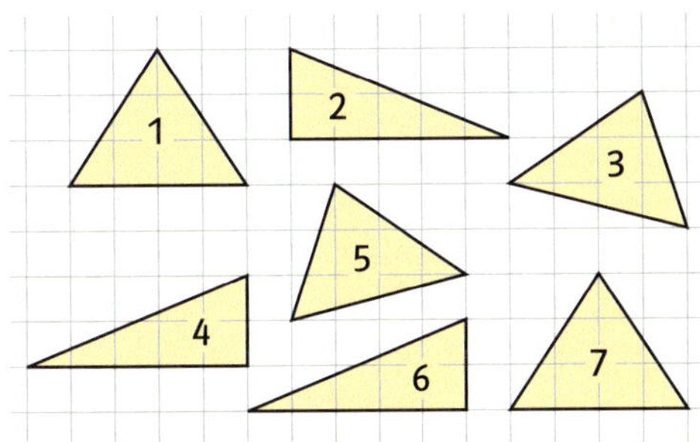

4 Das Bild am rechten Rand zeigt dir eine Buchstabenkette und einen Fensterstreifen. Der Fensterstreifen rechts hilft dir, aus der Buchstabenkette die Namen zweier Tiere herauszulesen, die während der Eiszeit in unserem Gebiet lebten.

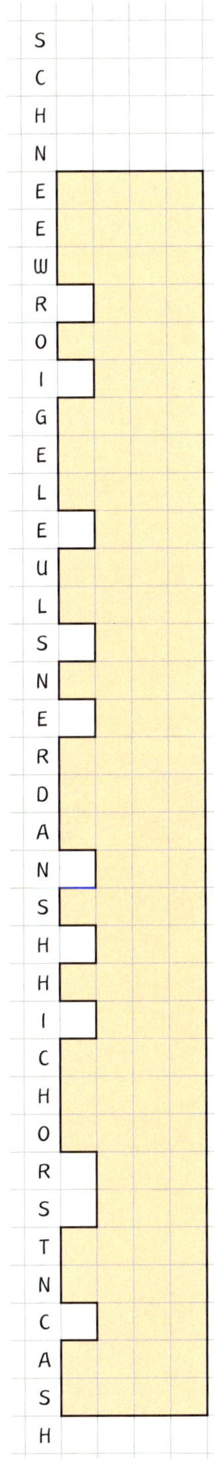

5 Lässt sich das kleine Quadrat in der angegebenen Richtung so verschieben, dass es ganz im großen Quadrat liegt?

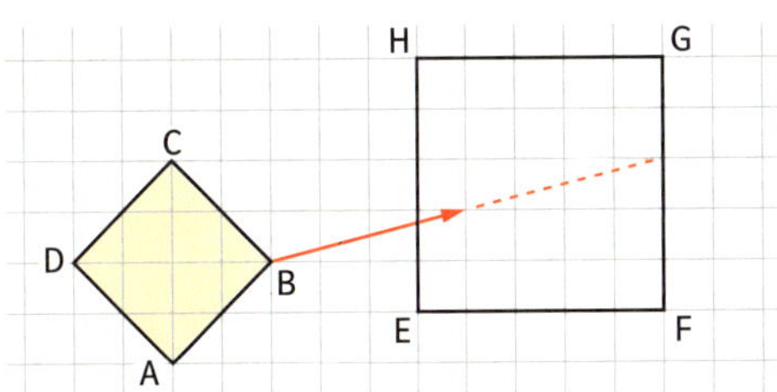

6 Zeichne das Dreieck mit den Eckpunkten A(1|1), B(8|1) und C(6|6). Verschiebe es in einer einzigen Figur mit den Verschiebungspfeilen $\overrightarrow{AB}$ und $\overrightarrow{AC}$.

7 a) Übertrage die Figuren in dein Heft und verschiebe sie in einer Zeichnung mit den eingetragenen Verschiebungspfeilen.

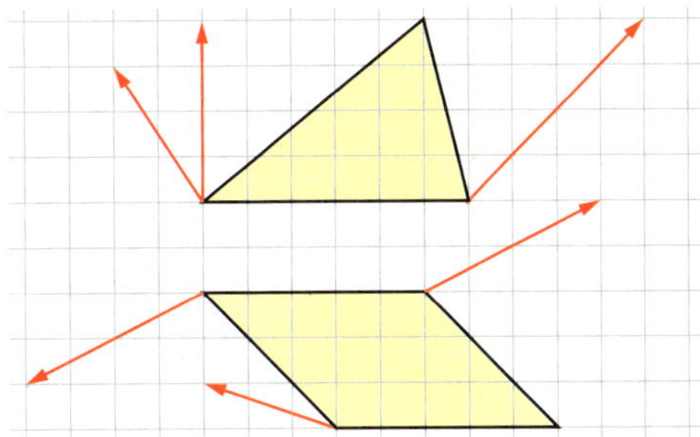

b) Übertrage die Figuren auf unliniertes Papier und verschiebe sie mit dem Geodreieck.

8 Verschiebe das Sechseck mit dem Verschiebungspfeil $\overrightarrow{AA'}$. Vervollständige die Tabelle in deinem Heft.

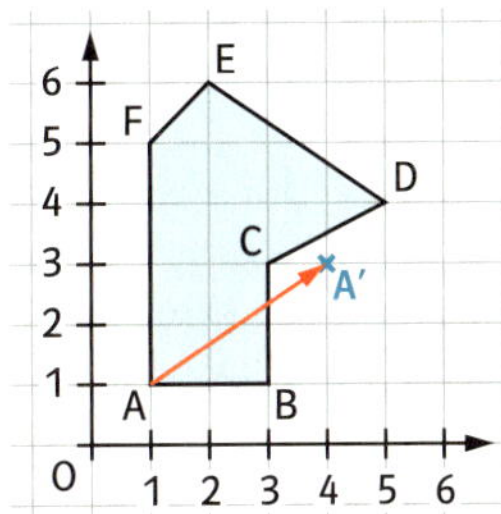

Original	Bild
A(|)	A'(|)
B(|)	B'(|)
⋮	⋮

9 Vera meint: „Die zwei Pappstücke passen lückenlos ineinander." Stefan glaubt das nicht. Wie kann ihn Vera überzeugen, ohne die Teile zu bewegen?

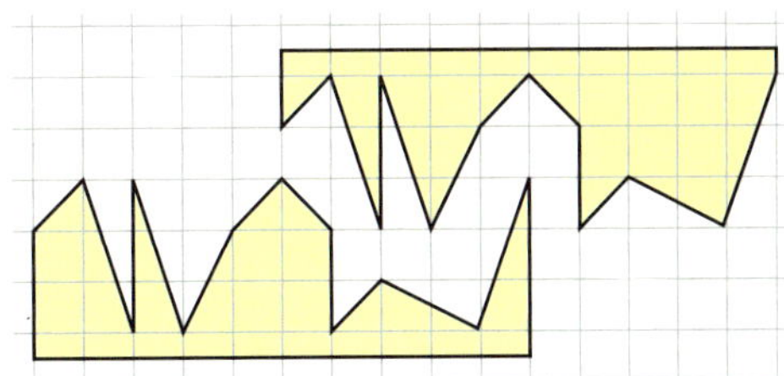

10 Zeichne das Rechteck mit den Eckpunkten A(1|4), B(10|1), C(12|7) und D(3|10). Zeichne dann den Schnittpunkt S der Diagonalen. Verschiebe das Rechteck so, dass der Punkt S in den Punkt S'(16|13) übergeht.

Zusammenfassung

Kreis

Alle Punkte des Kreises haben vom Mittelpunkt dieselbe Entfernung.
Jede Strecke vom Mittelpunkt zu einem Punkt auf dem Kreis heißt **Radius** r.
Der **Durchmesser** d ist doppelt so lang wie der Radius.

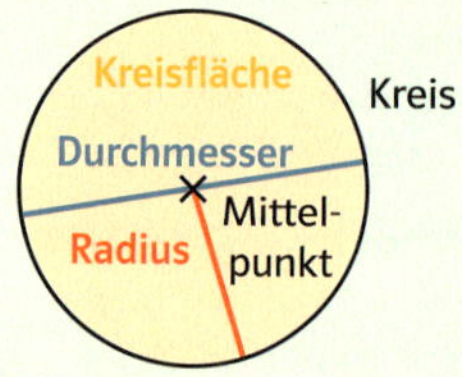

Winkel

Ein **Winkel** wird von zwei **Schenkeln** mit gemeinsamem Anfangspunkt S begrenzt.
Der Punkt S heißt **Scheitel** des Winkels.
Winkel werden mit einem Bogen markiert und können mit kleinen griechischen Buchstaben bezeichnet werden.

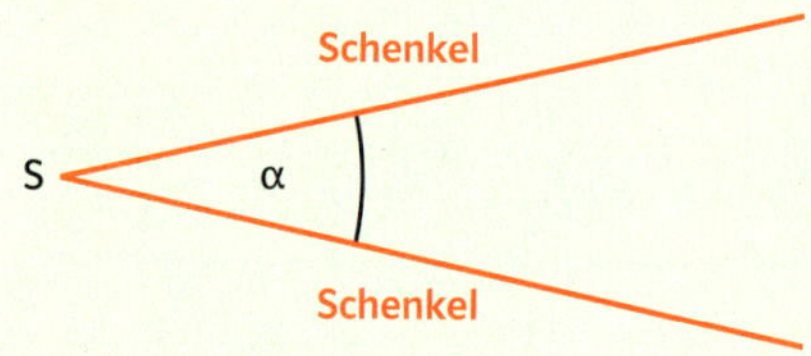

Winkelmessung

Die Maßeinheit für die Größe eines Winkels heißt **Grad** (kurz: °).
Sie entsteht durch Teilung eines Kreises in 360 gleiche Teile.

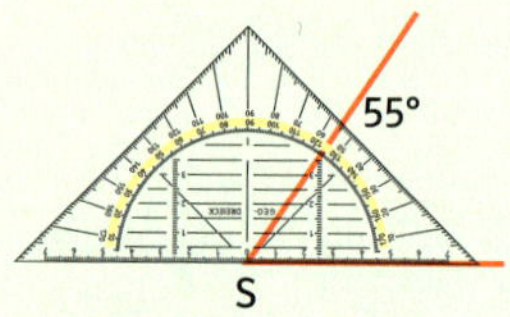

Einteilung der Winkel

Winkel werden nach ihrer Größe eingeteilt.

spitze Winkel	$\alpha < 90°$
rechte Winkel	$\alpha = 90°$
stumpfe Winkel	$90° < \alpha < 180°$
gestreckte Winkel	$\alpha = 180°$
überstumpfe Winkel	$180° < \alpha < 360°$
volle Winkel	$\alpha = 360°$

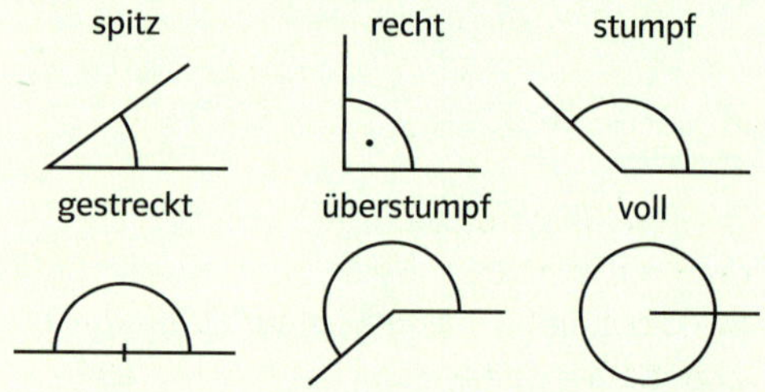

Drehung

Eine Drehung ist durch den **Drehpunkt** (das Zentrum) Z und den **Drehwinkel** δ festgelegt. In der Regel wird gegen den Uhrzeigersinn gedreht.

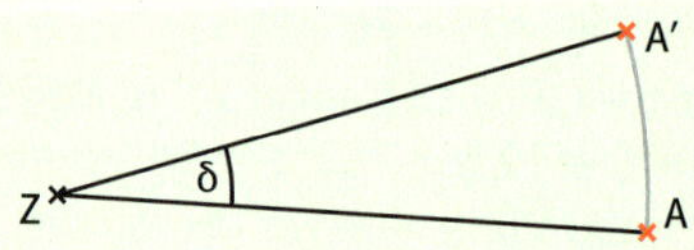

Symmetrische Figuren

Eine **Figur** mit zwei spiegelbildlichen Hälften heißt **achsensymmetrisch**.
Die Trenngerade zwischen den Hälften heißt **Symmetrieachse**.

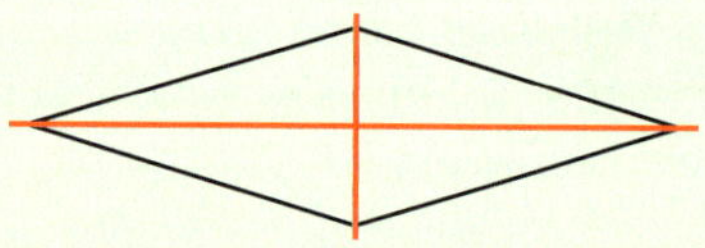

Achsenspiegelung

Das Original A und sein **Bild** A′ haben von der Spiegelachse denselben Abstand, ihre Verbindungsstrecke steht senkrecht auf der **Spiegelachse** und wird von ihr halbiert.

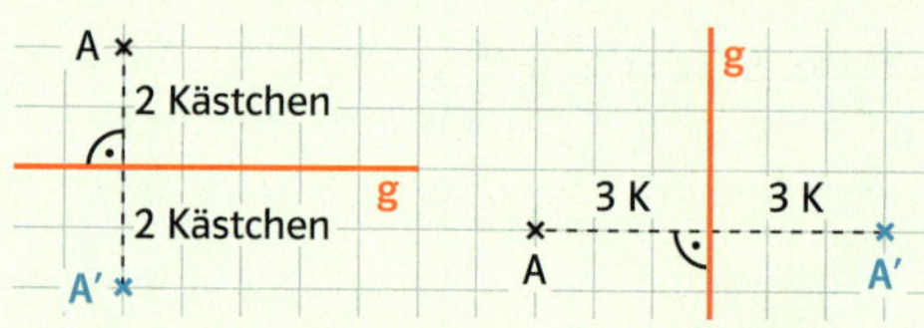

Parallelverschiebung

Die **Parallelverschiebung** wird durch den Verschiebungspfeil $\overrightarrow{AA'}$ festgelegt.
Bei der Verschiebung bleiben einander entsprechende Seiten parallel und gleich lang.

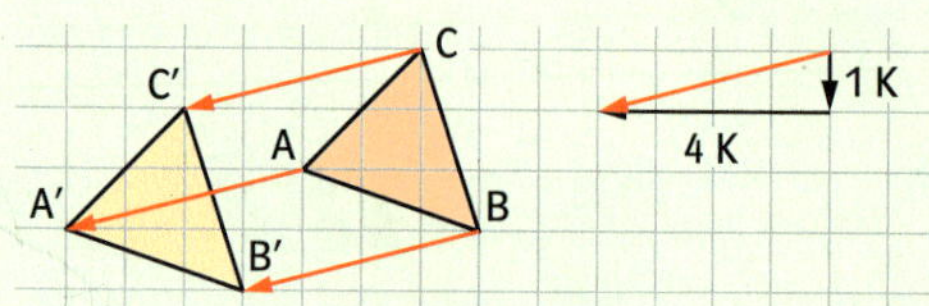

Üben • Anwenden • Nachdenken

1 Mandalas haben eine lange Tradition. Das Wort kommt aus der altindischen Sprache und bedeutet „Kreis". Manche Menschen meditieren auch heute noch mit Mandalas.
Ihr könnt die Figuren abzeichnen oder neue erfinden.

a)

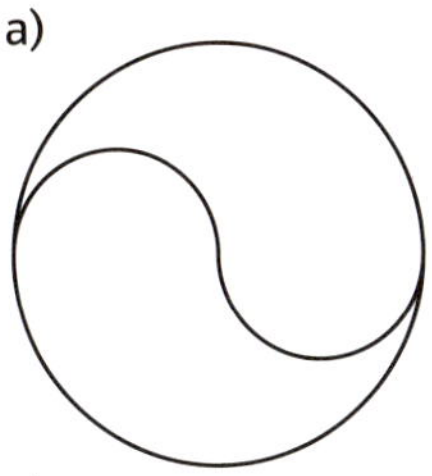

b)

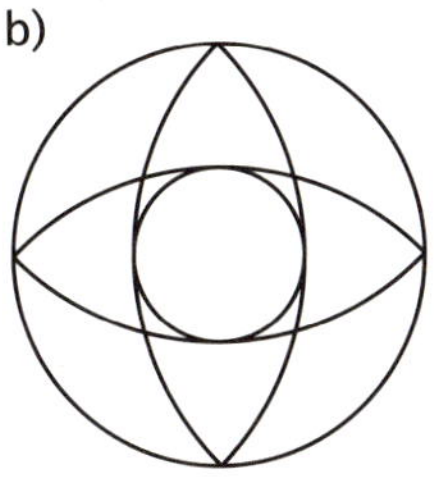

c)

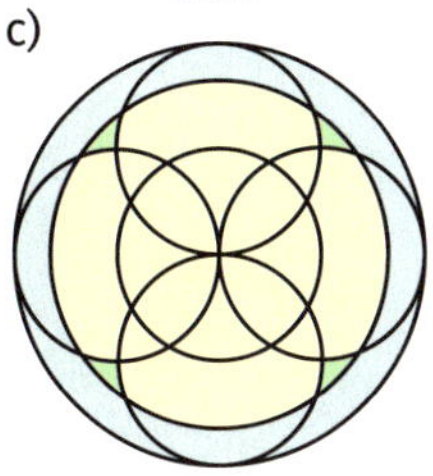

d)

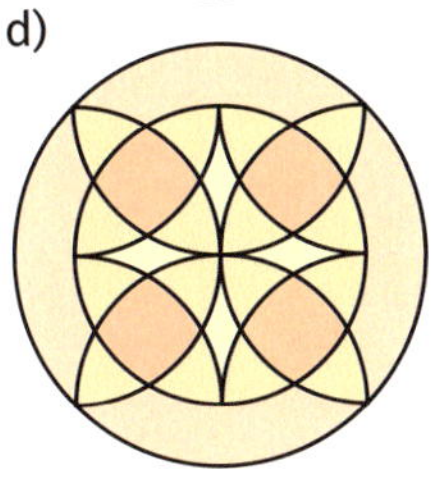

2 Ein Spiel für zwei: Das Spielfeld ist ein Kreis mit 10 cm Radius.
Nun zeichnet ihr abwechselnd Kreise mit 2 cm Radius in das Feld. Kein Kreis darf einen anderen treffen.
Wer als Erster keinen solchen Kreis mehr zeichnen kann, hat leider verloren.

3 Zeichne zwei Kreise mit den Radien $r_1 = 4\,\text{cm}$ und $r_2 = 25\,\text{mm}$.
In welcher Lage zueinander können sie sich befinden?

4 Die Speichen der Wagenräder bilden Kreisausschnitte. Benenne sie mit Bruchteilen und begründe deine Bezeichnung. Beim Zeichnen der Räder helfen Winkel.

a)

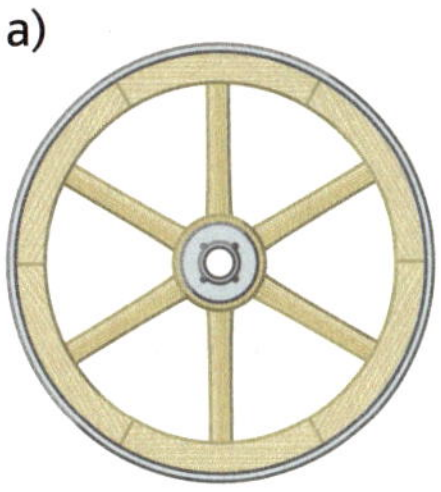

b)

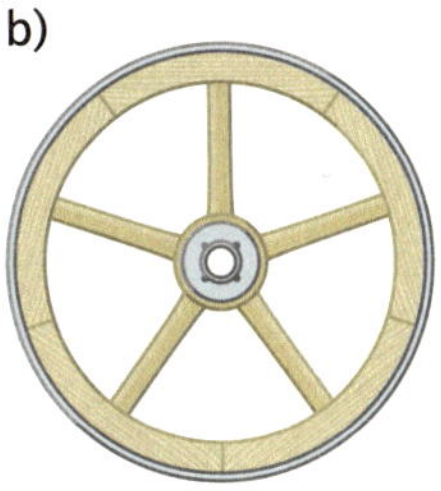

So kann man sich täuschen

■ Zeichne die Figuren nach.

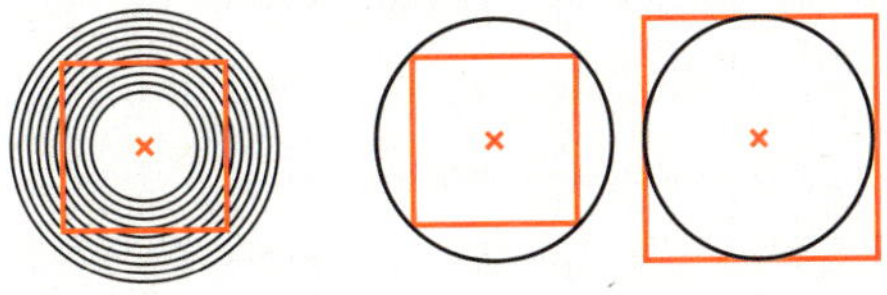

■ Gibt es große und kleine 1-€-Stücke?

5 Die Chancen, dass das Glücksrad beim Drehen auf einem bestimmten Feld zum Stehen kommt, lassen sich mit Brüchen ausdrücken.
Sind die Chancen für alle Zahlen gleich?
Sind sie für alle Farben gleich?

6 Wer schätzt besser?
Zeichne mit einer Partnerin oder einem Partner je einen Winkel. Jeder schätzt die Größe des Winkels, den der andere gezeichnet hat. Wer besser geschätzt hat, bekommt einen Punkt.

7 Zeichne die Winkel und nenne die Winkelart.

a)	b)	c)	d)
55°	27°	123°	190°
240°	325°	5°	199°
333°	175°	185°	360°

8 Übertrage die Figur in doppelter Größe in dein Heft.
Schätze zuerst die Größe der Winkel und miss dann nach.

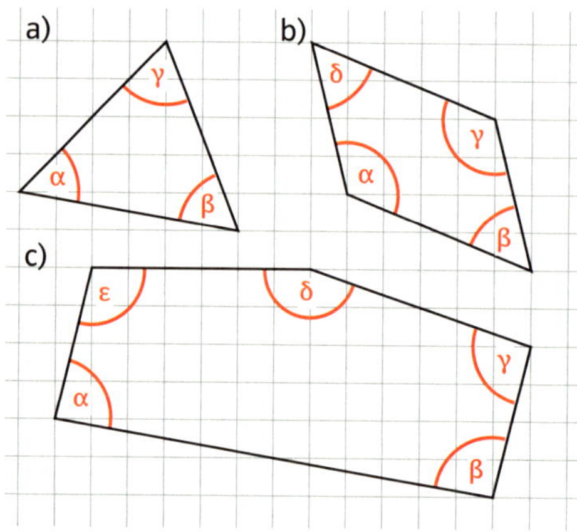

9 Warum kann man kein Dreieck mit zwei rechten oder zwei stumpfen Winkeln zeichnen?

10 Aus einem dünnen Karton kannst du ein Messgerät für Steigungswinkel herstellen. Miss verschiedene Winkel an Gegenständen.

11 Auf der Seekarte ist die Fahrstrecke eines Schiffes eingetragen.
Übertrage die Karte und miss die Winkel der Fahrtrichtung an den Punkten, an denen eine Richtungsänderung stattfindet.
Miss die Länge der Fahrstrecke. 1 cm im Heft entspricht 20 sm (Seemeilen).

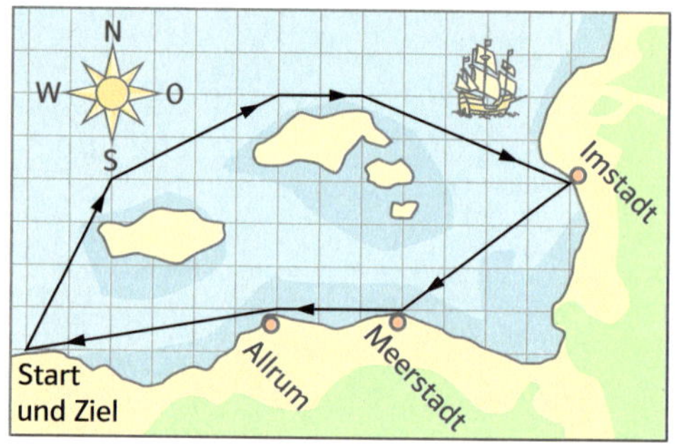

Geometrie-Diktate: Winkelhalbierende und Mittelsenkrechte

Auch in der Geometrie gibt es Diktate.

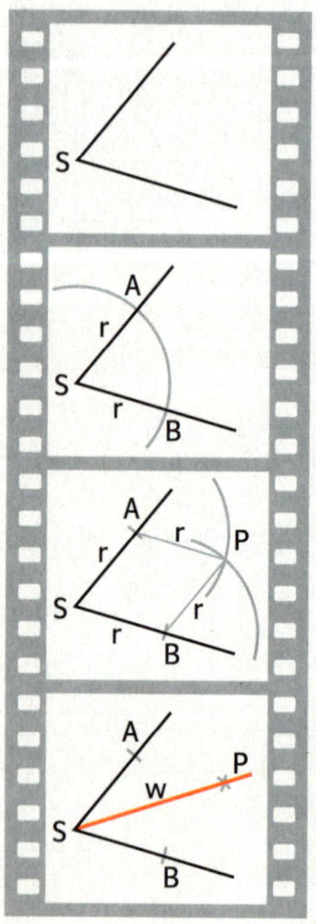

Zeichne...
- einen Winkel mit dem Scheitel S,
- einen Kreis um S mit dem Radius r. (Die Schnittpunkte des Kreises mit den Schenkeln des Winkels sind A und B.)
- Kreise mit dem gleichen Radius r um A und B,
- die Gerade w durch den Schnittpunkt P der beiden Kreise und den Scheitelpunkt S.

- Wie verläuft die Gerade w im Winkel? Versuche es auch mit anderen Lagen und Winkelgrößen.

Zeichne...
- die Strecke $\overline{AB}$ = 5 cm,
- einen Kreis um A, dessen Radius r größer als die halbe Länge von $\overline{AB}$ ist,
- einen Kreis mit dem gleichen Radius r um B. (Die Schnittpunkte der Kreise sind sind die Punkte P und Q.)
- die Gerade m durch die Schnittpunkte P und Q.

- Wie verläuft die Gerade m zur Strecke $\overline{AB}$?
Versuche es auch mit anderen Lagen und Streckenlängen.

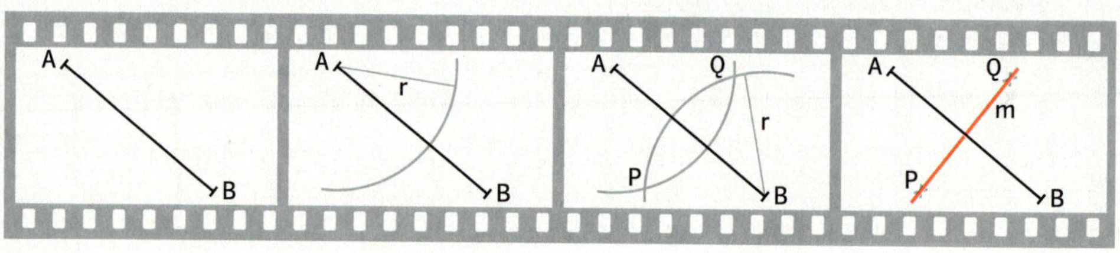

12 Nenne alle Drehwinkel.

a) b) c) d)

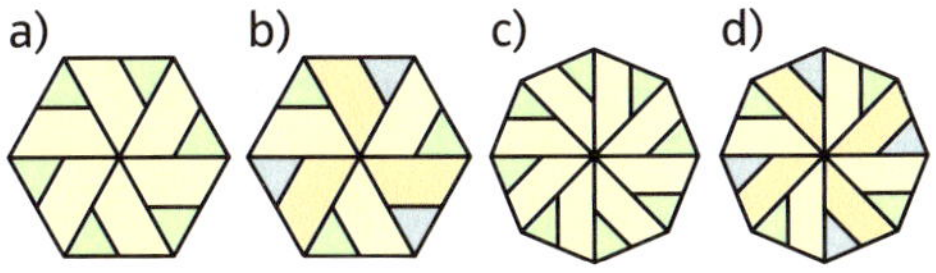

13 Der rote Pfeil wurde in den blauen gedreht. Welcher der vier Punkte Z_1, Z_2, Z_3, Z_4 war der Drehpunkt?

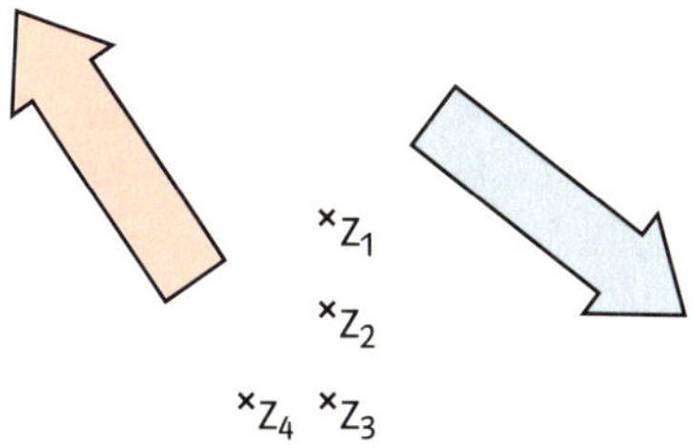

14 Drehe das Viereck um den Drehpunkt Z mit dem Drehwinkel δ.

	A	B	C	D	Z	δ
a)	(10|4)	(14|4)	(14|8)	(10|8)	(4|4)	45°
b)	(9|3)	(14|3)	(14|8)	(9|8)	(3|8)	60°
c)	(1|7)	(6|7)	(6|12)	(1|12)	(10|12)	120°
d)	(12|3)	(15|3)	(15|8)	(12|8)	(10|5)	180°
e)	(2|7)	(6|3)	(6|5)	(9|7)	(8|9)	90°

15 Zeichne das Punktspiegelbild
a) des Dreiecks mit den Eckpunkten A(3|8), B(7|3), C(15|14) am Spiegelzentrum Z(8|8).
b) des Vierecks mit den Eckpunkten A(0|0), B(8|1), C(10|8), D(1|10) am Spiegelzentrum Z(7|7).

Das Gradnetz der Erde

Um sich auf der Erde zu orientieren, denkt man sie sich mit einem Gradnetz überzogen. Auf dem Globus und im Atlas sind diese Linien eingetragen.

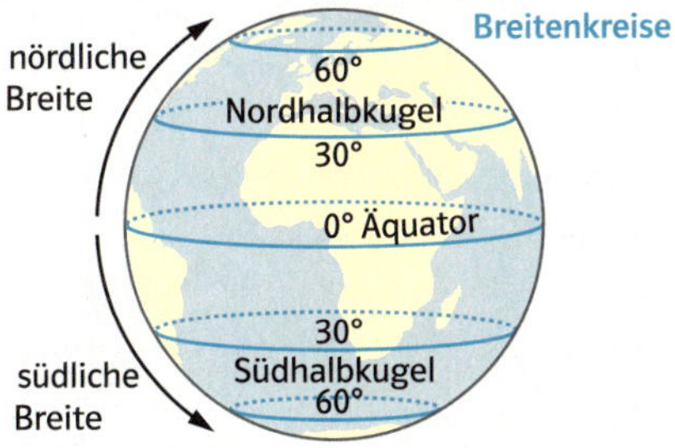

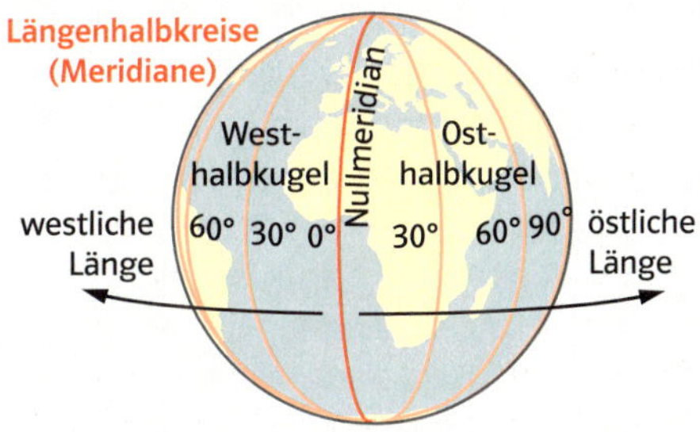

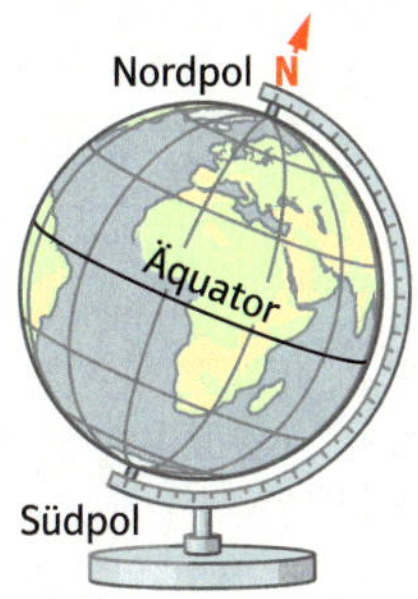

Parallel zum **Äquator** verlaufen die **Breitenkreise**. Sie bestimmen die geografische Breite eines Ortes. Ihre Lage wird durch den Winkel beschrieben, den sie mit dem Erdmittelpunkt und der Äquatorebene bilden. An der aufgeschnittenen Erdkugel kannst du das erkennen. Auf der Nordhalbkugel spricht man von nördlicher Breite, auf der Südhalbkugel von südlicher Breite.

Die **Längenhalbkreise** oder Meridiane verlaufen von Pol zu Pol. Als Nullmeridian hat man den Längenhalbkreis durch Greenwich, eine Stadt bei London, festgelegt. Die Längenhalbkreise bestimmen die geografische Länge eines Ortes. Ihre Lage wird durch den Winkel bestimmt, den sie mit dem Erdmittelpunkt und dem Nullmeridian auf dem Äquator bilden.

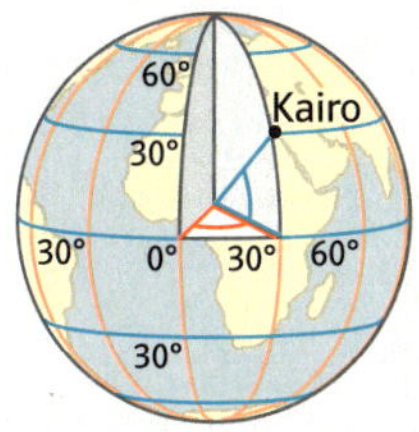

Beispiel: Kairo liegt auf 30° nördlicher Breite und 30° östlicher Länge.

- Mainz liegt auf dem 50. Breitenkreis. Ist es von dort aus weiter zum Äquator oder zum Nordpol?
- Welcher Punkt hat 90° nördlicher Breite, welcher hat 90° südlicher Breite?

16 Wie viele Symmetrieachsen haben die sechs Würfelbilder? Zeichne im Heft.

17 a) Frau Meier sieht die Bahnhofsuhr im Außenspiegel und vergleicht sie mit der Uhr im Auto. Was stellt sie fest?

b) 9.30 Uhr und 14.30 Uhr haben zueinander spiegelbildliche Bilder. Nenne fünf weitere solche Paare.

18 Die Punkte A(2|3), B(5|1) und C(3|5) werden an der Geraden durch die Punkte P(5|3) und Q(5|8) gespiegelt. Bei welchem Punkt fallen Bild und Original zusammen? Begründe deine Entscheidung.
Versuche es zuerst ohne Zeichnung.

19 Wo wurde gedreht oder sogar an einem Punkt gespiegelt? Wo wurde verschoben, wo an einer Achse gespiegelt?
In manchen Fällen sind mehrere Antworten richtig!

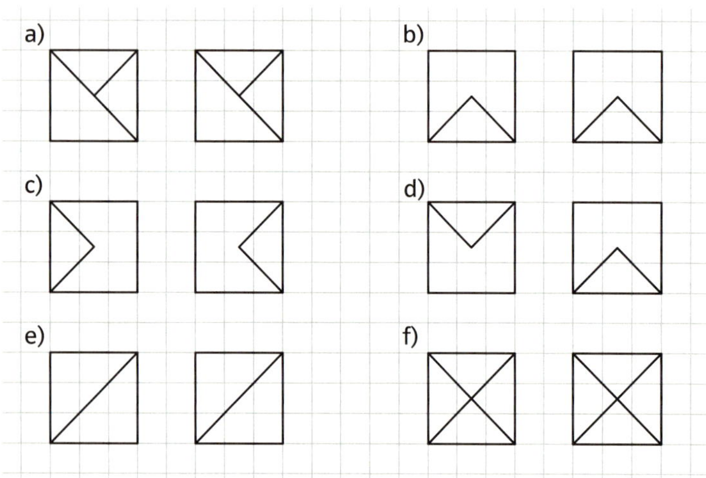

20 Ergänze das Dreieck auf drei Arten zu einem Parallelogramm.
a) A(6|7), B(18|7), C(16|13)
b) A(6|9), B(12|11), C(13|19)
c) A(4|10), B(8|2), C(12|10)

21 Verschiebe und spiegle ähnliche Figuren auf unliniertem Papier.

a)

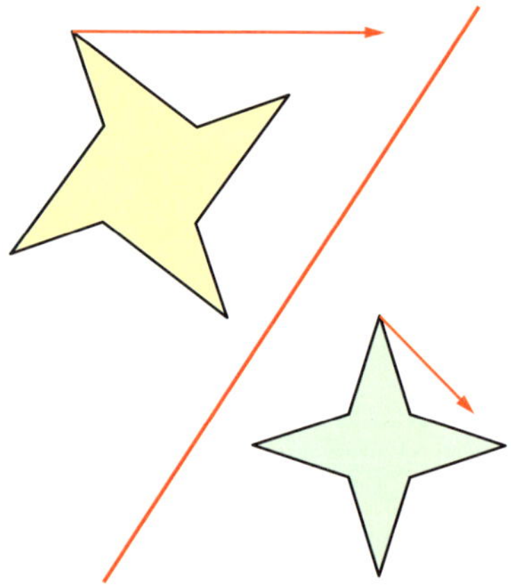

b)

22 Übertrage die Figur ins Heft und verschiebe sie so, dass der Eckpunkt A in den Punkt A′ übergeht. Wie lautet die Regel für den Verschiebungspfeil?

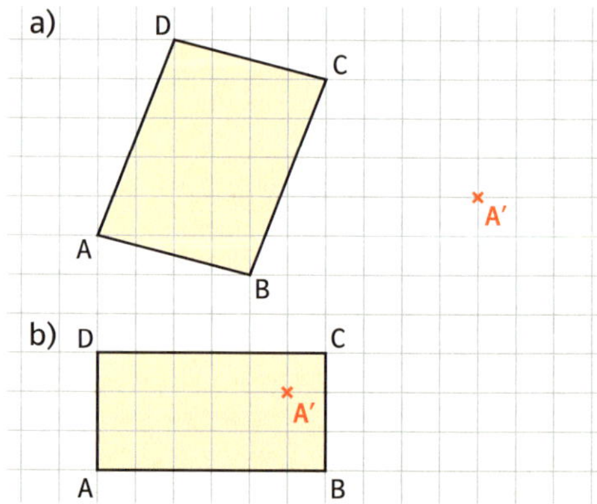

23 Das Viereck mit den Eckpunkten A(2|7), B(7|9), C(12|18) und D(3|15) wird mit dem Verschiebungspfeil
a) „5 K nach rechts, 7 K nach oben“
b) „13 K nach rechts, 6 K nach unten“
verschoben.
Gib die Rechts- und Hochwerte der Eckpunkte A′, B′, C′ und D′ an. Zeichnen sollst du nach Möglichkeit nicht!

Rückspiegel

1 Zeichne je einen Kreis mit dem Radius 2 cm; 35 mm und 5,5 cm.

2 Zeichne den Kreis um M mit r bzw. d.

M(5|6); r = 2 cm M(18|14); r = 4,5 cm
M(6|18); d = 6 cm M(20|10); d = 70 mm

3 Zeichne die Kreisfigur und färbe sie.

4 Zeichne je einen Winkel mit 35°; 105°; 210° und 310°.
Um welche Winkelarten handelt es sich?

5 Schätze die Winkel. Übertrage sie ins Heft und gib ihre Größe in Grad an.

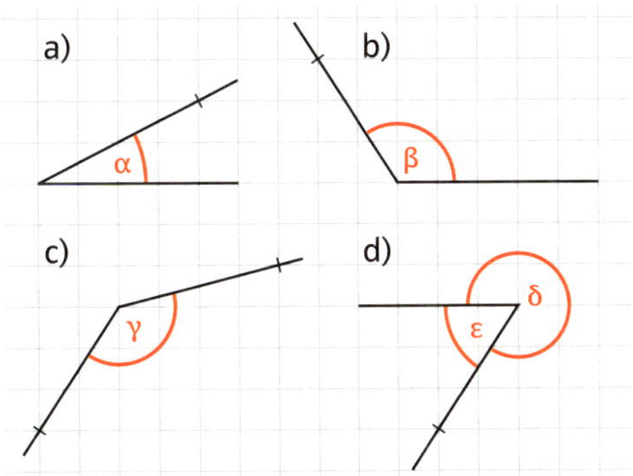

6 Lassen sich die Dreiecke durch eine Drehung zur Deckung bringen? Wenn ja, gib Drehwinkel und Drehzentrum an.

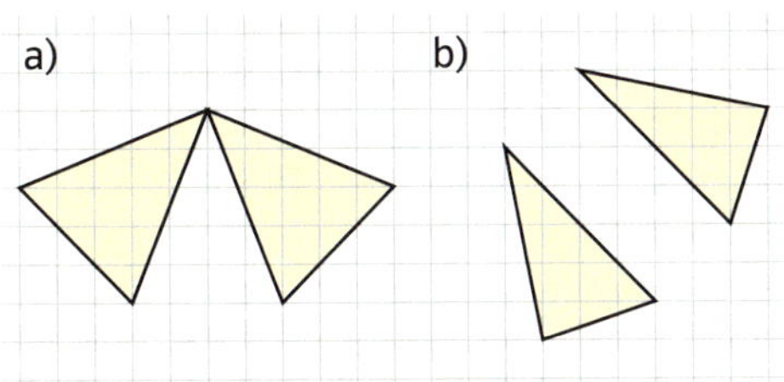

1 Zeichne je einen Kreis mit dem Durchmesser 6 cm; 80 mm und 0,9 dm.

2 Zeichne den Kreis um M durch P.
Gib jeweils Radius und Durchmesser an.

M(10|8); P(5|8) M(18|16); P(18|7)

3 Zeichne die Kreisfigur und färbe sie.

4 Zeichne $\frac{1}{2}$; $\frac{1}{6}$; $\frac{2}{3}$ des rechten, des gestreckten und des vollen Winkels.

5 Schätze die Winkel. Zeichne ins Heft, miss die Winkel und gib die Winkelart an.

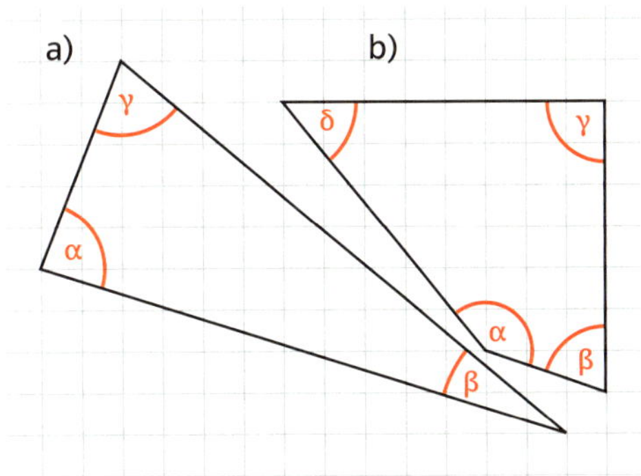

6 Lassen sich die Dreiecke durch eine Drehung zur Deckung bringen? Wenn ja, gib Drehwinkel und Drehzentrum an.

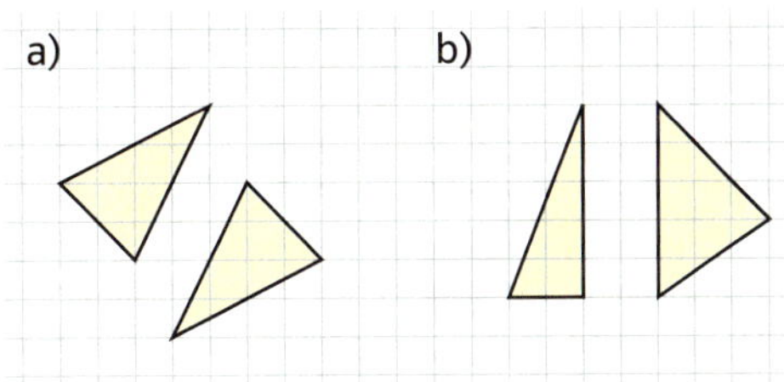

Genauer geht's nicht

Ob beim Umgang mit Geld, beim Messen der Körpergröße, bei der Angabe von Temperaturen oder beim Ablesen des Gaszählers – überall werden heutzutage Kommazahlen verwendet.

In der Mathematik nennt man die Kommazahlen auch Dezimalbrüche.

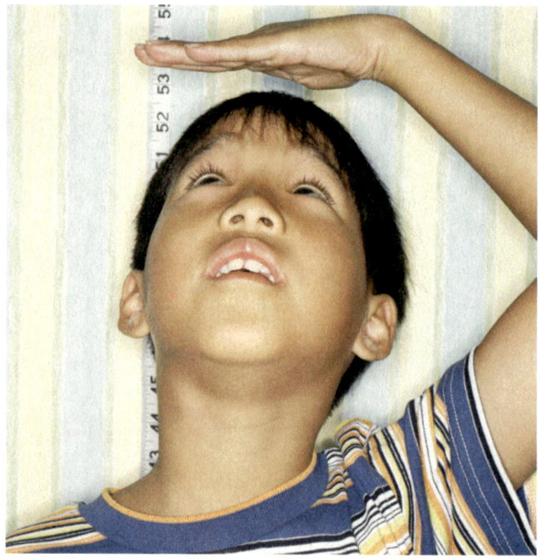

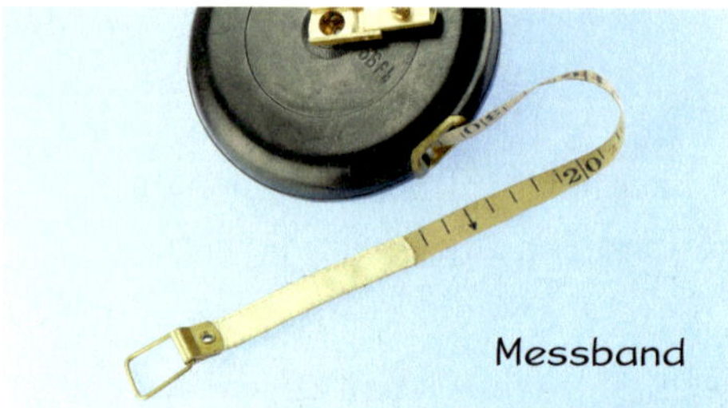

Messband

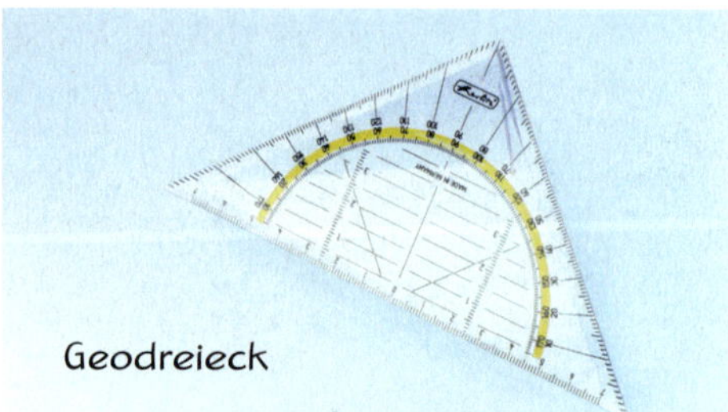

Geodreieck

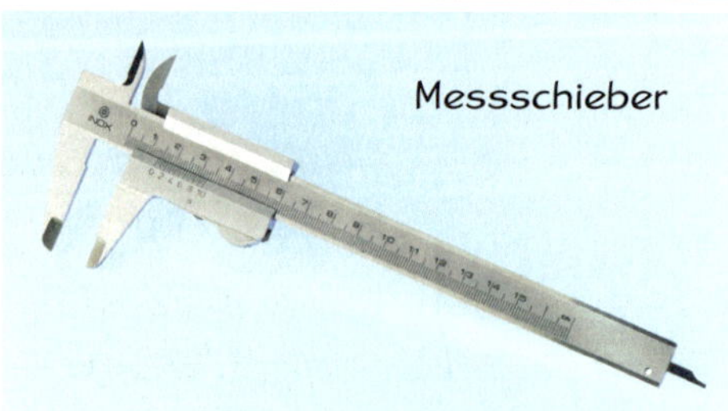

Messschieber

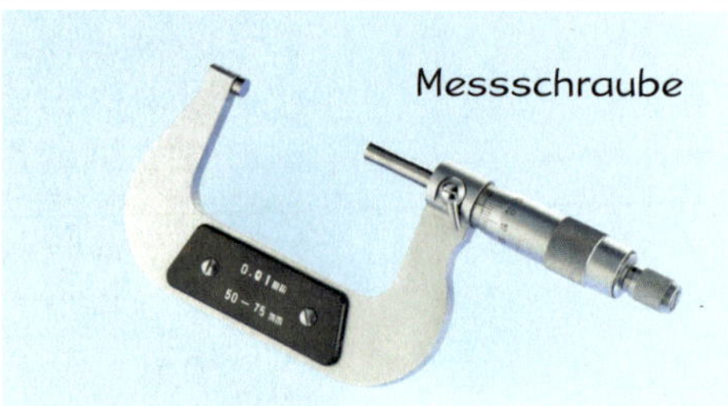

Messschraube

Immer genauer

Zur Längenmessung verwendet man je nach der Größenordnung der zu messenden Länge:

- Messband
  (für Längen zwischen 1 Meter und 10 m);
  Genauigkeit 1 cm = 0,01 m
- Meterstab
  (für Längen zwischen 20 cm und 1 Meter); Genauigkeit 1 mm = 0,001 m
- Lineal bzw. Geodreieck
  (für Längen zwischen 0,5 cm und 20 cm);
  Genauigkeit 1 mm = 0,001 m
- Messschieber
  (für Längen zwischen 1 mm und 10 cm);
  Genauigkeit 0,1 mm = 0,0001 m
- Messschraube
  (für Längen zwischen 0,1 mm und 1 cm);
  Genauigkeit 0,01 mm = 0,000 01 m

Bestimme die Dicke eines DIN-A4-Blattes. Miss dazu die Höhe eines 500-Blatt-Papierstapels.

In ähnlicher Weise kannst du auch das Gewicht eines Blattes bestimmen.

Wenn du mehrere Münzen aufeinander stapelst, kannst du ihre Dicke und ihr Gewicht recht genau ermitteln.

Wie hoch und wie schwer sind die 1-Cent-Münze und die 1-Euro-Münze?

Wie hoch würde ein Münzturm mit lauter 1-Euro-Münzen werden, wenn jeder der ca. 80 Millionen Bundesbürger einen Euro dazugeben würde?

Wie musst du vorgehen, um den Durchmesser der Münzen möglichst exakt zu bestimmen?

Grenzen der Sportzeitmessung

Bei den Olympischen Spielen 1972 in München entschieden im Schwimmen erstmals Tausendstelsekunden über einen Sieg. Im 400 m-Lagen-Finale war Gunnar Larsson zwei Tausendstel schneller als Tim McKee. Das entspricht einem Vorsprung von etwa 2 mm. Doch jede Messung ist nur so präzise wie die Rahmenbedingungen. Bedenkt man die erlaubte Abweichung eines Wettkampfbeckens von 2 bis 3 cm, so verliert die Messung von Tausendstelsekunden an Bedeutung. Erstmals wurden die Grenzen präziser Sportzeitmessung deutlich. Heute misst man beim Schwimmen nur noch Hundertstelsekunden. Beide Sportler erreichten übrigens eine Zeit von 4:31,98 über 400 m Lagen.

Rundet man diese Zeit grob auf 4 Minuten, kann man folgende „Rundungsüberlegungen" anstellen:

4 Minuten	für 400 m
1 Minute	für ☐ m
1 Sekunde	für $\frac{100}{60}$ m ≈ 2 m
1 Zehntelsekunde	für ☐ m
1 Hundertstelsekunde	für ☐ m
1 Tausendstelsekunde	für ☐ m

Fülle die leeren Felder.

In diesem Kapitel lernst du,

- die Dezimalschreibweise anzuwenden,
- wie man Dezimalbrüche ordnet und rundet,
- Brüche in Dezimalbrüche umzuwandeln,
- wie man abbrechende und periodische Dezimalbrüche unterscheidet.

1 Dezimalschreibweise

Im Sport findest du „Kommazahlen“. 1968 verbesserte Jim Hines den 100-m-Weltrekord von Armin Hary von 10,0 s auf 9,9 s. 2002 stellte Tim Montgomery mit 9,78 s eine neue Weltbestleistung auf. Die alte stand auf 9,79 s.

→ Was fällt dir auf?

→ Wie wurde vermutlich 1968 die Zeit gemessen, wie wird es heute gemacht?

Zehnerpotenzen:
$10^1 = 10$
$10^2 = 100$
$10^3 = 1000$
…

Die **Dezimalschreibweise** ist eine einfache Schreibweise für Brüche mit einer 10, 100, 1000, … , also einer Zehnerpotenz, im Nenner.

0,4 m oder $\frac{4}{10}$ m sind 4 dm; die erste Stelle nach dem Komma gibt Zehntel (dezi) an.

0,08 € oder $\frac{8}{100}$ € sind 8 ct; die zweite Stelle sind Hunderstel (centi).

0,009 g oder $\frac{9}{1000}$ g sind 9 mg; die dritte Stelle sind Tausendstel (milli).

An der Stellenwerttafel kannst du die Bedeutung der Stellen nach dem Komma erkennen.

ganzer Teil der Zahl			gebrochener Teil der Zahl		
Hunderter H	Zehner Z	Einer E	, Zehntel z	Hundertstel h	Tausendstel t
4	3	6	, 7	8	5
400 +	30 +	6 +	$\frac{7}{10}$ +	$\frac{8}{100}$ +	$\frac{5}{1000}$
		436,785			

Sprechweise: vierhundertsechsunddreißig Komma sieben acht fünf

Von links nach rechts erhält man den Wert der nächsten Stelle durch Division mit 10.

$$100 \xrightarrow{:10} 10 \xrightarrow{:10} 1 \xrightarrow{:10} \frac{1}{10} \xrightarrow{:10} \frac{1}{100} \xrightarrow{:10} \frac{1}{1000}$$

$$1 \xrightarrow{:10} 0{,}1 \xrightarrow{:10} 0{,}01 \xrightarrow{:10} 0{,}001$$

Bei der **Dezimalschreibweise** stehen nach dem Komma Zehntel, Hundertstel, Tausendstel, …
Die Ziffern hinter dem Komma heißen **Nachkommaziffern** oder **Dezimalen**.

Beispiele

a) $0{,}7 = \frac{7}{10}$ $\qquad 0{,}76 = \frac{7}{10} + \frac{6}{100} = \frac{70}{100} + \frac{6}{100} = \frac{76}{100}$

b) $2{,}3 = 2 + \frac{3}{10} = 2\frac{3}{10}$ $\qquad 13{,}27 = 13 + \frac{2}{10} + \frac{7}{100} = 13 + \frac{27}{100} = 13\frac{27}{100}$

c) $0{,}07 = \frac{0}{10} + \frac{7}{100} = \frac{7}{100}$ $\qquad 3{,}091 = 3 + \frac{0}{10} + \frac{9}{100} + \frac{1}{1000} = 3\frac{91}{1000}$

d) $0{,}3 = \frac{3}{10} = \frac{30}{100} = 0{,}30 = \frac{300}{1000} = 0{,}300$

Das Anhängen oder Weglassen von Nullen nach der letzten von null verschiedenen Nachkommaziffer ändert den Wert des Dezimalbruchs nicht.

Aufgaben

1 Schreibe als Bruch und in der Dezimalschreibweise.
a) 25 Hundertstel b) 786 Tausendstel
c) 909 Tausendstel d) 7 Hundertstel
e) 33 Tausendstel f) 63 Hundertstel
g) 43 267 Tausendstel h) 85 Zehntel

2 Schreibe als Dezimalbruch.
a) $\frac{5}{10}$; $\frac{8}{100}$; $\frac{4}{1000}$; $\frac{14}{100}$; $\frac{275}{1000}$; $\frac{13}{1000}$; $\frac{4376}{10\,000}$
b) $\frac{44}{1000}$; $\frac{17}{10\,000}$; $\frac{3}{100} + \frac{4}{1000} + \frac{5}{10\,000}$
c) $1 + \frac{3}{10}$; $4 + \frac{17}{100}$; $15 + \frac{3}{10} + \frac{2}{100} + \frac{7}{1000}$

3 Schreibe als Bruch.
a) 0,9 b) 0,12 c) 1,2
0,08 0,212 3,45
0,007 0,012 67,8
0,0006 0,0102 901,109

4 Schreibe als Bruch und kürze wenn möglich.
a) 0,6 b) 1,5 c) 25,5 m
0,04 2,4 3,75 kg
0,002 3,2 0,8 min
0,7 4,1 450,7 km
0,5 2,75 12,85 g
0,25 5,50 2,7 a

5 Wandle in einen Bruch um und vergleiche die Ergebnisse.
Wo kann man Nullen weglassen, ohne dass sich am Wert des Dezimalbruchs etwas ändert?
a) 0,40 b) 0,3 c) 1,01
0,404 0,303 1,100
0,040 0,300 1,10
0,04 0,330 1,011

6 Bei Größenangaben haben die Dezimalen unterschiedliche Bedeutung. Bei 3,54 m gibt die zweite Dezimale cm, bei 3,54 dm aber mm an.
Was gibt die zweite Nachkommaziffer an?
a) 5,43 m b) 6,875 dm^3 c) 1,25 dm
7,755 km 1,25 l 11,03 s
5,75 m^2 6,250 kg 35,253 t
99,08 cm^2 50,33 g 15,750 cm^3

7 Fülle im Heft aus.

T	H	Z	E	z	h	t	Dezimalbruch
	5	7	1	5			571,5
1	2	3	0	4	5		
		4	3	0	1	5	
				2	0	9	
					1	7	
							7,09
							118,413
							7092,5
							0,663
							0,001

8 Schreibe ohne Komma.
a) 1,234 m b) 0,111 m c) 1,234 kg
1,234 m^2 0,011 m^2 12,34 kg
1,234 m^3 0,001 m^3 123,4 kg
d) 1,111 t e) 1,234 l f) 1,111 m^3
10,01 t 12,34 l 11,11 m^3
1,001 t 123,4 l 111,1 m^3

9 Schreibe in der größten Einheit mit Komma.
a) 1 m 1 dm 1 cm
b) 2 km 200 m 200 cm
c) 3 m^2 30 dm^2 30 cm^2
d) 4 ha 4 a 4 m^2
e) 5 m^3 5 dm^3 5 cm^3
f) 6 t 60 kg 600 g
g) 7 hl 7 l 70 ml
h) 5 h 30 min

Im Amerikanischen und Englischen wird bei Zahlen anstelle des Kommas ein Punkt geschrieben: 12.3
Man liest: twelve point three.

10 Gib die Größenangaben aus dem Tierreich in der Dezimalschreibweise an.

Dicke eines Schmetterlingsflügels: $\frac{3}{100}$ mm
Länge einer Laus: $\frac{7}{10}$ mm
Dicke eines Spinnenfadens: $\frac{7}{1000}$ mm

2 Vergleichen und Ordnen von Dezimalbrüchen

Beim Schulfest bietet die Klasse 6a ein Fahrrad-Geschicklichkeits-Training an. Folgende Zeiten wurden gemessen:

Lisa	33,51 s	Marco	34,05 s
Aishe	33,15 s	Pia	34,50 s
Roman	32,98 s	Timo	33,45 s
Philipp	35,02 s	Sarah	32,89 s
Enes	33,27 s	Julia	33,54 s

→ Wie heißen die drei Bestplatzierten?
→ Wer wurde Letzter?

Zum Vergleichen von Dezimalbrüchen wie 0,423 und 0,427 betrachtet man deren Lage auf dem Zahlenstrahl. Die kleinere der beiden Zahlen steht links von der größeren.
Da die beiden Zahlen in der ersten und zweiten Nachkommaziffer übereinstimmen, muss die Unterteilung des Zahlenstrahls so verfeinert werden, dass die letzte Dezimale abgelesen werden kann.

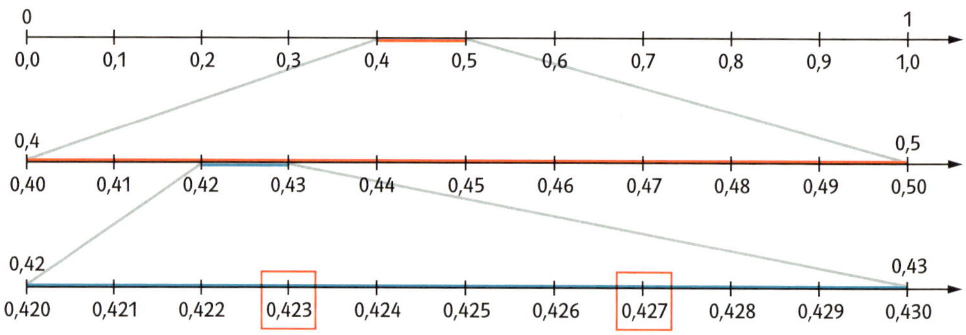

Um Dezimalbrüche zu vergleichen und zu ordnen, muss man die Stellenwerte von links nach rechts untersuchen. Entscheidend ist die erste Stelle, an der verschiedene Ziffern stehen.

0,32571
0,32648 also: 0,32571 < 0,32648

Beispiele

a) 4,634
4,643 also: 4,634 < 4,643

b) 0,01
0,009 also: 0,009 < 0,01

c) Wenn man die Dezimalbrüche 2,64; 2,46 und 4,62 ordnet, erhält man 2,46 < 2,64 < 4,62.

Bemerkung

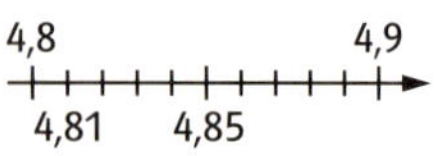

Unterteilt man den Zahlenstrahl immer feiner, erkennt man, dass zwischen zwei Dezimalbrüchen stets weitere Dezimalbrüche liegen. Zwischen 4,8 und 4,9 liegen neun weitere Dezimalbrüche mit zwei Nachkommastellen (4,81; 4,82; … ; 4,89). Zwischen 4,81 und 4,82 liegen dann wiederum neun Dezimalbrüche mit drei Nachkommastellen (4,811; 4,812; … ; 4,819) und so weiter.

Aufgaben

1 Ordne die Dezimalbrüche.
a) 7,84; 4,87; 8,74; 4,78; 8,47; 7,48
b) 459,8; 45,98; 49,58; 458,9; 495,8
c) 8,0981; 8,0109; 8,0819; 8,0918
d) 0,09; 0,0901; 0,0899; 0,0980; 0,091

2 Wie heißen die markierten Zahlen?
a)
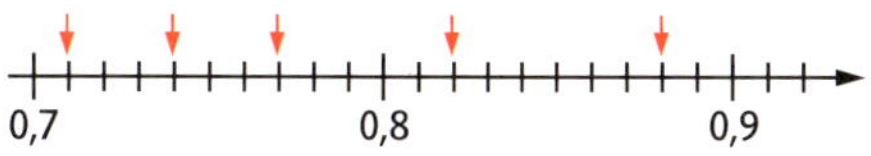

b)
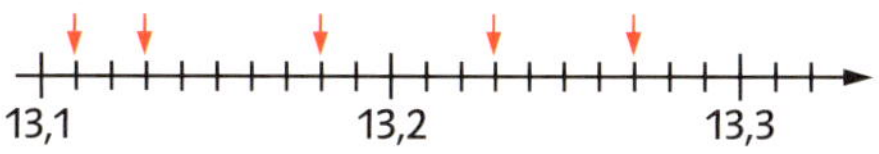

c)
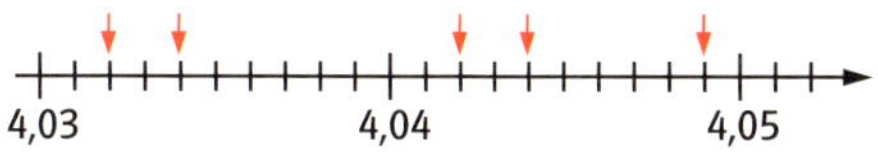

d)
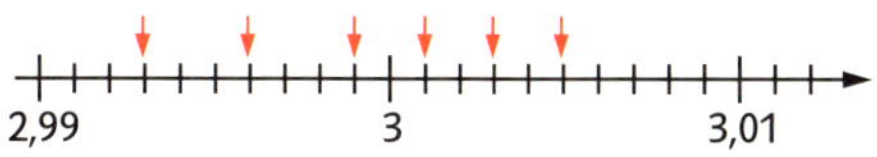

3 Zeichne einen geeigneten Ausschnitt des Zahlenstrahls und trage die Werte ein.
a) 1,01; 0,95; 1,10; 1,05; 0,98
b) 0,762; 0,758; 0,76; 0,769; 0,753
c) 4,1; 4,111; 4,094; 4,104; 4,099

4 Ordne.
a) 81,57 m; 8,175 m; 81,75 m; 8,71 m
b) 2,22 kg; 2,2 kg; 2,202 kg 2,02 kg
c) 333,3 g; 0,3 kg; 0,000 03 t; 0,33 kg
d) 1,23 a; 12,3 m^2; 1234,5 dm^2
e) 99,9 dm^3; 9,99 l; 9999,9 cm^3

5 Welche Zahl liegt in der Mitte? Schildere zusätzlich deine Überlegungen.
a) 3,48 und 3,56
b) 5,68 und 5,71
c) 0,43 und 0,444
d) 0,002 und 0,1

6 Vier Ziffern und ein Komma.

a) Lege aus diesen fünf Kärtchen alle möglichen Zahlen, die kleiner als 0,5 sind.
b) Welche Zahlen liegen zwischen 0,5 und 1?
c) Bilde mindestens zehn Zahlen, die größer sind als 1 und ordne sie nach der Größe.

7 Welche Ziffern kannst du einsetzen? Die Prüfsumme hilft dir bei der Kontrolle.
a) 9,78□ < 9,789 (36)
b) 14,3□5 > 14,325 (42)
c) 0,73□9 < 0,7345 (6)
d) 126,□5 < 126,5 (10)

Beispiel:
4,3□ < 4,34
4,30
4,31
4,32
4,33
6

8 Hier musst du gut überlegen.
a) Gib vier Dezimalbrüche an, die zwischen 1,42 und 1,47 liegen.
b) Gib sechs Dezimalbrüche an, die zwischen 5,39 und 5,43 liegen.
c) Wie viele Dezimalbrüche findet man überhaupt zwischen 5,39 und 5,43? Begründe deine Antwort.
d) Prüfe nach, ob der Wert des Bruches $\frac{630}{120}$ ebenfalls zwischen 5,39 und 5,43 liegt. Gib eine Begründung an.

9 Lege aus den Kärtchen alle möglichen Zahlen und ordne sie nach der Größe. Wie viele verschiedene Möglichkeiten ergeben sich zusätzlich, wenn du noch ein Kärtchen mit einer 0 dazunimmst?

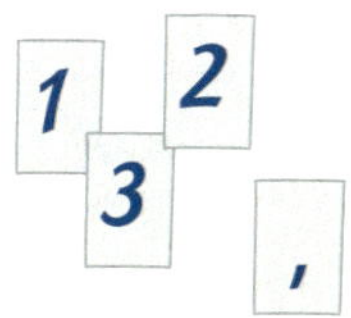

10 Welche Ziffern kannst du für die Zeichen □ und □ setzen? Nenne verschiedene Möglichkeiten.
a) 10,5□ < 10,6 < 10,□5
b) 0,3□6 < 0,356 < 0,35□
c) 8,□7 < 8,66 < 8,6□
d) 5,□12 < 5,213 < 5,21□
e) 5,4□2 < 5,432 < 5,□32

11 Alle Äpfel haben den gleichen Kilopreis.

Gewicht der Beutel:
0,95 kg; 1,32 kg; 1,325 kg;
1,1 kg; 0,845 kg; 0,925 kg;
Ordne in einer Tabelle den Beuteln die richtigen Preise zu.

Runden von Dezimalbrüchen

Bei Messwerten, die mit Dezimalbrüchen angegeben sind, liegen normalerweise gerundete Werte vor. Die Genauigkeit der Werte hängt von den verwendeten Messinstrumenten ab. Beispielsweise bedeutet die Anzeige 49,7 kg auf der Personenwaage, dass das Gewicht auf 100 g genau angegeben wird.

Für das **Runden** von Dezimalbrüchen gelten dieselben Regeln wie für natürliche Zahlen.

Die Ziffer an der Rundungsstelle bleibt unverändert, wenn eine der Ziffern 0; 1; 2; 3 oder 4 olgt.

Auf zwei Nachkommaziffern gerundet:
3,654 ≈ 3,65

Die Ziffer an der Rundungsstelle wird um 1 erhöht, wenn eine der Ziffern 5; 6; 7; 8 oder 9 folgt.

Auf eine Nachkommaziffer gerundet:
3,654 ≈ 3,7

Rundungsstelle

12 Runde wie angegeben.
a) auf eine Nachkommaziffer
23,46; 212,391; 9,094; 0,893; 0,078
b) auf zwei Nachkommaziffern
76,362; 12,075; 4,9857; 1,0450
c) auf die Einerstelle
79,4; 0,96; 34,59; 990,84; 789,98

13 Runde auf die angegebene Einheit.

Beispiel: 45,8 cm (cm) ergibt 46 cm

a) 27,4 kg (kg); 77,6 g (g); 9,5 m (m)
b) 7,68 m (m); 2,35 s (s); 34,45 m^2 (m^2)
c) 9436 m (km); 327 600 kg (t); 789 dm^3 (m^3)

14 Runde auf die nächstgrößere Einheit.
a) 278 cm; 1240 m; 748 mm; 77 840 g
b) 312,3 mm; 19,38 a; 899,48 cm^3
c) 4545,45 kg; 658,5 ha; 83 838 mm^3

15 Runde die Einwohnerzahlen der Großstadtregionen auf Millionen mit einer Nachkommaziffer und ordne sie.

Beispiel: 7 773 000 = 7,8 Millionen

Kalkutta	13 119 000
São Paulo	17 964 000
Schanghai	12 879 000
Mexico-Stadt	18 144 000
Mumbai	16 087 000
New York	16 739 000
Los Angeles	13 193 000

Erstelle ein geeignetes Diagramm.

? *Zum Abtransport des Aushubs einer Baugrube kalkuliert der Bauunternehmer mit 83,27 Lastwagenladungen.*

16 Runde sinnvoll.
a) Jeder Teilnehmer müsste einen Anteil von 6,1875 € bezahlen.
b) Die Wanderung ist 17,4626 km lang.
c) Vaters Auto verbraucht durchschnittlich 8,162 Liter pro 100 km.
d) Die Essensvorräte der Expedition reichen noch für 7,85 Tage.

17 Gib den Bereich an, in dem der gerundete Wert liegt.

Beispiel: 4,6 cm liegt im Bereich von 4,55 cm bis 4,64 cm.

a) 5,3 cm; 16,5 cm; 4,9 t; 2,5 €
b) 25,8 kg; 1,0 ha; 13,5 s; 0,45 m^3
c) 0,6 t; 2,34 mm; 3,06 m^2; 0,005 kg

18 Wie könnte die tatsächliche Kostenabrechnung aussehen?

Die Kosten für den Neubau der Sporthalle betragen rund 4,5 Millionen Euro.

3 Umwandeln von Brüchen in Dezimalbrüche

Peter notiert sein Ergebnis beim Weitsprung: $3\frac{3}{4}$ Meter.
Außerdem hat er beim Ballwurf $42\frac{1}{2}$ Meter weit geworfen.
Für Sabine stehen folgende Werte in der Ergebnisliste: Weitsprung 3,78 m; Ballwurf 42,34 m.
→ Was sagst du zu diesen Angaben?

Die meisten Brüche kann man in Dezimalbrüche **umwandeln**. Besonders einfach ist dies, wenn im Nenner 10; 100; 1000; … steht: $\frac{63}{1000} = 0{,}063$.
Bei anderen Nennern versucht man durch Kürzen oder Erweitern Zehnerpotenzen im Nenner zu erhalten: $\frac{3}{5} = \frac{6}{10} = 0{,}6$ oder $\frac{142}{200} = \frac{71}{100} = 0{,}71$.
Wenn man das Erweitern oder Kürzen nicht sofort erkennt, kann man den Bruchstrich als Rechenanweisung für die Division lesen: $\frac{19}{8} = 19:8 = 2$ Rest 3.

Es ist sehr hilfreich, wenn man wichtige Umwandlungen auswendig weiß:

$\frac{1}{2} = 0{,}5$
$\frac{1}{4} = 0{,}25$
$\frac{3}{4} = 0{,}75$
$\frac{1}{8} = 0{,}125$
$\frac{1}{5} = 0{,}2$
$\frac{1}{20} = 0{,}05$

```
ZE zht E  E zht
 19,000 : 8 = 2,375
-16
  30
 -24
   60
  -56
    40
   -40
     0
```

Der Rest kann wieder dividiert werden. Wenn beim Dividieren das Komma überschritten wird, muss man im Ergebnis das Komma setzen.

3 Einer sind 30 Zehntel — 30 z : 8 = 3 z Rest 6 z

6 Zehntel sind 60 Hundertstel — 60 h : 8 = 7 h Rest 4 h

4 Hundertstel sind 40 Tausendstel — 40 t : 8 = 5 t

- Brüche mit dem Nenner 10; 100; 1000; … kann man unmittelbar als Dezimalbruch darstellen.
- Manche Brüche kann man so erweitern oder kürzen, dass sie den Nenner 10; 100; 1000; … erhalten.
- Solche Brüche kann man auch in Dezimalbrüche **umwandeln**, indem man den Zähler durch den Nenner dividiert.

Beispiele

a) $\frac{7}{10} = 0{,}7$
b) $\frac{219}{100} = 2{,}19$
c) $\frac{80}{2000} = \frac{4}{100} = 0{,}04$
d) $\frac{9}{25} = \frac{36}{100} = 0{,}36$
e) $\frac{42}{30} = \frac{14}{10} = 1{,}4$
f) $\frac{27}{15} = \frac{9}{5} = \frac{18}{10} = 1{,}8$
g) $\frac{99}{72} = 99:72 = 1{,}375$

```
 99,000 : 72 = 1,375
-72
 270
-216
  540
 -504
   360
  -360
     0
```

Aufgaben

1 Wandle um, nachdem du erweitert oder gekürzt hast.

a) $\frac{4}{5}$; $\frac{6}{20}$; $\frac{8}{40}$; $\frac{9}{50}$; $\frac{11}{20}$; $\frac{3}{200}$

b) $\frac{36}{60}$; $\frac{21}{20}$; $\frac{75}{300}$; $\frac{4}{125}$; $\frac{4}{200}$; $\frac{33}{330}$

2 Kürze vollständig und wandle dann in einen Dezimalbruch um.

a) $\frac{4}{8}$; $\frac{9}{12}$; $\frac{16}{80}$; $\frac{21}{70}$ b) $\frac{45}{18}$; $\frac{48}{32}$; $\frac{35}{28}$; $\frac{57}{15}$

c) $\frac{55}{88}$; $\frac{3}{75}$; $\frac{9}{1500}$; $\frac{6}{240}$ d) $\frac{21}{28}$; $\frac{42}{30}$; $\frac{39}{75}$; $\frac{9}{375}$

3 Wandle in einen Dezimalbruch um.

a) $\frac{9}{30}$; $\frac{7}{20}$; $\frac{14}{50}$; $\frac{99}{300}$ b) $\frac{6}{40}$; $\frac{15}{50}$; $\frac{8}{25}$; $\frac{9}{12}$

c) $1\frac{1}{2}$; $2\frac{3}{4}$; $3\frac{4}{5}$ d) $9\frac{9}{18}$; $7\frac{14}{35}$; $5\frac{3}{12}$

Finde alle Nenner bis 50, die durch Erweitern oder Kürzen auf die vorteilhaften Nenner 10; 100; 1000; … umgewandelt werden können.

4 Erkläre, wie du umwandelst.

a) $\frac{3}{8}$; $\frac{7}{8}$; $\frac{10}{8}$; $\frac{12}{8}$; $\frac{17}{8}$; $\frac{22}{8}$

b) $\frac{3}{25}$; $\frac{30}{25}$; $\frac{300}{25}$; $\frac{33}{25}$; $\frac{303}{25}$; $\frac{333}{25}$

c) $\frac{1}{125}$; $\frac{10}{125}$; $\frac{100}{125}$; $\frac{1000}{125}$; $\frac{2}{125}$; $\frac{20}{125}$

5 Vervollständige den Bruch.

a) $\frac{\square}{5} = 0{,}8$ b) $\frac{12}{\square} = 0{,}24$

c) $\frac{3}{\square} = 0{,}15$ d) $\frac{\square}{25} = 5{,}16$

6 Welche Regelmäßigkeit findest du beim Umwandeln der Brüche in Dezimalbrüche?

a) $\frac{1}{20}$; $\frac{2}{20}$; $\frac{3}{20}$; $\frac{4}{20}$; $\frac{5}{20}$; …

b) $\frac{1}{16}$; $\frac{2}{16}$; $\frac{3}{16}$; $\frac{4}{16}$; $\frac{5}{16}$; …

7 a) Schreibe die Angaben des Rezepts in Dezimalschreibweise.

Erdbeerquark
$1\frac{1}{2}$ kg Erdbeeren waschen, vierteln und zu $\frac{1}{4}$ kg Quark geben. Dann $\frac{1}{8}$ l Sahne schlagen und gleichmäßig untermischen.
Guten Appetit!

b) Schreibe in Dezimalschreibweise und in Milliliter:
$\frac{1}{8}$ l; $\frac{3}{4}$ l; $1\frac{1}{2}$ l; $\frac{5}{8}$ l

c) Schreibe in Dezimalschreibweise und in Gramm:
$\frac{1}{2}$ kg; $\frac{3}{8}$ kg; $\frac{1}{4}$ kg; $1\frac{1}{4}$ kg

Prozent

In der Klasse 6a spielen $\frac{3}{4}$ aller Schülerinnen und Schüler ein Musikinstrument; das sind 75 %.

In der Zeitung findest du oft Diagramme mit **Prozentangaben**.

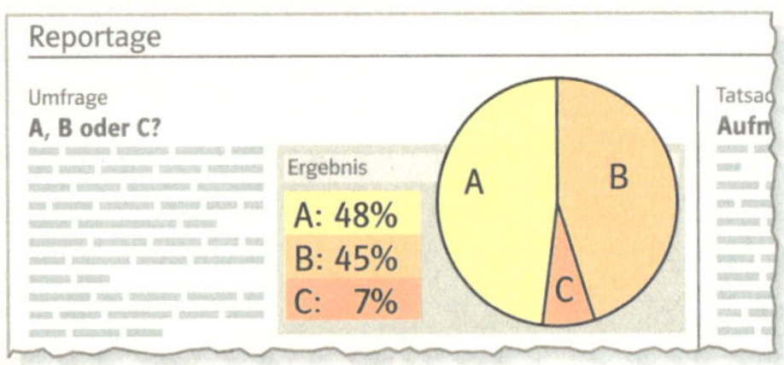

Was sagst du zu dieser Meldung in der Klassenzeitung:

> Dieses Jahr haben $\frac{3}{5}$ aller Mädchen unserer Klasse bei den Bundesjugendspielen eine Urkunde erhalten. Bei den Jungen waren es nur 60 Prozent.

Du hast gelernt, dass man Hundertstelbrüche auch als Prozentangaben schreiben kann. Dies geht ebenso leicht mit Dezimalbrüchen.

Beispiel: $0{,}38 = \frac{38}{100} = 38\,\%$

Die Prozentschreibweise kann man an den ersten beiden Nachkommaziffern ablesen.

- Drücke in Prozent aus: 0,45; 0,10; 0,04.
- Was ist mehr: $\frac{1}{4}$ oder 24 %; $\frac{34}{50}$ oder 70 %?
- Stimmt es, dass $\frac{1}{3}$ mehr ist als 30 %? Wie kannst du deine Entscheidung begründen?
- Sarah bekommt jedes Jahr 12 %, ihr Bruder dagegen $\frac{1}{8}$ mehr Taschengeld als im Vorjahr.

4 Periodische Dezimalbrüche

Tina, Mirelle und Juan haben bei einer Tombola gemeinsam Lose gekauft. Einen möglichen Gewinn wollen sie gleichmäßig untereinander aufteilen. Mirelle zieht den Hauptgewinn, einen Gutschein eines Erlebnisparks in Höhe von 100 Euro.
Ursprünglich wollte sich Tim ebenfalls an der Spielgemeinschaft beteiligen.
→ Warum wäre dann alles einfacher gewesen?

Wandelt man die Brüche $\frac{3}{8}$ oder $\frac{17}{40}$ in Dezimalbrüche um, stellt man fest, dass die Division von Zähler durch Nenner nach einer bestimmten Anzahl von Schritten endet.

$\frac{3}{8} = 3:8 = 0{,}375 \qquad \frac{17}{40} = 17:40 = 0{,}425$

Diese Dezimalbrüche brechen ab. Sie entstehen dann, wenn der in ein Produkt zerlegte Nenner des vollständig gekürzten Bruches nur die Faktoren 2 oder 5 beziehungsweise beide enthält. Diese Zahlen teilen nämlich die Nenner 10; 100; 1000 …
Für die beiden verwendeten Nenner gilt: $8 = 2 \cdot 2 \cdot 2$; $40 = 2 \cdot 2 \cdot 2 \cdot 5$.

Bei allen anderen vollständig gekürzten Brüchen bricht die Division nicht ab. Die Umwandlungen der beiden Brüche $\frac{1}{3}$ und $\frac{5}{11}$ verdeutlichen dies.

```
 1:3 = 0,33...
-0
 10
- 9
  10
 - 9
   10
   ...
```

Der Rest 1 wiederholt sich, also wiederholt sich auch die Dezimale 3.

```
 5:11 = 0,4545...
-0
 50
-44
  60
 -55
   50
   ...
```

Die Reste 5 und 6 wiederholen sich, also wiederholen sich auch die entsprechenden Dezimalen 4 und 5.

Wenn sich bei der Division von Zähler durch Nenner eines Bruches die Reste wiederholen, entsteht ein **periodischer Dezimalbruch**. Die sich wiederholende Ziffer oder Ziffergruppe heißt Periode, sie wird mit einem Strich gekennzeichnet.

$\frac{7}{9} = 0{,}777\ldots = 0{,}\overline{7}$ Sprechweise: null Komma Periode sieben

Beispiele

a) $\frac{8}{7} = 8:7 = 1{,}142857142857\ldots = 1{,}\overline{142857}$
(„eins Komma Periode eins vier zwei acht fünf sieben")

b) Es gibt Dezimalbrüche, deren Periode nicht sofort nach dem Komma beginnt.
$\frac{2}{15} = 2:15 = 0{,}1333\ldots = 0{,}1\overline{3}$ („null Komma eins Periode drei")

c) $\frac{101}{300} = 101:300 = 0{,}33666\ldots = 0{,}33\overline{6}$ („null Komma drei drei Periode sechs")

Aufgaben

1 Wandle in Dezimalbrüche um.

a) $\frac{2}{3}$; $\frac{4}{9}$; $\frac{3}{11}$; $\frac{4}{33}$; $\frac{4}{7}$; $\frac{5}{13}$; $\frac{7}{11}$

b) $\frac{1}{15}$; $\frac{5}{6}$; $\frac{7}{36}$; $\frac{1}{24}$; $\frac{5}{12}$; $\frac{7}{30}$; $\frac{11}{18}$

c) $\frac{13}{6}$; $\frac{22}{15}$; $\frac{23}{22}$; $\frac{37}{30}$; $\frac{11}{9}$; $\frac{15}{11}$; $\frac{50}{33}$

2 Welche Partner gehören zusammen?

$\frac{2}{3}$ $0{,}2$ $0{,}\overline{4}$ $0{,}\overline{6}$ $0{,}1\overline{6}$ $\frac{1}{6}$ $0{,}\overline{285714}$ $\frac{4}{9}$ $\frac{1}{5}$ $\frac{2}{7}$

3 Runde wie angegeben

a) auf eine Nachkommaziffer.

$0{,}1\overline{6}$; $1{,}2\overline{3}$; $3{,}4\overline{78}$; $2{,}0\overline{6}$; $8{,}37\overline{45}$

b) auf zwei Nachkommaziffern.

$0{,}1\overline{6}$; $1{,}2\overline{3}$; $3{,}4\overline{78}$; $2{,}0\overline{6}$; $8{,}37\overline{45}$

4 Wandle in einen Dezimalbruch um und runde auf eine Nachkommastelle. Trage die Werte anschließend an einem Ausschnitt des Zahlenstrahls ein.

a) $\frac{2}{3}$; $\frac{4}{7}$; $\frac{5}{9}$; $\frac{5}{6}$; $\frac{6}{7}$ b) $\frac{2}{3}$; $\frac{3}{11}$; $\frac{11}{12}$; $\frac{7}{9}$; $\frac{4}{15}$

5 Wandle die Brüche in Dezimalbrüche um. Durch Nachdenken kannst du dir Arbeit sparen.

a) $\frac{1}{9}$; $\frac{2}{9}$; $\frac{3}{9}$; $\frac{4}{9}$; $\frac{5}{9}$ …

b) $\frac{1}{11}$; $\frac{2}{11}$; $\frac{3}{11}$; $\frac{4}{11}$; $\frac{5}{11}$ …

c) $\frac{1}{15}$; $\frac{2}{15}$; $\frac{3}{15}$; $\frac{4}{15}$; $\frac{5}{15}$ …

d) $\frac{1}{18}$; $\frac{2}{18}$; $\frac{3}{18}$; $\frac{4}{18}$; $\frac{5}{18}$ …

6 Ordne.

$0{,}\overline{65}$ $0{,}\overline{56}$ $\frac{15}{27}$ $\frac{6}{11}$ $\frac{11}{20}$ $0{,}56$ $0{,}5\overline{6}$ $\frac{7}{12}$

7 Welcher Bruch hat in der Dezimalbruchdarstellung die längste Periode?

$\frac{1}{13}$; $\frac{1}{17}$; $\frac{1}{19}$; $\frac{1}{23}$

8 Wandle sämtliche Brüche mit dem Nenner 13 in Dezimalbrüche um.

$\frac{1}{13}$; $\frac{2}{13}$; $\frac{3}{13}$; …; $\frac{12}{13}$

Was fällt dir auf? Durch Überlegen kann man sehr viel Zeit sparen.

9 Der Bruch $\frac{4}{7}$ hat die folgende sechsstellige Periode $0{,}\overline{571428}$.
Addiert man die beiden „Hälften" der Periode 571 + 428, erhält man 999.

a) Addiere ebenso die „Periodenhälften" von $\frac{4}{13}$; $\frac{9}{17}$ und $\frac{12}{19}$. Was fällt dir auf?

b) Warum gelingt die Addition der „Periodenhälften" bei $\frac{16}{31}$ nicht?

10 Liv behauptet: „Immer wenn bei einem Bruch eine Primzahl im Nenner steht, ist der zugehörige Dezimalbruch periodisch." Nadja hat ein Gegenbeispiel.

11 Zur genauen Berechnung ist es oft sinnvoll, periodische Dezimalbrüche in Brüche zurückzuverwandeln.

$\frac{1}{3} = 0{,}\overline{3}$ $\frac{1}{9} = 0{,}\overline{1}$ $\frac{1}{6} = 0{,}1\overline{6}$

Wandle mithilfe dieser Angaben die Dezimalbrüche in Brüche um.

$0{,}\overline{7}$; $0{,}\overline{2}$; $0{,}\overline{5}$; $0{,}\overline{4}$; $1{,}\overline{3}$; $2{,}\overline{2}$; $5{,}1\overline{6}$; $0{,}\overline{9}$

Erstaunliche Perioden

Die folgenden Brüche haben lange, aber erstaunliche Perioden.

$\frac{1}{81} = 0{,}\overline{012345679}$

$\frac{1}{891} = 0{,}\overline{001122334455667789}$

$\frac{1}{8991} = 0{,}\overline{000111222333444555666777889}$

- Welche Periode findest du wohl bei $\frac{1}{89991}$?
- Wie sehen hier die Perioden aus? $\frac{11}{90}$; $\frac{101}{900}$; $\frac{1001}{9000}$; …

$\frac{1}{61} = 0{,}\overline{016393442622950819672131147540983606557377049180327868852459}$

$\frac{1}{97} = 0{,}\overline{010309278350515463917525773195876288659793814432989690721649484536082474226804123711340206185567}$

Zusammenfassung

Dezimalschreibweise

Brüche mit den Nennern 10; 100; 1000; … lassen sich direkt in der **Dezimalschreibweise** (Kommaschreibweise) darstellen.

$\frac{7}{10} = 0{,}7$ $\qquad \frac{43}{100} = 0{,}43$ $\qquad \frac{837}{1000} = 0{,}837$

Die Ziffern hinter dem Komma heißen **Dezimalen** oder Nachkommaziffern. Die Stellenwerttafel erklärt, was die Dezimalen bedeuten.

$2\frac{7}{100} = 2{,}07$
(Sprechweise: zwei Komma null sieben)

Hunderter	Zehner	Einer	Zehntel	Hundertstel	
H	Z	E	z	h	
3	0	5 ,	7	2	305,72
1	4	7 ,	0	5	147,05

Vergleichen und Ordnen

Zum **Vergleichen** und **Ordnen** von Dezimalbrüchen untersucht man die Ziffern von links nach rechts. Entscheidend ist die Stelle, an der sich die Zahlen erstmals unterscheiden.

1,56734
1,56762
An der vierten Nachkommastelle unterscheiden sich die Zahlen erstmals.
Somit gilt: 1,56734 < 1,56762.

Runden

Für das Runden von Dezimalbrüchen gelten dieselben Regeln wie für natürliche Zahlen.
Folgt auf die **Rundungsstelle** eine 0; 1; 2; 3 oder 4, wird abgerundet.
Folgen 5; 6; 7; 8 oder 9, wird aufgerundet.

Die Zahl 3,4506 ergibt gerundet

auf Tausendstel:	3,451
auf Hundertstel:	3,45
auf Zehntel:	3,5
auf Einer:	3

Umwandeln von Brüchen in Dezimalbrüche

Brüche, die durch **Erweitern** oder **Kürzen** den Nenner 10; 100; 1000; … erhalten, können einfach als Dezimalbrüche dargestellt werden.

$\frac{3}{5} = \frac{6}{10} = 0{,}6$ $\qquad \frac{7}{25} = \frac{28}{100} = 0{,}28$

$\frac{147}{300} = \frac{49}{100} = 0{,}49$

Dividiert man den Zähler durch den Nenner, entsteht ebenfalls ein Dezimalbruch. Sobald man die Einerstelle überschreitet, setzt man im Ergebnis ein Komma.

$\frac{11}{8} = 11:8$

```
11:8 = 1,375
-8
 30
-24
  60
 -56
   40
  -40
    0
```

Periodische Dezimalbrüche

Wiederholen sich bei der Division von Zähler durch Nenner eines Bruches die Reste, dann entsteht ein **periodischer Dezimalbruch**.

$\frac{2}{9} = 2:9 = 0{,}\overline{2}$

$\frac{7}{13} = 7:13 = 0{,}\overline{538461}$

$\frac{5}{12} = 5:12 = 0{,}41\overline{6}$

Üben • Anwenden • Nachdenken

1 Übertrage und ergänze die Tabelle.

H	Z	E	z	h	t	zt	Dezimalbruch
	7	8	0	2	4	1	
6	0	4	0	5	0	9	
	2	2	0	3	6		
		4	5	0	9	1	
			6	8	0	9	
							78,045
							111,0668
							3,0303
							0,291
							0,0101

? Nach schwachen Leistungen schlägt der Fußballstar vor, sein Gehalt von 5 Millionen € auf 4,999 Mio. € zu kürzen.

2 Wandle in Dezimalbrüche um. Erkläre dein Vorgehen.

a) $\frac{4}{5}$; $\frac{1}{2}$; $\frac{3}{4}$; $\frac{7}{20}$; $\frac{12}{30}$; $\frac{18}{60}$

b) $\frac{12}{15}$; $\frac{1}{8}$; $\frac{3}{25}$; $\frac{81}{30}$; $\frac{11}{125}$; $\frac{352}{110}$

c) $\frac{3}{24}$; $\frac{27}{18}$; $\frac{6}{75}$; $\frac{3}{16}$; $\frac{9}{375}$; $\frac{66}{48}$

d) $\frac{9}{12}$; $\frac{7}{28}$; $\frac{11}{88}$; $\frac{14}{40}$; $\frac{32}{12}$; $\frac{68}{8}$

3 Schreibe die Größen in der Dezimalschreibweise.

a) in **m**: 5 m 55 cm; 12 m 6 cm; 1 m 1 mm

b) in **m²**: 6 m² 6 dm²; 9 a 15 m²; 9 dm² 15 cm²

c) in **m³**: 50 m³ 25 dm³; 150 dm³ 35 cm³

d) in **l**: 35 hl 35 l 35 dm³ 35 ml

Wer gehört zusammen?

$\frac{33}{100}$ | 0,33 | 0,66 | 0,3 | 0,06 | $\frac{66}{100}$ | $\frac{30}{10}$ | 3,0 | $\frac{6}{100}$ | $\frac{3}{10}$

4 Setze für die Kästchen entsprechende Längenmaße so ein, dass die Umwandlungen richtig sind. Erkläre wie du vorgehst.

a) 5 ☐ 78 ☐ = 5,78 ☐

b) 5 ☐ 78 ☐ = 5,078 ☐

c) 57 ☐ 8 ☐ = 57,8 ☐

d) 57 ☐ 8 ☐ = 57,08 ☐

e) 578 ☐ = 0,578 ☐

5 Ersetze die Kästchen. Gibt es mehrere Möglichkeiten?

a) $0{,}6 > \frac{☐}{10}$

b) $4{,}☐2 < \frac{42}{10}$

c) $0{,}0☐ > \frac{5}{100}$

d) $\frac{6}{5} < 1{,}☐1$

e) $0{,}\overline{3} > \frac{1}{☐}$

f) $0{,}0☐5 > \frac{1}{20}$

6 Ordne nach der Größe.

a) 1,2; 1,02; 1,21; 1,201; 1,212; 1,012

b) 1001,01; 1010,10; 1000,10; 1010,01

c) 0,2314; 0,2134; 2341; 0,2413; 0,2143

d) 0,444; 0,4; 0,404; 0,04; 0,044; 0,040

e) 0,03; 0,030; 0,303; 0,033; 0,003; 0,333

7 Beginne mit der kleinsten Zahl.

a) 0,6; $\frac{1}{2}$; 0,55; $\frac{2}{5}$; $\frac{3}{4}$; 0,7

b) 0,95; $\frac{9}{10}$; $\frac{99}{100}$; 0,98; $\frac{999}{1000}$

c) 1,11; $1\frac{1}{10}$; $1\frac{11}{100}$; 1,01; 1; 1,001

d) $2\frac{1}{2}$; 2,4; $2\frac{7}{8}$; $2\frac{3}{4}$; 2,45; $2\frac{2}{5}$

8 Verwandle in Dezimalbrüche und runde auf zwei Stellen nach dem Komma.

$\frac{1}{3}$; $\frac{1}{6}$; $\frac{1}{7}$; $\frac{1}{8}$; $\frac{1}{9}$; $\frac{1}{11}$; $\frac{1}{12}$

9 Ordne der Größe nach.

a) $\frac{2}{3}$; $\frac{3}{5}$; $\frac{7}{10}$; $\frac{34}{50}$

b) $\frac{10}{3}$; $\frac{19}{6}$; $\frac{33}{10}$; $\frac{54}{17}$

c) $1\frac{2}{5}$; $\frac{15}{11}$; $1\frac{3}{7}$; $\frac{18}{13}$

10 Verwandle in Dezimalbrüche.

$\frac{3}{4}$; $\frac{3}{5}$; $\frac{3}{6}$; $\frac{3}{7}$; $\frac{3}{8}$; $\frac{3}{9}$; $\frac{3}{10}$; $\frac{3}{11}$

11 Welche Zahlen müssen an den roten Teilstrichen stehen?

a) 

b) 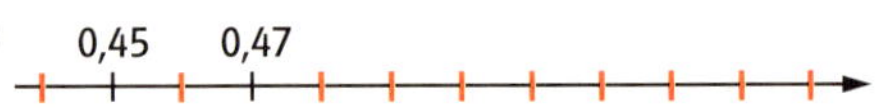

c) 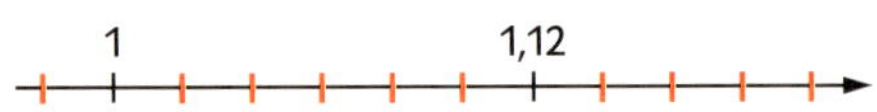

12 Gib die Zahlen an, die auf den Zahlenstrahlausschnitten markiert sind.

a) 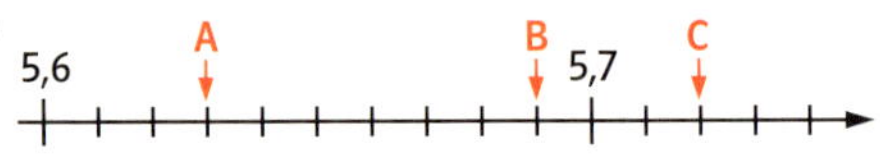

b) 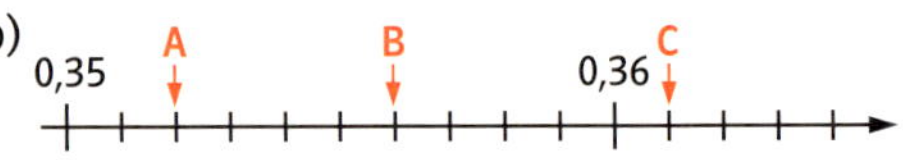

c) 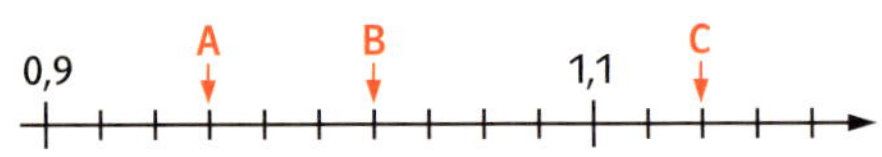

13 Markiere auf einem geeigneten Ausschnitt des Zahlenstrahls die Zahl, die genau in der Mitte der beiden anderen Zahlen liegt.

a) 4,5 und 5,3
b) 3,9 und 4,9
c) 12,2 und 12,9
d) 18,4 und 19,1
e) 0,36 und 0,39
f) 0,15 und 0,2
g) 1,005 und 1,015
h) 3,002 und 3,005

14 Vergleiche die Flächeninhalte.

a) $34\,dm^2$; $0{,}33\,m^2$; $3405\,cm^2$
b) 46,8 a; $469\,m^2$; 0,47 ha
c) $0{,}3\,km^2$; 30,3 ha; 303,3 a

15 Welches Volumen ist am größten?

a) $1{,}0\,m^3$; $100{,}1\,dm^3$ oder $10\,000{,}1\,cm^3$
b) 200 ml; 0,202 l oder $201\,dm^3$
c) 300,3 l; $0{,}303\,m^3$ oder 3,03 hl

16 Nicht immer ist die Anwendung der Rundungsregeln sinnvoll.

a) Drei Freunde wollen 100 € gerecht aufteilen. Welches Problem taucht auf, wenn sie auf Cent genau runden? Welches Problem haben sie beim Teilen von 200 €?

b) 400 kg Kartoffeln sollen in Säcke mit jeweils 24 kg abgefüllt werden. Warum darfst du beim Berechnen der Anzahl der Säcke nicht mit der normalen Rundungsregel rechnen?

c) Eine 5 Meter lange Strecke wird in drei gleich lange Teilstrecken unterteilt. Runde auf cm genau und addiere danach die drei Teile.

17 Verschieden und doch gleich – was gehört zusammen?

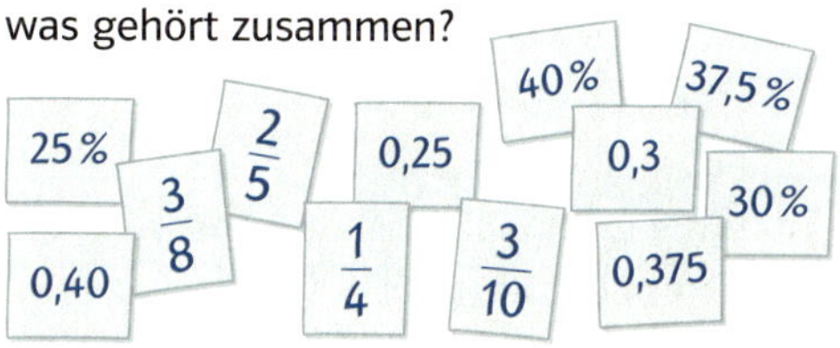

18 a) Was fällt dir bei der Periode von $\frac{3}{7}$; $\frac{2}{7}$; $\frac{6}{7}$; $\frac{4}{7}$; $\frac{5}{7}$ und $\frac{1}{7}$ auf?

b) Forme in Dezimalbrüche um. Erkläre, wie du geschickt vorgehst.
$\frac{1}{9}$; $\frac{2}{9}$; $\frac{3}{9}$; $\frac{4}{9}$; …

19 Die Abbildung zeigt die Entfernungen zwischen dem Bahnhof und den anderen öffentlichen Einrichtungen der Stadt maßstäblich verkleinert.

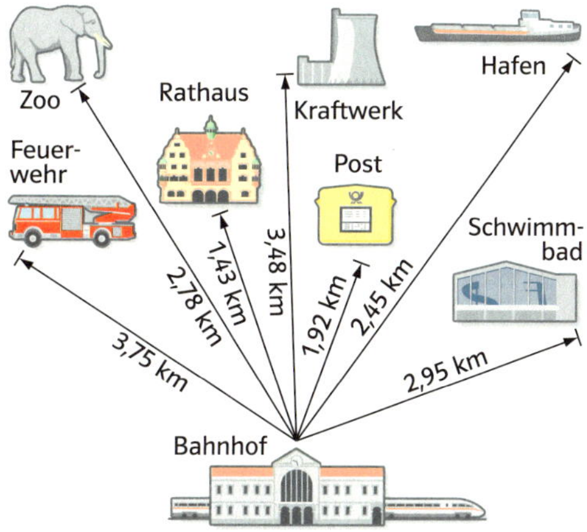

Die Längenangaben sind falsch zugeordnet. Stelle diese in einem geeigneten Diagramm dar und beschrifte richtig.

20 Wandle in Dezimalbrüche um.
$\frac{1}{11}$; $\frac{1}{111}$; $\frac{1}{1111}$
Musst du auch beim Umwandeln dieser Brüche noch rechnen?
$\frac{1}{11111}$ und $\frac{1}{111111}$

Groß gewinnt

Spiel für 2 bis 4 Personen

Jeder Mitspieler stellt zunächst zehn Spielkarten her. Auf fünf wird ein Bruch geschrieben, bei dem der Zähler kleiner ist als der Nenner.
Der Nenner darf höchstens 20 sein.
Auf die restlichen fünf Kärtchen kommen Dezimalbrüche, die kleiner als 1 sind. Erlaubt sind bis zu drei Dezimalen.
Alle Kärtchen werden verdeckt in die Tischmitte gelegt und gemischt. Dann deckt jeder Spieler ein Kärtchen auf. Derjenige, der den höchsten Wert aufgedeckt hat, erhält alle aufgedeckten Kärtchen. Sind die Werte gleich, werden die Kärtchen wieder zurückgelegt.
Gewonnen hat, wer am Ende die meisten Kärtchen besitzt.

„0,26 gewinnt!"

Name (Alter)	50-m-Lauf	Weitsprung			Ballweitwurf		
Barbara (12)	9,3	2,85	–	2,93	23,5	24,0	22,0
Christa (11)	7,9	–	2,97	3,05	26,0	27,0	27,5
Daniela (12)	8,2	2,54	2,65	2,65	18,5	19,0	–
Gabi (13)	8,6	2,22	2,77	2,55	22,0	21,5	25,0
Hatice (12)	7,6	–	2,98	3,01	–	12,5	17,5
Kerstin (11)	7,9	2,87	–	2,97	24,0	24,0	24,0
Nadine (13)	8,9	2,45	–	2,69	18,0	18,5	19,0
Stefanie (12)	8,2	2,73	2,71	2,34	15,0	17,7	19,5
Sinje (11)	7,8	2,36	2,65	–	19,0	15,5	–
Vivien (12)	8,8	2,69	2,45	2,05	21,0	22,5	12,5

Bei den Bundesjugendspielen haben die Schülerinnen und Schüler der Klasse 6 einen Dreikampf mit 50-m-Lauf, Weitsprung und Ballweitwurf gemacht. Ihr sollt nun die Ergebnisse nach unterschiedlichen Gesichtspunkten auswerten. Die Ergebnisse der Mädchen sind in der Tabelle in alphabetischer Reihenfolge notiert worden.
Ihr könnt auch eure eigenen Ergebnisse aufschreiben und diese auswerten.

Für die Leichtathletikschulmannschaft „Jugend trainiert für Olympia" soll jede Klasse ihre drei besten Schülerinnen bzw. Schüler pro Disziplin benennen.

- Ordnet die Ergebnisse in der Tabelle so, dass ihr schnell auswählen könnt.

Bei allen Auswertungen kann ein Tabellenkalkulationsprogramm wertvolle Hilfe leisten.

Für die Schulmeisterschaft werden die drei besten Dreikampfergebnisse in die Klassenwertung aufgenommen.
Besorgt euch bei eurer Sportlehrerin oder eurem Sportlehrer die Punktetabellen für eure Altersstufe. Damit könnt ihr alle Ergebnisse auswerten.
Beim Ballweitwurf und beim Weitsprung wird nur das beste Ergebnis gewertet.

- Stellt die Ergebnisse der fünf Besten in jeder Disziplin in einem Diagramm dar. Warum ist es erstaunlich, wenn dann 50-m-Lauf und Weitsprung miteinander verglichen werden?
- Wie könnte man die Darstellung gestalten, um die Ergebnisse aller drei Disziplinen miteinander zu vergleichen?
- Stellt die drei Besten im Dreikampf mit Wurf, Sprung und Lauf in einem Diagramm dar.
- Für das Erreichen einer Siegerurkunde oder einer Ehrenurkunde sind Mindestpunktzahlen vorgeschrieben. Besorgt euch diese Zahlen für eure Altersgruppe und berechnet die Ergebnisse für alle Teilnehmer.
- Wie viel cm hätte Hatice (12) weiter springen müssen, um eine Ehrenurkunde zu bekommen? Wie viel Meter hätte Nadine (13) weiter werfen müssen, um eine Siegerurkunde zu bekommen? Welche Zeit hätte Vivien (12) laufen müssen, um im Dreikampf besser als Stefanie (12) zu sein?

Rückspiegel

1 Wandle in Dezimalbrüche um.

a) $\frac{23}{100}$; $\frac{2345}{1000}$; $\frac{2}{5}$; $\frac{3}{4}$; $\frac{14}{20}$; $\frac{46}{200}$

b) $\frac{19}{5}$; $\frac{7}{8}$; $2\frac{3}{5}$; $5\frac{7}{20}$; $8\frac{18}{40}$

2 Schreibe als gekürzte Brüche.

a) 0,8; 0,9; 0,76; 0,02; 0,65

b) 1,4; 2,64; 3,001; 8,55; 0,33

3 Schreibe die Größen in der Dezimalschreibweise.

a) in **m**: 5 m 6 dm 7 cm

b) in **t**: 12 t 34 kg 567 g

c) in **a**: 45 a 78 m^2 5 dm^2

4 Setze >, < oder = ein.

a) 12,3456 □ 123,456

b) 456,5 cm □ 4,56 m

c) 5,89 kg □ 5 kg 89 g

d) 0,71 □ 70 %

e) $\frac{4}{5}$ □ 0,8

f) 0,333 □ $0,\overline{3}$

5 Ordne nach der Größe.

a) 2,345; 2,435; 2,543; 2,354

b) 1,101; 1,010; 1,100; 1,001

c) 0,909; 0,0909; 0,9909; 0,0990

6 Runde die Dezimalbrüche

a) auf Zehntel.

1,34; 2,45; 0,789; 14,445

b) auf zwei Dezimalen.

25,834; 1,2345; 0,0987; 9,090 909

7 Wandle in Dezimalbrüche um.

a) $\frac{1}{3}$; $\frac{5}{6}$; $\frac{4}{9}$; $\frac{8}{12}$

b) $\frac{5}{11}$; $\frac{12}{7}$; $\frac{28}{9}$; $\frac{29}{6}$

8 Bilde aus den Kärtchen

a) eine möglichst große Zahl.

b) eine möglichst kleine Zahl.

c) eine Zahl möglichst nahe an 5.

1 Stelle als Dezimalbrüche dar.

a) $\frac{75}{100}$; $\frac{17}{1000}$; $\frac{3}{8}$; $\frac{4}{25}$; $\frac{8}{125}$

b) $\frac{11}{16}$; $\frac{13}{40}$; $\frac{33}{88}$; $4\frac{3}{20}$; $7\frac{12}{60}$

2 Schreibe als gekürzte Brüche.

a) 0,75; 0,04; 0,18; 0,025; 0,55

b) 4,32; 1,08; 0,202; 1,35; 3,005

3 Schreibe die Größen in der Dezimalschreibweise.

a) in $\mathbf{dm^2}$: 12 dm^2 2 cm^2

b) in $\mathbf{m^3}$: 300 m^3 30 dm^3 3 cm^3

c) in **hl**: 205 hl 5 l

4 Setze >, < oder = ein.

a) 4,5678 □ 4,5768

b) 12,5 m^2 □ 0,12 a

c) 0,75 l □ 750 cm^3

d) 0,4 □ 4 %

e) $\frac{1}{9}$ □ $0,\overline{1}$

f) 1,3 □ $1\frac{1}{3}$

5 Ordne nach der Größe.

a) 0,1101; 0,1010; 0,1001; 0,1011

b) 0,5 dm^3; 0,55 l; 5,55 cm^3

c) $8,\overline{81}$; $8,8\overline{1}$; $8,\overline{18}$; $8,1\overline{8}$

6 Runde die Dezimalbrüche

a) auf zwei Nachkommaziffern.

0,3645; 3,645; 0,036 45

b) auf Tausendstel.

9,8765; 98,876 54; 9,0085

7 Wandle in Dezimalbrüche um.

a) $\frac{5}{3}$; $\frac{5}{9}$; $\frac{5}{12}$; $\frac{5}{18}$

b) $\frac{81}{99}$; $\frac{15}{14}$; $4\frac{5}{6}$; $2\frac{3}{7}$

8 Bilde aus den Kärtchen

a) eine möglichst große Zahl.

b) eine möglichst kleine Zahl.

c) eine Zahl möglichst nahe an 250.

Ab ins Schullandheim

Die Klasse 6 a der Thomas-Mann-Realschule fährt zum Schullandheimaufenthalt an den Bodensee.

Ein Party-Abend, eine Fahrt in die nahe gelegene Schweiz und ein Sportwettbewerb gehören neben anderen Aktivitäten zum Programm. Dabei rechnen die Schülerinnen und Schüler mit Geldbeträgen, Wechselkursen und Längen.

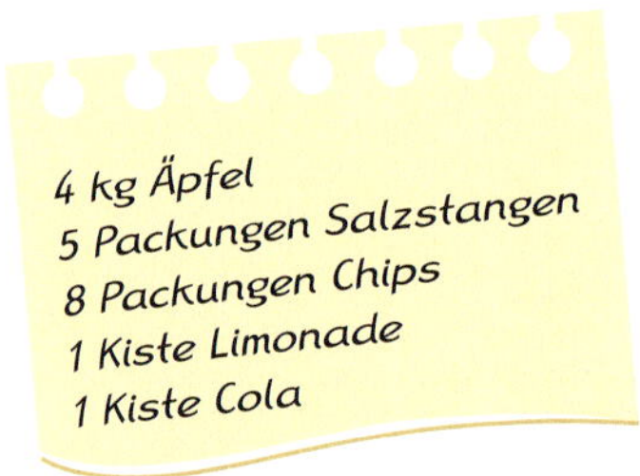

Party-Abend

Für einen Party-Abend werden Knabbergebäck, Obst und Getränke eingekauft.

Reichen die von der Klassenlehrerin vorgestreckten 40 €?

Überlege, ob eine Überschlagsrechnung ausreicht.

1 Kiste Cola	*8,49 €*
1 kg Äpfel	*1,99 €*
1 Packung Salzstangen	*0,99 €*
1 Kiste Limonade	*4,99 €*
1 Packung Chips	*1,49 €*

Ausflug in die Schweiz

Die Klasse unternimmt einen Ausflug zum Berg Säntis in der Schweiz. Michaela tauscht 20 Euro und erhält 30 Schweizer Franken.

Für die Fahrt mit der Seilbahn zahlt sie 16 Schweizer Franken, für Schokolade 4 Schweizer Franken.

Sie überlegt, was dies in Euro umgerechnet ergibt.

Spiel- und Sportfest

Bei einem Spiel- und Sportfest steht auch ein Standweitsprungwettbewerb auf dem Programm.

Die Klasse führt einen Gruppenwettbewerb durch.
Dabei werden folgende Ergebnisse erzielt:

Gruppe Blau

Name	1. Versuch	2. Versuch	3. Versuch
Peter	1,54 m	1,73 m	1,45 m
Nina	1,79 m	1,48 m	1,66 m
Özlem	1,50 m	1,67 m	1,81 m
Tim	2,01 m	ungültig	1,91 m

Gruppe Rot

Name	1. Versuch	2. Versuch	3. Versuch
Sandra	1,42 m	1,59 m	1,22 m
Paolo	1,89 m	1,76 m	1,79 m
Nadja	1,91 m	1,72 m	ungültig
Felix	ungültig	1,80 m	1,97 m

Die Klasse diskutiert, wie die Sieger-Gruppe ermittelt werden kann.

- Die Gesamtweite der jeweils besten Versuche eines jeden Springers entscheidet.
- Die beiden besten Sprünge jedes Springers werden addiert.
- Der beste und der schlechteste bzw. ungültige Sprung werden nicht gewertet.

Finde eigene Regeln um eine Reihenfolge der Gruppen festzulegen.

In diesem Kapitel lernst du,

- wie man Dezimalbrüche addiert, subtrahiert, multipliziert und dividiert,
- wie man Rechengesetze zum vorteilhaften Rechnen nutzt,
- welche Reihenfolge beim Berechnen von Rechenausdrücken zu beachten ist,
- wie man Ergebnisse sinnvoll abschätzt und überprüft,
- wie man die Ergebnisse von Umfragen darstellt und auswertet.

1 Addieren und Subtrahieren

Bei einem Turnwettkampf ergaben sich an den Geräten folgende Wertungen:

Name	Boden	Balken	Sprung	Stufen-barren
Britta	8,4	7,4	8,0	7,2
Pia	7,9	8,4	8,0	7,5
Simone	8,2	7,8	8,3	8,1

→ Wer liegt nach Boden und Balken in Führung? Gewinnt dieses Mädchen auch den gesamten Wettkampf?
→ Wie viele Punkte Vorsprung hat die Siegerin auf die Zweitplatzierte, wie viele auf die Drittplatzierte?

Wie beim schriftlichen Addieren und Subtrahieren von natürlichen Zahlen muss man auch bei den Dezimalbrüchen darauf achten, dass die Zahlen stellengerecht untereinander geschrieben werden. Die Stellentafel verdeutlicht dies.

12,862 + 4,575 = 17,437

	Z	E	z	h	t
	1	2,	8	6	2
+		4,	5	7	5
		1	1		
	1	7,	4	3	7

73,287 − 19,68 = 53,607

	Z	E	z	h	t
	7	3,	2	8	7
−	1	9,	6	8	0
	1	1			
	5	3,	6	0	7

Beim **Addieren** und **Subtrahieren** von Dezimalbrüchen müssen die Zahlen so untereinander geschrieben werden, dass Komma unter Komma steht.
Beginne von rechts mit dem stellengerechten Addieren oder Subtrahieren.

Beispiele

a)
```
    3,94
 + 14,37
 +  8,05
    11 1
 -------
   26,36
```

b)
```
   0,0320
 + 4,3800
 + 0,0009
      1
 --------
   4,4129
```

c)
```
   13,678
 −  6,030
 −  5,271
      1
 --------
    2,377
```

Bemerkung
Oft ist es hilfreich, die fehlenden Endnullen zu ergänzen.

Mit einer **Überschlagsrechnung** kann man das Ergebnis kontrollieren.
Durch geschicktes Runden lassen sich die Zahlen häufig im Kopf berechnen.

	123,86 + 37,41 = 161,27	1,736 − 0,497 = 1,239
Überschlag:	120 + 40 = 160	1,7 − 0,5 = 1,2

Aufgaben

1 Addiere oder subtrahiere im Kopf.

a) 3,8 + 4,1 b) 12,4 + 13,5
c) 7,6 − 4,2 d) 37,8 − 9,5
e) 0,62 + 0,21 f) 0,45 + 1,54
g) 0,87 − 0,53 h) 5,75 − 0,98

2 Berechne.

a) $\begin{array}{r} 3{,}685 \\ +\,4{,}214 \\ \hline \end{array}$ b) $\begin{array}{r} 22{,}439 \\ +\,47{,}572 \\ \hline \end{array}$

c) $\begin{array}{r} 0{,}8624 \\ +\,5{,}7896 \\ \hline \end{array}$ d) $\begin{array}{r} 8{,}769 \\ -\,5{,}438 \\ \hline \end{array}$

e) $\begin{array}{r} 5{,}406 \\ -\,3{,}728 \\ \hline \end{array}$ f) $\begin{array}{r} 0{,}9078 \\ -\,0{,}5991 \\ \hline \end{array}$

3 Achte beim Addieren und Subtrahieren auf die fehlenden Nullen.

a) $\begin{array}{l} 1{,}3476 \\ +\,3{,}67 \\ \hline \end{array}$ b) $\begin{array}{l} 0{,}062 \\ +\,4{,}7195 \\ \hline \end{array}$

c) $\begin{array}{r} 0{,}431 \\ +\,27{,}6 \\ \hline \end{array}$ d) $\begin{array}{r} 50{,}683 \\ -\,9{,}49 \\ \hline \end{array}$

e) $\begin{array}{l} 0{,}67 \\ -\,0{,}6088 \\ \hline \end{array}$ f) $\begin{array}{l} 3 \\ -\,0{,}9821 \\ \hline \end{array}$

4 Welche Zahl musst du für die Platzhalter einsetzen?

a) 7,2 + □ = 9,6 b) □ + 0,4 = 0,9
c) 4,01 + □ = 4,1 d) 5,8 − □ = 4,9
e) □ − 3,2 = 1,25 f) □ − 0,01 = 0,02

5 Setze die Ziffern 4; 5; 6 und 7 so ein,

a) dass das Ergebnis möglichst groß ist.
b) dass das Ergebnis möglichst klein ist.
c) dass das Ergebnis genau 55,7 ist.

□□,□ − 0,□ = ?

6 Hier fehlen Kommas.

a) 0,4 + 0,8 = 12
b) 99,6 + 104 = 110,0
c) 44 + 404 = 48,04
d) 15,43 − 4,32 − 2,31 = 880
e) 1,1 + 11,1 + 1111 + 0,1 = 123,4
f) 100 − 549 − 43,44 = 1,66
g) 989 − 898 − 0,987 = 898213

7 Berechne. Auf dem Rand findest du das Lösungswort. Es ist der Name eines Vogels.

a) $\begin{array}{r} 12{,}964 \\ +\,16{,}842 \\ +\,9{,}741 \\ \hline \end{array}$ b) $\begin{array}{r} 0{,}384 \\ +\,82{,}47 \\ +\,1{,}042 \\ \hline \end{array}$

c) $\begin{array}{r} 19{,}878 \\ -\,4{,}243 \\ -\,1{,}314 \\ \hline \end{array}$ d) $\begin{array}{r} 5{,}912 \\ +\,17{,}84 \\ +\,9{,}6 \\ \hline \end{array}$

e) $\begin{array}{r} 179{,}32 \\ -\,88{,}86 \\ -\,4{,}39 \\ \hline \end{array}$ f) $\begin{array}{r} 18{,}926 \\ -\,0{,}434 \\ -\,9{,}21 \\ \hline \end{array}$

g) $\begin{array}{r} 438{,}2 \\ +\,0{,}753 \\ +\,19{,}9 \\ +\,6{,}31 \\ \hline \end{array}$ h) $\begin{array}{r} 18{,}9257 \\ -\,0{,}525 \\ -\,5{,}9007 \\ -\,9 \\ \hline \end{array}$

A	14,321
B	7,07
C	68,70
E	2,987
F	39,547
G	465,163
H	41,123
I	86,07
L	83,896
M	33,352
N	9,282
O	3,5
P	5,024
R	53,207
S	93,069
W	1,5

8 Dieses Spiel könnt ihr zu zweit spielen. Würfelt dreimal mit je zwei Würfeln. Setzt die Augenzahlen so für die Platzhalter ein, dass ein Wert entsteht, der möglichst nahe bei 1 liegt.
Wer von euch beiden näher an der Zahl 1 liegt, erhält einen Punkt.

Beispiel: 5 , 2 + 1 , 4 − 5 , 6 = 1

9 Schreibe untereinander und berechne.

a) 12,34 + 1,234 + 0,1234
b) 11,1 + 1,11 + 0,111 + 111
c) 10,04 − 4,23 − 3,76 − 2,02
d) 15,05 − 3 − 0,428 − 6,619

10 Berechne möglichst vorteilhaft.

a) 2,8 + 2,9 + 3 + 3,1 + 3,2
b) 14,9 + 30,5 + 69,5 + 35,1 + 17,7
c) 0,85 + 2,36 + 6,5 + 1,14 + 0,15
d) 0,02 + 1,981 + 4,01 + 0,009 + 0,88

11 Welche Aufgabe gehört zu welchem Ergebnis? Überschlage bevor du rechnest.

2,4 + 0,5 + 1,9	7,5
13,43 − 6,72 + 3,89	4,8
20,05 − 0,57 − 11,98	10,6
4,7 − 3,2 + 3,1	8,5
17,07 + 8,16 − 16,73	12,5
5,91 − 0,83 + 7,42	4,6

Reicht das Geld? Überschlage.

12 Fülle die Zahlenmauern.

a)

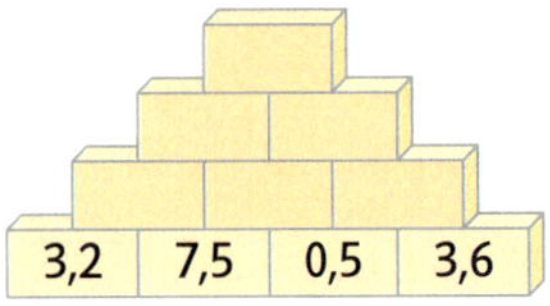

b)

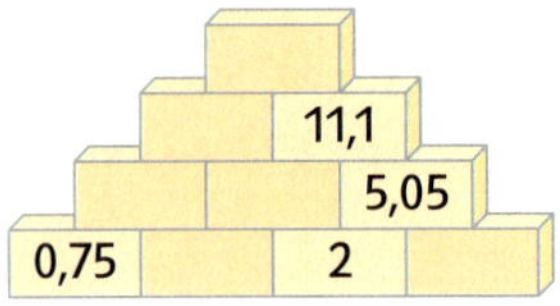

13 Setze in die Kästchen folgende Ziffern ein: 2; 3; 6; 7; 9; 0.
Jede Ziffer darf nur einmal vorkommen.

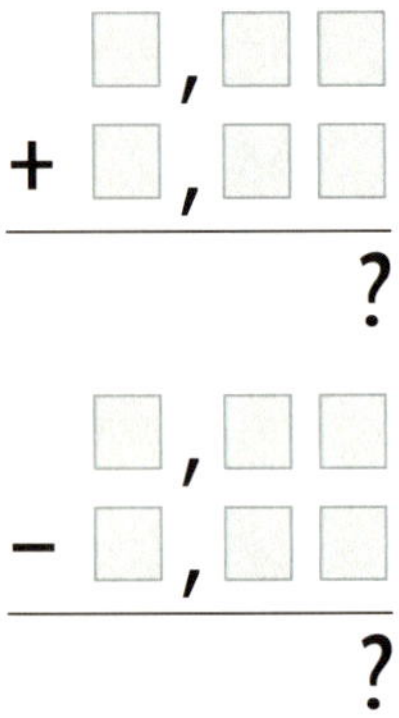

a) Der Wert der Summe soll möglichst groß sein.
b) Der Wert der Summe soll möglichst klein sein.
c) Der Wert der Summe soll 9,45 betragen.
d) Der Wert der Differenz soll möglichst klein sein.
e) Der Wert der Differenz soll möglichst groß sein.
f) Der Wert der Differenz soll 6,12 sein.

14 Fülle die Zauberquadrate. Wie heißt die magische Zahl?

		0,6
0,7	0,9	
1,2		

2,4			
5,4	4,2		7,2
3,0	6,6	6,0	4,8
	1,2		

15 Setze +, – und Klammern und rechne.

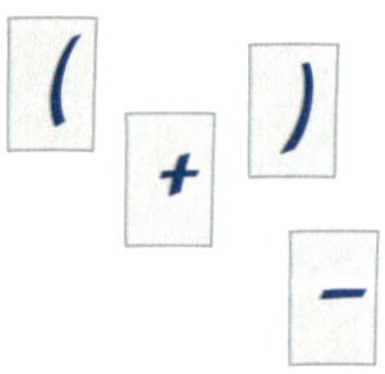

□ 8,7 □ 5,6 □ 4,3 □ 1,2 □ = ?
a) Das Ergebnis soll möglichst groß sein.
b) Das Ergebnis soll möglichst nahe bei der Zahl 1 liegen.

16 Hier wurde falsch gerechnet.
Suche den Fehler und erkläre ihn.

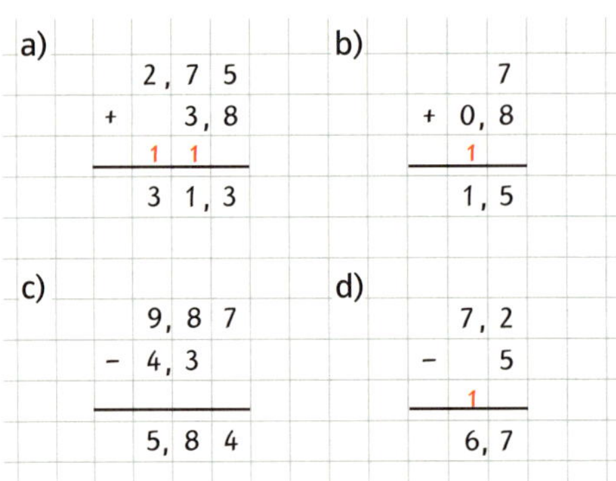

17 Ergänze.

a)

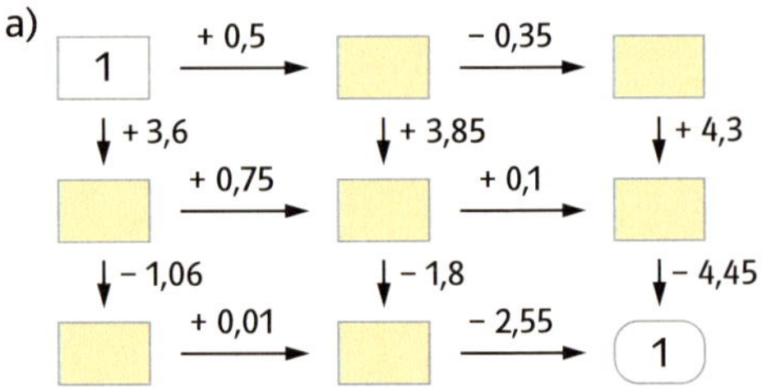

b)

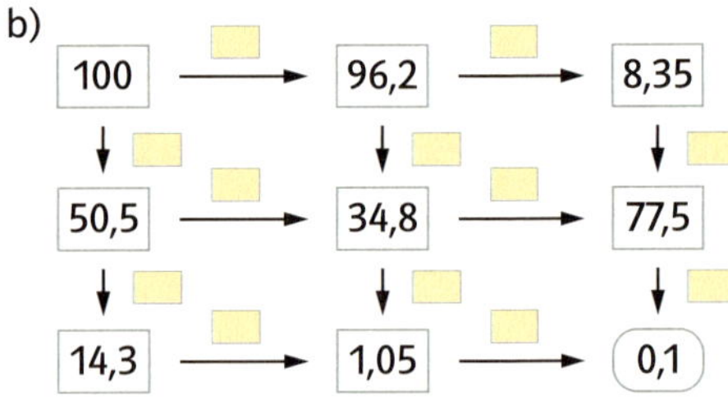

18 Achte auf die verschiedenen Rechenzeichen. Mache zunächst einen Überschlag. Die Summe aller Ergebnisse ist 250.
a) 22,222 + 2,222 – 0,222
b) 3,303 – 0,333 + 3,003 – 0,03
c) 44,4 – 4,04 – 4,444 + 4,404 – 0,404
d) 999 – 909,9 + 0,909 – 9,99 + 99,9

19 Ersetze die Leerstellen durch die passenden Ziffern.

a) 2,45 + □,3□ = 6,□2
b) 12,□5 – 1□,9□ = 1,09
c) □,327 – 5,8□9 = 0,□7□

20 Achte auf die Klammern.
a) 21,63 – (12,75 + 8,36)
b) 61,51 – (30,82 – 15,44)
c) (8,58 – 0,61) – (7,49 + 0,33)
d) 32,05 – (27,56 + 2,81) – 0,38
e) 7,77 + (31,15 – (98,06 – 72,43))
f) 3,333 – (18,054 – (60,703 – 45,982))

21 Stelle zuerst einen Rechenausdruck auf, rechne dann.
a) Wie groß ist die Summe der Zahlen 12,8 und 14,9 vermindert um 19,5?
b) Subtrahiere die Summe von 9,8 und 0,8 von 40,6.
c) Addiere die Differenz von 6,38 und 3,86 zur Summe von 9,62 und 1,35.
d) Wie groß ist der Unterschied zwischen 12,98 und der Differenz aus 6,3 und 4,7?

Bahn	Name	Land	Zeit in s	Reaktionszeit
1	Collins, Kim	SKN	10,07	0,148
2	Aliu, Deji	NGR	10,21	0,132
3	Williams, Bernard	USA	10,13	0,133
4	Brown, Darrel	TRI	10,08	0,152
5	Chambers, Dwain	GBR	10,08	0,145
6	Montgomery, Tim	USA	10,11	0,140
7	Campbell, Darren	GBR	10,08	0,112
8	Emedolu, Uchenna	NGR	10,22	0,164

Beim 100-m-Zieleinlauf der Leichtathletik-Weltmeisterschaften 2003 in Paris gab es nebenstehende Ergebnisse.

- Warum sind die drei Medaillengewinner nicht so einfach zu ermitteln?
- Wie groß ist der Zeitabstand vom ersten zum letzten Läufer?
- Was meinst du zu der Aussage: „Wer am schnellsten reagiert, muss nicht unbedingt gewinnen“? Wie groß waren die Unterschiede bei den Reaktionszeiten?
- Vergleiche die Summe der Zeiten der vier Erstplatzierten mit der Weltrekordzeit der 4 × 100 m-Staffel von 37,40 s (USA; 1992). Erkläre.

Tim Montgomery (USA) lief bei seinem Weltrekord 29 Hundertstelsekunden schneller als Kim Collins. Der Weltrekord der Damen steht bei 10,49 s (Stand 2003).

Die Tabelle unten rechts zeigt die Ergebnisse des olympischen Rodelwettbewerbs der Damen 2002 in Salt Lake City.

- An wen gingen die Medaillen? Notiere die Reihenfolge nach jedem Lauf.
- Um wie viele Sekunden war die Siegerin schneller als die Silbermedaillengewinnerin?
- In welchem Lauf war der Zeitabstand zwischen den 6 Rodlerinnen am größten, in welchem am kleinsten?
- Stelle die Differenzen der Endzeiten jeder Athletin zur Siegerzeit in einem Diagramm dar.

Name	Land	1. Lauf	2. Lauf	3. Lauf	4. Lauf
Angelika Neuner	AUT	43,68	43,44	43,60	43,43
Barbara Niedernhuber	GER	43,34	43,13	43,21	43,09
Becky Wilczak	USA	43,50	43,48	43,42	43,84
Lilian Ludan	UKR	43,80	43,62	43,56	43,51
Silke Kraushaar	GER	43,29	43,22	43,19	43,15
Sylke Otto	GER	43,35	43,07	42,94	43,09

2 Multiplizieren und Dividieren mit Zehnerpotenzen

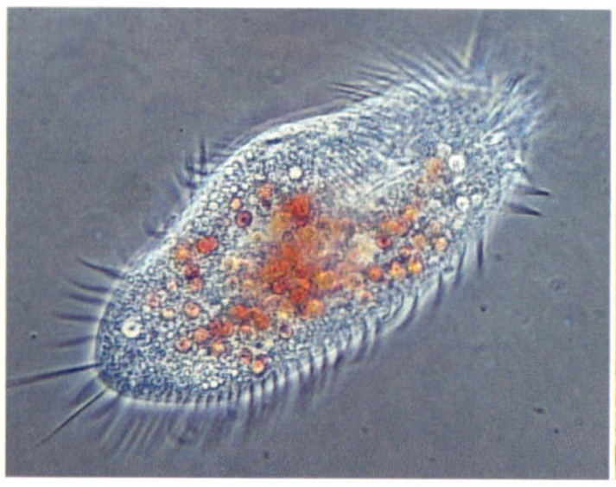

Der Elefant ist in Wirklichkeit 2,80 m hoch.
→ Wurde er 10-mal, 100-mal oder 1000-mal verkleinert?
Wenn du durch ein Mikroskop sehr kleine Lebewesen betrachtest, siehst du sie stark vergrößert. Auf dem Mikroskop steht beispielsweise „× 10 000".
→ Erkläre, weshalb das Pantoffeltierchen und der Elefant gleich groß sind.

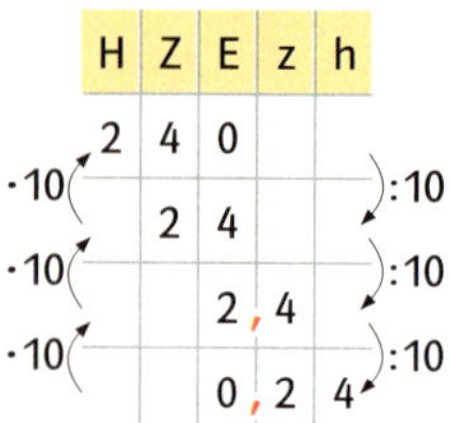

Beim Multiplizieren und Dividieren von Dezimalbrüchen mit Zehnerpotenzen wird nur das Komma verschoben, die Ziffernfolge bleibt im Ergebnis unverändert.

$0{,}26 \cdot 10 = \frac{26}{100} \cdot 10 = \frac{260}{100} = \frac{26}{10} = 2{,}6$ $\qquad$ $32{,}8 : 10 = \frac{328}{10} \cdot \frac{1}{10} = \frac{328}{100} = 3{,}28$

Wenn die Anzahl der Ziffern nicht reicht, werden Nullen angehängt oder vorangestellt.

7,8 · 100 = 780 $\qquad$ 7,8 : 100 = 0,078

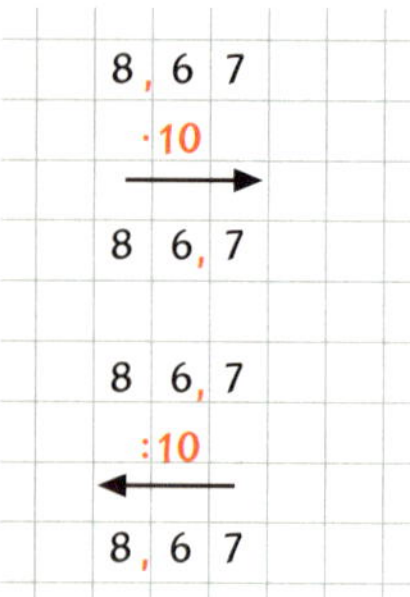

Beim **Multiplizieren** von Dezimalbrüchen mit 10; 100; ... (Zehnerpotenzen) muss man das **Komma** um so viele Stellen **nach rechts** verschieben, wie die Zehnerpotenz Nullen hat. Beim **Dividieren** von Dezimalbrüchen durch 10; 100; ... (Zehnerpotenzen) muss man das **Komma** um so viele Stellen **nach links** verschieben, wie die Zehnerpotenz Nullen hat.

Beispiele

a) 0,2967 · 10 = 2,967
0,2967 · 100 = 29,67
0,2967 · 1000 = 296,7

b) 327,2 : 10 = 32,72
327,2 : 100 = 3,272
327,2 : 1000 = 0,3272

c) 5,82 · 1000 = 5820
58,2 · 1000 = 58 200
582,0 · 1000 = 582 000

d) 126 : 100 = 1,26
12,6 : 100 = 0,126
1,26 : 100 = 0,0126

Aufgaben

1 Multipliziere im Kopf.

a) 3,9 · 10	b) 4,37 · 10	c) 0,74 · 100
12,8 · 10	1,888 · 100	0,63 · 1000
4,92 · 100	34,05 · 10	0,5 · 100
d) 1,85 · 100	e) 0,425 · 100	f) 0,012 · 1000
18,5 · 100	4,25 · 10	1,21 · 1000
0,185 · 100	0,0425 · 10	12,12 · 100

2 Dividiere im Kopf.

a) 13,6 : 10	b) 4,2 : 10	c) 0,4 : 1000
136,6 : 100	42,12 : 100	4,04 : 100
1,366 : 100	4,21 : 1000	0,04 : 10

3 Lege eine Stellenwerttafel an und trage die Ergebnisse untereinander ein.
a) 1,234 · 10; · 100; · 1000; · 10 000
b) 0,045 · 10; · 100; · 1000; · 10 000
c) 123,4 : 10; : 100; : 1000; : 10 000
d) 1,234 : 10; : 100; : 1000; : 10 000

4 Was fällt dir auf?
a) ☐ ←(: 10)— 24,85 —(· 10)→ ☐
b) ☐ ←(: 100)— 417,2 —(· 100)→ ☐
c) ☐ ←(: 1000)— 0,529 —(· 1000)→ ☐

5 Rechne. Findest du das Endergebnis auch ohne die Zwischenergebnisse aufzuschreiben?

a) $0{,}31 \cdot 100 \cdot 10 \cdot 10$
b) $((1736{,}2 : 10) : 100) : 100$
c) $((22{,}83 : 100) \cdot 1000) : 10$
d) $((0{,}0439 \cdot 1000) : 100) \cdot 1000$

6 Welche Rechnung wurde durchgeführt?

a) $6{,}83 \xrightarrow{\square} 0{,}683$ b) $1{,}41 \xrightarrow{\square} 1410$
c) $0{,}362 \xrightarrow{\square} 0{,}00362$ d) $0{,}07 \xrightarrow{\square} 7$
e) $111{,}1 \xrightarrow{\square} 0{,}1111$ f) $0{,}039 \xrightarrow{\square} 39$

7 Beim Umwandeln in kleinere Maßeinheiten wird die Maßzahl mit Zehnerpotenzen multipliziert.
Beim Umwandeln in größere Maßeinheiten wird entsprechend dividiert.

Beispiel: $1\,\text{dm}^2 = 1 \cdot 100\,\text{cm}^2 = 100\,\text{cm}^2$

Erkläre so die Umwandlungen.

a) $\text{m}^2 \to \text{dm}^2$ b) $\text{cm}^3 \to \text{l}$
c) kg → g d) $\text{a} \to \text{dm}^2$
e) $\text{mm}^3 \to \text{ml}$ f) km → cm

8 Berechne und gib das Ergebnis in einer geeigneten Maßeinheit an.

a) $0{,}76\,\text{m}^2 \cdot 1000$ b) $12{,}8\,\text{mg} \cdot 100\,000$
c) $5{,}36\,\text{cm}^3 \cdot 10\,000$ d) $368{,}4\,\text{l} \cdot 10\,000$
e) $0{,}056\,\text{m}^3 : 10\,000$ f) $1{,}234\,\text{ha} : 1000$

9 Beachte die Kommaverschiebung.

a) 0,6835
↓ · 100
□
↓ · 1000
□

b) 56,12
↓ : 100
□
↓ : 10
□

c) □
↓ · 100
138,2
↓ : 10
□

d) □
↓ · 10
□
↓ : 1000
0,0438

10 Was ist größer?

a) 5,2 Millionen oder 0,0045 Milliarden
b) 2 340 000 oder 0,000 67 Milliarden
c) 0,032 Billionen oder 230 000 000 000
d) 3,45 Millionen oder 0,003 45 Milliarden

11 Ein Stapel Papier mit 1000 Blatt ist 10,8 cm dick und 5,65 kg schwer.

a) Wie dick und wie schwer ist ein Blatt? Mache die Angaben in verschiedenen Maßeinheiten.
b) Suche selbst ähnliche Beispiele, um solche Rechnungen durchführen zu können.

12 a) Der Samen eines Riesenmammutbaums wiegt 4,7 mg. Das Gewicht eines ausgewachsenen Baumes beträgt mehr als das 1 000 000 000-Fache.
b) Eine Waldameise ist etwa 7,5 mm lang. Wie lang wäre eine Ameisenstraße aus 1 Million Tieren, wenn sie genau hintereinander liefen?
c) Ein Wassertropfen hat ungefähr einen Rauminhalt von $0{,}2\,\text{cm}^3$. Welches Gefäß könnte man mit 1 Milliarde Wassertropfen füllen? Reicht es für eine Badewanne oder sogar für einen Swimmingpool?
d) Das Blatt einer Linde hat etwa einen Flächeninhalt von $0{,}15\,\text{dm}^2$.
Wie groß wäre die Fläche, wenn man alle 100 000 Blätter eines ganzen Baums nebeneinander legen würde?

13 Landkarten haben unterschiedliche Maßstäbe. Manche sind besonders praktisch zum Umrechnen.

a) Welcher Streckenlänge in der Natur entsprechen 12,5 cm auf der Karte beim Maßstab 1 : 1000; 1 : 100 000?
b) Wie lang wird eine 400 m lange Straße auf der Karte mit dem Maßstab 1 : 10 000; 1 : 100 000 oder 1 : 1 000 000?
c) In Wirklichkeit sind es von A-Stadt nach B-Weiler 5,8 km, auf der Karte nur 5,8 cm. Welchen Maßstab hat die Karte?

Berechne die Differenzen aufeinander folgender Ergebnisse. Was fällt dir auf? Versuche es mit anderen Anfangszahlen und mit anderen Faktoren.

0,045
↓ · 10
□
↓ · 10
□
↓ · 10
□
↓ · 10
□
...

3 Multiplizieren

Lena fliegt in den Sommerferien zu ihrer Tante in die USA. Von ihren Eltern erhält sie für die Reise einen Betrag von 500 €. Für einen Euro bekommt Lena 1,15 US-$.
→ Wie viel US-Dollar nimmt Lena mit?
Nach ihrer Rückkehr hat Lena noch 100 Dollar übrig. Beim Rücktausch erhält Lena für einen Dollar genau 0,87 €.
→ Wie viel Euro sind das?
→ Rechne auch mit dem aktuellen Kurs.

Um Dezimalbrüche miteinander zu multiplizieren, kann man sie in gewöhnliche Brüche umwandeln. $0{,}4 \cdot 1{,}8 = \frac{4}{10} \cdot \frac{18}{10} = \frac{72}{100} = 0{,}72$

Das Produkt der beiden Dezimalbrüche 0,4 und 1,8 hat also dieselbe Ziffernfolge wie der Wert des Produkts $4 \cdot 18 = 72$.
Die Anzahl der Nachkommastellen im Ergebnis ist genauso groß wie die Anzahl der Nachkommastellen der einzelnen Faktoren insgesamt.

1 Stelle 2 Stellen
4,8 · 3,42
144
192
96
11
16,416
3 Stellen

Dezimalbrüche werden zunächst ohne Berücksichtigung des Kommas **multipliziert**. Dann setzt man das Komma. Das Ergebnis hat gleich viele Nachkommastellen wie die beiden Faktoren zusammen.

2,3	·	4,05	=	9,315
1 Dezimale		2 Dezimalen		3 Dezimalen

Beispiele

a) 4,5 · 13
45
135
58,5

b) 0,436 · 0,35
1308
2180
1
0,15260

Oft müssen im Ergebnis eine oder mehrere Nullen ergänzt werden.

c) 0,038 · 1,4
38
152
1
0,0532

Bemerkung
Vor der genauen Berechnung ist es sinnvoll, eine **Überschlagsrechnung** zu machen. Die Werte werden so gerundet, dass man im Kopf rechnen kann.
$212{,}4 \cdot 0{,}028$ wird überschlagen mit $200 \cdot 0{,}03 = 6$. Das genaue Ergebnis ist 5,9472.

Aufgaben

1 Rechne im Kopf.
a) $0{,}8 \cdot 7$ b) $1{,}2 \cdot 6$ c) $0{,}4 \cdot 5$
d) $1{,}5 \cdot 9$ e) $1{,}7 \cdot 0{,}3$ f) $25 \cdot 0{,}4$
g) $0{,}6 \cdot 15$ h) $0{,}07 \cdot 8$ i) $20 \cdot 0{,}12$

2 Rechne geschickt.
a) $0{,}25 \cdot 8$, $2{,}5 \cdot 0{,}8$, $25 \cdot 0{,}08$
b) $900 \cdot 0{,}3$, $90 \cdot 3{,}0$, $0{,}9 \cdot 30$
c) $1{,}1 \cdot 1{,}1$, $0{,}11 \cdot 1{,}1$, $0{,}11 \cdot 0{,}11$

3 Berechne.

a) 3,4 · 2,5
b) 7,2 · 3,4
c) 1,8 · 12,3
d) 6,4 · 9,6
e) 24,8 · 0,75
f) 5,48 · 12,5
g) 8,28 · 1,05
h) 0,84 · 0,26

4 Die Lösung grenzt ans Mittelmeer.

a) 10,8 · 4,5
b) 3,25 · 4,2
c) 0,75 · 12,5
d) 10,5 · 0,84
e) 5,6 · 2,25
f) 2,95 · 8,4
g) 7,5 · 6,64
h) 50,2 · 0,48

E | 49,8	A | 8,82	O | 9,375
L | 0,45	U | 1,828	K | 48,6
S | 21,8	T | 12,6	I | 24,78
G | 42,45	N | 24,096	R | 13,65

5 Führe zunächst eine Überschlagsrechnung durch.

a) 27,86 · 7
b) 0,0285 · 12
c) 7,843 · 192
d) 173,8 · 0,086
e) 83,8 · 0,042
f) 0,682 · 842,5
g) 0,04 · 72,61
h) 120,07 · 80,508

6 Rechne wie im Beispiel.

0,006 · 1200 = 0,06 · 120
= 0,6 · 12
= 6 · 1,2 = 7,2

a) 0,04 · 240
b) 0,005 · 1800
c) 800 · 0,009
d) 3000 · 0,0007
e) 0,000 009 · 15 000 000

7 Es ist 426 · 538 = 229 188.
Damit lassen sich folgende Produkte leicht berechnen.

a) 426 · 0,538
b) 0,0426 · 0,538
c) 42,6 · 5,38
d) 0,426 · 0,0538
e) 4,26 · 53,8
f) 426,0 · 53,8
g) 0,426 · 538
h) 4260 · 0,005 38

8 Wo musst du beim zweiten Faktor das Komma setzen?

1. Faktor		2. Faktor	Ergebnis
8,3	·	25	20,75
70,4	·	56	39,424
0,23	·	79	0,018 17
0,076	·	62	4,712
12,25	·	35	4,2875

9 Welche Fehler wurden gemacht?

a) 70 · 0,4 = 2,8
b) 0,1 · 0,1 = 0,1
c) 0,06 · 11,1 = 6,666
d) 4 · 0,08 = 4,08
e) 4 · 2,3 = 8,12
f) 3,2 · 2,4 = 6,8

10 Welche Aufgabe gehört zu welchem Ergebnis? Überschlage zuerst.

825 · 0,24	496
43,8 · 11,5	100,8
77,5 · 6,4	232,5
0,54 · 184	503,7
37,5 · 6,2	198
120 · 0,84	99,36

11 Setze die Ziffern 1; 3; 5 und 0 so in die Kästchen ein, dass

a) ein möglichst großer Wert entsteht.
b) ein möglichst kleiner Wert entsteht.
c) das Ergebnis 1,55 lautet.
d) das Produkt den Wert 4,5 hat.

□,□ · □,□ = ?

12 Multipliziere nebeneinander liegende Steine der Zahlenmauern. Der Deckstein hilft als Ergebniskontrolle.

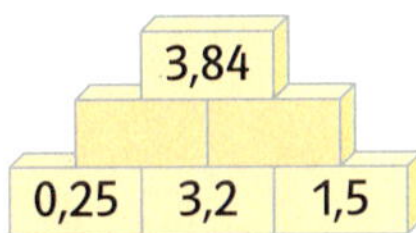

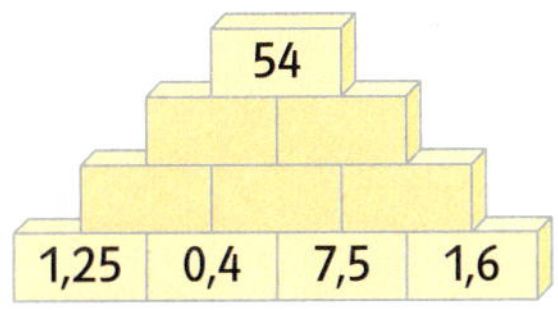

13 Zahlen in benachbarten Feldern werden miteinander multipliziert. Wenn du die Ergebnisse aller zwölf Produkte addierst, erhältst du die Zahl 79.

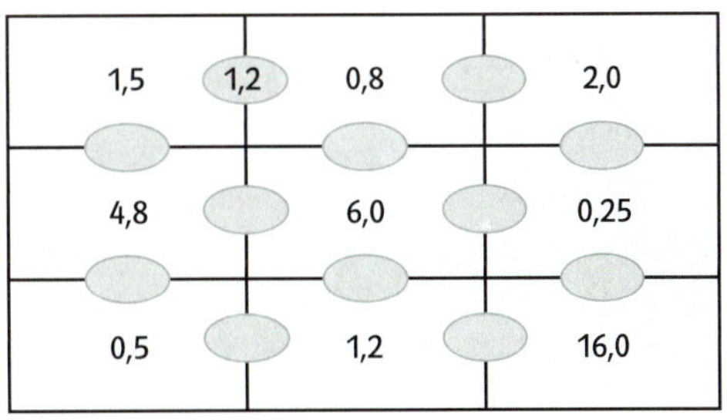

14 Rechne im Kopf.

a) 50 · 0,2 · 0,43
b) 0,02 · 40 · 500
c) 0,4 · 25 · 0,2
d) 0,2 · 7,5 · 0,5 · 10
e) 12,5 · 0,2 · 100 · 0,05 · 0,08

15 Berechne den Rechtecksflächeninhalt.

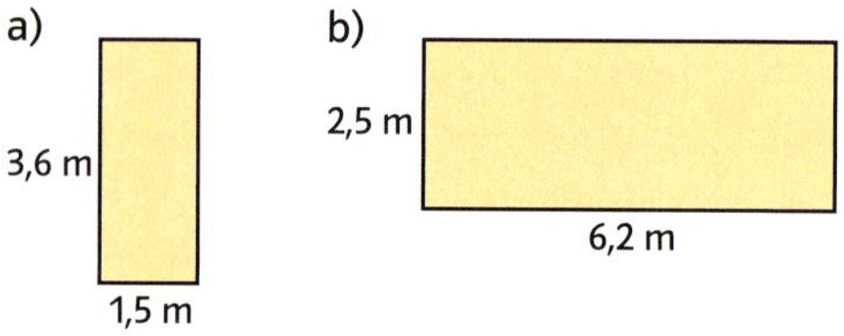

16 Der Quadratmeterpreis beider Bauplätze ist gleich hoch. Vergleiche.

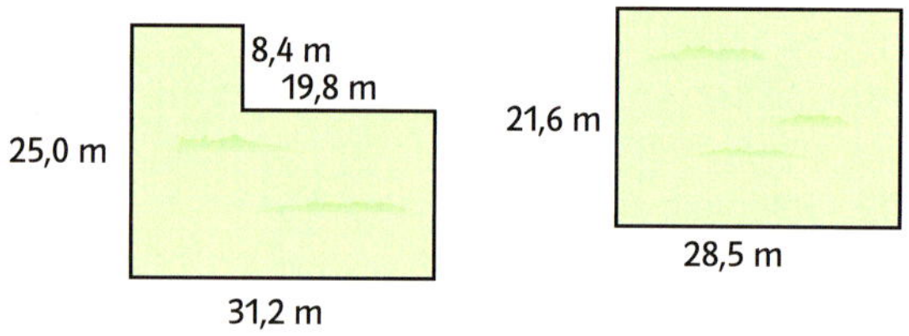

17 Sämtliche Räume der Wohnung haben eine rechteckige Form.

Raum	Küche	Bad	Flur	Kind 1	Kind 2	Eltern	Wohnen
Länge	5,25 m	4,00 m	11,25 m	6,25 m	5,00 m	4,00 m	7,00 m
Breite	4,00 m	2,50 m	1,80 m	3,20 m	3,20 m	4,00 m	4,00 m

Pro Quadratmeter wird ein Mietpreis von 6,50 € verlangt.

18 Jana möchte ihr Zimmer neu streichen. Der rechteckige Raum hat die Maße: Länge 4,85 m; Breite 4,20 m; Höhe 2,45 m. Für einen Quadratmeter rechnet man 0,25 Liter Farbe. Ein Eimer mit 10 Liter Inhalt kostet 29,95 €.
Hinweis: Rechne ohne Fenster und Türen zu berücksichtigen.

19 Welcher der beiden Quader hat das größere Volumen?

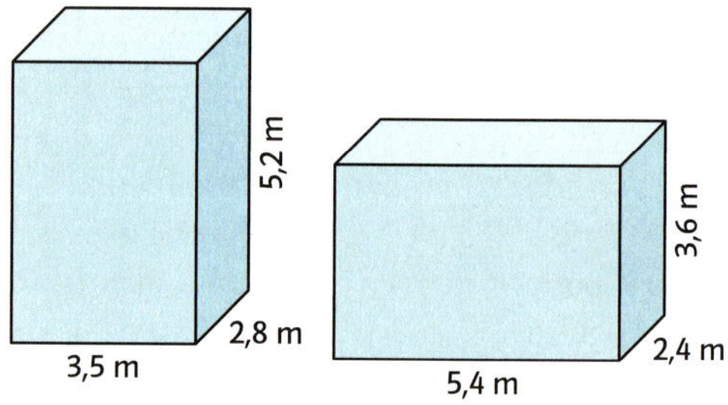

20 Ein Liter Luft wiegt 1,23 g bei einer Temperatur von 15 °C.
a) Wie schwer ist die Luft in eurem Klassenzimmer?
b) Wie schwer ist die Luft in eurer Sporthalle? Die Außenmaße der Halle könnt ihr schätzen.
c) Warme Luft ist leichter.
Bei 20 °C wiegt ein Liter 1,20 g, bei 30 °C sogar nur noch 1,16 g.

21 Ein Kubikmeter Beton kostet 90 €.
a) Wie teuer ist die Treppe?
b) Wie teuer wird die Treppe, wenn man sie eine Stufe höher baut?
c) Was kostet eine Treppe aus 6 Stufen mit gleicher Stufenhöhe und -tiefe?

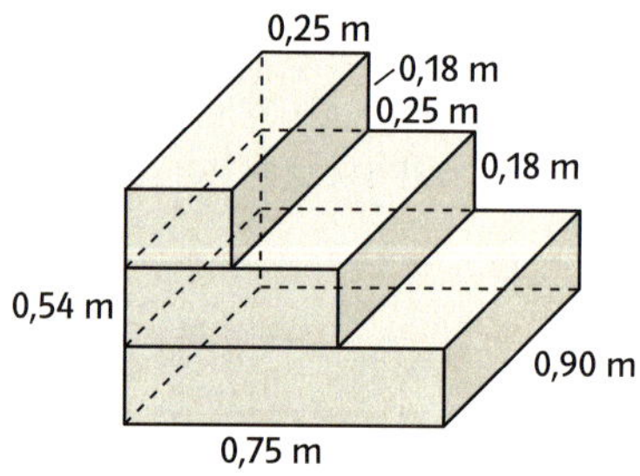

22 Das Schwimmbecken eines Hotels ist 12,50 m lang und 6,50 m breit.
a) Es wird bis zu einer Höhe von 1,60 m mit Wasser gefüllt. Der Preis pro m^3 Wasser beträgt 1,80 €.
b) Durch ein versehentlich geöffnetes Ventil senkt sich der Wasserspiegel über Nacht um 40 cm. Was kostet das?
c) Für die kommende Saison soll das Becken (Boden und Wände) neu gefliest werden.

In vielen englischsprachigen Ländern werden anstatt der bei uns üblichen Maßbezeichnungen Meter, Kilogramm oder Liter andere Einheiten verwendet. Man misst dort mit inches, feet, yards, gallons oder ounces, die uns in vielfältiger Form begegnen.
Die Tabelle zeigt die Umrechnungen der am häufigsten vewendeten Größen.

Maßeinheit GB / USA	Umrechnung D
inch (in)	2,54 cm
foot (ft)	30,48 cm
yard (yd)	0,914 m
mile (mi)	1,609 km
gallon (ga)	4,544 l
ounce (oz)	28,35 g
pound (lb)	453,59 g
barrel (ba)	158,987 l

- Wie viel ft sind 12 in?
- Wie viel yd sind 3 ft?
- Wie viel lb sind 16 oz?
- Prüfe nach: 1 Meile = 1760 yards.

CanadaTimes

Ungefähr zwei Tonnen Ölsand werden gebraucht, um ein Barrel Rohöl herstellen zu können. Die monströsen Lastwagen, die die geförderten Erdmassen zu Weiterverarbeitungsanlagen bringen, haben mehr als 10 Fuß hohe Reifen – und werden zum Teil auch von Frauen bedient. 250 000 Barrel Rohöl werden am Tag produziert. Bis spätestens zum Jahr 2012 soll diese Menge auf 500 000 Barrel steigen. Die Vorräte reichen noch lange. Man schätzt, dass mit dem Einsatz heutiger Technologien 50 Jahre lang eine tägliche Menge von mehr als 500 000 Barrel produziert werden kann. Das Unternehmen beziffert die gesamten abbaubaren Ölreserven in Alberta auf 300 Milliarden Barrel.

- Ersetze die Angaben des Zeitungsartikels durch unsere Maße.

Die Route 66 ist eine Fernstraße der USA, die vom Michigan-See zum Pazifik reicht. Sie hat eine Gesamtlänge von 2448 Meilen. Im Atlas findest du auch die Panamericana. Sie verbindet Alaska mit Feuerland an der Südspitze Argentiniens. Dort steht eine Entfernungsangabe mit 17 848 km. Vergleiche.

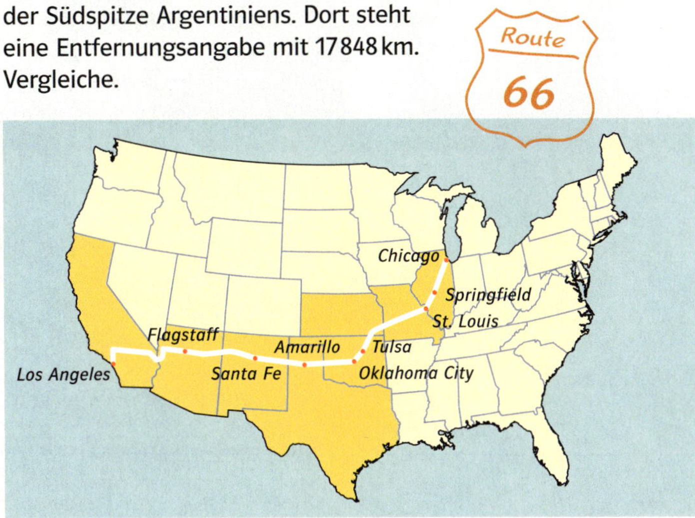

Der Airbus und die Boeing 747 zählen zu den am meisten eingesetzten Passagierflugzeugen der Welt.
Vergleiche die Angaben.

Airbus 340-600	
Länge	75,30 m
Höhe	17,80 m
Spannweite	63,60 m
max. Abfluggewicht	365 000 kg
Reisegeschwindigkeit	890 km/h
Flughöhe	12 500 m
Tankkapazität	195 500 l
Passagiere	378–440
Reichweite	14 000 km

Boeing 747-400	
Länge	231 ft 10 in
Höhe	63 ft 8 in
Spannweite	211 ft 5 in
max. Abfluggewicht	910 000 lb
Reisegeschwindigkeit	567 mph
Flughöhe	35 000 ft
Tankkapazität	63 500 ga
Passagiere	416–524
Reichweite	8830 mi

4 Dividieren

In der Schülercafeteria verkauft die Klasse 6b Fruchtsäfte. Im Apfelsaftkasten für 9,60 € sind zwölf 1-l-Flaschen.
Eine Orangensaftkiste mit sechs 0,75-l-Flaschen kostet 4,20 €.
→ Was muss ein Glas mit 0,2 Liter Inhalt im Verkauf kosten, wenn pro Glas ein Gewinn von etwa 50 Cent erzielt werden soll?

Will man 21,50 € in 5 gleiche Teile zerlegen, muss man die 21,50 € durch 5 teilen.
21 € : 5 ergibt 4 €; es bleibt 1 € Rest.
Um weiter teilen zu können, muss man in Cent umwandeln:
150 ct : 5 ergibt 30 ct.
Nach der 4 muss man im Ergebnis ein Komma setzen:
Man erhält also 4,30 €.
Das Komma trennt die Einer und die Zehntel.

```
 21,50 : 5 = 4,30
-20
  15
 -15
   00
```

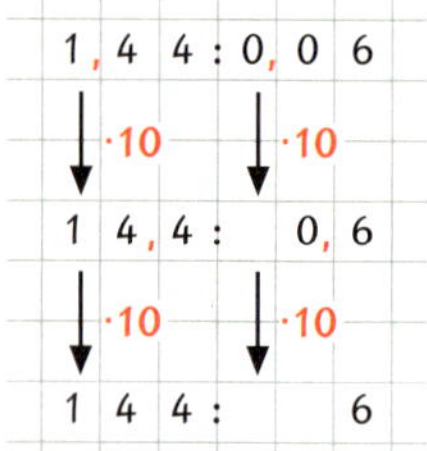

Wenn beim **Dividieren** eines Dezimalbruchs **durch eine natürliche Zahl** das Komma überschritten wird, muss man auch im Ergebnis das Komma setzen.
Ansonsten rechnet man wie bei den natürlichen Zahlen.

Dividiert man zwei Dezimalbrüche, wird das Komma im Dividend und im Divisor so lange verschoben, bis der Divisor eine natürliche Zahl ist.

45,67 : 1,25 = 456,7 : 12,5 = 4567 : 125

Weil Dividend und Divisor dadurch beide bei jedem Schritt mit 10 multipliziert werden, ändert sich am Wert des Quotienten nichts.

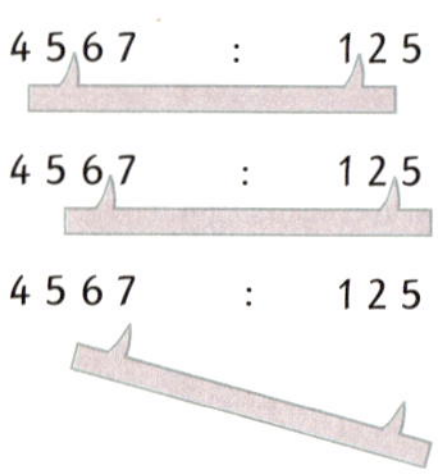

Wenn man einen Dezimalbruch **durch einen Dezimalbruch** dividieren will, muss man zuerst bei Dividend und Divisor das Komma um so viele Stellen nach rechts verschieben, bis der Divisor eine natürliche Zahl ist.
Dann rechnet man nach dem bekannten Verfahren.

Beispiele

a) 27,9 : 6

```
 27,90 : 6 = 4,65
-24
  39
 -36
   30
  -30
    0
```

Um alle Nachkommaziffern zu berechnen, muss man manchmal noch Endnullen ergänzen.

b) 5,865 : 1,7

```
 58,65 : 17 = 3,45
-51
  76
 -68
   85
  -85
    0
```

! Beim Dividieren das Komma immer in die gleiche Richtung verschieben.

c) 15 : 1,25

1500 : 125 = 12	Hat der Divisor mehr Nachkommaziffern als der Dividend, so muss man Nullen anhängen.	Probe:
− 125		
250		
− 250		
0		

Probe:

1	2	·	1,	2	5
		1	2		
			2	4	
			1	6	0
		1	5,	0	0

d) Bei der Division von Dezimalbrüchen durch Dezimalbrüche ist es sinnvoll und hilfreich, eine **Überschlagsrechnung** durchzuführen. Hierbei hilft das Verschieben der Kommas von Dividend und Divisor nach rechts. Man muss die Zahlen für die Überschlagsrechnung so wählen, dass man leicht im Kopf rechnen kann.

1064,25 : 0,0215

Überschlag: 1000 : 0,02
= 100 000 : 2
= 50 000

Exakte Rechnung: 1064,25 : 0,0215
= 106 425 : 215
= 49 500

? *Kann das sein? Beim Dividieren durch einen Dezimalbruch, der kleiner als 1 ist, wird das Ergebnis größer!*

Aufgaben

1 Rechne im Kopf.

a) 15,8 : 10
218,5 : 10
4530,9 : 100

b) 2,1 : 7
3,6 : 6
4,8 : 4

c) 9,9 : 11
8,4 : 12
9,1 : 13

d) 86,4 : 20
99,9 : 30
80,8 : 40

e) 10 : 0,2
15 : 0,3
24 : 0,6

f) 20,4 : 0,4
25,5 : 0,5
35,7 : 0,7

g) 0,8 : 0,2
0,9 : 0,3
0,5 : 0,25

h) 0,75 : 0,05
1,50 : 0,03
4,2 : 0,07

2 Diese Aufgaben kannst du auch im Kopf rechnen.

a) 7,2 : 0,36
4,8 : 0,16
6,25 : 0,25

b) 0,7 : 0,02
0,32 : 0,001
0,75 : 0,025

c) 0,064 : 0,008
42,7 : 0,7
12,1 : 0,011

d) 40 : 0,08
3,03 : 0,101
5000 : 0,025

3 Durch 5 und durch 50 kannst du geschickt teilen:
Verdopple die zu teilende Zahl und teile dann durch 10 bzw. 100.
Rechne im Kopf.

a) 17,5 : 5
38,2 : 5
48,6 : 5
93,8 : 5

b) 180,5 : 50
242,2 : 50
421,1 : 50
924,7 : 50

4 Zeige durch Berechnung auf zwei Arten, dass
: 0,5 dasselbe ergibt wie · 2
: 0,25 dasselbe ergibt wie · 4
: 0,2 dasselbe ergibt wie · 5
: 0,1 dasselbe ergibt wie · 10.

a) 6,5 : 0,5
9,03 : 0,5

b) 3,1 : 0,25
0,21 : 0,25

c) 13,4 : 0,2
4,3 : 0,2

d) 0,64 : 0,1
6,9 : 0,1

e) 54,1 : 0,05
0,56 : 0,01

f) 4,23 : 0,02
3,4 : 0,025

5 In die Kästchen kann man natürliche Zahlen einsetzen. Finde sie durch Schätzen und überprüfe dann deine Vermutung durch eine Rechnung.

a) 8,28 : ☐ = 1,38
19,32 : ☐ = 2,76
12,84 : ☐ = 3,21
42,64 : ☐ = 5,33

b) 2,97 : ☐ = 0,27
8,46 : ☐ = 0,94
2,34 : ☐ = 0,18
25,74 : ☐ = 2,34

6 Ersetze das Kästchen durch die richtige Zahl.

a) ☐ : 7 = 2,36
49,92 : 8 = ☐
☐ : 9 = 2,48

b) ☐ : 11 = 0,25
13,23 : 12 = ☐
☐ : 13 = 0,36

7 Wo stecken Fehler? Kannst du sie erklären?

a) 8,48 : 4 = 2,12
8,48 : 8 = 1,6

b) 0,48 : 0,12 = 4
0,48 : 0,6 = 8

:	0,2	0,4	0,8
4,8			
7,6			
10,8			
15,5			
36,3			
49,5			
99,9			

8 Was wurde falsch gemacht?

a) 0,21 : 7 = 0,3 b) 6,06 : 6 = 1,1
c) 0,144 : 0,12 = 12 d) 3 : 0,6 = 0,2
e) 0,48 : 0,06 = 0,8 f) 12,4 : 0,2 = 6,2

9 Berechne schriftlich.

a) 40,3 : 8
127,5 : 4
337,8 : 6

b) 4,32 : 16
54,3 : 12
100,5 : 15

c) 1016,6 : 13
1698,6 : 19
34,56 : 21

d) 0,1524 : 6
0,8757 : 7
0,8984 : 8

e) 0,282 : 12
0,7952 : 14
0,387 : 15

f) 40,5 : 110
325,6 : 120
11,04 : 90

10 Setze die Ziffern so in die Kästchen ein, dass

a) ein möglichst großes Ergebnis entsteht.
b) ein möglichst kleines Ergebnis entsteht.
c) das Ergebnis 32,8 ist.
d) das Ergebnis 12,9 ist.
e) das Ergebnis kleiner als 5 ist.

□□,□ : 0,□ = ?

11 a) Wo musst du beim Dividenden das Komma setzen, damit das Ergebnis stimmt?

Dividend		Divisor	Ergebnis
124	:	4	3,1
395	:	5	7,9
984	:	8	12,3
5472	:	12	4,56
11835	:	15	0,789

b) Setze mithilfe einer geschickten Überschlagsrechnung das Komma im Ergebnis an die richtige Stelle.

Dividend		Divisor	Ergebnis
10,7616	:	4,56	236
579,916	:	12,83	452
57,904	:	0,47	1232
0,02052	:	0,038	54
5033,7	:	0,765	658

12 Das Ergebnis von 156 : 6 ist 26. Damit kannst du die folgenden Aufgaben leicht berechnen.

a) 15,6 : 6
1,56 : 6
0,156 : 6
0,0156 : 6

b) 156 : 60
15,6 : 60
1,56 : 60
0,156 : 60

13 Rechne geschickt.

a) 1792 : 7
1,792 : 0,7
1,792 : 0,07
179,2 : 0,7

b) 1512 : 36
15,12 : 3,6
1,512 : 0,036
151,2 : 0,36

14 Berechne schriftlich.

a) 3,24 : 1,2
5,46 : 1,5
6,89 : 1,3

b) 13,84 : 0,4
18,96 : 0,8
31,71 : 0,7

c) 9,216 : 3,6
23,856 : 4,2
29,148 : 8,4

d) 4,5 : 0,18
9,1 : 0,14
48,3 : 0,23

e) 1,695 : 0,03
1,7574 : 3,03
16,968 : 30,3

f) 13,986 : 0,21
11,946 : 0,22
10,212 : 0,23

15 Hier wurden die Ergebnisse der verschiedenen Aufgaben vertauscht. Du musst die Aufgaben nicht ganz rechnen, um die Ergebnisse richtig zuordnen zu können. Ein Überschlag kann sehr hilfreich sein.

39,42 : 0,09	8,69
5,334 : 2,1	9,39
10,428 : 1,2	438
14,085 : 1,5	2,54

16 Frank, Tina und Rafael machen gemeinsam Hausaufgaben.
Frank fragt Tina:
Möchtest du lieber das Doppelte oder den 0,2-ten Teil von 10 Euro?
Tina antwortet:
Das sage ich dir, wenn du mir sagst, ob du lieber das 8-Fache oder den 0,1-ten Teil der Mathematik-Hausaufgaben aufbekommen möchtest.
Rafael mischt sich ein und fragt:
Was ist eigentlich mehr, 0,01 : 0,1 oder 0,1 : 0,01?
Worauf Tina entgegnet: Da kommt doch beide Male dasselbe heraus.

Zu Aufgabe 16

Viele Sportarten wie zum Beispiel Fußball oder Tennis haben ihren Ursprung in England oder Amerika. Deshalb finden wir so seltsame Abmessungen wie die Breite des Tores mit 7,32 m oder die Länge des Tennisplatzes mit 23,77 m.

In der Übersicht findest du die Umrechnung der wichtigsten englischen Längenmaße in Meter:

1 mile (Meile) = 1609,3 m	1 foot (Fuß) = 0,3048 m
1 yard = 0,9144 m	1 inch = 0,0254 m

■ Teile einmal die Meterangabe von Yard durch die von Foot und Foot durch Inch.

Fußball

Das Tor ist 7,32 m breit und 2,44 m hoch. Sind das nicht merkwürdige Maße? Sie stammen aus England.

■ Wandle die Meterangaben in Yard um. Teile auch die Breite durch die Höhe. Auch die Maße der Spielfeldmarkierungen werden klarer, wenn du sie in die englischen Maße umwandelst. Eigentlich müsste der 11-Meter-Punkt bei 10,98 m sein.

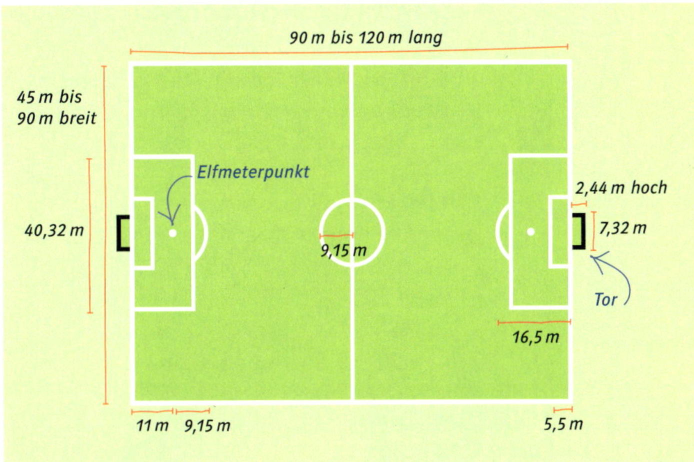

Tennis

Auch die Abmessungen eines Tennisspielfeldes sind ursprünglich von den Engländern mit deren Maßen festgelegt worden.

Das Netz, das die beiden Felder teilt, ist in einer Höhe von 1,06 m außen befestigt und ist in der Mitte 0,915 m hoch.

■ Gib alle Maße in Yard an.

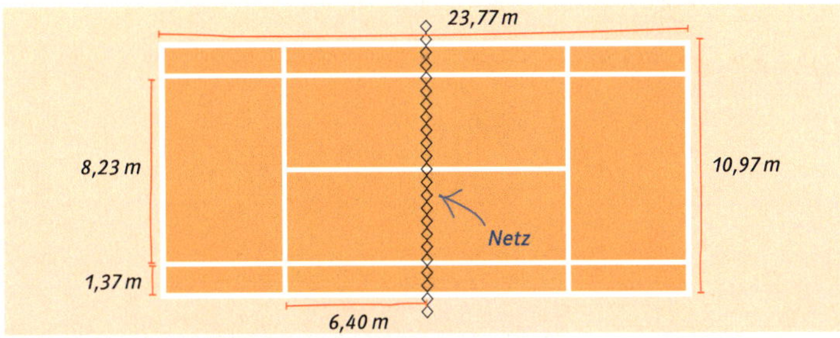

Tischtennis

Hier wurde mit Brüchen gerechnet.

Die Gesamthöhe (Platte mit Netz) beträgt genau 1 Yard. Das Netz ist 15,25 cm hoch. Das ist ein Sechstel der Gesamthöhe.

Die Platte ist 2,74 m lang, auch das ist ein ganzzahliges Maß in Yard.

Die Breite der Platte ist doppelt so groß wie die Höhe des Tisches.

5 Verbindung der Rechenarten

2,99 €
14,99 €
7,99 €
4,99 €
?

Frau Nagel kauft Topfblumen. Als sie die Preise schnell addieren will, ärgert sie sich über die umständliche Rechnerei.
→ Ihre Tochter Anne hat die Lösung sofort.

Wenn in einem Rechenausdruck verschiedene Rechenarten und Klammern vorkommen, gelten die von den natürlichen Zahlen und Brüchen bekannten Regeln.

Punktrechnung kommt vor Strichrechnung.
Was in Klammern steht, wird zuerst berechnet.

Beispiele

a) Punkt vor Strich

$5{,}2 + 3{,}4 \cdot 8{,}1$
$= 5{,}2 + 27{,}54$
$= 32{,}74$

$25{,}9 - 4{,}2 : 0{,}7$
$= 25{,}9 - 6{,}0$
$= 19{,}9$

c) Punkt vor Strich und Klammern zuerst

$9{,}2 + 3{,}1 \cdot (14{,}2 - 3 \cdot 3{,}2)$
$= 9{,}2 + 3{,}1 \cdot (14{,}2 - 9{,}6)$
$= 9{,}2 + 3{,}1 \cdot 4{,}6$
$= 9{,}2 + 14{,}26$
$= 23{,}46$

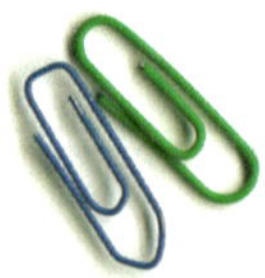

b) Klammer zuerst

$14{,}3 - (3{,}8 + 2{,}6)$
$= 14{,}3 - 6{,}4$
$= 7{,}9$

$48{,}1 : (3{,}1 + 4{,}3)$
$= 48{,}1 : 7{,}4$
$= 6{,}5$

d) innere Klammer zuerst

$(0{,}8 \cdot (5{,}4 - 1{,}4)) : (2{,}2 - 1{,}4)$
$= (0{,}8 \cdot 4) \quad : 0{,}8$
$= 3{,}2 \quad : 0{,}8$
$= 4$

Aufgaben

1 Rechne im Kopf.
a) $5{,}0 + 0{,}5 - 1{,}5 - 2{,}5 - 1{,}0$
b) $9{,}8 - 4{,}8 + 3{,}5 - 1{,}5 + 2{,}5$
c) $9{,}0 + 0{,}9 - 0{,}9 + 3{,}2 - 2{,}2$
d) $2{,}5 + 5 \cdot 0{,}5$
e) $12{,}5 - 5 \cdot 1{,}5$
f) $10{,}2 - 4{,}5 : 5$

2 Berechne.
a) $4{,}25 + 3{,}16 - 2{,}45 + 1{,}39 - 4{,}31$
b) $17{,}84 - 3{,}075 + 1{,}87 - 0{,}0043$
c) $14{,}5 - 3{,}2 - 4{,}15 - 1{,}35 - 2{,}68$
d) $25{,}999 - 5{,}99 - 5{,}009 - 5{,}0009$
e) $3{,}25 + 4{,}3 \cdot 5{,}4 + 1{,}86$
f) $7{,}21 + 2{,}6 \cdot 0{,}7 - 3{,}09$

3 Achte auf die Klammern.
a) $23{,}45 + (34{,}55 - 12{,}34)$
b) $414{,}14 - (23{,}232 + 65{,}656)$
c) $(12{,}34 - 5{,}67) + (43{,}21 - 12{,}34)$
d) $(0{,}987 - 0{,}789) - (0{,}321 - 0{,}123)$
e) $(1{,}23 + (9{,}87 - (6{,}54 - 3{,}21)))$

4 Wenn du alle Ergebnisse addierst, erhältst du genau 150.
a) $(36{,}7 - 12{,}8) \cdot 3{,}5$
b) $1{,}25 \cdot (3{,}58 + 1{,}58)$
c) $(11{,}6 + 4{,}6) : 6$
d) $30{,}1 : (6{,}7 + 1{,}9)$
e) $(9{,}1 - 4{,}6) \cdot (7{,}2 + 2{,}4)$
f) $(25{,}8 - 17{,}4) : (17{,}4 - 16{,}6)$

5 Hier fehlt immer ein Komma.
a) 48 + 3,3 · 1,6 = 10,08
b) 27 − 43 · 5,1 = 5,07
c) 2,3 · 14 + 0,52 · 18 = 12,58
d) 0,9 · 17 − 1,5 · 36 = 9,9

6 Hier fehlen Klammern.
Ergänze so, dass das Ergebnis stimmt.
a) 3,2 + 4,7 · 2,5 = 19,75
b) 4,2 · 10,6 − 6,8 = 15,96
c) 0,5 + 3,6 · 4,2 + 0,8 = 20,5
d) 2,5 · 4,2 − 2,4 − 1,8 = 2,7

7 Hier wimmelt es von Klammern.
a) (9,8 · (7,6 − 5,4) − 3,2) · 1,0
b) 9,8 · (7,6 − (5,4 − 3,2) − 1,0)
c) (9,8 − 7,6) · (5,4 − 3,2) + 1,0
d) 9,8 + 7,6 · (5,4 − (3,2 − 1,0))

8 Rechne vorteilhaft.
a) 12,4 − 1,2 − 2,3 − 3,4 − 4,5
b) 0,5 · 8 + 0,4 · 8 + 0,1 · 8
c) 2,5 · 3,5 + 2,5 · 3,7 + 2,5 · 2,8
d) 0,5 · (24,8 − 12,8)
e) 4,2 · 7 + 5,8 · 7 − 5 · 3,6 − 5 · 6,4
f) 0,3 · 1,8 + 0,3 · 8,2 − 0,7 · 0,9 − 0,7 · 0,1

9 Schreibe zuerst den Rechenausdruck und berechne dann seinen Wert.
a) Addiere 4,6 zur Differenz von 17,4 und 3,9.
b) Subtrahiere von 29,8 die Summe von 9,3 und 0,35.
c) Multipliziere die Differenz von 14,9 und 8,45 mit 12,4.
d) Subtrahiere das 2,5-Fache der Summe von 12,8 und 7,2 vom Quotienten der Zahlen 15,2 und 0,1.
e) Berechne das Produkt aus der Summe von 8,5 und 4,4 und der Differenz dieser beiden Zahlen.

10 Yvonne kauft zwölf Farbstifte, das Stück für 1,25 €, und 15 Hefte für je 0,85 €.
Sie bezahlt mit einem 50-Euro-Schein.
Auf dem Heimweg kauft sie noch acht Brötchen zu je 0,45 € und ein Brot für 2,30 €.
Sie möchte sich noch Zeitschriften für 4,80 € kaufen.

11 In dieser Rechnung sollst du die vier Rechenzeichen +; −; · und : einsetzen.
a) Wie musst du die Zeichen einsetzen, damit du als Endergebnis wieder 0,5 erhältst? Findest du mehrere Möglichkeiten?
Was fällt dir auf?
b) Wie musst du die Zeichen setzen, um ein von 0,5 verschiedenes Ergebnis zu bekommen?
c) Stelle die verschiedenen Möglichkeiten mit jeweils einem Rechenausdruck dar.
Denke dabei auch an Klammern.

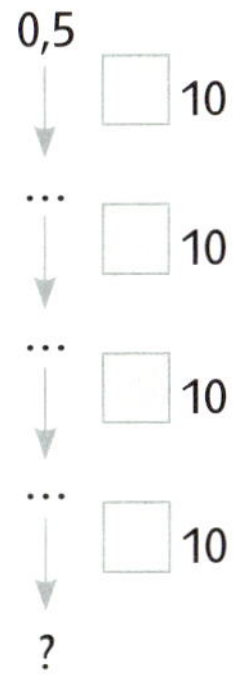

12 Paul hat 15 Euro im Geldbeutel.
Ein Becher Fruchtjogurt kostet 0,79 €, ein Becher Naturjogurt 0,59 €.
a) Er will von jeder Sorte gleich viel einkaufen.
b) Er will doppelt so viel Fruchtjogurt wie Naturjogurt kaufen.

13 Die Klasse 6a hat 26 Schülerinnen und Schüler. Die Kosten für den Schulausflug setzen sich aus 480,00 € für den Bus und 76,40 € für Eintritt und Führung auf dem Schloss zusammen.
In der Klassenkasse sind 136,50 €.

14 Familie Hoffmann und Familie Mosler gehen gemeinsam in den Zoo.
Zusammen sind es vier Erwachsene und fünf Kinder. Für Erwachsene kostet der Eintritt 12,50 €, für Kinder 6,50 €.

Die Bewertung beim Skispringen setzt sich aus zwei Noten zusammen.

Haltungsnote

Die Haltungsnoten werden von fünf Punktrichtern vergeben und reichen von 0 bis 20 (in 0,5-Punkte-Schritten). Die höchste und die niedrigste Wertung werden gestrichen und die übrigen drei addiert. Somit beträgt die maximale Haltungsnote für einen Sprung 60 Punkte.

Beispiel:

PR heißt Punktrichter

PR 1	PR 2	PR 3	PR 4	PR 5
16,5	17,0	~~18,5~~	~~16,0~~	18,0

Haltungsnote:
Die Summe der drei Wertungen ist 51,5.

Weitennote

Jede Schanze hat einen so genannten K-Punkt (Kalkulationspunkt). Für einen Sprung genau auf den K-Punkt gibt es 60 Weitenpunkte. Springt man kürzer oder weiter, werden Punkte addiert oder subtrahiert.

Beispiel:

Die Olympiaschanze in Garmisch-Partenkirchen hat einen K-Punkt von 115 m.
Der Punktwert pro Meter beträgt 1,8.
Ein Sprung auf 122 m wird so bewertet:
122 m − 115 m = 7 m
7 · 1,8 Punkte = 12,6 Punkte

Weitennote:
60 Punkte + 12,6 Punkte = 72,6 Punkte

Der Springer erhält damit 51,5 Punkte für Haltung und 72,6 Punkte für Weite, also 124,1 Punkte.

Name	Land	PR 1	PR 2	PR 3	PR 4	PR 5	Weite
Janne Ahonen	FIN	18,5	18,5	18,5	18,5	18,0	123,5 m
Sven Hannawald	GER	18,0	18,5	18,0	18,0	18,0	123,5 m
Georg Späth	GER	18,5	19,5	19,0	18,5	19,0	129,0 m
Martin Höllwarth	AUT	18,5	18,5	19,0	18,5	18,5	126,5 m
Michael Uhrmann	GER	18,5	18,5	18,5	18,5	18,0	128,5 m
Sigurd Pettersen	NOR	19,0	19,5	19,5	19,0	18,5	133,0 m
Thomas Morgenstern	AUT	19,0	19,0	19,0	19,0	19,0	132,5 m

Bei der Vierschanzentournee 2004 auf der Oberstdorfer Schattenberg-Schanze (K-Punkt 120 m) erzielten die Athleten nach dem ersten Durchgang nebenstehendes Ergebnis (Meterwert: 1,8 Punkte pro Meter).

- Welche Reihenfolge ergab sich damit nach dem ersten Durchgang?

Sigurd Pettersen stellte im zweiten Durchgang mit 143,5 m einen neuen Schanzenrekord auf.

- Berechne die Weitennote.

Von den Punktrichtern erhielt er die Noten 17,0 / 18,0 / 17,0 / 17,5 / 17,5.

- Welche Gesamtpunktzahl erzielte er somit?

Sven Hannawald sprang 124,5 m.
Er bekam dafür die Noten 18,0 / 19,0 / 18,0 / 18,0 / 18,5.

- Wie groß war am Ende sein Rückstand auf den Tagessieger Pettersen?

Martin Höllwarth erzielte im zweiten Durchgang eine Weite von 133,0 m und erreichte insgesamt 269,1 Punkte.

- Berechne seine Haltungsnote.

6 Daten darstellen und auswerten

Schülerinnen und Schüler der Klasse 6b sammeln für einen wohltätigen Zweck Geld.

→ Wenn alle acht Schülerinnen und Schüler den gleichen Betrag gesammelt hätten, wie viel hätte dann jeder sammeln müssen, um das gleiche Sammelergebnis zu erzielen?

→ Überlege, wie du das Ergebnis in einem Diagramm darstellen kannst.

Listen mit Daten werden bildlich oft mithilfe von **Diagrammen** veranschaulicht. Möchte man von allen Ergebnissen den durchschnittlichen Wert wissen, so bildet man den **Mittelwert**.

Das **Säulendiagramm** oder das **Bilddiagramm** wird meistens gebraucht, wenn man Werte der Häufigkeitsliste ablesen möchte.
Das **Kreisdiagramm** oder das **Streifendiagramm** wird gebraucht, wenn man darstellen möchte, welchen Anteil ein Wert der Liste am Ganzen hat.
Den **Mittelwert** erhält man, indem man die Summe aller Werte bildet und sie durch die Anzahl verschiedener Werte dividiert.

Beispiel

Eine Tüte Luftballons enthält fünf verschiedene Farben. Dirk zählt nach und erstellt eine Häufigkeitsliste.

Farbe	rot	blau	grün	gelb	pink
Anzahl	10	9	5	8	4

Es gibt fünf verschiedene Farben. Durchschnittlich sind von jeder Farbe $\frac{10+9+5+8+4}{5} = \frac{36}{5} = 6{,}1$ also ungefähr sechs Ballons in der Tüte.
Im Säulen- oder Bilddiagramm kannst du ablesen, wie viele rote Luftballons in der Tüte waren. Im Kreis- oder Streifendiagramm kannst du ablesen, dass der Anteil der roten Luftballons in der Tüte am größten ist.

Säulendiagramm

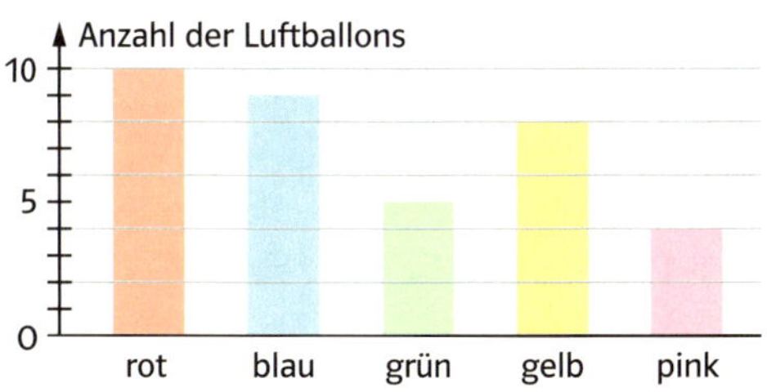

Bilddiagramm

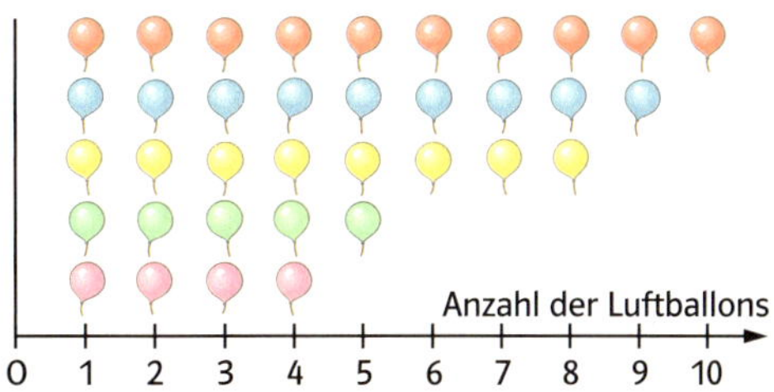

Kreisdiagramm

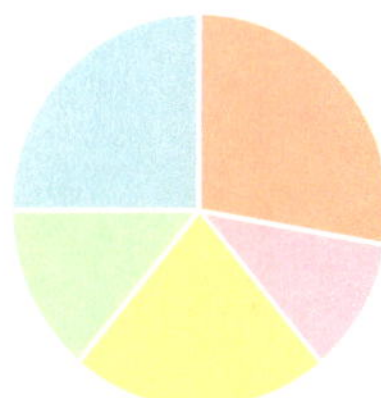

Streifendiagramm

Säulen- und Bilddiagramme zeichnen

Diagramme müssen die Häufigkeit möglichst korrekt wiedergeben. Kommt z. B. in der Häufigkeitsliste ein Ergebnis doppelt so oft vor wie ein anderes, so muss im **Säulendiagramm** die Säule dafür auch doppelt so hoch sein.

Beispiel: Häufigkeitsliste der verkauften Getränke

Getränke	Kakao	Milch	Saft	Kaffee	Tee	Sonst.
Anzahl	244	320	124	147	92	73

Zuerst legen wir fest, wie hoch die höchste Säule werden soll. Wählen wir z. B. für die höchste Säule 16 cm, so heißt das, dass die Säule für die am meisten verkaufte Milch 16 cm hoch wird. Die Häufigkeit 320 entspricht der Säulenhöhe 16 cm.
Die Häufigkeit 1 entspricht der Säulenhöhe $\frac{16}{320}$ cm = $\frac{1}{20}$ cm,
die Häufigkeit 244 der Säulenhöhe 244 · $\frac{1}{20}$ cm = 12,2 cm.
Entsprechend verfährt man mit allen anderen Werten der Häufigkeitsliste.
Die Säulenbreite ist beliebig, jedoch für alle Säulen gleich.
Hier siehst du das verkleinerte Säulendiagramm.

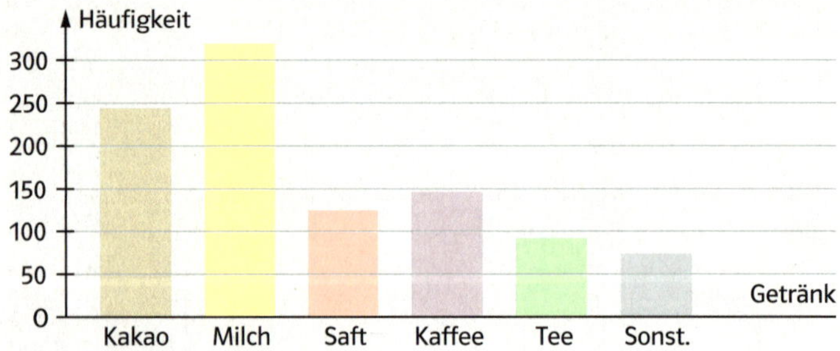

Beim **Bilddiagramm** legt man fest, welche Häufigkeit ein Bild darstellen soll.
Beispiel: Soll ein Bild die Häufigkeit 40 darstellen, so müssen alle Werte der Tabelle durch 40 geteilt werden. Die gerundeten Werte ergeben die Anzahl der Bilder.
So ergibt sich für Kakao: 244 : 40 = 6,1 ≈ 6.

Bei Bilddiagrammen wird häufig auch auf halbe oder viertel Bilder gerundet.

Aufgaben

1 a) Wie viele Schülerinnen und Schüler der Klasse 6 c sind keine Einzelkinder?

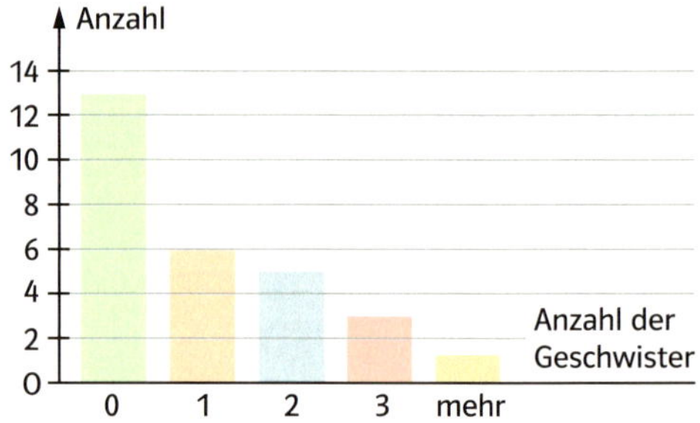

b) Wie viele Kinder haben mehr als ein und weniger als drei Geschwister?
c) Wie oft leben in der Familie mindestens drei Kinder?

2 Die meisten Kinder der Jahrgangsstufe 6 sind in Sportvereinen aktiv: 23 spielen Fußball, 12 gehen turnen, 9 spielen Volleyball, 5 spielen Badminton und 10 gehen schwimmen.
Ergänze das Säulendiagramm im Heft.

3 In dem Bilddiagramm ist die Erhebung über das Gewicht von Schultaschen dargestellt. Das Bild einer Schultausche entspricht dabei 10 Schultaschen in Wirklichkeit.

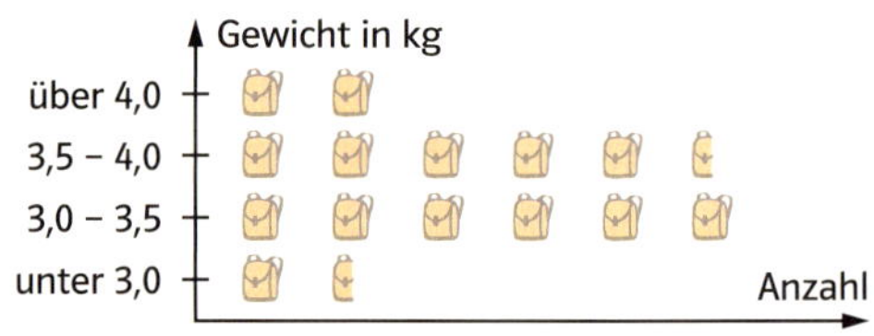

a) Wie viele Schultaschen wurden ungefähr gewogen?
b) Bestimme für jede Gewichtsklasse die ungefähre Anzahl. Fertige eine Häufigkeitsliste an.

4 Schülerinnen und Schüler fehlen aus unterschiedlichen Gründen in der Schule. In dem Streifendiagramm ist die Verteilung der Fehlgründe auf die gesamte Fehlzeit dargestellt.

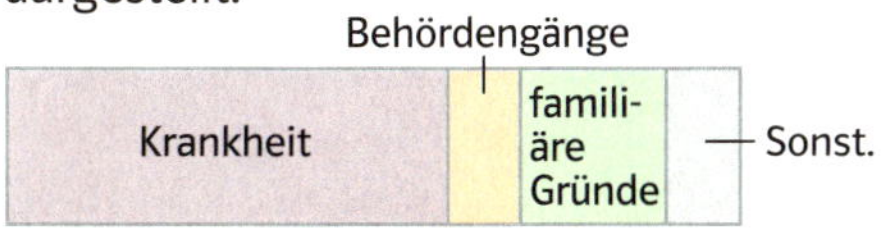

a) Was kannst du aus dem Streifendiagramm ablesen?
b) Zeichne ein Säulendiagramm.

5 Eine Umfrage über die Lieblingsfarbe bei Jugendlichen ergibt Folgendes:

schwarz	128	grün	45
rot	195	weiß	18
blau	95	braun	4
gelb	34	sonst.	17

a) Wie viele Jugendliche wurden befragt?
b) Stelle das Ergebnis in einem geeigneten Säulendiagramm dar.
c) Stelle das Ergebnis in einem Bilddiagramm dar. Wähle für jede Farbe einen Farbtopf in dieser Farbe. Zeichne dabei einen Farbtopf für 15 Nennungen.

6 Im Laufe eines Tages wird alle drei Stunden die Außentemperatur gemessen.

Uhrzeit	0	3	6	9	12	15	18	21	24
Temperatur in °C	7	6	7	10	15	14	12	10	9

a) Bestimme die durchschnittliche Temperatur an diesem Tag.
b) Zeichne ein Säulendiagramm.

7 Bei einer Fahrradkontrolle wurden folgende Beanstandungen gemacht:

Glocke	12	Bremsen	5
Reifen	2	Licht	8
Reflektor	4		

a) Welche Diagramme eignen sich gut, welche eignen sich nicht zur Darstellung des Ergebnisses?
b) Was musst du voraussetzen, wenn du das Ergebnis in einem Kreis- oder Streifendiagramm darstellen möchtest?
c) Stelle das Ergebnis in einem geeigneten Diagramm dar.

Kreis- und Streifendiagramme zeichnen

Um für eine Häufigkeitsliste ein **Kreis-** oder **Streifendiagramm** zeichnen zu können, muss für jedes Ergebnis die entsprechende Winkelgröße bzw. Abschnittslänge bestimmt werden.

Beispiel:
Häufigkeitsliste der verkauften Getränke:

Getränke	Kakao	Milch	Saft	Kaffee	Tee	Sonst.
Anzahl	178	230	89	105	66	52

Insgesamt wurden
178 + 230 + 89 + 105 + 66 + 52 = 720 Getränke verkauft.

Kreisdiagramm
Die 720 Getränke werden durch den Vollkreis mit 360° dargestellt.
Ein Getränk wird dann durch den Winkel $\frac{360°}{720} = 0{,}5°$ dargestellt.
178 Getränke werden durch den Winkel $178 \cdot 0{,}5° = 89°$ dargestellt. Entsprechend verfährt man mit allen anderen Werten der Häufigkeitsliste.

Getränke	Anzahl	Kreisausschnitt
Kakao	178	89°
Milch	230	115°
Saft	89	44,5°
Kaffee	105	52,5°
Tee	66	33°
Sonstiges	52	26°

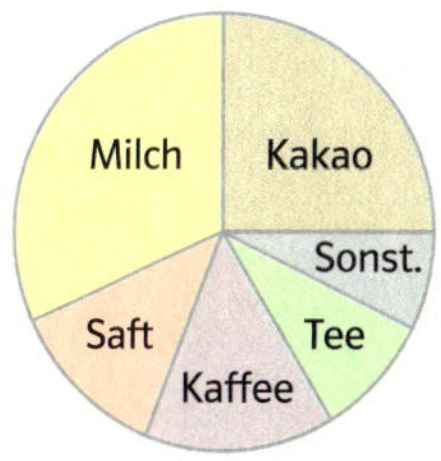

Streifendiagramm
Die 720 Getränke werden durch einen Block dargestellt.
Dabei ist die Länge des Blocks frei wählbar. Bei 720 verkauften Getränken bietet sich als Blocklänge 7,2 cm oder ein Vielfaches davon an. In der Tabelle ist die Blockeinteilung mit gerundeten Werten aufgeführt.

Getränke	Kakao	Milch	Saft	Kaffee	Tee	Sonst.
Anzahl	178	230	89	105	66	52
Abschnitt	1,8 cm	2,3 cm	0,9 cm	1,0 cm	0,7 cm	0,5 cm

8 Beim alltäglichen Lernen gibt es Dinge, die einem leichter oder schwerer fallen. Führt in eurer Klasse eine Schülerbefragung mit dem Fragebogen durch.

Aufgabe	sehr schwer	schwer	geht so	leicht	sehr leicht
Lernstoff behalten					
Klassenarbeiten vorbereiten					
regelmäßig üben und wiederholen					
Texte lernen / verstehen					
Nachschlagewerke benutzen					
Hefte ordentlich führen					

Wertet das Ergebnis eurer Befragung grafisch aus. Zeichnet dazu für jede Zeile der Tabelle ein Diagramm.

9 a) Wertet die statistische Erhebung grafisch aus. Geht dabei arbeitsteilig vor. Jeder zeichnet für eine Zeile der Häufigkeitsliste ein passendes Diagramm. Vergleicht die verschiedenen Diagramme. Erläutert eure Vorgehensweise und beschreibt, wie ihr Probleme gelöst habt.

Aussage	trifft voll zu	trifft teilweise zu	trifft kaum zu	trifft nicht zu
zu viel fernsehen	15	11	3	1
zu viel am Computer	10	9	5	8
zu viele Hobbys	3	12	8	7
halte zu wenig Ordnung, suche oft	4	17	4	5
höre viel Musik, auch bei Hausaufg.	12	14	0	4
verschiebe die Arbeit, das lähmt	6	6	12	6
arbeite nur unter Zeitdruck	3	14	11	2

b) Führt eine solche Befragung in eurer Klasse durch und wertet sie grafisch aus. Überlegt, welche Konsequenzen ihr aus eurer Erhebung ziehen könnt.

10 a) Berechnet die Durchschnittsgröße aller Schülerinnen und Schüler in eurer Klasse.
b) Welche Durchschnittswerte erhaltet ihr für Mädchen und Jungen getrennt?

Arbeiten mit dem Computer

Ein gutes Hilfsmittel zur grafischen Darstellung statistischer Erhebungen ist der Computer. Mit einem **Tabellenkalkulationsprogramm** können verschiedene Diagramme schnell, sauber und präzise dargestellt werden.
Ein weiterer Vorteil liegt auch darin, dass man sich die verschiedenen Diagrammtypen zeigen lassen kann, um den ansprechendsten auszuwählen.
Der Einsatz eines Tabellenkalkulationsprogramms empfiehlt sich immer dann, wenn der Umfang der Umfrage besonders groß ist.

Bei der Vertrauenslehrerwahl standen neun Lehrerinnen und Lehrer zur Wahl. 1277 Schülerinnen und Schüler haben abgestimmt.

Kandidaten	Stimmenzahl
Herr Werner	155
Frau Tolle	77
Herr Friedrich	211
Frau Müller-Nau	464
Frau Peters	81
Herr Blum-Siebert	114
Frau Simon	17
Frau Treu	103
Herr Fander	42
ungültige Stimmen	13

- Erstelle mit dem Computer verschiedene Diagramme.
- Schau dir auch andere Diagramme an, die dein Computer zeichnen kann. Welches scheint dir zur Darstellung des Wahlergebnisses besonders geeignet zu sein? Begründe deine Meinung.
- Kennst du Diagramme, die du mit dem Computer nicht zeichnen kannst?
- Der Befehl MITTELWERT liefert den Mittelwert für eine Liste von Daten. Probiere ihn aus.

Zusammenfassung

Addieren und Subtrahieren

Beim **Addieren** und **Subtrahieren** von Dezimalbrüchen stehen die Zahlen so untereinander, dass **Komma unter Komma** steht. Die Rechnung beginnt rechts.

$$\begin{array}{r} 234{,}56 \\ +\ 86{,}253 \\ \hline 320{,}813 \end{array} \qquad \begin{array}{r} 11765{,}28 \\ -\ 245{,}734 \\ \hline 11519{,}546 \end{array}$$

Multiplizieren und Dividieren mit Zehnerpotenzen

Beim **Multiplizieren** von Dezimalbrüchen mit Zehnerpotenzen wird das **Komma** um so viele Stellen **nach rechts** verschoben, wie die Zehnerpotenz Nullen hat.

$0{,}3456 \cdot 1000 = 345{,}6$

Beim **Dividieren** von Dezimalbrüchen durch Zehnerpotenzen wird das **Komma** um so viele Stellen nach **links** verschoben, wie die Zehnerpotenz Nullen hat.

$987{,}65 : 100 = 9{,}8765$

Multiplizieren

Dezimalbrüche werden zunächst ohne Berücksichtigung des Kommas multipliziert. Dann setzt man das Komma. Das Ergebnis hat gleich viele Nachkommastellen wie die beiden Faktoren zusammen.

5,3	·	8,45	=	44,785
1 Dezimale		2 Dezimalen		3 Dezimalen

Dividieren

Wenn beim **Dividieren** eines Dezimalbruchs durch eine natürliche Zahl das Komma überschritten wird, muss man auch im Ergebnis das Komma setzen.

$$\begin{array}{l} 57{,}4 : 7 = 8{,}2 \\ \underline{-56} \\ \ \ 14 \\ \underline{-14} \\ \ \ \ \ 0 \end{array}$$

Beim **Dividieren von zwei Dezimalbrüchen** muss man bei Dividend und Divisor das **Komma** so weit **nach rechts verschieben**, bis der Divisor eine natürliche Zahl ist.

$$\begin{array}{l} 1{,}179 : 0{,}45 \\ 117{,}9 : 45 = 2{,}62 \\ \underline{-90} \\ \ \ 279 \\ \underline{-270} \\ \ \ \ \ 90 \\ \ \ \underline{-90} \\ \ \ \ \ \ \ 0 \end{array}$$

Berechnen von Rechenausdrücken

Rechenausdrücke mit Dezimalbrüchen werden nach denselben Regeln berechnet wie Rechenausdrücke mit natürlichen Zahlen.

Punktrechnung kommt **vor Strich**rechnung.

$22{,}5 - 3{,}5 \cdot 1{,}9$
$= 22{,}5 - 6{,}65$
$= 15{,}85$

Was in **Klammern** steht, wird **zuerst** berechnet.

$12{,}8 - (4{,}5 + 2{,}7)$
$= 12{,}8 - 7{,}2$
$= 5{,}6$

Innere Klammer vor **äußerer Klammer**

$9{,}2 - 1{,}5 \cdot (10{,}2 - (9{,}5 - 0{,}7) \cdot 0{,}5)$
$= 9{,}2 - 1{,}5 \cdot (10{,}2 - 8{,}8 \cdot 0{,}5)$
$= 9{,}2 - 1{,}5 \cdot (10{,}2 - 4{,}4)$
$= 9{,}2 - 1{,}5 \cdot 5{,}8$
$= 9{,}2 - 8{,}7$
$= 0{,}5$

Üben • Anwenden • Nachdenken

1 Rechne schriftlich.
a) 5,784 + 2,731 + 0,208
b) 7,77 − 2,82 − 0,947 − 0,36
c) 6,8 · 9,6 d) 9,24 : 0,6
e) 4,85 · 0,7 f) 688,94 : 49,21

2 Welche Zahl musst du für die Variable einsetzen?
a) 4,5 + □ = 6,7 b) □ − 8,2 = 4,7
c) □ + 0,4 = 2,04 d) 0,66 = □ − 0,6
e) 2,4 · □ = 7,2 f) □ · 3,7 = 111
g) 12,6 : □ = 25,2 h) □ : 0,2 = 1,5

3 Runde das Ergebnis auf Hundertstel.
a) 4,321 + 0,9 b) 4,321 − 0,09
c) 4,321 · 9 d) 432,1 : 9
e) 43,21 · 0,9 f) 0,4321 : 0,09

4 Setze ein Komma an die richtige Stelle.
a) 4,26 · 30,6 = 130356 b) 824 · 9,25 = 762,2
c) 2233 : 3,08 = 0,725

5 Berechne die Summe und die Differenz der beiden Zahlen jeweils exakt und nach dem Runden auf Zehntel.
a) 5,55 und 4,44 b) 0,999 und 0,888
c) $\frac{1}{8}$ und 0,0625 d) $\frac{1}{3}$ und $\frac{33}{100}$

6 Ergänze die Zahlenmauer durch Addieren und Subtrahieren.

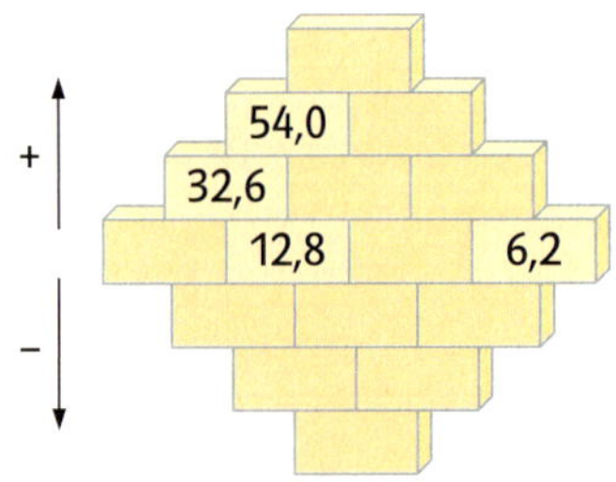

7 Was bedeuten folgende Aussagen?
a) Durchschnittlich kamen 26 000 Zuschauer.
b) Eine deutsche Durchschnittsfamilie hat 1,2 Kinder.
c) Der Benzinverbrauch beträgt im Durchschnitt 8,6 l pro 100 km.
d) Der Notendurchschnitt lag bei 3,1 %.

8 Berechne.
a) $\frac{1}{2}$ + 0,9 + 4,25 b) $2\frac{1}{4}$ − 1,7 − $\frac{2}{5}$
c) $\frac{3}{4}$ + 0,25 − $\frac{1}{3}$ d) $\frac{3}{8}$ + $\frac{3}{5}$ − 0,875

9 Aus den Zahlen und Rechenzeichen der drei Spalten lassen sich Terme bilden.

Beispiel: 5,8 − 0,3

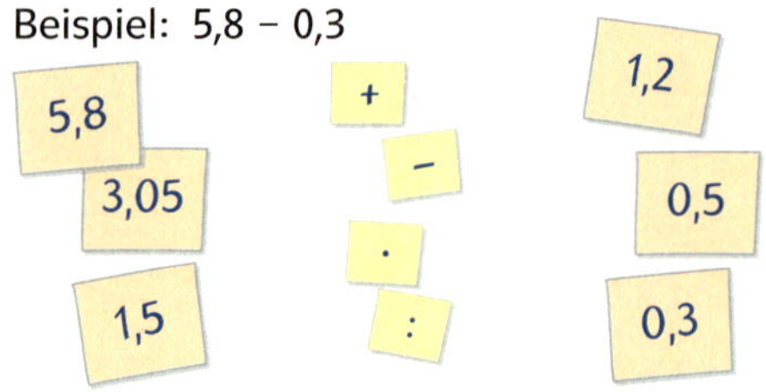

a) Welcher Term hat den größten Wert?
b) Welcher Term hat den kleinsten Wert?
c) Wie viele Terme lassen sich insgesamt bilden?

10 Fülle die Lücken.

a)
4□,3□
+ □8,□5
77,77

b)
27,□6
− □□,0□
8,88

c)
3□,63
+ 1,□5
+ □□8,0□
555,55

d)
□8,82□
− 6,8□1
− □,□93
11,111

11 Beachte „Punkt vor Strich".
a) 0,65 + 3,2 · 8,5 − 5,85
b) 9,05 − 16,32 : 2,4 + 2,75
c) 4,5 : 2,25 − 0,3 + 8,4 · 0,75
d) 4,5 · 0,5 + 5,8 : 0,5 + 2,3 · 0,5
e) 2,4 · 8,6 − 0,192 : 0,2 + 3,4 · 4,8
f) 11,4 : 0,6 − 0,7 · 0,09 − 4,1 · 0,07 − 0,65

Auf die Lösung freuen sich alle.

A | 28	E | 5	E | 36
F | 22	I | 15	L | 7
N | 18	R | 8	S | 9

12 Setze jeweils die richtigen Rechenzeichen ein.
a) 6,2 □ 3,4 □ 2,5 = 23,58
b) 0,35 □ 9,4 □ 2,8 = 0,49
c) 12,4 □ 0,8 □ 3,4 = 18,9
d) 29,4 □ 6,8 □ 0,25 = 2,2

13 Ein Produkt hat folgenden Wert:
$9{,}83 \cdot 40{,}6 = 399{,}098$
Nütze dies und fülle damit die Lücken.
a) $98{,}3 \cdot 0{,}406 = \square$
b) $\square \cdot 40{,}6 = 3990{,}98$
c) $399{,}098 : 4{,}06 = \square$
d) $0{,}399\,098 : \square = 406$

14 Beachte die Klammern.
a) $7{,}2 - (3{,}2 + 1{,}9)$
b) $0{,}7 \cdot (4{,}1 + 3{,}5)$
c) $(14{,}3 - 7{,}4) \cdot 9{,}8$
d) $(6{,}9 + 3{,}5) : 4$
e) $(7{,}9 - 3{,}85) : 0{,}5$
f) $25{,}5 : (6{,}9 - 1{,}8)$

15 Nutze Rechenvorteile.
a) $\left(3{,}6 + \frac{4}{5}\right) \cdot 2{,}1$
b) $\left(0{,}45 + \frac{3}{20}\right) : \frac{1}{5}$
c) $0{,}9 \cdot \left(\frac{10}{9} + 3{,}2\right)$
d) $(3{,}07 - 1{,}57) : \frac{3}{7}$

16 Klammern über Klammern – wer behält den Überblick?
a) $(7{,}3 - 2{,}9) \cdot (5{,}5 + 14{,}6)$
b) $(12{,}3 - 5{,}6) \cdot (9{,}2 - 0{,}4 + 1{,}7)$
c) $(12{,}8 + 2{,}6 + 1{,}4) : 5 - 0{,}36$
d) $0{,}99 - (0{,}8 - 0{,}45) : 7$
e) $3 \cdot (6{,}2 - 4{,}3) - (0{,}8 + 3{,}4) : 1{,}4$
f) $(2{,}8 + 0{,}4 \cdot 2) : (3{,}2 : 0{,}8 - 0{,}8 \cdot 0{,}5)$
g) $(32{,}7 - (8{,}4 : 0{,}28 - 2{,}25 \cdot 0{,}8)) : 0{,}75$
h) $3{,}2 - ((0{,}35 + 5{,}12 : 0{,}8) \cdot 0{,}2 + 1{,}85)$

17 Schreibe zuerst den Rechenausdruck auf. Rechne dann.
a) Addiere 49 zum Produkt von 4,9 und 9,4.
b) Subtrahiere das Produkt aus 0,75 und 5,2 von 16,8.
c) Addiere zum Fünffachen von 5,3 das Dreifache von 3,5.
d) Addiere zur Differenz von 11,1 und 0,11 das Doppelte von 4,7.
e) Multipliziere die Summe von 3,8 und 4,3 mit 6,5.

18 Welche Zahl muss man für das Kästchen einsetzen?
Du brauchst etwas Ausdauer.
Tipp: Die Summe aller Einsetzungen ist 20.
a) $3{,}2 + \square \cdot 0{,}5 = 3{,}3$
b) $4{,}8 \cdot 0{,}5 - \square = 0{,}9$
c) $12{,}5 - 0{,}3 : 1{,}2 + 0{,}75 = \square - 0{,}8$
d) $2{,}4 \cdot 3{,}5 - \square = 0{,}72 \cdot (1{,}5 : 0{,}2)$
e) $0{,}14 : (2{,}85 - (2{,}25 : \square + 0{,}65)) = 0{,}2$

19 Gib Beispiele an und erkläre sie.
a) Kann der Wert des Produkts aus zwei Dezimalbrüchen kleiner sein als jeder der beiden Faktoren?
b) Kann der Wert eines Quotienten aus zwei Dezimalbrüchen größer sein als der Dividend?
c) Mit welcher Zahl muss man die Zahl 0,8 multiplizieren, damit der Wert des Produkts die Zahl 1 ist?

20 Nach Protesten einiger Teilnehmer beim Weitsprungwettbewerb wurde eine neue Bewertungsmethode beschlossen: Für jeden Teilnehmer wird die Sprungweite durch die Körperlänge dividiert. Aus dem Ergebnis ergibt sich die neue Reihenfolge.

Alte Reihenfolge	Weite	Körperlänge
1. Harald Hirsch	11,03 m	2,45 m
2. Klara Känguru	8,98 m	1,32 m
3. Leo Löwe	4,98 m	1,92 m
4. Helga Heuschrecke	1,95 m	0,06 m
5. Willi Waldmaus	0,76 m	0,09 m
6. Fritz Floh	0,58 m	0,003 m

Berechne die neue Reihenfolge.

21 Auf der Wanderkarte sind verschiedene Wandertouren eingezeichnet.
a) Welcher der Rundwege ①; ② und ③ ist der längste?
b) Um wie viele Kilometer unterscheiden sich die Wanderungen von A nach B über C und von A nach B über D?
c) Stelle eine Wanderung zusammen, die möglichst genau 30 km lang ist.

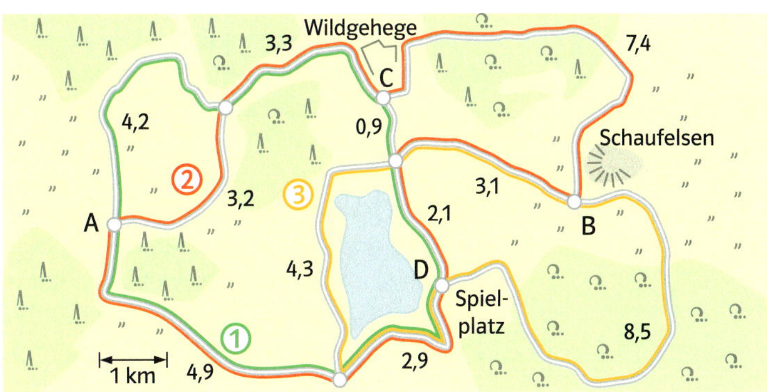

Ob als Küchenwaage, Funkwetterstation oder Messanlage für Solarstrom – Messgeräte sind aus dem Haushalt nicht mehr wegzudenken.

Die am häufigsten im Haushalt verwendeten Messgeräte sind jedoch nach wie vor Strom- und Gaszähler sowie die Wasseruhr, mit denen die Verbrauchskosten ermittelt werden.

Strom

Der Stromverbrauch eines Haushalts wird in Kilowattstunden (kWh) gemessen. Aus den Zählerständen zu Monatsanfang lässt sich der Stromverbrauch im gerade vergangenen Monat ablesen.

1.3.

1.4.

1.5.

- Wie viele Kilowattstunden (kWh) wurden im April mehr verbraucht als im März?
- Wie lautet der Zählerstand am 1.6., wenn im Mai 437,7 kWh verbraucht wurden?
- Berechne die Verbrauchskosten für die Monate März bis Mai, wenn für eine Kilowattstunde 12 Cent bezahlt werden muss.
- Gib einen ungefähren Wert für den Zählerstand am 31.12. an.

Wasser

Familie Müller hat die Zählerstände der Wasseruhr notiert. Die linke Wasseruhr zeigt einen Verbrauch von 348,4257 m^3 an.

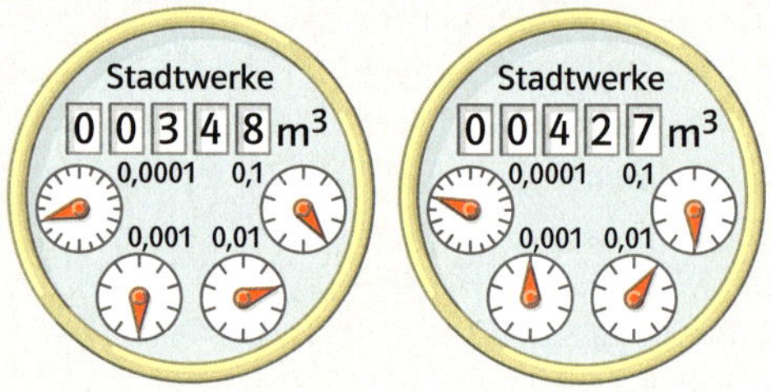

Stand am 1. Januar ?

- Wie groß ist die Differenz der beiden Zählerstände?
Gib die Zählerstände auch in Liter an.
- Familie Müller rechnet pro Tag mit einem Verbrauch von 150 Liter.
In welchem Monat wurde dann der rechte Zählerstand notiert?

Familie Walter und Familie Peters hatten in einem Jahr folgenden Wasserverbrauch.

Monat	Familie Walter	Familie Peters
Januar	15,8 m^3	8,4 m^3
Februar	16,2 m^3	8,8 m^3
März	15,9 m^3	9,2 m^3
April	16,3 m^3	7,9 m^3
Mai	16,7 m^3	8,5 m^3
Juni	24,6 m^3	8,4 m^3
Juli	23,7 m^3	10,9 m^3
August	33,2 m^3	2,8 m^3
September	16,8 m^3	7,9 m^3
Oktober	16,5 m^3	8,3 m^3
November	15,9 m^3	8,1 m^3
Dezember	16,0 m^3	7,8 m^3

- Welche Gründe kann es für den höheren Verbrauch von Familie Walter geben?
- Erkläre den Wasserverbrauch der beiden Familien im August.

Rückspiegel

Rückspiegel

1 Berechne.
a) 7,5 + 4,2 + 12,3 + 0,6
b) 90,5 − 47,4 + 5,4
c) 9,506 − 0,521 − 0,073

2 Nutze Rechenvorteile.
a) 3,5 + 11,2 + 6,5 + 8,8
b) 2,45 + 8,07 − 0,95 + 1,93

3 Berechne.
a) 7,8 · 12,6
b) 34,1 : 6,2
c) 0,85 · 4,8 + 2,72
d) 0,85 + 12,15 : 0,9 − 1,35

4 Achte auf die Klammern.
a) 18,8 − (2,8 + 1,8 · 7,5)
b) 7,7 − (12 : 2,5 + 5,7) : 1,4
c) (0,6 − (0,42 + 1,38) : 4,5 − 0,3) · 0,5

5 Fülle die Zahlenmauern.
Zwei nebeneinander stehende Zahlen werden addiert.

6 Setze die Ziffern 9; 5 und 2 so in die Kästchen ein, dass
a) ein möglichst großer Wert entsteht.
b) das Produkt den Wert 22,5 hat.

□,□ · □ = ?

7 Addiere zum Produkt der Zahlen 3,2 und 10,5 den Wert 6,4.

8 Die Klasse 6c kauft für das Klassenfest ein: sieben Flaschen Orangensaft zu je 0,89 €, acht Tüten Chips zu 0,99 € sowie Girlanden und Luftballons für insgesamt 4,98 €. Der Klassensprecher zahlt an der Kasse des Supermarktes mit einem 20-Euro-Schein.

1 Berechne.
a) 0,57 + 4,09 + 9,87 + 0,08
b) 38,37 + 0,5 − 26,01 − 7
c) 70,4 − 0,704 − 47,04 − 0,004 − 4

2 Nutze Rechenvorteile.
a) 1,52 + 3,70 + 6,04 + 2,28 + 0,46
b) $\left(0{,}38 - \frac{7}{25}\right) : \frac{1}{5}$

3 Berechne.
a) 0,382 · 0,47
b) 1,4991 : 0,19
c) 2,42 − 8,64 : 3,6 − 0,25 · 0,04

4 Achte auf die Klammern.
a) 9,35 − (0,35 + 5,12 : 0,8) · 0,2
b) 1,64 − (0,36 : (0,9 + 1,5 · 2,4)) : 0,125
c) $8{,}4 - 3 \cdot \left(\frac{12}{5} : 0{,}75 - \left(\frac{3}{4} + 0{,}55\right)\right)$

5 Fülle die Zahlenmauern.
Zwei nebeneinander stehende Zahlen werden addiert.

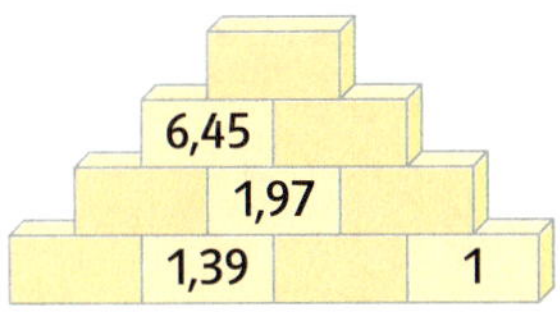

6 Setze die Ziffern 9; 8; 4 und 0 so in die Kästchen ein, dass
a) ein möglichst kleiner Wert entsteht.
b) das Ergebnis möglichst nahe bei 1 liegt.

□,□ : □,□ = ?

7 Subtrahiere von der Summe der Zahlen 1,7 und 1,6 den Quotienten der Zahlen 7,68 und 2,4.

8 Ein rechteckiger Bauplatz mit der Länge 25,6 m und der Breite 16,8 m soll gegen einen flächengleichen, ebenfalls rechteckigen Bauplatz mit der Länge 22,4 m getauscht werden. Berechne die Breite des neuen Bauplatzes.

Schöner als ein Quader!

Zeichne und schneide aus.

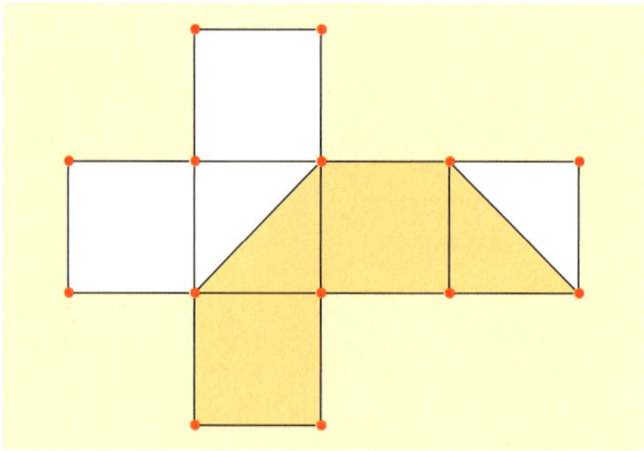

Ein halbes Würfelnetz gibt einen halben Würfel.

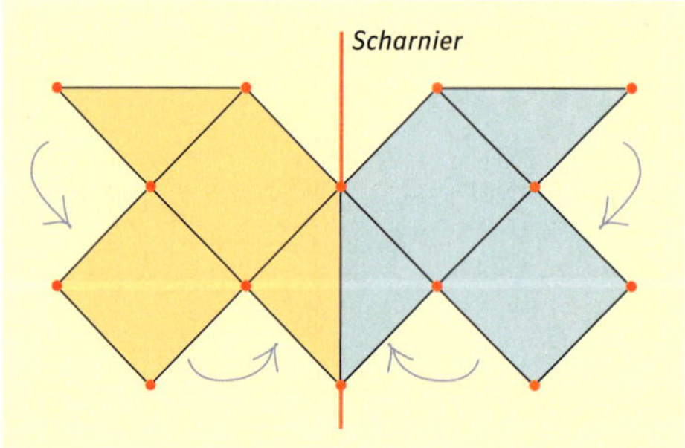

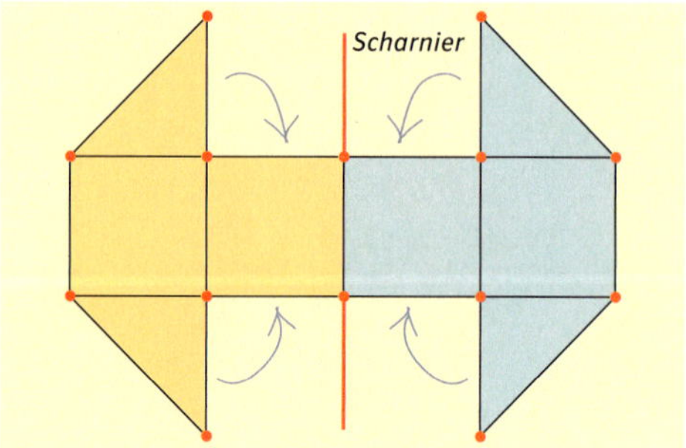

Zwei halbe Würfel kannst du wieder zum ganzen Würfel zusammenklappen.

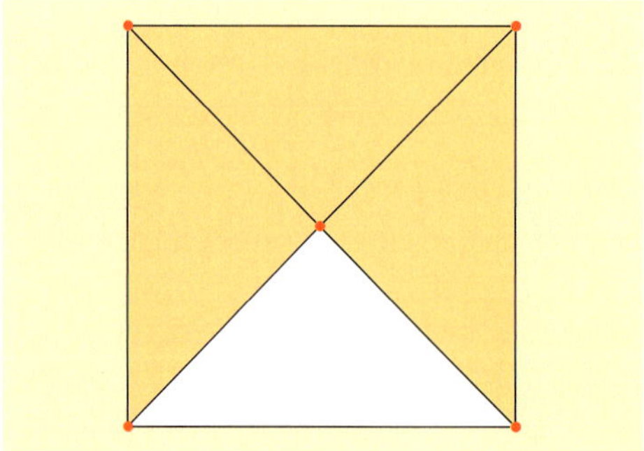

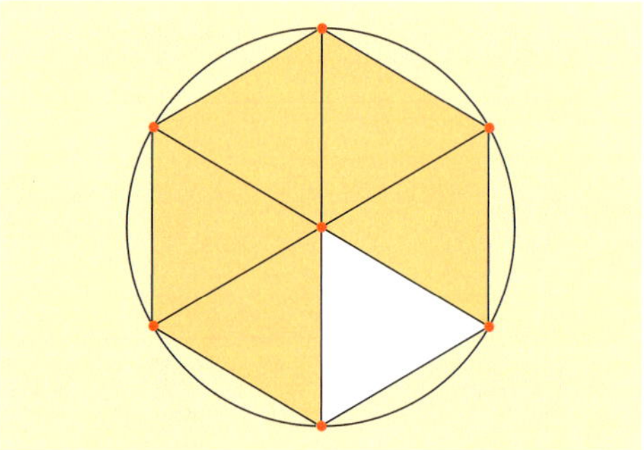

Schneide ein Dreieck weg, und schon kannst du ein Zelt falten.

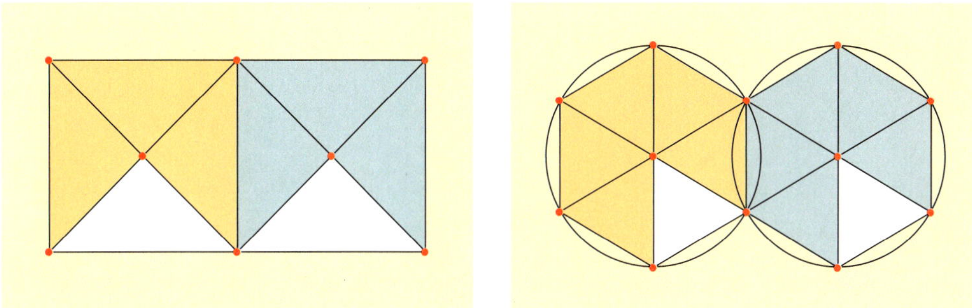

Zwei solche Zelte kannst du zu einem Körper zusammenklappen.

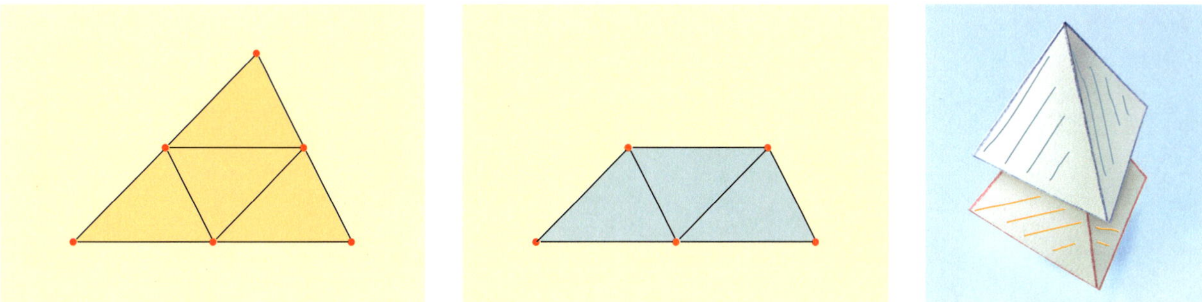

Der Körper aus dem linken Netz wirkt etwas schief. Seine vier Ecken passen aber alle in dieselbe Tüte.

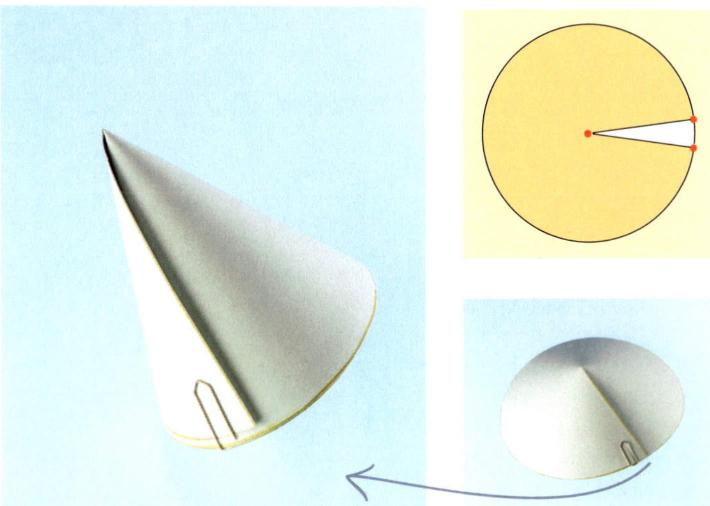

Dem Kreisausschnitt fehlt zum Kreis nur ein schmales Stück.
Du kannst ihn immer weiter zusammendrehen.

In diesem Kapitel lernst du,

- was Prismen und Pyramiden sind,
- wie man diese Körper herstellen kann,
- wie man diese Körper richtig zeichnet,
- was Zylinder und Kegel sind,
- dass man eine Kugel nicht aus Papier falten kann.

1 Prisma

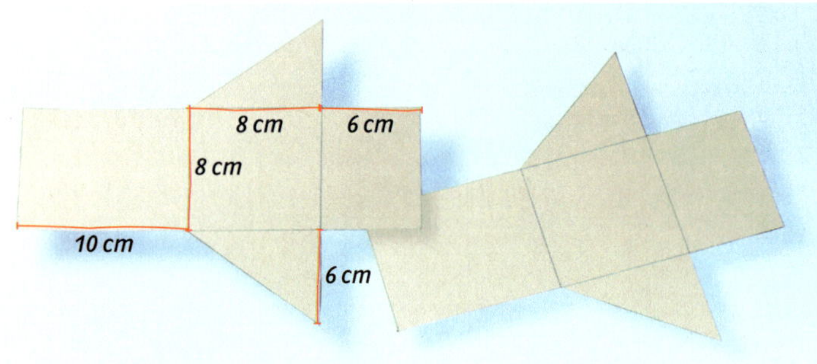

→ Stelle mit den gezeichneten Schnittmustern zwei Körper her.
→ Sie lassen sich auf verschiedene Arten zusammenfügen, nicht nur zu einem Quader.
→ Mit vier solchen Körpern gibt es noch viel mehr Möglichkeiten. Arbeitet gemeinsam.

Zerlegt man einen Quader senkrecht zu seiner Grundfläche durch einen oder mehrere Schnitte, so entstehen Prismen. Die Einzahl heißt **Prisma**.

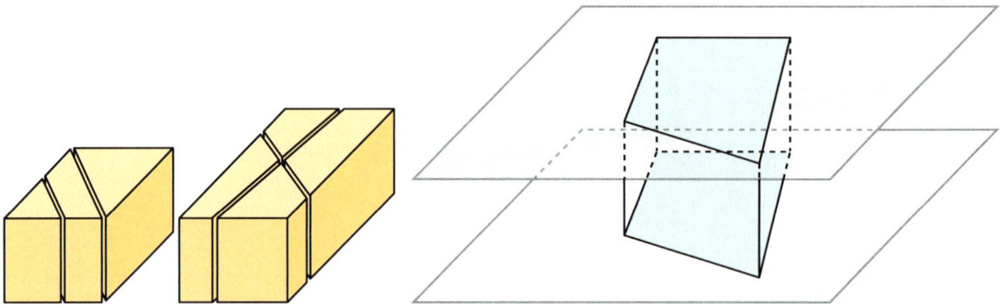

Ein **Prisma** ist begrenzt durch die Grundfläche, die Deckfläche und den Mantel. Der Mantel besteht aus Rechtecken. Die Grundfläche und die Deckfläche sind von gleicher Form und Größe. Sie bestimmen den Namen des Prismas: Dreiecksprisma, Sechsecksprima, usw.

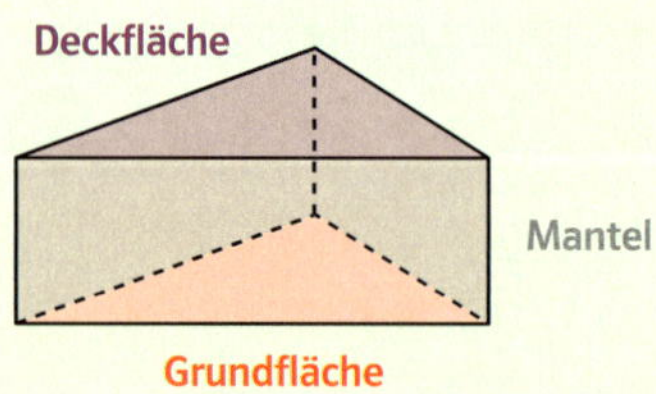

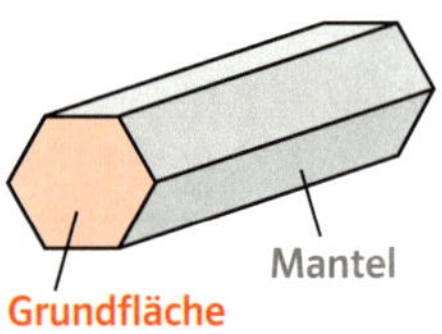

Bemerkungen

Ein Prisma darf auch auf einer Mantelfläche liegen.
Quader und Würfel kann man als Rechtecksprismen ansehen.

Beispiel

Das Bild zeigt das Netz eines Dreiecksprismas. Die Seiten, die sich beim Zusammenfalten vereinigen, sind gleich lang. Man zeichnet zuerst die drei Mantelrechtecke. Dann werden die Seiten mit dem Zirkel übertragen und geben die Grundfläche und die Deckfläche.

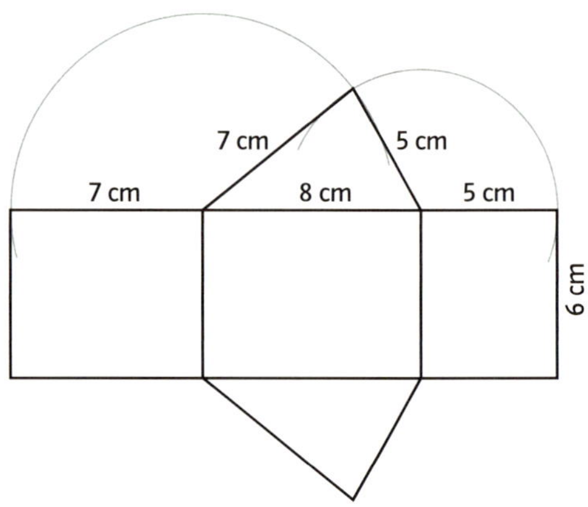

Aufgaben

1 Beschreibe die Prismen, die auf dem Rand abgebildet sind.
Suche auch andere Prismen.

2 Welcher Würfel wird in Prismen zerschnitten?

a)

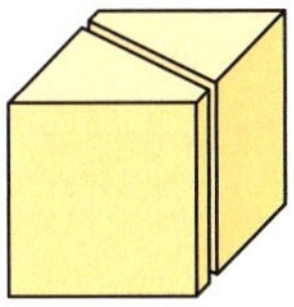

b)

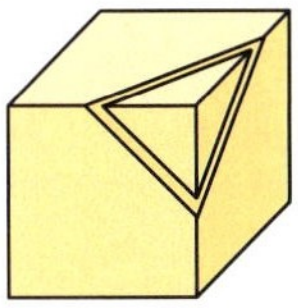

c)

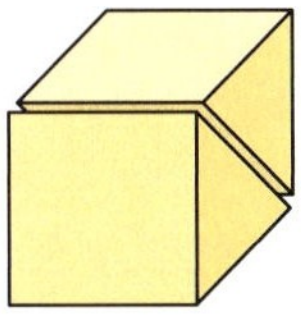

d)

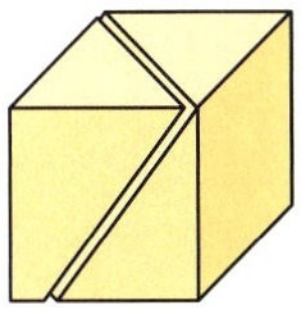

3 Zeichne die Netze und falte Prismen.

a)

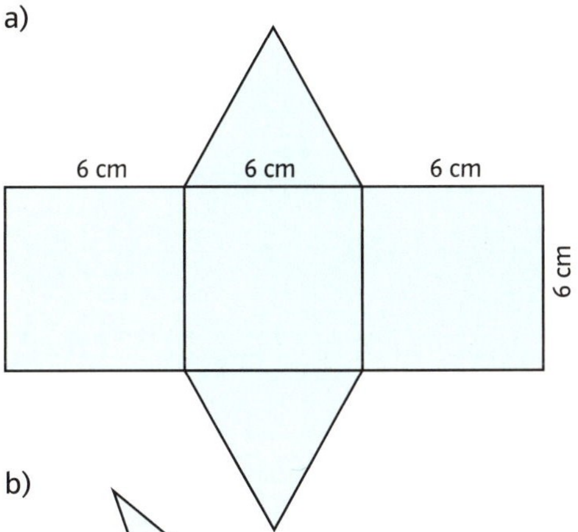

b)

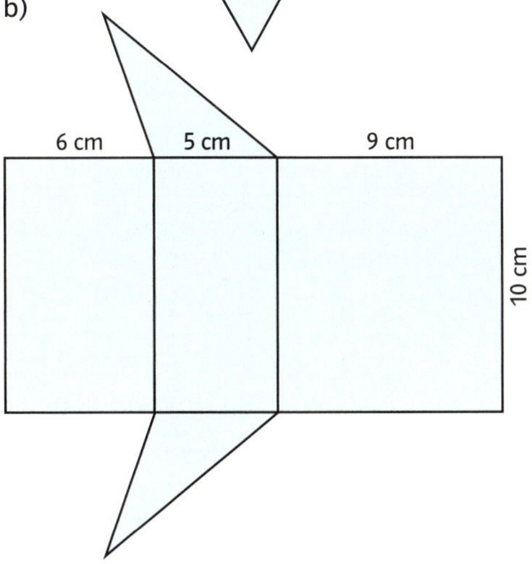

4 Zeichne die Teile in der richtigen Anzahl auf Karopapier.
Schneide sie aus und klebe sie mit Klebestreifen zu einem Prisma zusammen.

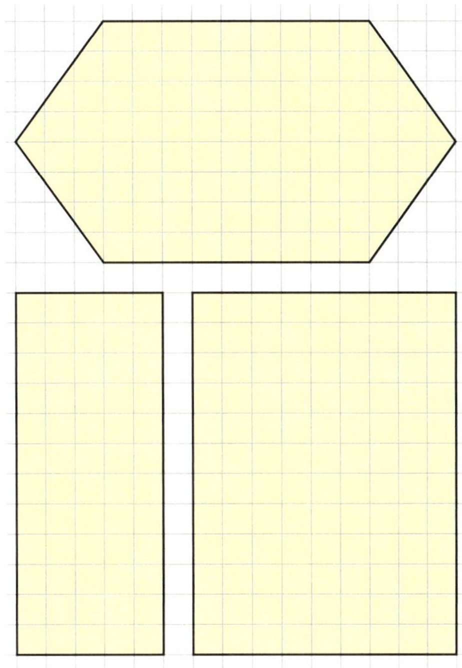

5 Zeichne diese Prismen mit freier Hand auf weißes Papier.

a)

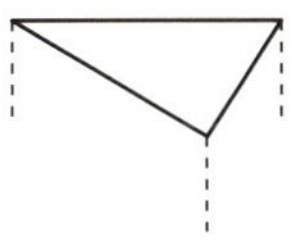

b)

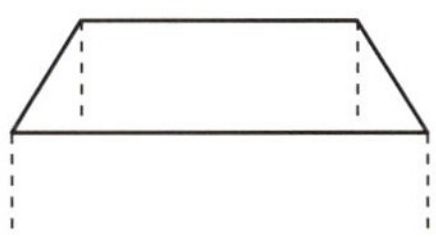

c)

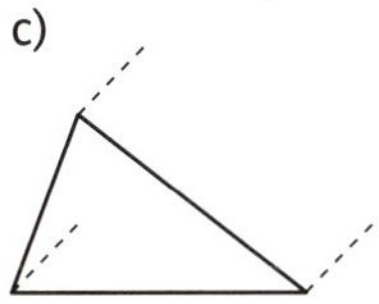

d)

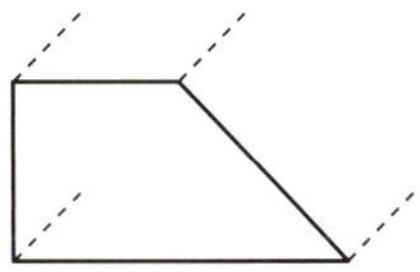

6 Zähle die Ecken, Kanten und Flächen dieser Körper.

a)

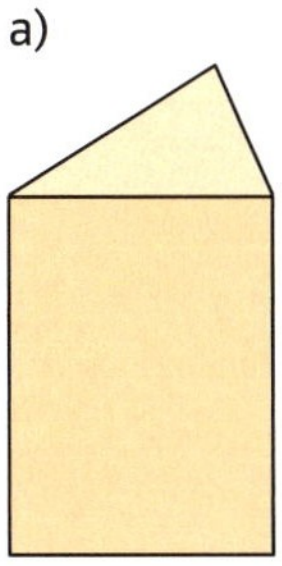

b)

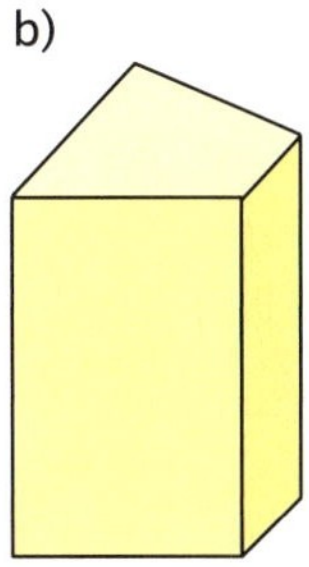

c)

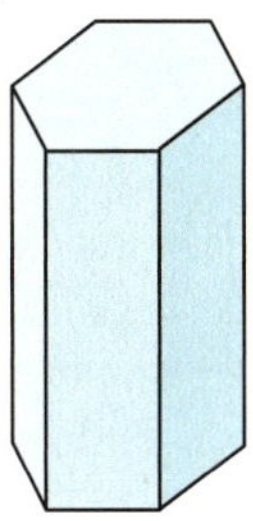

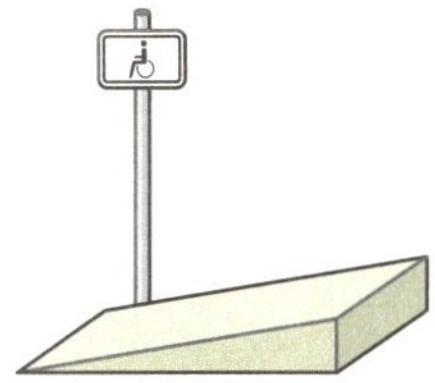

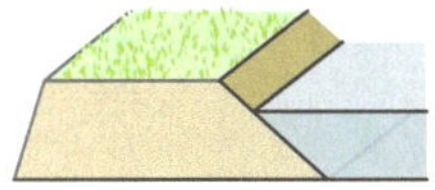

7 Zeichne ein Netz des Prismas.

a)

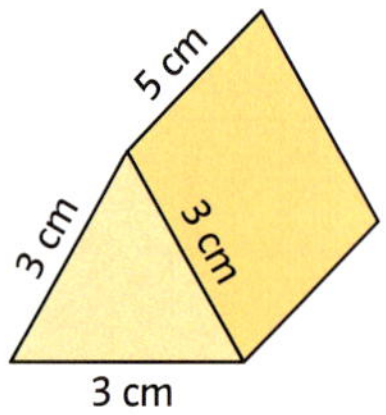

b)

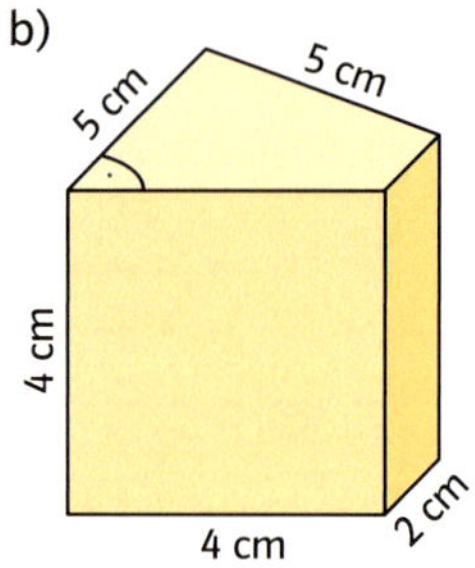

8 Zeichne ein Netz des Prismas mit der abgebildeten Grundfläche. Nimm 7 cm für die Höhe.

a)

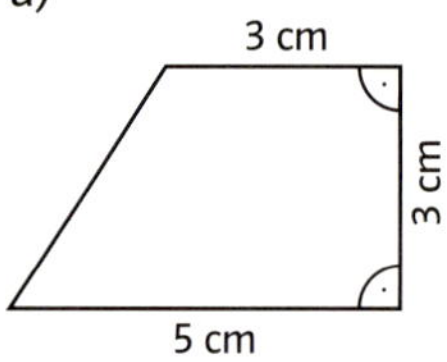

b)

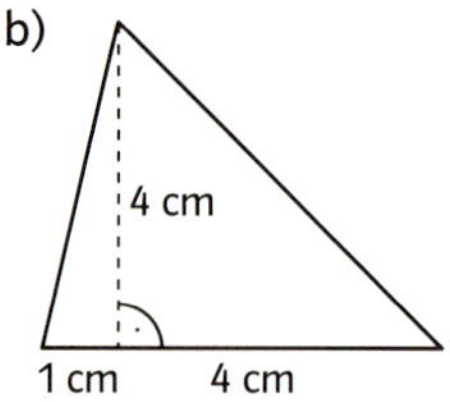

c)

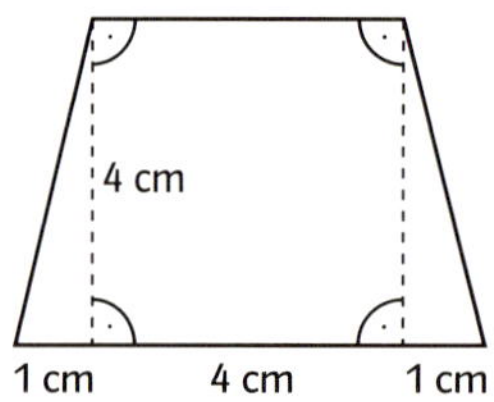

9 Welche Bauteile gehören zusammen?

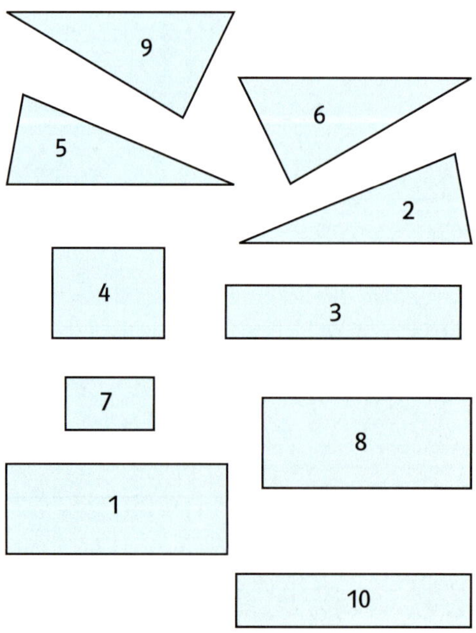

10 Prisma oder kein Prisma? Begründe deine Antwort.

a)

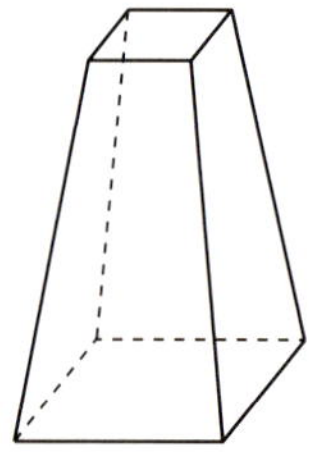

b)

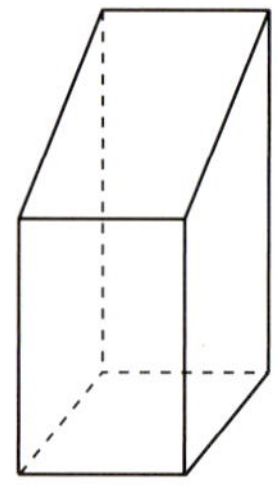

c)

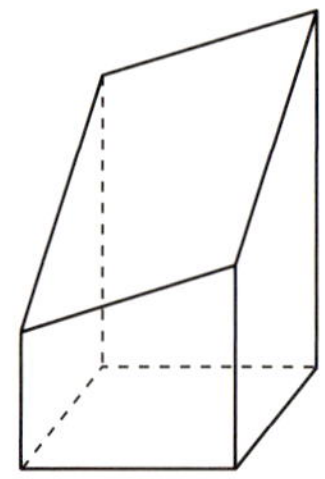

11 Welche Seiten des Netzes vereinigen sich beim Zusammenfalten zu einer Kante? Welche Eckpunkte des Netzes vereinigen sich zu einem Eckpunkt des Prismas?

a)

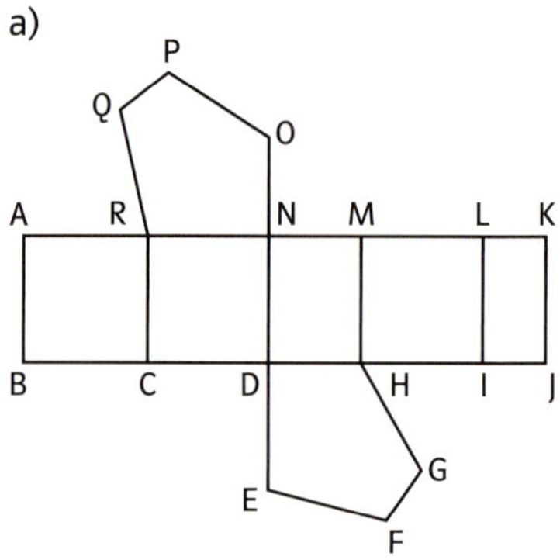

b)

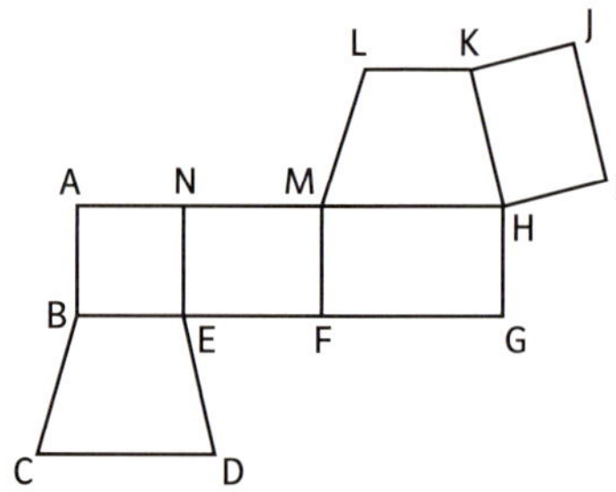

c)

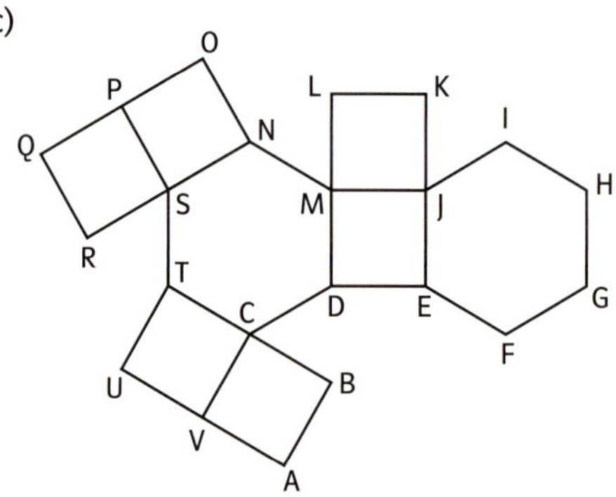

2 Pyramide

→ Zeichne das Netz und falte den Körper. Es gibt viele Möglichkeiten, solche Körpernetze in zwei Kreise einzuzeichnen.
→ Stelle auf diese Weise flache Körper, spitze Körper, Körper mit mehr und mit weniger Flächen her.

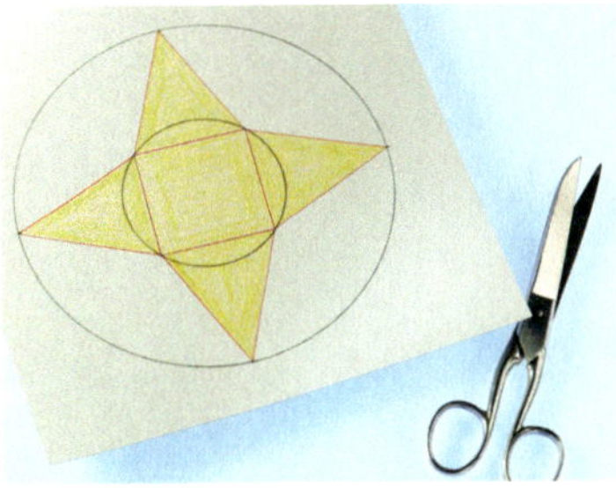

Ein über seiner Grundfläche spitz zulaufender Körper heißt **Pyramide**.

Eine **Pyramide** ist begrenzt durch die Grundfläche und den Mantel.
Die Dreiecke, aus denen der Mantel besteht, treffen sich in der Spitze.
Die Grundfläche kann 3; 4 oder mehr Eckpunkte haben. Sie bestimmt den Namen der Pyramide: Dreieckspyramide, Quadratpyramide, usw.

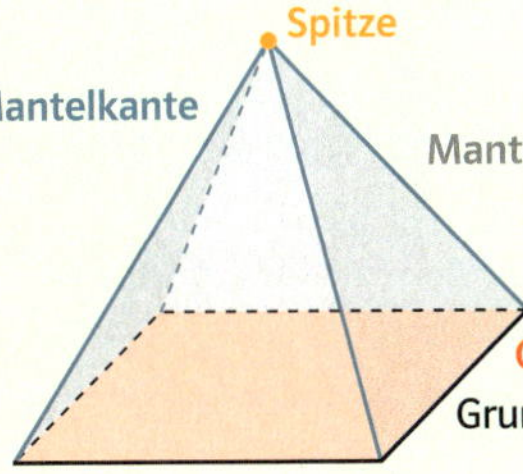

Beispiele

a) Das Netz einer Quadratpyramide ist im Quadratgitter leicht zu zeichnen. Die Seiten der Manteldreiecke, die in einer Kante zusammenkommen, sind gleich lang.

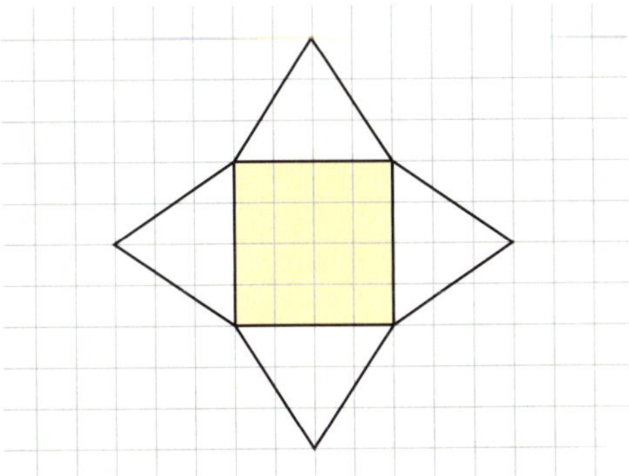

b) Im Netz einer Rechteckspyramide lässt sich die Länge der Mantelkanten nicht immer durch Auszählen von Kästchen bestimmen. Man überträgt sie mit dem Zirkel.

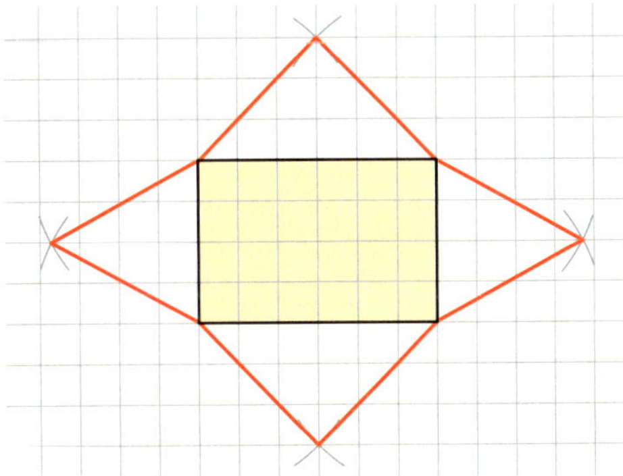

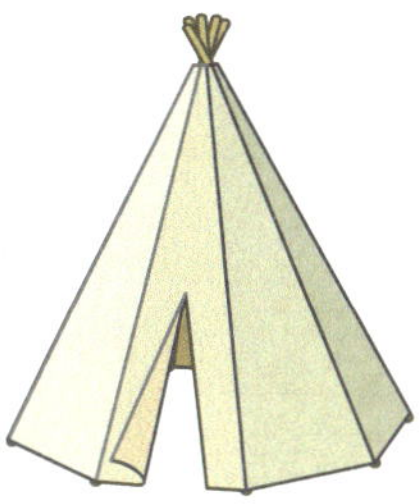

Aufgaben

1 Stelle über einem 10-cm-Quadrat eine Pyramide her. Überlege, ob die Pyramide hoch oder niedrig werden soll. Wähle dann die Länge der Mantelkanten.

2 Nenne Pyramiden, die du in deiner Umgebung siehst.
Manchmal findest du auch Pyramiden als Teile von zusammengesetzten Körpern.

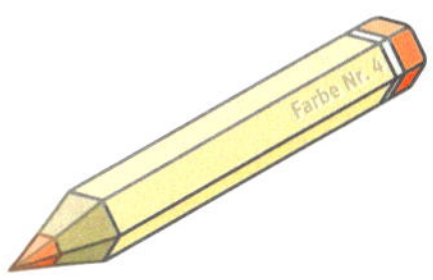

3 a) Stelle diese Rechteckspyramide her.

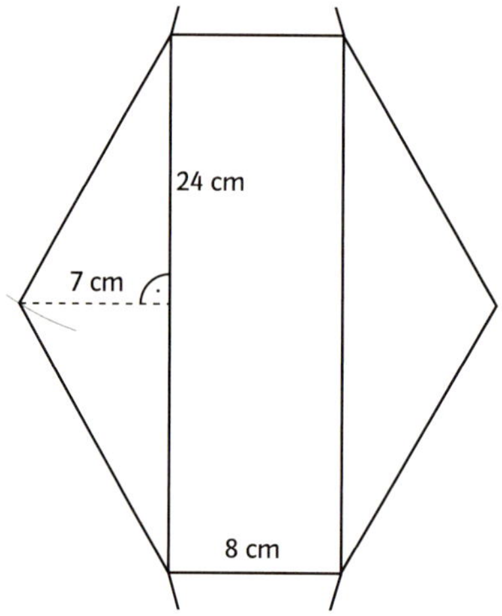

b) Baue deine eigene Rechteckspyramide.

4 Quadratpyramiden einmal anders – wie fügen sich die Flächen zusammen? Versuche die Pyramiden herzustellen.

a)

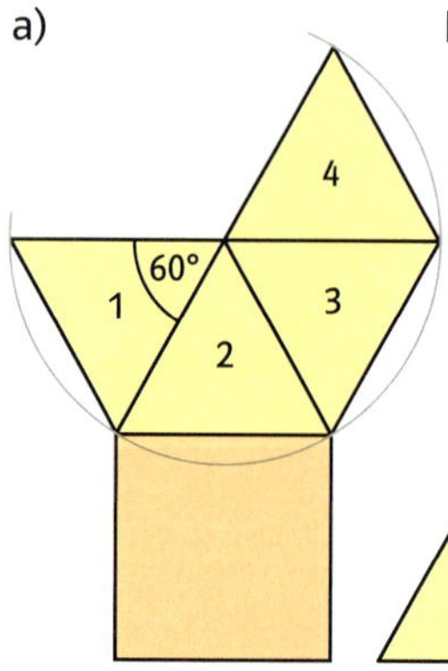

b)

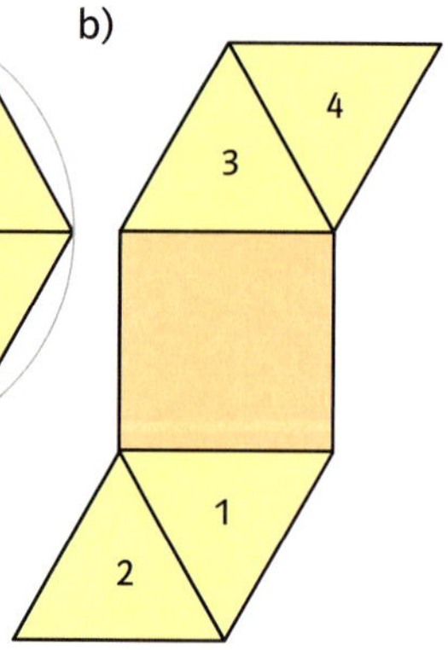

5 Das sind keine Pyramidennetze. Wo steckt der Fehler?

a)

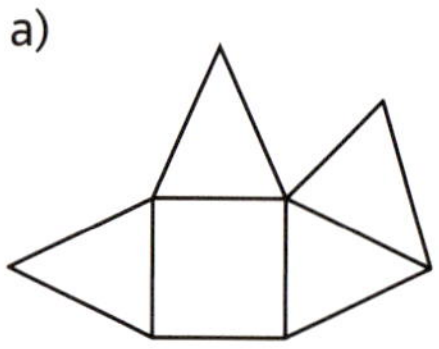

b)

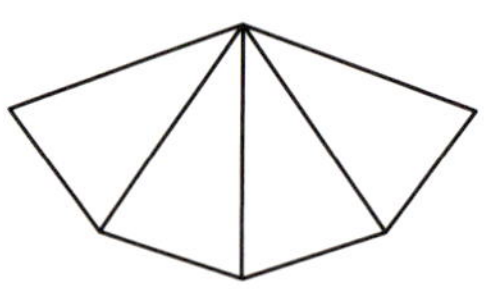

c)

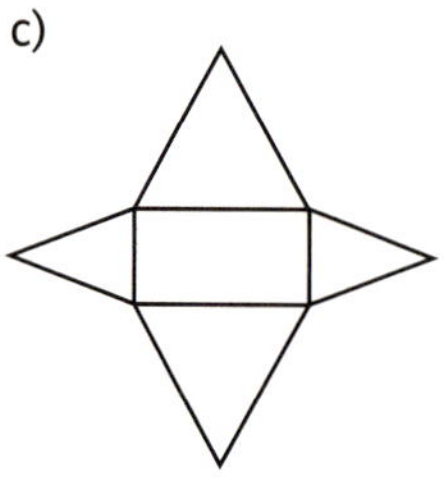

d)

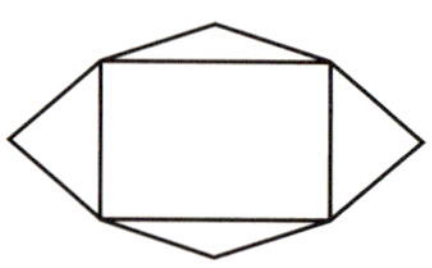

6 Vom Kreismuster zur Sechseckspyramide. Zeichne. Schneide. Falte.

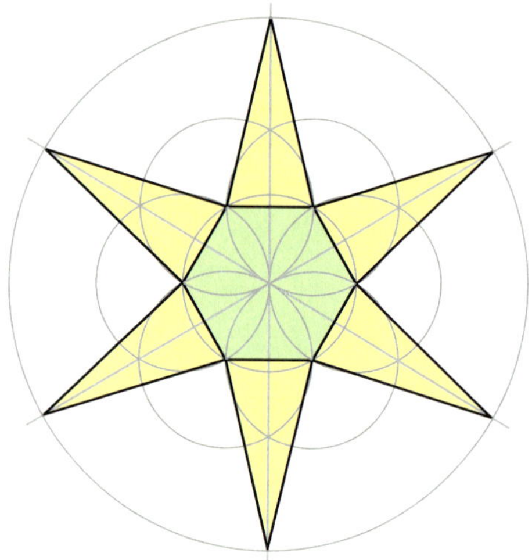

7 Wie viele Eckpunkte, Kanten und Flächen hat eine Pyramide über diesen Grundflächen?

a) Dreieck
b) Viereck
c) Fünfeck
d) Sechseck
e) Zehneck
f) Hunderteck

8 Welche Eckpunkte des Netzes treffen sich beim Zusammenfalten im selben Eckpunkt der Pyramide?
Welche Seiten treffen sich in derselben Kante?

a)

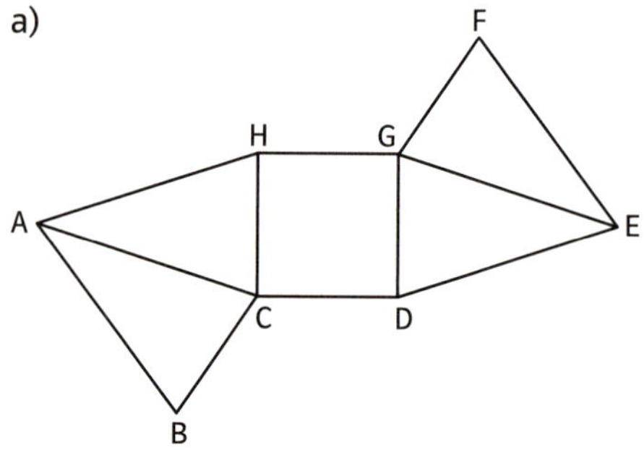

b)

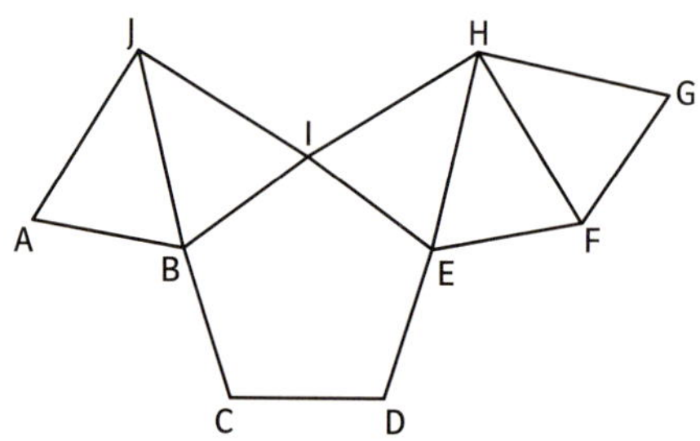

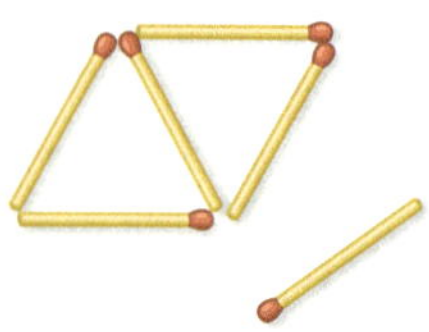

? Kannst du aus sechs Hölzchen vier Dreiecke mit lauter gleich langen Seiten bilden?

3 Schrägbilder[1]

→ Zeichne mit freier Hand einige Quader und Würfel mit eingeschlossener Pyramide.
→ Zeichne auch so, dass
- die Pyramide auf der Spitze steht,
- die Spitze zu dir hin zeigt,
- die Pyramide aufrecht steht und trotzdem alle Manteldreiecke sichtbar sind.

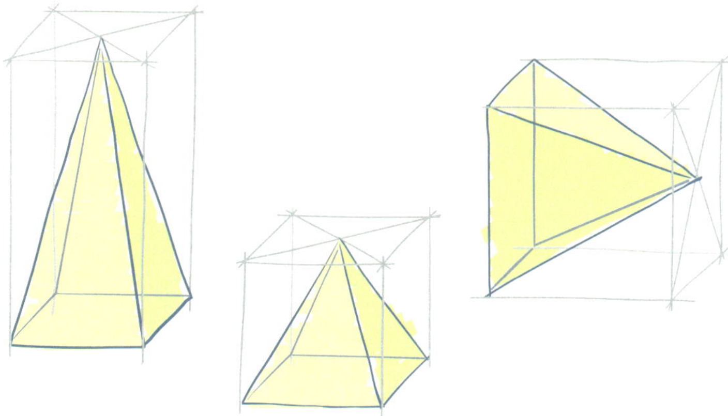

Das Schrägbild der Pyramide und des Prismas werden nach denselben Regeln wie das Schrägbild des Quaders gezeichnet. Es ist oft vorteilhaft, wenn man sich Pyramide und Prisma als Teilkörper eines Quaders vorstellt und diesen mitzeichnet.

Kanten, die in der Zeichenebene oder parallel zu ihr liegen, bleiben im **Schrägbild** unverändert. Senkrecht zur Zeichenebene laufende Kanten werden unter einem 45°-Winkel und auf die Hälfte verkürzt gezeichnet.
Man darf solche Kanten auch alle etwas verlängern oder alle etwas verkürzen, damit sie in Gitterpunkten enden. Verdeckte Kanten werden gestrichelt.

Beispiele

a) Eine Quadratpyramide steht auf ihrer Grundfläche. Das Quadrat wird zum Parallelogramm verzerrt. Die Spitze liegt in Wirklichkeit senkrecht über dem Mittelpunkt des Quadrats. Im Bild liegt sie senkrecht über dem Mittelpunkt des Parallelogramms. Die Höhe bleibt unverändert.
b) Ein Dreiecksprisma liegt auf einem seiner Mantelrechtecke. Die Grundfläche liegt in der Zeichenebene.
Die drei Mantelkanten laufen schräg nach hinten und werden verkürzt. Aus der wahren Länge 4 cm wird die Bildlänge 2 cm. Diese darf auf drei Kästchendiagonalen verkürzt werden.
c) Ein 3 cm hohes Dreiecksprisma steht auf seiner dreieckigen Grundfläche. Diese ist ein halbes Rechteck. Das Schrägbild des Dreiecks ist eine Hälfte des Schrägbilds des Rechtecks.
Die Höhe bleibt unverändert.

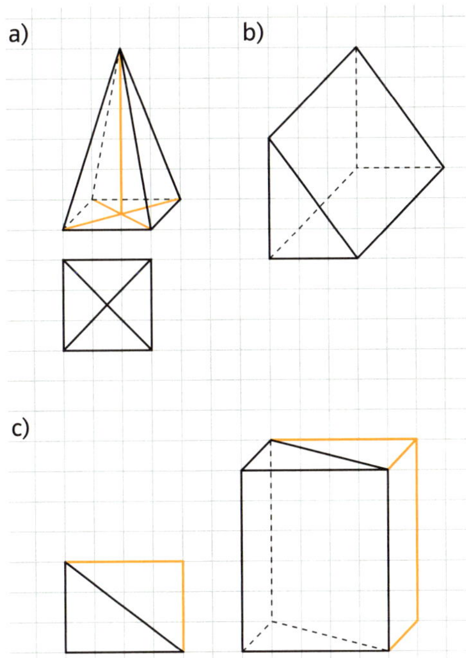

Aufgaben

1 Zeichne die Quadratpyramide.

	a)	b)	c)	d)
Grundkante	8 cm	8 cm	6 cm	6 cm
Höhe	6 cm	3 cm	6 cm	2 cm

2 Zeichne das Dreiecksprisma. Es soll auf einem Mantelrechteck liegen.

	a)	b)	c)
Grundfläche	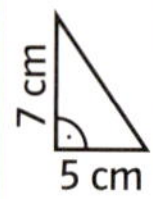	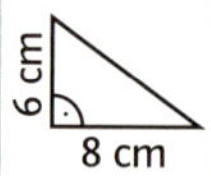	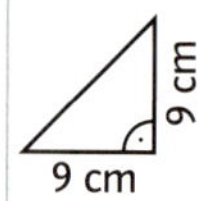
Mantelkanten	10 cm	8 cm	9 cm

3 Zeichne die Rechteckspyramide.

	a)	b)	c)
Grundkanten	8 cm	8 cm	7 cm
	6 cm	10 cm	4 cm
Höhe	7 cm	3 cm	7 cm

4 Zeichne das Prisma mit der abgebildeten Grundfläche. Die Mantelkanten sollen 8 cm lang sein.

a)

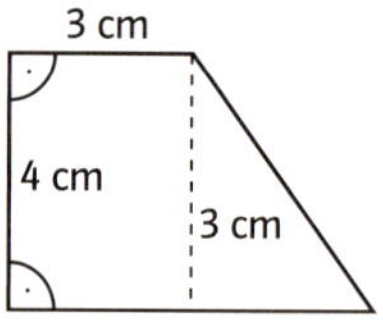

b)

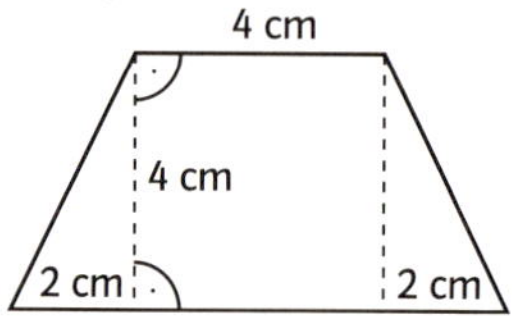

5 Zeichne eine Quadratpyramide, die auf ihrer Spitze steht.
Achte besonders darauf, welche Kanten verdeckt sind.

	a)	b)	c)
Grundkante	8 cm	6 cm	7 cm
Höhe	8 cm	5 cm	2 cm

6 Zeichne einen Würfel mit einer auf die Deckfläche aufgesetzten Pyramide. Die Maße kannst du selbst wählen.

7 Zeichne das Dreiecksprisma mit der abgebildeten Grundfläche und mit Mantelkanten der Länge 8 cm, und zwar
a) auf einem Mantelrechteck liegend.
b) auf der Grundfläche stehend.

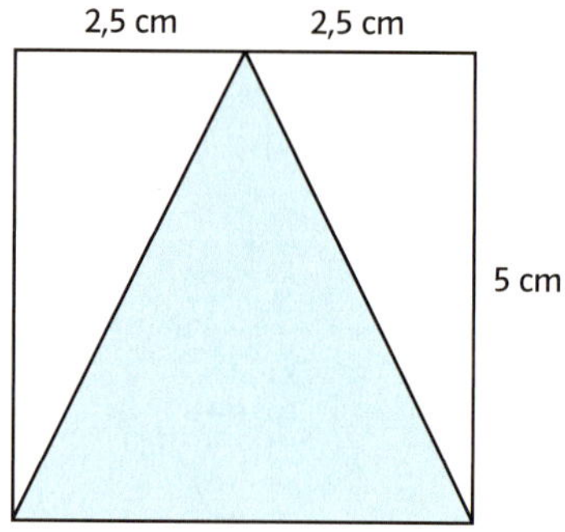

8 Aus diesem Würfel wurde eine Pyramide herausgeschnitten.
Zeichne die Figur.

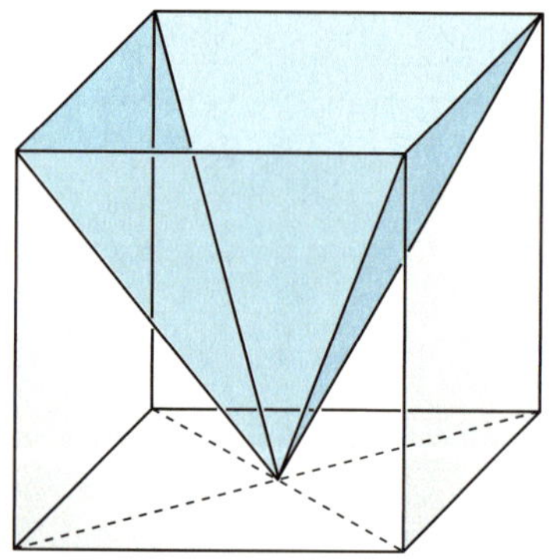

9 Schräg im Würfel liegt eine Doppelpyramide. Zeichne die Figur.
Hier sollst du hinten liegende Kanten nicht stricheln.
Stelle dir ein Modell aus Draht vor.

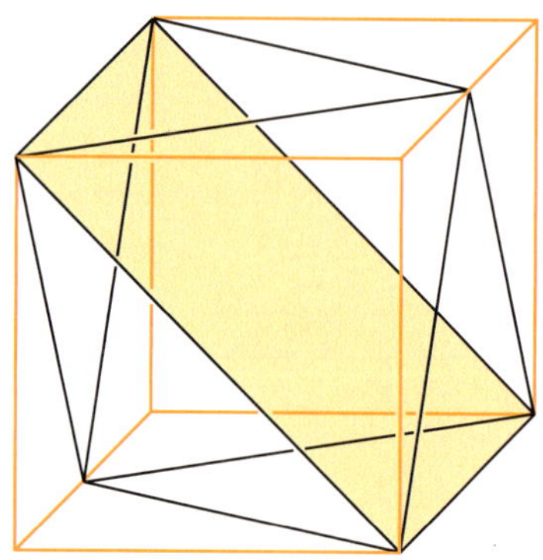

4 Zylinder. Kegel. Kugel

Der Zylinder entsteht aus einem Rechteck und zwei Kreisen.
→ Aus welchen Teilen entsteht ein Kegel?

Versuche doch einmal, eine Kugel aus Streifen herzustellen.
→ Geht das auch mit sehr breiten Streifen?

Der Zylinder hat eine gekrümmte Fläche und zwei ebene Flächen. Der Kegel hat eine gekrümmte und eine ebene Fläche. Die Kugel hat nur eine Fläche. Diese ist gekrümmt.

Der **Zylinder** besteht aus einem **Grundkreis**, einem **Deckkreis** und einem aufgerollten Rechteck als **Mantel**.
Der **Kegel** besteht aus einem **Grundkreis** und einem aufgerollten Kreisausschnitt als **Mantel**.
Die **Kugel** lässt sich nicht aus ebenen Flächenstücken zusammensetzen.

Beispiel

Ein Rechteck lässt sich auf zwei Arten zu einem Rohr zusammenwickeln. Mit zwei Kreisen wird das Rohr zum Zylinder verschlossen. Den Durchmesser der Kreise kann man am Rohr abmessen.

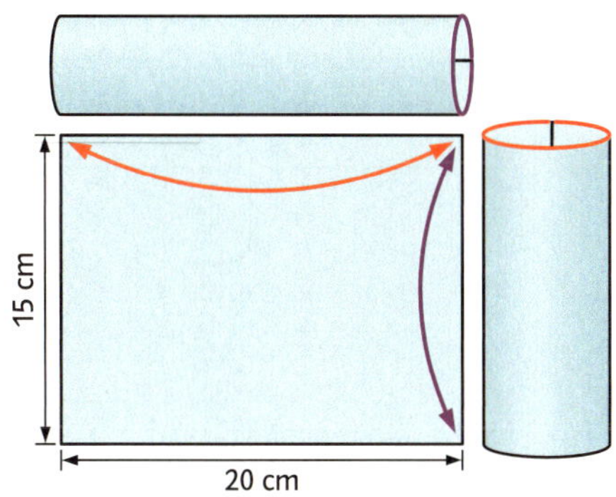

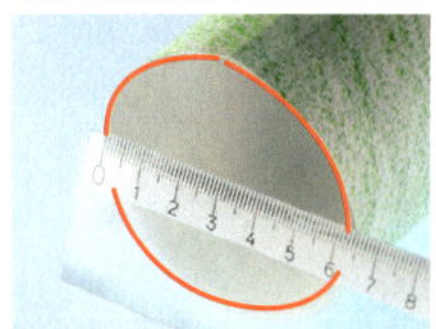

Aufgaben

1 Wo siehst du Zylinder, Kegel, Kugeln oder wenigstens Teile dieser Körper? Denke an Gegenstände aus dem Haushalt, dem Supermarkt, der Technik.

2 Zylinder, Kegel und Kugel unterscheiden sich durch die Art zu rollen und durch die Art, wie sie auf einer ebenen Unterlage aufliegen. Erkläre das genauer.

3 Wickle eine Kugel in ein Blatt Papier. Was beobachtest du?
Kann man ein Stück Orangenschale flach auf den Tisch legen?

4 Beschaffe Tischtennisbälle und experimentiere, wie man sie platzsparend in einen Karton packen kann. Wirf sie zum Vergleich auch ungeordnet in den Karton.

5 Welcher der vier Kegel wird am höchsten, welcher am niedrigsten?
Das kannst du herausfinden, ohne die Kegel herzustellen.

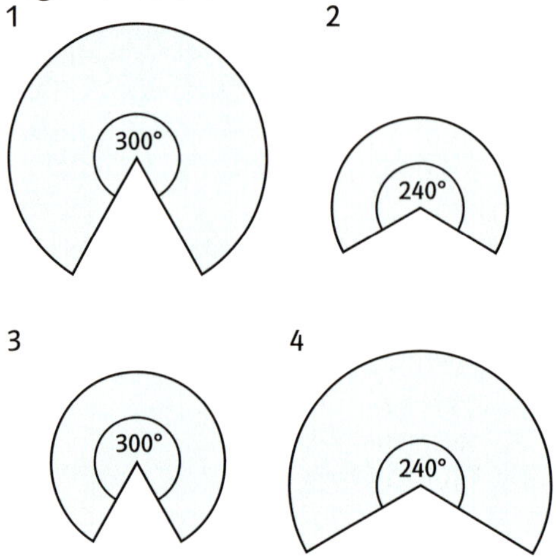

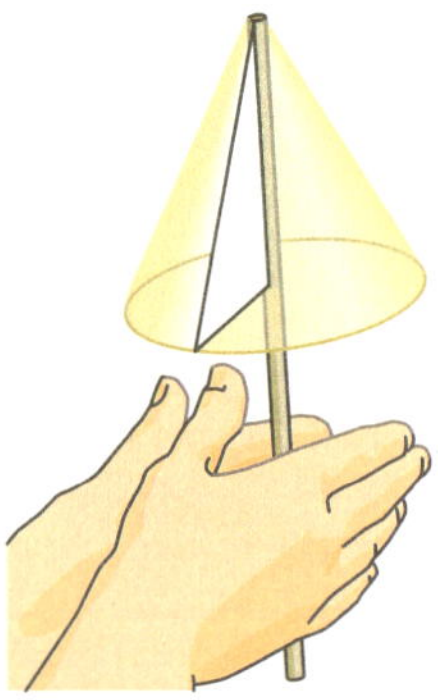

6 Beschreibe die Körper, die erscheinen, wenn du die Flächenstücke um die rote Achse drehst.

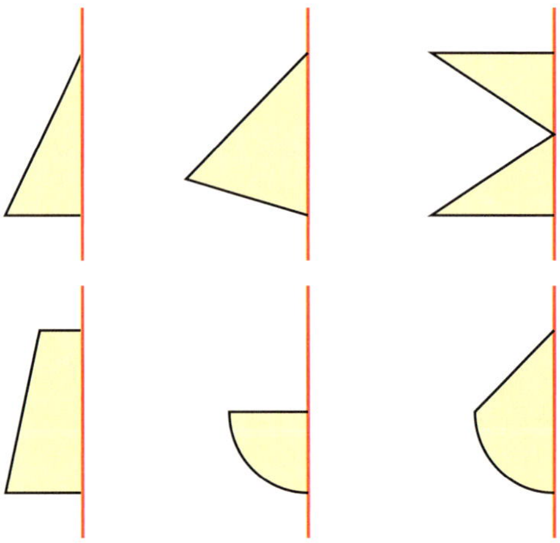

7 Zeichne auf ein Transparentpapier oder auf eine Folie eine Strecke schräg von Rand zu Rand. Rolle das Blatt so auf, dass mehrere Schichten übereinander liegen. Was beobachtest du?

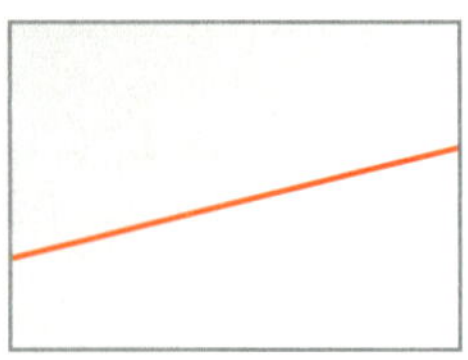

8 Schneide aus einer Folie einen Kreisausschnitt aus. Zeichne eine Strecke auf. Experimentiere damit wie in Aufgabe 7.

9 Welche Figuren ergeben Zylindermäntel?

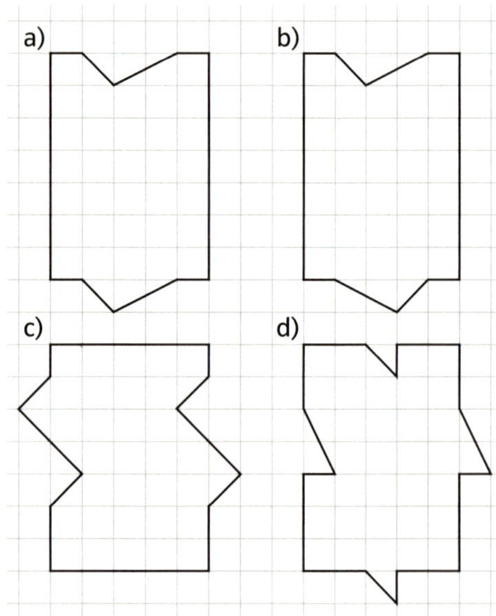

10 Zeichne das Parallelogramm in vierfacher Größe ab und schneide es aus. Die Seite a soll also 12 cm und die Höhe 16 cm lang sein.
Lege entweder die zwei langen oder die zwei kurzen Seiten ohne Überstand aneinander. Was beobachtest du?

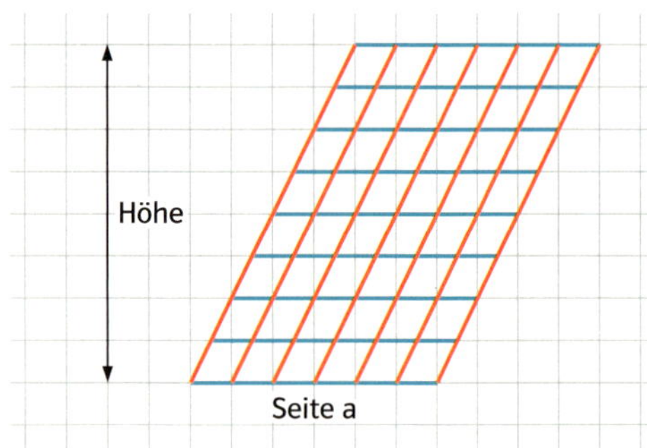

? *Warum gibt es Plakatsäulen, aber keine Plakatkugeln?*

Zusammenfassung

Prisma

Ein **Prisma** entsteht, wenn ein Quader senkrecht zu seiner Grundfläche zerschnitten wird.
Ein Prisma ist begrenzt durch die **Grundfläche**, die **Deckfläche** und den aus Rechtecken zusammengesetzten **Mantel**.
Die Grundfläche und die Deckfläche sind von gleicher Form und Größe.

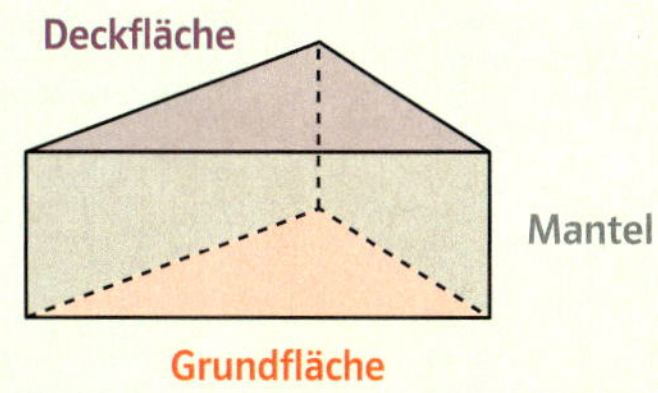

Pyramide

Ein über seiner Grundfläche spitz zulaufender Körper heißt **Pyramide**. Eine Pyramide ist begrenzt durch die **Grundfläche** und den aus Dreiecken zusammengesetzten **Mantel**. Die Grundfläche kann 3; 4; 5 oder mehr Eckpunkte haben. Die Manteldreiecke treffen sich in der **Spitze**.

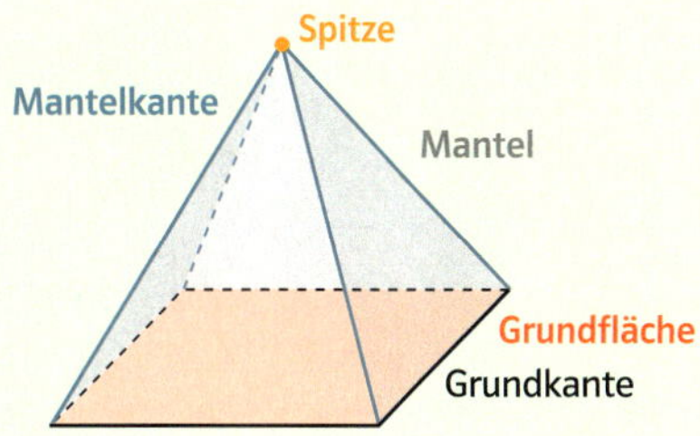

Schrägbilder

Im **Schrägbild** bleiben Kanten unverändert, die in der Zeichenebene oder parallel zu ihr liegen. Senkrecht zur Zeichenebene laufende Kanten werden unter einem 45°-Winkel und auf die Hälfte verkürzt gezeichnet.

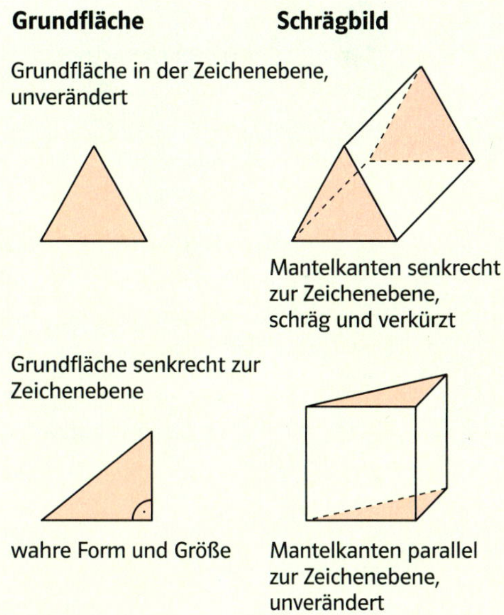

Zylinder

Der **Zylinder** besteht aus einem **Grundkreis**, einem **Deckkreis** und einem aufgerollten Rechteck als **Mantel**.

Kegel

Der **Kegel** besteht aus einem **Grundkreis** und einem aufgerollten Kreisausschnitt als **Mantel**.

Kugel

Die **Kugel** lässt sich nicht aus ebenen Flächenstücken zusammensetzen.

Üben • Anwenden • Nachdenken

1 a) Zeichne das Prisma auf einem Mantelrechteck liegend. Die Mantelkanten sollen 7 cm lang sein.

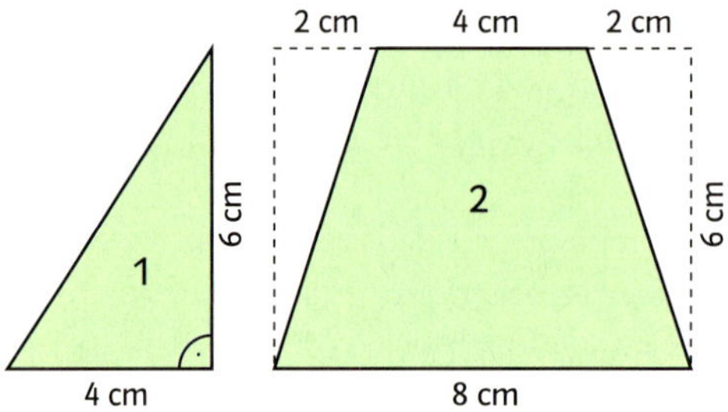

b) Zeichne das Prisma auf seiner Grundfläche stehend. Die Mantelkanten sollen wieder 7 cm lang sein.

2 Zeichne die Quadrat- oder Rechteckspyramide.

	a)	b)	c)
Seiten des Rechtecks	8 cm	8 cm	6 cm
	8 cm	6 cm	4 cm
Höhe	6 cm	6 cm	8 cm

3 Für das dritte Rechteck des Prismennetzes sind fünf Lagen angegeben. Welche sind möglich, welche sind unmöglich? Begründe deine Antwort.

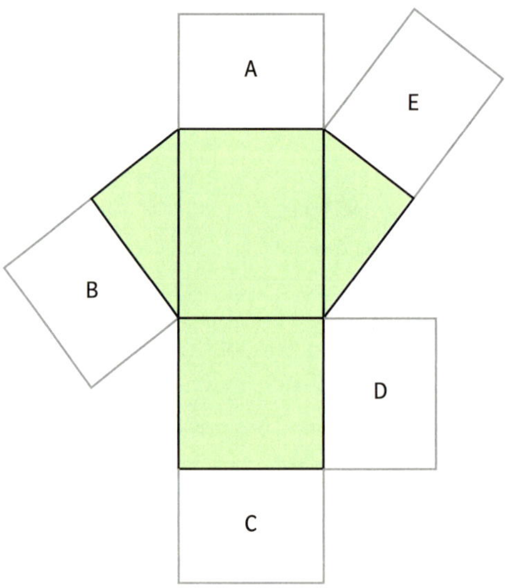

4 Welche Figuren lassen sich zum Prisma falten, welche nicht? Begründe.

a)

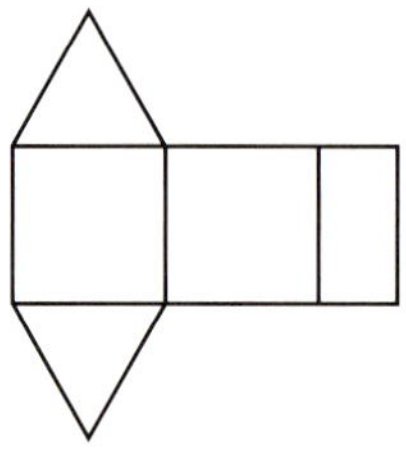

b)

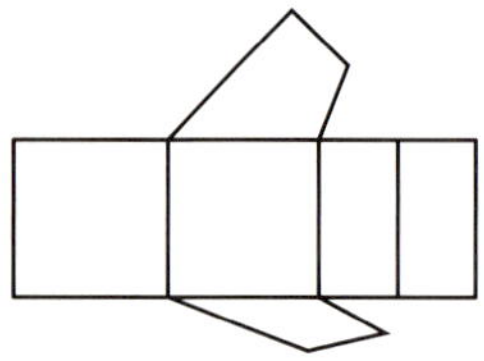

c)

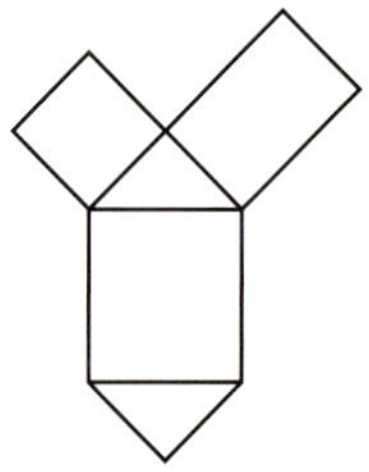

d)

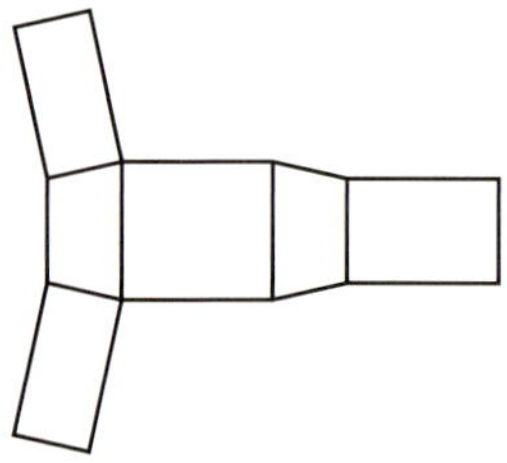

5 Welche Figuren sind Pyramidennetze, welche nicht? Begründe.

a)

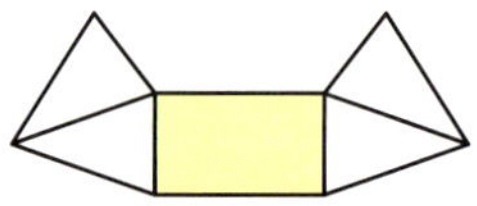

b)

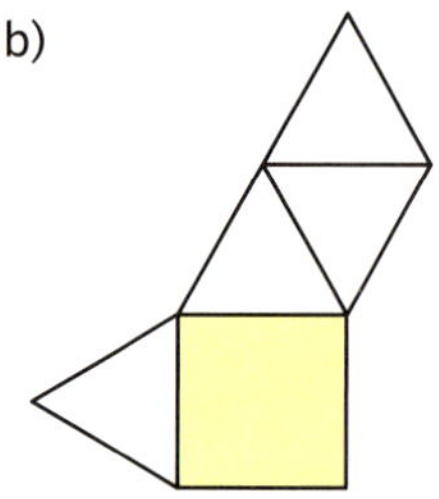

c)

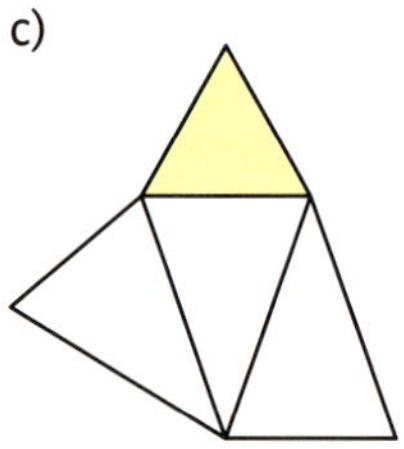

d)

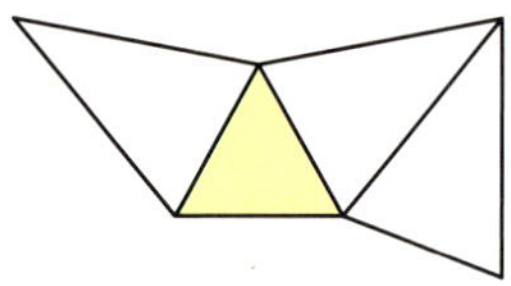

e)

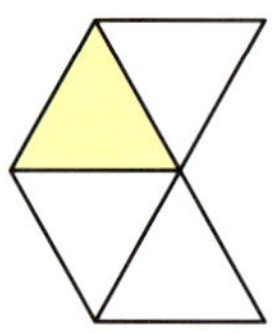

f)

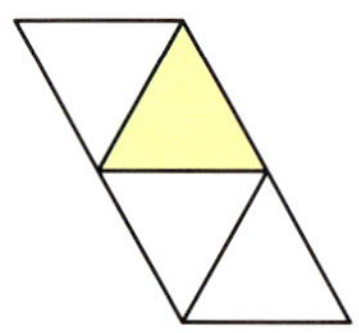

6 An welchem Rechteck muss die Tür ausgeschnitten werden?

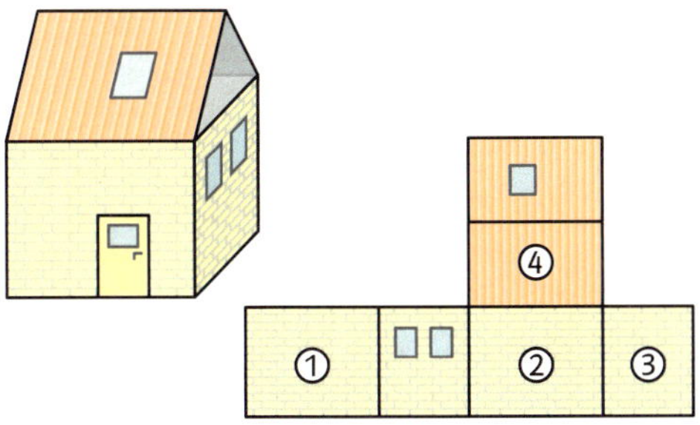

An welche Dachfläche gehört die Dachgaube?

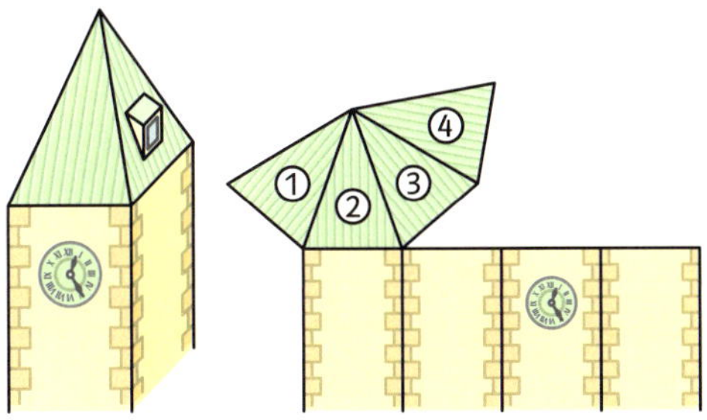

Über welchem Fenster hängt die Fahne heraus? Aus welchem Fenster des Turms kommt die Fledermaus?
Schau sie genau an.

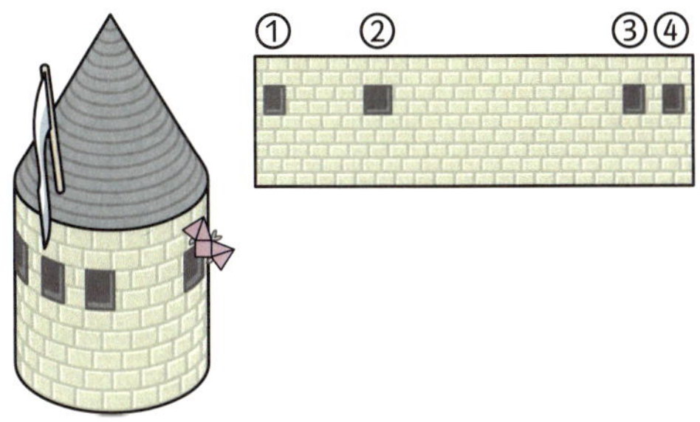

Welche Zeltbahnen sind zurückgeschlagen?

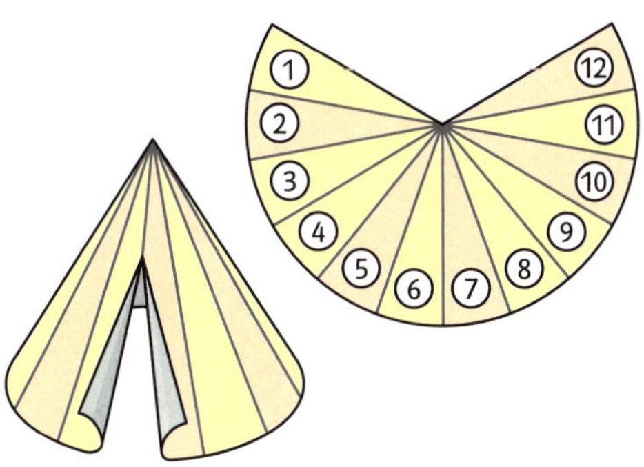

7 Wo kannst du das vierte Dreieck anhängen, damit ein Pyramidennetz entsteht? Es gibt mehrere Möglichkeiten. Zeichne die Netze mit freier Hand.

a)

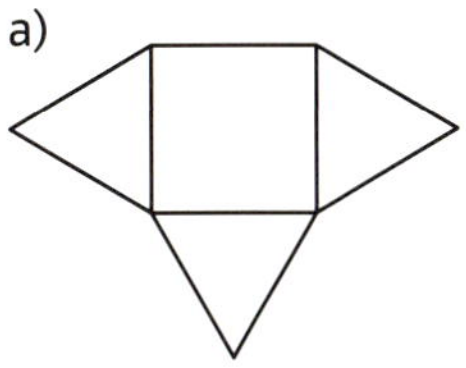

b)

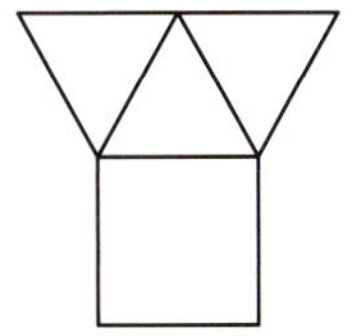

8 Wie viele Eckpunkte, wie viele Kanten und wie viele Flächen hat ein Prisma, dessen Grundfläche die folgende Form hat?

a) Dreieck
b) Viereck
c) Sechseck
d) Zwanzigeck
e) 100-Eck
f) 1000-Eck

9 Von einem Sechsecksprisma wird ein Dreiecksprisma abgeschnitten.

a) b) c)

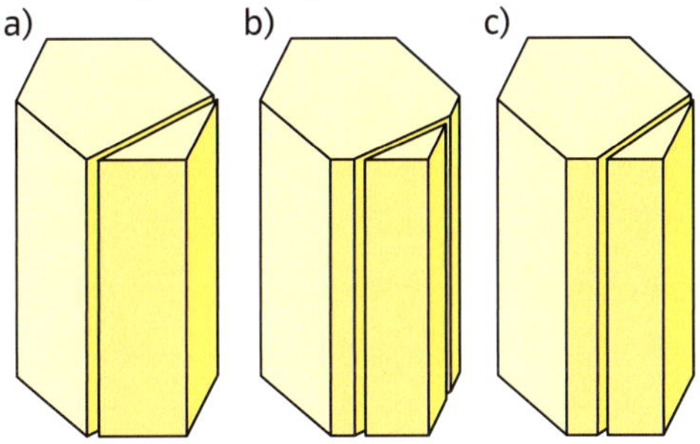

Zähle die Eckpunkte, Kanten und Flächen des ganzen Prismas, des abgeschnittenen Prismas und des Restprismas.

10 Wie wird der Körper aussehen, der dieses Netz hat? Zeichne, schneide aus und falte.

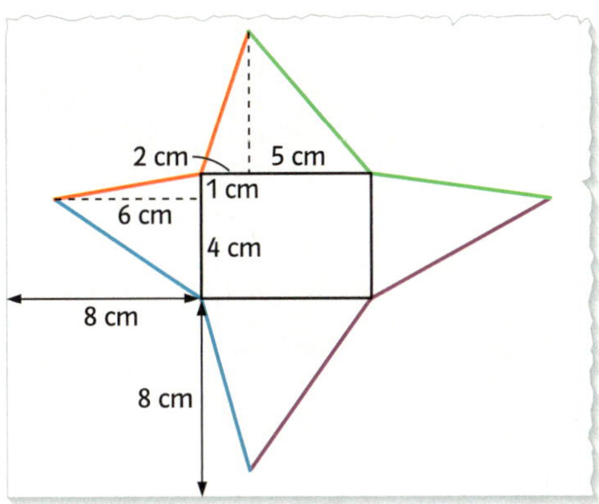

Die ägyptischen Pyramiden sind 4500 Jahre alt. Die größte ist etwa 137 m hoch. Die Seite ihres Grundquadrats ist 233 m lang.

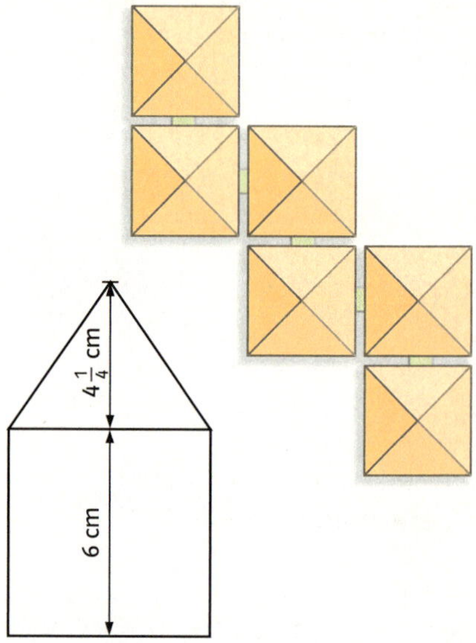

- Wenn du das Netz ergänzt, kannst du eine Pyramide herstellen, die etwa dieselbe Form hat wie das riesige Vorbild.

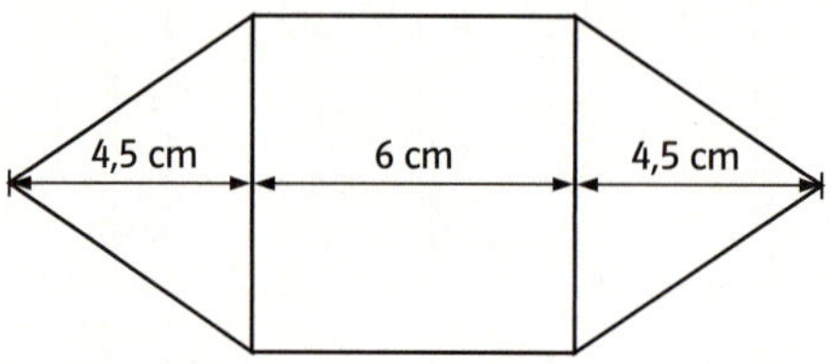

- Baut gemeinsam eine wirklich große ägyptische Pyramide.

- Stellt vier Pyramiden mit dem abgebildeten Netz her. Sie lassen sich zu einer einzigen Pyramide zusammensetzen, das ist gar nicht so einfach.

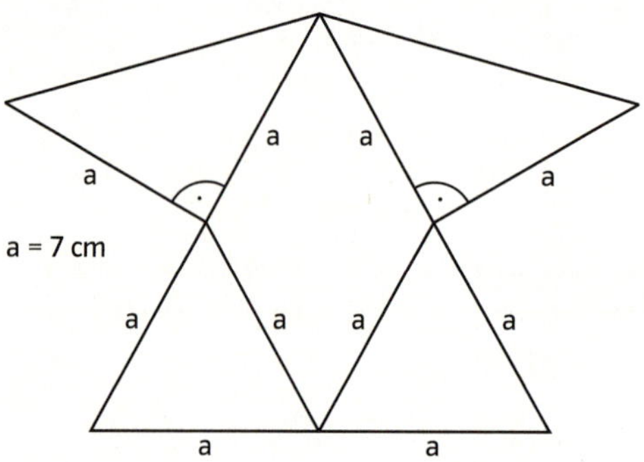

- Ergänzt das Netz und baut sechs Pyramiden mit diesem Netz.
- Klebt die Grundflächen mit Klebeband zu einem Würfelnetz zusammen. Lasst kleine Zwischenräume zwischen den Quadraten.
- Baut einen Würfel mit 6 cm Kantenlänge und verpackt ihn im Pyramidensechsling.
- Beschreibt den entstandenen Körper.
- Ihr könnt den Pyramidensechsling auch anders herum zusammenwickeln.

- Stellt drei Pyramiden mit diesem Netz her. Sie werden ziemlich schief. Trotzdem lassen sie sich zu einem ganz einfachen Körper zusammenlegen.

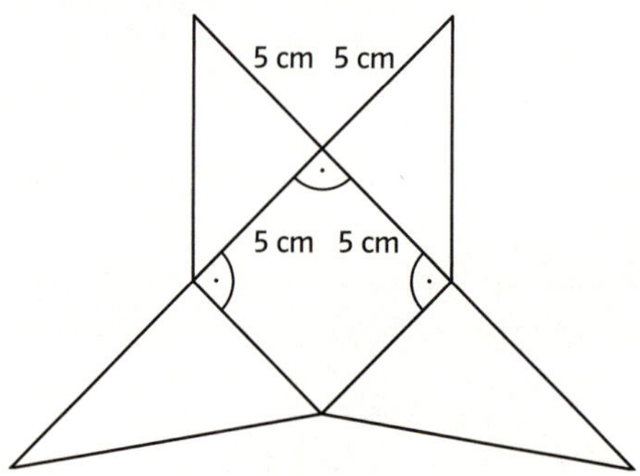

Rückspiegel

1 Zeichne ein Netz des Prismas.
Die Mantelkanten sollen 3 cm lang sein.

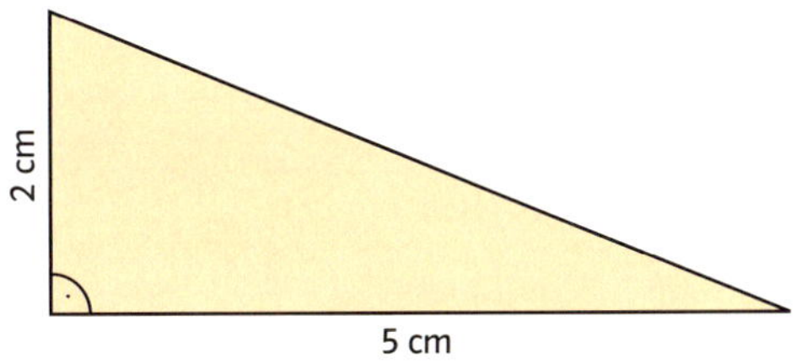

2 Wie viele Flächen, Kanten und Eckpunkte hat die Pyramide
a) mit quadratischer Grundfläche?
b) mit sechseckiger Grundfläche?

3 Welche Eckpunkte treffen zusammen, wenn man das Netz zum Prisma faltet?

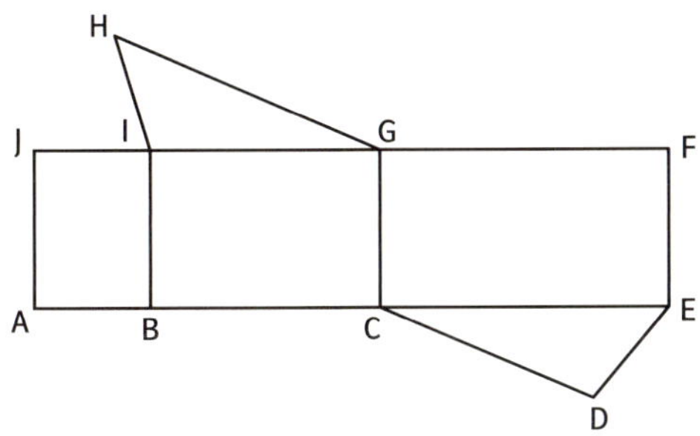

4 Zeichne das Prisma mit der abgebildeten Grundfläche im Schrägbild. Die Mantelkanten sind 8 cm lang.
Das Prisma soll
a) auf einem Mantelrechteck liegen.
b) auf einer Grundfläche stehen.

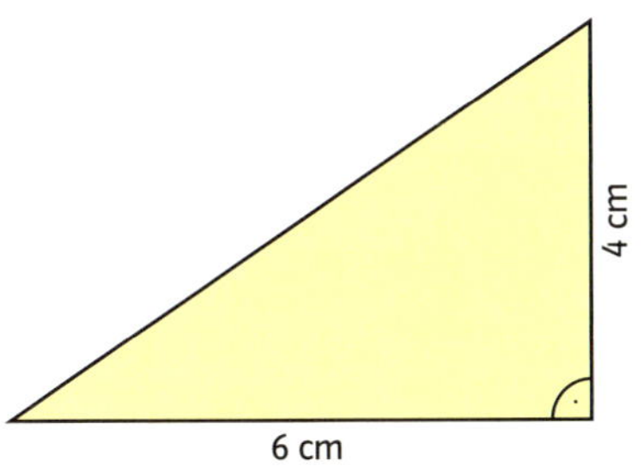

5 Welcher Körper entsteht, wenn sich ein Rechteck um eine Seite dreht?

1 Zeichne ein Netz des Prismas.
Die Mantelkanten sollen 4 cm lang sein.

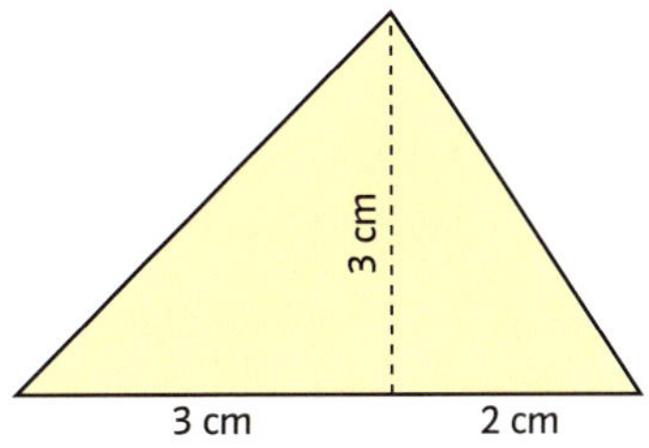

2 Wie viele Flächen, Kanten und Eckpunkte hat das Prisma
a) mit fünfeckiger Grundfläche?
b) mit zwölfeckiger Grundfläche?

3 Welche Eckpunkte treffen zusammen, wenn man das Netz zur Pyramide faltet?

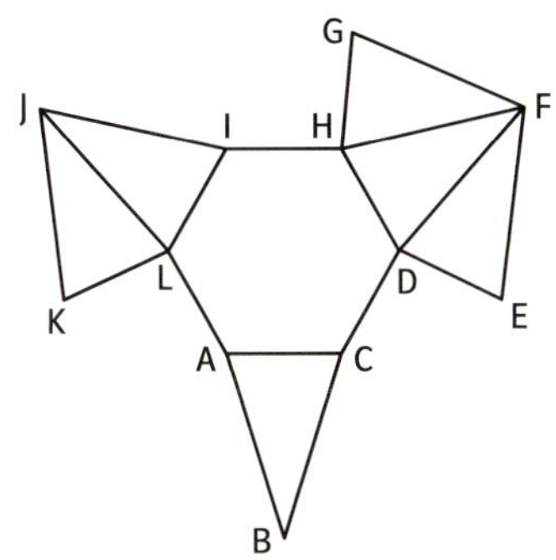

4 Zeichne das Prisma mit der abgebildeten Grundfläche im Schrägbild. Die Mantelkanten sind 6 cm lang.
Das Prisma soll
a) auf einem Mantelrechteck liegen.
b) auf der Grundfläche stehen.

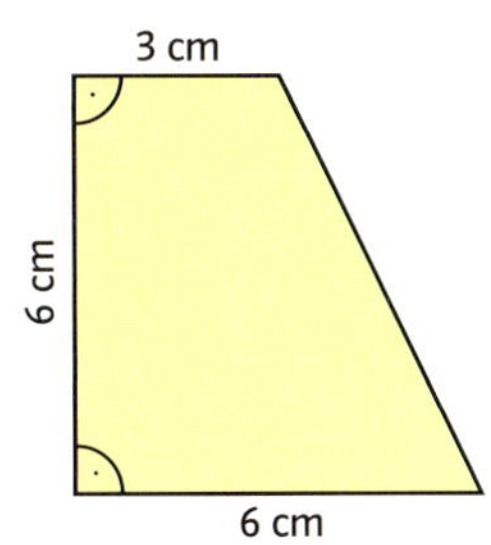

5 Welcher Körper entsteht, wenn sich ein Halbkreis um den Durchmesser dreht?

Flächen und Raum zur Bewegung

Der Traumschulhof

… will gut geplant sein. Manchmal müssen große Flächen entsiegelt werden, weil sie mit dichten Teerschichten belegt sind. Diese Arbeit erfordert entsprechende Geräte und ist teuer. Bezahlt wird nach der Größe der Flächen: Je größer, desto teurer. Der Teer-Abfall muss sorgfältig entsorgt werden. Den Abtransport übernehmen Lkw, deren Lastflächen die Teerplacken aufnehmen können.

Für die Begrünung kommen wieder Lkw, die viele m^3 Erde heranschaffen. Voller Einsatz ist dann gefragt, um die Erde auf den geplanten Grünflächen zu verteilen. Versucht einmal, von eurem Schulhof einen maßstabsgetreuen Plan zu zeichnen und berechnet den Flächeninhalt der geteerten Fläche.

Aus kleinen Würfeln große zusammensetzen

Wie viele kleine Würfel enthält der große Würfel?
Zeichne zwei große Würfel mit den Kantenlängen 3 cm bzw. 4 cm.
Wie viele kleine Würfel füllen die großen Würfel aus?

Übertrage die Tabelle in dein Heft und setze sie fort.

Kantenlänge des großen Würfels	1 cm	2 cm	3 cm	... cm
Anzahl der ausfüllenden Würfel	1	8	...	...

Wie viele kleine Würfel mit der Kantenlänge 1 cm hat ein großer Würfel mit der Kantenlänge 100 cm?
Kann es einen großen Würfel geben, der aus 10 kleinen Würfeln oder aus 216 kleinen Würfeln besteht?

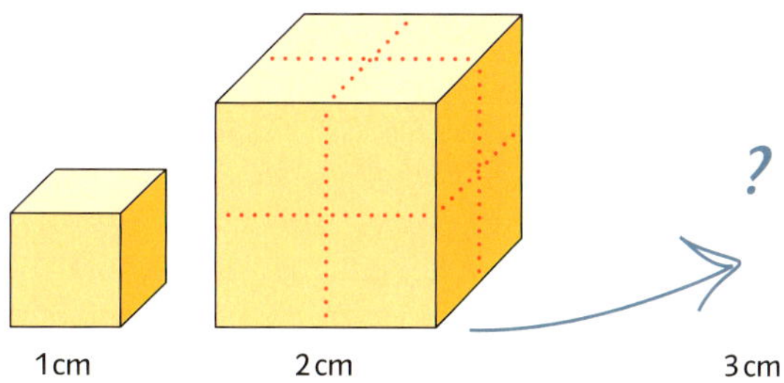

Rauminhalte bestimmen

Denken wir uns den Erdberg aus vielen kleinen Würfelchen zusammengesetzt, dann könnten wir genau angeben, wie viel Erde wir als Füllstoff brauchen. Wir müssten dann nur noch wissen, wie viel Erde ein kleines Würfelchen enthält.

Was schätzt Ihr?

In diesem Kapitel lernst du,

- Flächen auszumessen,
- Rauminhalte zu vergleichen,
- Volumen und Oberfläche eines Quaders zu berechnen,
- mit Einheiten von Flächen und Körpern umzugehen.

1 Flächenmaße

Die 6b ist dabei, die Schulhoffläche zu vermessen.

→ Jedes Kind sitzt auf einem quadratischen Flächenstück mit dem Flächeninhalt 1 m². Wie lang ist dann die Seite dieser Quadrate?

→ Wie viele Kinder müssten sich so ein 1-m²-Quadrat basteln, um die Fläche, die jetzt nahezu umrahmt ist, vollständig auszufüllen?

Zum Vermessen von Flächenstücken denkt man sich diese mit passenden Flächeneinheitsstücken ausgelegt. Oft nimmt man dazu Quadrate. Ein großes quadratisches Flächenstück mit 10 m Seitenlänge kann z. B. mit 10 x 10 Einheitsquadraten mit dem Flächeninhalt von 1 m² ausgelegt werden. Es hat also einen Flächeninhalt von 100 m².

Komma nach links:
Zahl wird kleiner,
Einheit wird größer.

Komma nach rechts:
Zahl wird größer,
Einheit wird kleiner.

Alle Flächen, die mit gleich vielen Teilflächen derselben Größe ausgelegt werden können, haben denselben Flächeninhalt.
Verschiedene Flächenmaße für unterschiedlich große Flächen:

Flächeneinheit	Quadratmillimeter	Quadratzentimeter	Quadratdezimeter	Quadratmeter	Ar	Hektar	Quadratkilometer
	1 mm²	1 cm²	1 dm²	1 m²	1 a	1 ha	1 km²
	·100 →	·100 →	·100 →	·100 →	·100 →	·100 →	

Bemerkung
Bei der Umwandlung von Flächenmaßen in andere Flächeneinheiten hilft eine Tabelle. Beachte dabei die Dezimalschreibweise.

km²		ha		a		m²		dm²		cm²		mm²		
10	1	10	1	10	1	10	1	10	1	10	1	10	1	
					5,	3	2	1	4					5,3214 a = 5 a 32 m² 14 dm²
					5	3	2,	1	4					532,14 m² = 532 m² 14 dm²
					5	3	2	1	4					53 214 dm²

Beim Umwandeln in die nächstkleinere Flächeneinheit wird das Komma um zwei Stellen nach rechts verschoben, beim Umwandeln in die nächstgrößere Flächeneinheit um zwei Stellen nach links.

Beispiele
a) Typische Maße eines Fußballfeldes: Länge 100 m, Breite 70 m. Da es rechteckig ist, kann man den Flächeninhalt leicht berechnen:
$A = 100 \cdot 70\,m^2 = 7000\,m^2 = 70\,a = 0{,}7\,ha$.

b) Die Eilenriede, der Stadtwald Hannovers, bedeckt eine Fläche mit dem Inhalt $A = 26{,}5\,km^2 = 2650\,ha$. Es passen also 26 500 000 Einheitsquadrate mit 1 m Seitenlänge hinein.

Aufgaben

1 Die Kinderzimmer sollen einen Bodenbelag aus Kork bekommen. Peters Zimmer ist 12,40 m^2 groß. Petra hat ein 13,70 m^2 großes Zimmer und René hat 14,10 m^2. Wie viel m^2 Korkfliesen müssen insgesamt gekauft werden?

2 Auf ein Grundstück der Fläche von 5,10 a wird ein Einfamilienhaus mit einer Grundfläche von 102 m^2 gebaut. Für die Zufahrt, den Stellplatz und die Terrasse werden 42,5 m^2 benötigt. Wie groß ist der Rest, der zur Anlage des Gartens dienen soll?

3 Familie Hartmann sucht eine neue Wohnung. In der Zeitung findet sie ein passendes Angebot:

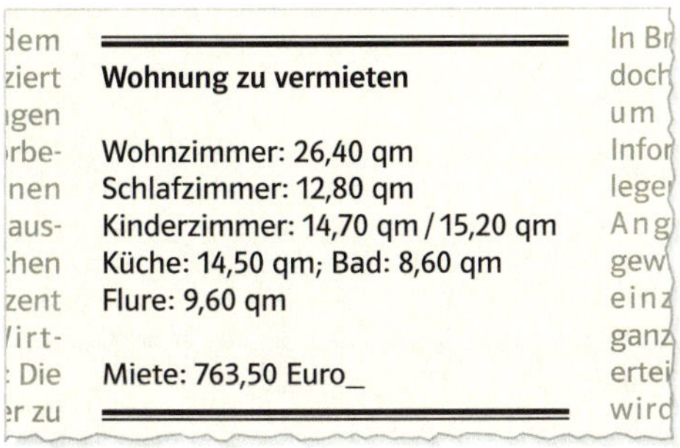

Wohnung zu vermieten

Wohnzimmer: 26,40 qm
Schlafzimmer: 12,80 qm
Kinderzimmer: 14,70 qm / 15,20 qm
Küche: 14,50 qm; Bad: 8,60 qm
Flure: 9,60 qm

Miete: 763,50 Euro_

a) Wie groß ist die Wohnung?
b) Wie hoch ist die Miete je m^2?

4 Bauer Hartmann hat einen Grundbesitz von 46 ha 39 a. Davon sind 12 ha 31 a Wald, 18 ha 65 a sind Acker und der Rest ist Wiesenfläche. Wie groß ist die Wiesenfläche?

5 a) Welchen Flächeninhalt hätte ein Rechteck, das aus allen Blättern deines Mathematikbuches besteht?
b) Berechne, ob du mit den Seiten eurer Tageszeitung das Klassenzimmer auslegen kannst.

6 Der Garagenvorplatz (8 m × 3 m) soll mit rechteckigen Steinen gepflastert werden. Die Steine sind 24 cm lang und 12 cm breit. Wie viele Steine werden gebraucht?

7 Wie groß ist ein ha? Auf dem Sportplatz oder auf dem Schulhof könnt ihr Rechtecke mit diesem Flächeninhalt abstecken. Wie lange braucht ihr, um einmal drum herum zu laufen?

8 Die Entsiegelung des Schulhofes (Entfernen von Asphalt- und Teerbelägen) fördert die Gemeinde mit 15 € je m^2. Maximal gibt sie 3450 €. Wie viel m^2 können damit maximal entsiegelt werden?

9 Eine 100-jährige Buche hat bis zu 550 000 Blätter. Die Blattfläche beträgt etwa 22 cm^2.
a) Berechne die Gesamtoberfläche der Blätter.
b) Das wievielfache der Standfläche einer Buche (ca. 120 m^2) erreicht die Blattfläche?

10 Bestimme mithilfe der Maße aus dem Plan die Flächeninhalte der Räume.

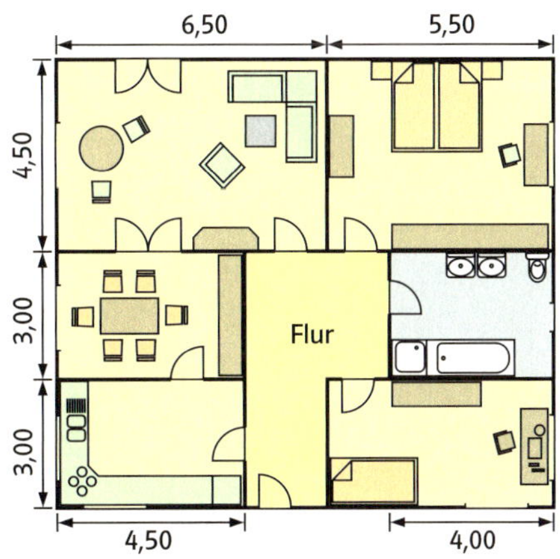

Der Schulhof ist nicht nur einfach das Außengelände der Gebäude. Er hat wichtige Aufgaben zu erfüllen:

- Freizeitaktivitäten ermöglichen
- der Erholung in den Pausen dienen
- Bewegung fördern
- Unterrichtsraum für besondere Anlässe bieten.

Bei einer Umgestaltung gilt es, viele unterschiedliche Interessen unter einen Hut zu bringen.

Ziel
Es sollen ein konkreter Vorschlag und ein Modell für die Umgestaltung des Schulhofes entwickelt werden. Die Umgestaltung soll möglichst allen wichtigen Wünschen gerecht werden und dennoch durchführbar sein.

Eine Umfrage zur Vorbereitung
Wie sieht euer Traumschulhof aus? Was wünschen sich deine Mitschülerinnen und Mitschüler? Eine Umfrage bringt Klarheit. Ein Beispiel von vielen möglichen:

- einen Basketballplatz mit zwei Körben (Gibt es dann noch genügend Ruhezone?)
- einen Fahrradparcours für Unterricht (Fahrradprüfung) und Freizeit
- zwei Tischtennisplatten (Gibt es einen windgeschützten Bereich?)
- einen kleinen Bolzplatz (Tor an fensterloser Wand aufgemalt)
- der Teer muss weg (wie viel m^2 Asphaltfläche müssen aufgebrochen werden?
Wie viel m^3 Asphalt und Schutt müssen entsorgt werden?)
- einen Spielhügel (wie viel m^3 Füllmaterial braucht man dafür?).

Durchführung
Jetzt könnt ihr eure Umfrage auswerten. Fertigt ein Plakat mit den Ergebnissen an. Danach geht es an das Modell:

1. Zuerst muss die Schulhoffläche vermessen werden, damit ihr genau wisst, worüber ihr redet.
2. Fertigt einen maßstabsgerechten Schulhofplan an. Messt die unterschiedlichen Teilflächen aus (Wie viel ist asphaltiert? Wo sind Parkplätze für Pkw, für Fahrräder? Wo muss die Feuerwehrzufahrt hin? ...)
3. Zeichnet die Wünsche aus eurer Umfrage ein.
4. Bastelt ein Modell des neuen Schulhofes.

Präsentation
Das Ergebnis eurer Arbeit kann nun vorgestellt werden. Vielleicht kann der Förderverein eurer Schule überredet werden, einen Wettbewerb zu veranstalten.

2 Rauminhalte vergleichen

Aus gleich großen Bausteinen sind verschiedene Körper gebaut worden.
→ Ordne sie nach der Größe des Rauminhalts.
→ Erkläre, wie du die Reihenfolge festgelegt hast.

Wenn Körper aus gleichen Teilkörpern zusammengesetzt sind, können ihre **Rauminhalte** verglichen werden.

Alle Körper, die aus gleich vielen Teilkörpern derselben Größe bestehen, haben denselben **Rauminhalt**. Statt Rauminhalt sagt man auch **Volumen**.

Beispiele

a) Alle vier Körper haben denselben Rauminhalt (dasselbe Volumen).

! Zum Volumenvergleich eignen sich Würfel besonders gut.

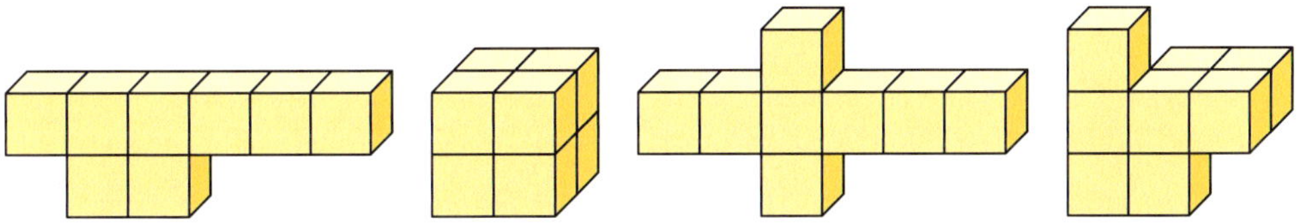

b) Das Volumen eines unregelmäßigen Körpers, z. B. eines Steins, kann man nicht durch Zählen von Würfeln bestimmen. Wenn man ihn aber in ein Gefäß mit Wasser eintaucht, steigt der Wasserspiegel. So erkennt man, dass der Stein in der Abbildung das gleiche Volumen wie sechs kleine Würfel besitzt.

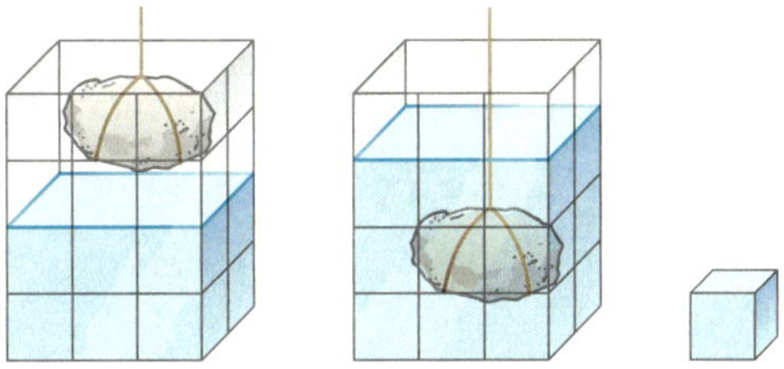

Aufgaben

1 Aus wie vielen Würfeln bestehen die Körper?

2 In welche der Kisten kannst du den meisten Sand einfüllen?

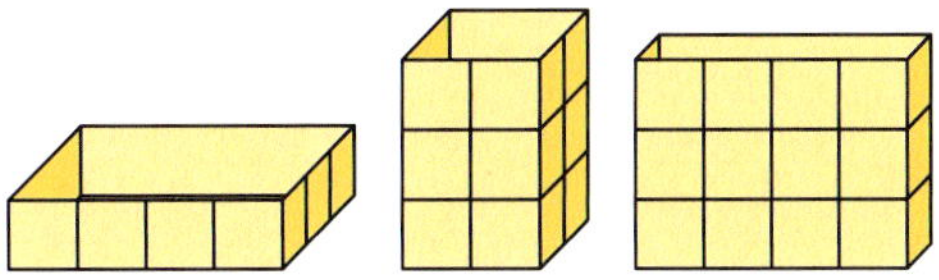

3 Auf welcher Palette liegen mehr Ziegelsteine?

a)
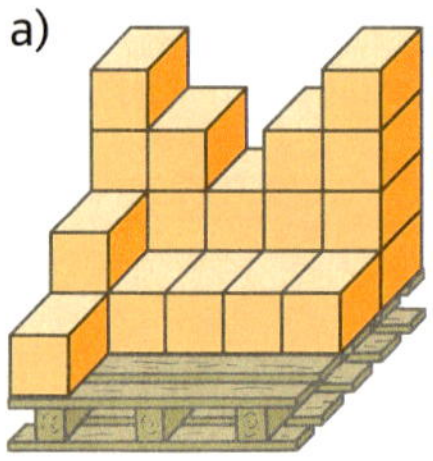

b)

4 Welches Würfeltier hat den größten Rauminhalt?

a)
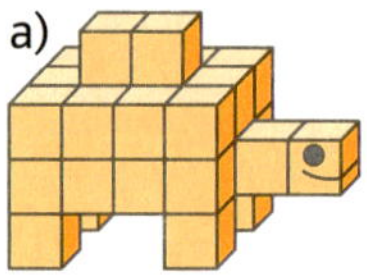

b)
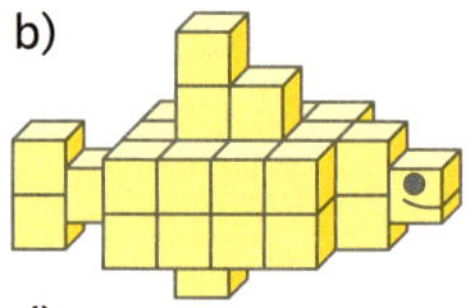

c)
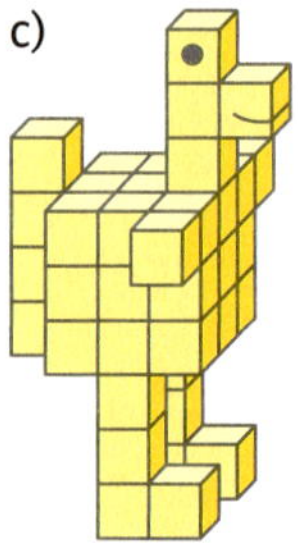

d)

5 Wie viele gelbe Würfel passen hier noch hinein?

a)
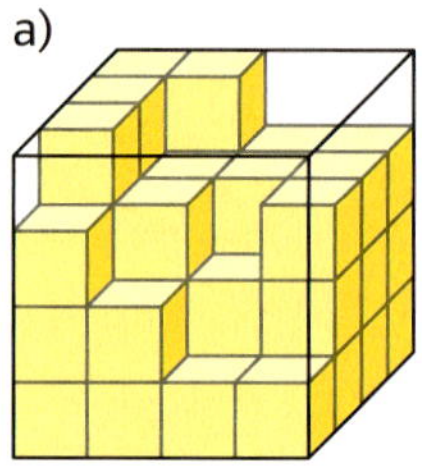

b)
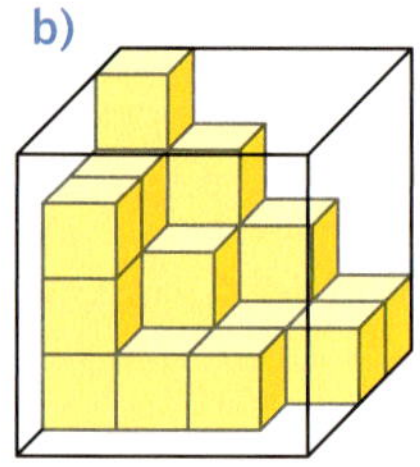

6 Lauter halbe Würfel? Welcher Würfel ist fehlerhaft halbiert worden?

a)
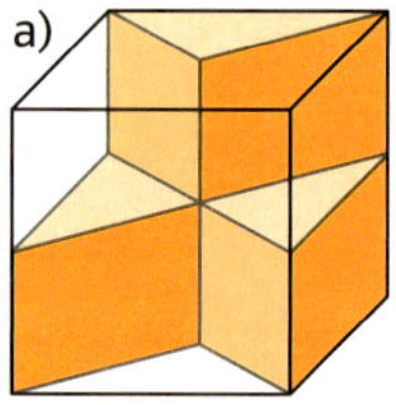

b)
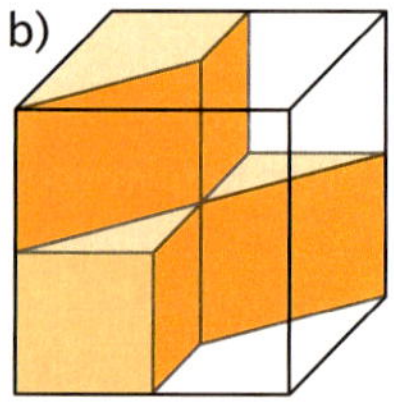

c)
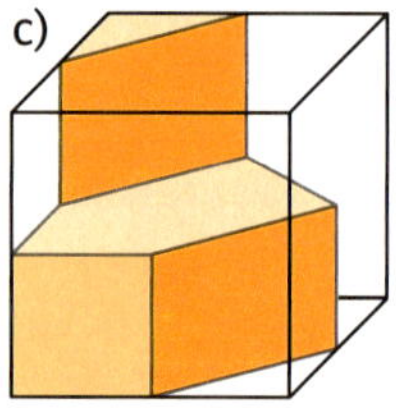

d)
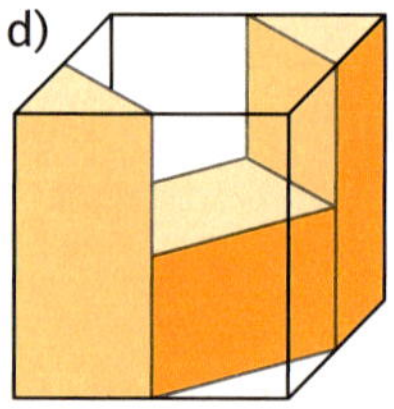

Quader bauen

Aus fünf Würfeln kann nur **ein** Quader gebaut werden.

Aus sechs Würfeln können **zwei** verschiedene Quader gebaut werden.

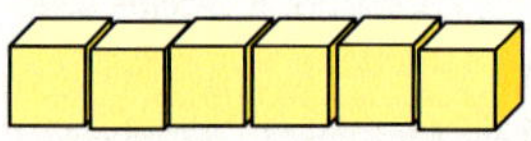

Wie der Quader liegt, spielt keine Rolle. Die drei abgebildeten Quader gelten als gleich.

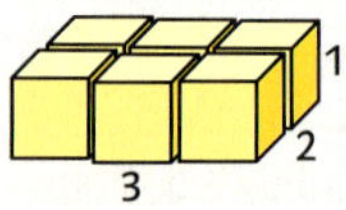

3 - 2 - 1 - Quader

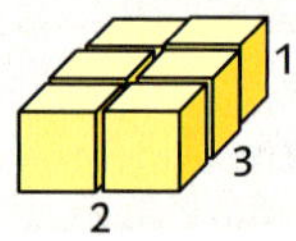

2 - 3 - 1 - Quader

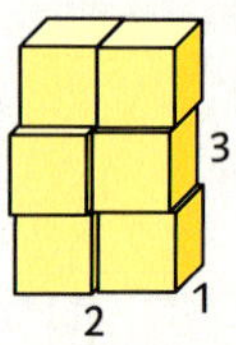

2 - 1 - 3 - Quader

Quader werden als gleich bezeichnet, wenn nur gleiche Zahlen vorkommen.

- Wie viele verschiedene Quader kannst du aus 12; 15; 18; oder 24 Würfeln bauen? Bezeichne die verschiedenen Quader wie im Beispiel.

- Stelle dir weitere Aufgaben.
Welche Regelmäßigkeit entdeckst du?

3 Raumeinheiten

Kofferraumvolumen des City-Transfer
als 7-Sitzer: 138 l
als 5-Sitzer: 540 l
ohne Rücksitze: 1860 l

→ Erkläre die Angaben zum Kofferraumvolumen.
→ Wie viele Milchkartons fasst das Fahrzeug als 7-Sitzer, 5-Sitzer bzw. ohne Rücksitze im Idealfall?

Wenn Rauminhalte verschiedener Körper verglichen werden, muss mit derselben **Volumeneinheit** gemessen werden.
Üblicherweise werden Würfel als Volumeneinheit benutzt.
Hat der Würfel z. B. die Kantenlänge 1 m, so hat er ein Volumen von einem **Kubikmeter** (kurz: **1 m³**).

Ein Kubikzentimeter hat 1000 Kubikmillimeter, ein Kubikdezimeter 1000 Kubikzentimeter usw. Die Umrechnungszahl für Volumeneinheiten ist also 1000.

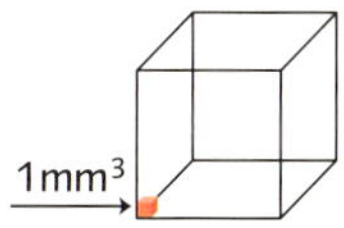

Kantenlänge des Würfels	**1 mm**		**1 cm**		**1 dm**		**1 m**
Volumeneinheit	Kubikmillimeter		Kubikzentimeter		Kubikdezimeter		Kubikmeter
	$1\,mm^3$	$\xrightarrow{\cdot 1000}$	$1\,cm^3$	$\xrightarrow{\cdot 1000}$	$1\,dm^3$	$\xrightarrow{\cdot 1000}$	$1\,m^3$

Beispiele

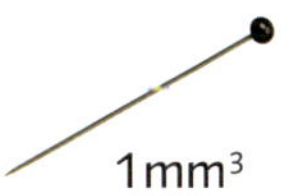
1 mm³

1 cm³

1 dm³

1 m³

Bemerkung
Bei Flüssigkeiten und Gasen verwendet man für das Volumen häufig auch die Maßeinheiten **Liter** oder **Milliliter**. 1 l = 1 dm³; 1 ml = 1 cm³.

Bemerkung

Bei der Umwandlung von Volumenmaßen in andere Volumeneinheiten hilft die Tabelle. Beachte dabei die Dezimalschreibweise.

m^3			dm^3			cm^3			mm^3			
100	10	1	100	10	1	100	10	1	100	10	1	
		5 ,	3	2	1	4	0	0				$5{,}3214\,m^3 = 5\,m^3\ 321\,dm^3\ 400\,cm^3$
		5	3	2	1 ,	4	0	0				$5321{,}4\,dm^3 = 5321\,dm^3\ 400\,cm^3$
		5	3	2	1	4	0	0				$5\,321\,400\,cm^3$

Beim Umwandeln in die nächstkleinere Volumeneinheit wird das Komma um drei Stellen nach rechts verschoben, beim Umwandeln in die nächstgrößere Volumeneinheit um drei Stellen nach links.

Beispiele

a) $6\,dm^3 = 6000\,cm^3$

b) $5\,cm^3\ 365\,mm^3 = 5365\,mm^3$

c) $12\,000\,dm^3 = 12\,m^3$

d) $2\,m^3\ 40\,dm^3 = 2040\,dm^3$

e) $4{,}2\,m^3 = 4200\,dm^3 = 4200\,l$

f) $31\,450\,cm^3 = 31{,}45\,dm^3 = 31{,}45\,l$

Aufgaben

1 Welche Volumeneinheit würdest du verwenden, um den jeweiligen Rauminhalt anzugeben?

a) Klassenzimmer b) Konservendose
c) Wassereimer d) Wasserflasche
e) Zuckerkrümel f) Badewanne
g) Rucksack h) Trinkglas
i) Schrank j) Haus

2 Wo kannst du Angaben zum Rauminhalt finden?
Suche in eurer Wohnung nach weiteren Beispielen.

3 Gib in der nächstgrößeren Einheit an.

a) $4000\,mm^3$; $82\,000\,cm^3$; $120\,000\,cm^3$
b) $325\,000\,dm^3$; $50\,000\,mm^3$; $85\,000\,cm^3$
c) 5000 ml; 7000 ml; 23 000 ml; 45 000 ml

4 Gib in der nächstkleineren Einheit an.

a) $34\,m^3$; $80\,cm^3$; $115\,dm^3$; $200\,m^3$
b) 17 l; 230 l; 5,3 l; 14,09 l

5 Wandle um.

a) in **cm^3**: $3000\,dm^3$; $17\,000\,mm^3$; $5\,dm^3$
b) in **dm^3**: $5\,m^3$; $45\,000\,mm^3$; $3\,m^3\ 5\,dm^3$
c) in **l**: $605\,dm^3$; $3\,m^3$; $75\,000\,cm^3$
d) in **ml**: 13 l; 4 l 550 ml; $2\,dm^3\ 30\,cm^3$

6 Schreibe ohne Komma.

a) $2{,}452\,dm^3$; $7{,}064\,m^3$; $112{,}025\,cm^3$
b) $90{,}864\,cm^3$; $40{,}28\,cm^3$; $15{,}7\,dm^3$

7 Schreibe mit Komma.

a) in **m^3**: $4500\,dm^3$; 7800 l; $2\,m^3\ 50\,dm^3$
b) in **dm^3**: $66\,840\,cm^3$; $3\,m^3\ 3\,dm^3\ 3\,cm^3$
c) in **cm^3**: $1\,dm^3\ 30\,cm^3$; $1{,}3245\,dm^3$
d) in **l**: 5300 ml; $4\,dm^3\ 5\,cm^3$

8 Setze <, > oder = ein.

a) $12\,m^3\ 50\,dm^3$ □ $1250\,dm^3$
b) 436 l □ $436\,000\,cm^3$
c) $8{,}32\,cm^3$ □ $832\,mm^3$
d) $2\,m^3\ 3\,dm^3$ □ $2\,m^3\ 300\,cm^3$
e) $5{,}555\,cm^3$ □ $5{,}5\,dm^3$
f) $4\,dm^3\ 44\,cm^3$ □ 4 l 400 ml

9 Berechne.

a) $30\,cm^3 + 156\,cm^3 + 3\,dm^3$
b) $4{,}38\,dm^3 - 3000\,cm^3 + 0{,}155\,dm^3$
c) $2{,}5\,m^3 + 780\,dm^3 - 1{,}8\,m^3$
d) $700\,l + 22\,dm^3 + 1{,}8\,m^3$

10 Berechne.

a) $25\,cm^3 \cdot 6$; $12\,l \cdot 7$; $40\,dm^3 \cdot 12$
b) $400\,l : 8$; $3500\,mm^3 : 7$; $120\,ml : 6$
c) $4\,l : 50$; $350\,mm^3 : 70$; $120\,ml \cdot 600$

Hektoliter

Große Flüssigkeitsmengen werden auch mit der Maßeinheit Hektoliter (hl) gemessen.
Hekto- (griech.) bedeutet Hundert.
1 hl = 100 l
1 hl entspricht ungefähr einer durchschnittlichen Badewannenfüllung.

■ Eine Brauerei verkauft täglich 47,5 hl Bier. Ein Liter kostet 1,70 €.

11 In einer Gemeinde werden pro Person täglich 140 l Wasser verbraucht. Die Einwohnerzahl beträgt 6500 Personen. Berechne
a) den täglichen Wasserverbrauch.
b) den jährlichen Wasserverbrauch.
c) die jährlichen Kosten für einen Vier-Personen-Haushalt, wenn 1 m^3 Wasser 2,80 € kostet.
d) In einem Mehrfamilienhaus wohnen 67 Personen.

12 Eine Kiste Sprudel enthält zwölf Flaschen mit je 0,7 l Inhalt. Ein Trinkglas fasst 200 cm^3.

13 Die Viktoriafälle in Afrika gehören zu den größten Wasserfällen der Erde. Bei Hochwasser donnern jede Sekunde 7500 m^3 Wasser hinunter, bei Niedrigwasser immerhin noch 250 m^3.
Wie lange würde es dauern, mit diesen Wassermassen den Bodensee mit einem Fassungsvermögen von 49,5 km^3 zu füllen?

14 Ein Kubikzentimeter Wasser wiegt ein Gramm.
a) Wie schwer ist ein Kubikdezimeter?
b) Wie schwer ist ein Kubikmeter?
c) Wie schwer sind 10 l Wasser?
d) Welchen Raum nimmt 1 kg Wasser ein?

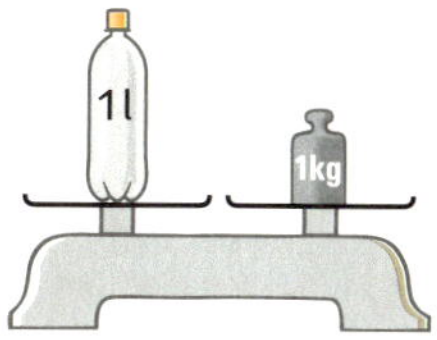

15 Ein Aquarium fasst 160 l Wasser. Leer wiegt es 24 kg.
a) Das Aquarium wird bis zur halben Höhe mit Wasser gefüllt.
b) Der Schrank, auf dem das Aquarium steht, darf höchstens mit 100 kg belastet werden.

16 Zwischen Mönchengladbach, Köln und Aachen liegt das Rheinische Braunkohlerevier. Mit riesigen Schaufelradbaggern wird die Braunkohle über Tage abgebaut.
a) Ein Bagger kann an einem Tag 240 000 t Erdreich bewegen. Wie viel m^3 sind das? (1 m^3 Erde wiegt etwa 2400 kg.)
b) Ein großer LKW kann 40 m^3 Erde laden. Wie viele LKW könnte ein Schaufelradbagger täglich beladen?
c) Um 1 m^3 Braunkohle zu fördern, müssen bis zu 7 m^3 Deckschicht abgeräumt werden. Wie viel Deckschicht muss abgeräumt werden, um 50 Millionen Tonnen Braunkohle zu fördern?

4 Berechnungen am Quader

Ein Quader ist 8 cm lang, 5 cm breit und 3 cm hoch.

→ Wie viel Quadratzentimeter Karton werden für den im Netz abgebildeten Quader benötigt?

→ Stelle einen solchen Quader her und bestimme mithilfe eines Messbechers und Sand das Volumen des Quaders.

→ Du kannst das Volumen auch aus den Maßen berechnen.
Vergleiche mit dem gemessenen Wert.

Der **Quader** hat sechs rechteckige Begrenzungsflächen, von denen je zwei gleich groß sind. Der Flächeninhalt des Netzes ist auch der Flächeninhalt der Quaderoberfläche.

Um das **Volumen eines Quaders** zu bestimmen, wird er in gleich große Schichten, jede Schicht in gleich große Balken und jeder Balken in gleich große Würfel zerlegt.

Das Volumen beträgt in dem Beispiel $3 \cdot 4 \cdot 5$ Würfel = 60 Würfel. Hat jeder Würfel beispielsweise eine Kantenlänge von 1 cm, so beträgt das Volumen $3 \cdot 4 \cdot 5\,cm^3 = 60\,cm^3$.

Volumen des Quaders
Länge mal Breite mal Höhe

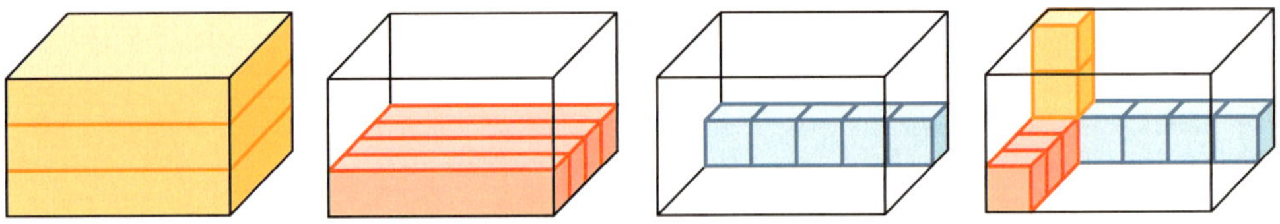

Oberflächeninhalt (kurz: Oberfläche) eines Quaders
- Die Summe der Flächeninhalte der sechs Rechtecke ist die **Oberfläche** eines Quaders. Je zwei Rechtecke sind gleich groß.

Volumen eines Quaders
- Die drei Kantenlängen werden auf dieselbe Maßeinheit gebracht.
- Die Maßzahlen der drei Kantenlängen werden multipliziert.
- Die Maßeinheit ergibt sich aus der Längeneinheit.

Beispiel

Länge: 1 dm = 10 cm Breite: 6 cm Höhe: 40 mm = 4 cm

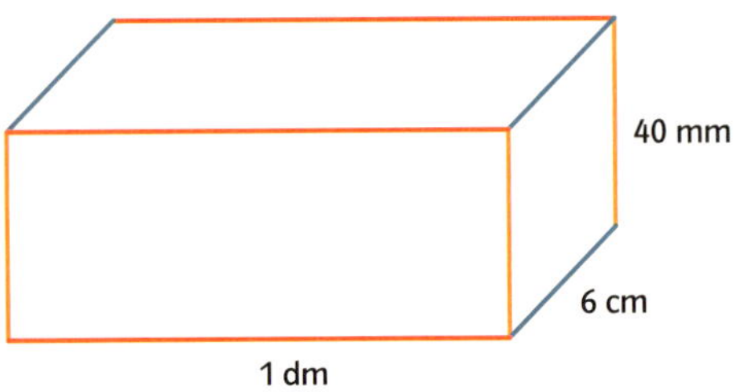

Oberfläche: $2 \cdot 10 \cdot 6\,cm^2 + 2 \cdot 10 \cdot 4\,cm^2 + 2 \cdot 6 \cdot 4\,cm^2$
$120\,cm^2 + 80\,cm^2 + 48\,cm^2 = 248\,cm^2$

oder: $2 \cdot (10 \cdot 6\,cm^2 + 10 \cdot 4\,cm^2 + 6 \cdot 4\,cm^2)$
$= 2 \cdot (60\,cm^2 + 40\,cm^2 + 24\,cm^2)$
$= 2 \cdot 124\,cm^2 = 248\,cm^2$

Volumen: Maßzahlen multiplizieren: $10 \cdot 6 \cdot 4 = 240$
Maßeinheit anhängen: $240\,cm^3$

Aufgaben

1 Aus Würfeln kannst du Quader herstellen.

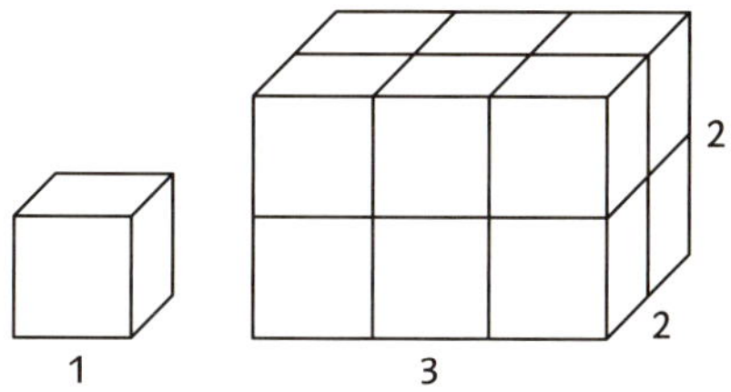

a) Der abgebildete Quader ist ein 2-2-3-Quader. Erkläre die Bezeichnung.
Wie viele Würfel enthält der Quader?
b) Zeichne einen 1-2-3-Quader und einen 3-3-4-Quader. Wie viele Würfel bilden jeweils den Quader?
c) Wie viele Würfel hat ein 12-15-21-Quader, wie viele ein 36-125-212-Quader?

2 Suche in deiner Umgebung drei Quader. Schätze das Volumen und die Oberfläche. Miss die notwendigen Längen und berechne das Volumen und die Oberfläche. Wie gut waren deine Schätzungen?

3 Berechne das Volumen und die Oberfläche.

a)
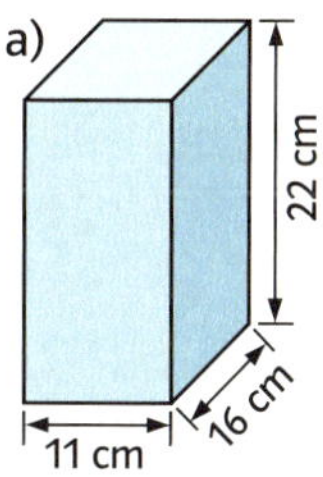

b)
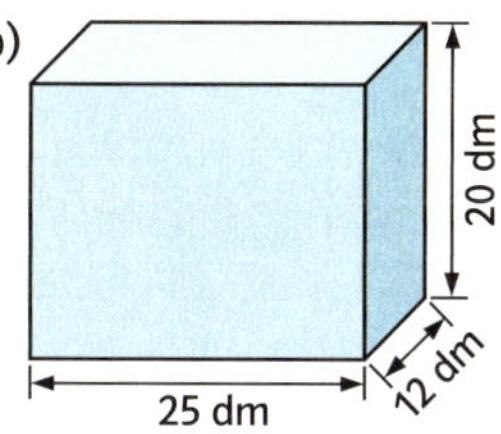

c)
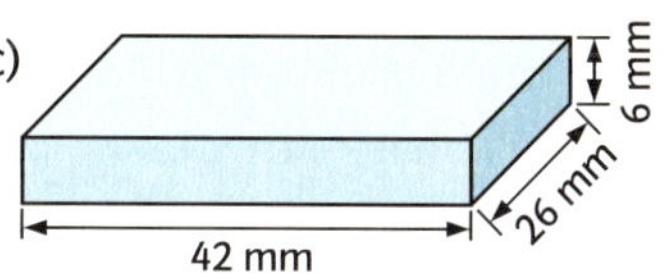

4 Berechne das Volumen und die Oberfläche.

Quader	a)	b)	c)	d)
Länge	4 cm	25 m	2 m	44 mm
Breite	6 cm	7 m	8 dm	1,1 dm
Höhe	8 cm	3 m	5 dm	1,2 cm

5 Ergänze die fehlenden Werte.

Quader	a)	b)	c)	d)
Länge	4 cm	5 cm	10 m	
Breite	7 cm	3 cm		2 dm
Höhe	9 cm		4 m	8 dm
Volumen		60 cm³	240 m³	64 l

6 Das Volumen eines Quaders kann man auch aus dem Flächeninhalt der Grundfläche und der Höhe berechnen.

Beispiel: Grundfläche: 240 m²; Höhe: 3 m
$240 \cdot 3\,m^3 = 720\,m^3$.

Quader	a)	b)	c)	d)
Grundfläche	36 cm²	15 cm²	250 cm²	75 cm²
Höhe	12 cm	4,5 cm	15 dm	2 mm

7 Berechne das Volumen.

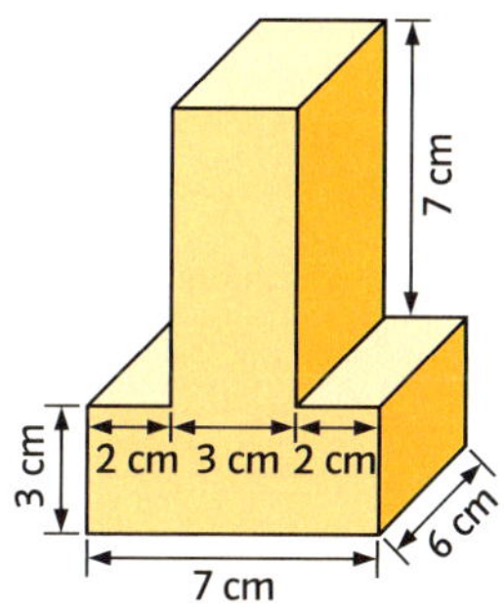

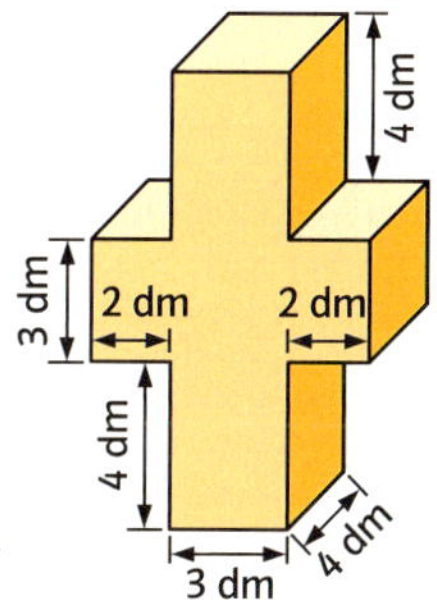

8 Ein Transporter ist innen 241 cm lang, 185 cm breit und 162 cm hoch.
a) Zu laden sind 64 Kartons. Passt das? Beachte, dass die Kartons aufrecht stehen sollen.
b) Könnte man mehr Kartons laden, wenn sie nicht aufrecht stehen müssten?

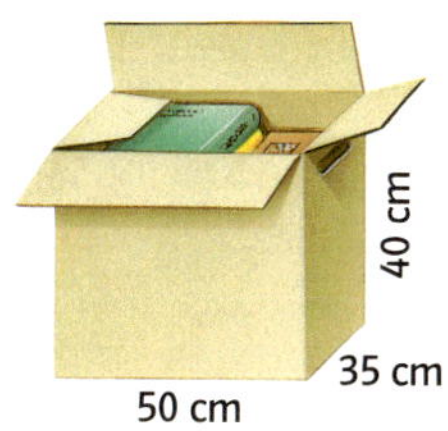

9 Welche Kantenlängen kann ein Quader haben, dessen Volumen 180 cm³ beträgt? Wähle drei mögliche Beispiele und berechne die zugehörigen Oberflächen. Was fällt dir auf?

10 Das Volumen eines Quaders soll 125 cm³ betragen. Bestimme den Quader mit der kleinsten Oberfläche.

Jede Menge Würfel

Der **Würfel** ist ein besonderer Quader, bei dem alle Kanten gleich lang sind.
Aus kleinen Würfeln kannst du große bauen.

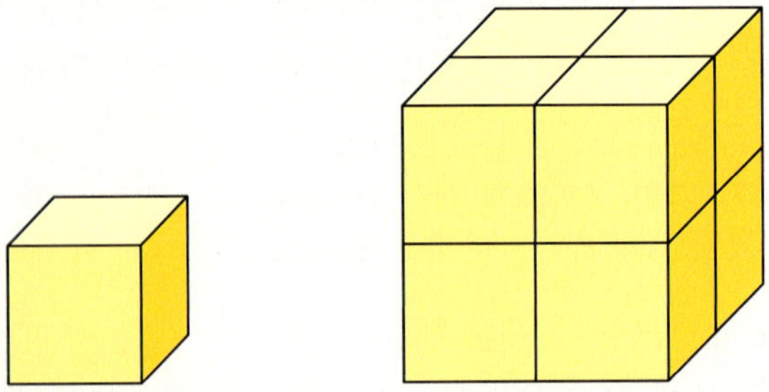

Kantenlänge	1	2	3	…
Anzahl kleiner Würfel	1	8	27	…
Anzahl kleiner Quadrate	6	24	54	…

- Setze die Tabelle fort.

- Bei welcher Kantenlänge ist die Anzahl der kleinen Würfel genauso groß wie die Anzahl der kleinen Quadrate?

Das Volumen eines Würfels ergibt sich als die Kubikzahl der Kantenlängen.
Die Oberfläche besteht aus sechs gleich großen Quadraten. Somit ist die Oberfläche sechsmal so groß wie ein Quadrat.

Beispiel: Kantenlänge 4 cm
Volumen: $4 \cdot 4 \cdot 4\,\text{cm}^3 = 64\,\text{cm}^3$
Oberfläche: $6 \cdot 4 \cdot 4\,\text{cm}^2 = 6 \cdot 16\,\text{cm}^2 = 96\,\text{cm}^2$

- Baue aus 12; 27; 42 oder 64 Würfeln Quader mit der kleinsten Oberfläche. Was fällt dir auf?

- Bestimme Volumen und Oberfläche des ausgefrästen Würfels.

a)

b)

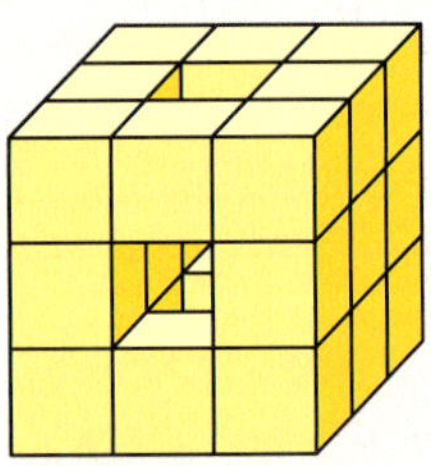

c)

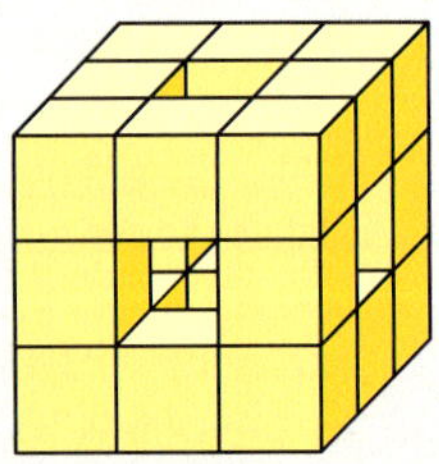

11 Berechne Volumen und Oberfläche eines Würfels mit folgenden Kantenlängen.
a) 6 cm b) 12 mm c) 3,8 dm

12 Bei Würfeln kannst du aus der Oberfläche auf das Volumen schließen und umgekehrt.
a) Die Oberfläche eines Würfels beträgt $150\,\text{cm}^2$. Berechne das Volumen.
b) Das Volumen eines Würfels beträgt $216\,\text{cm}^3$. Berechne die Oberfläche.

13 Berechne die Oberfläche des Quaders mit dem abgebildeten Quadernetz.

a)

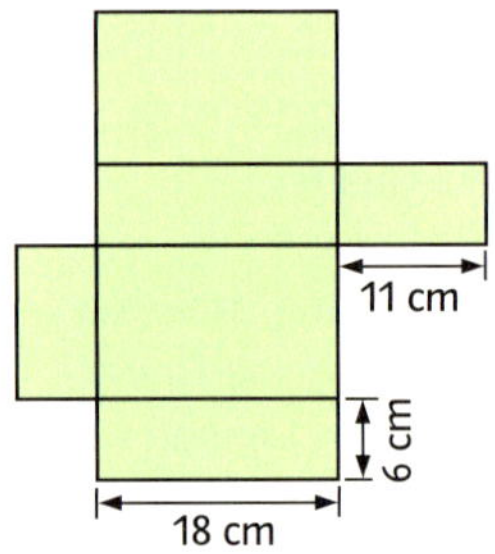

b)

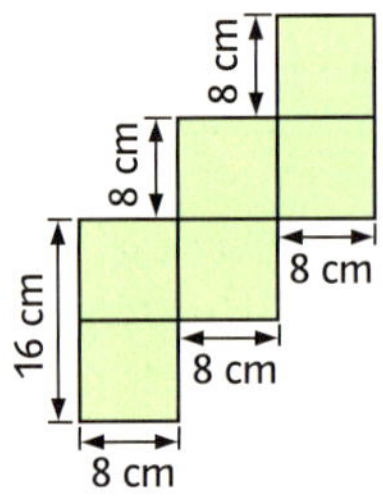

c)

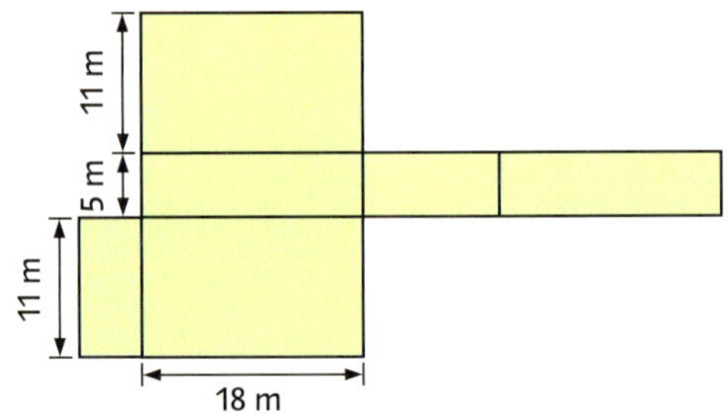

14 Die beiden Rechtecke bilden den Teil eines Quadernetzes. Berechne Volumen und Oberfläche des Quaders.

a)

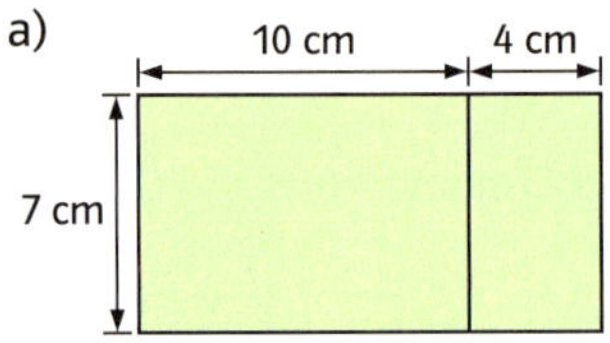

b)

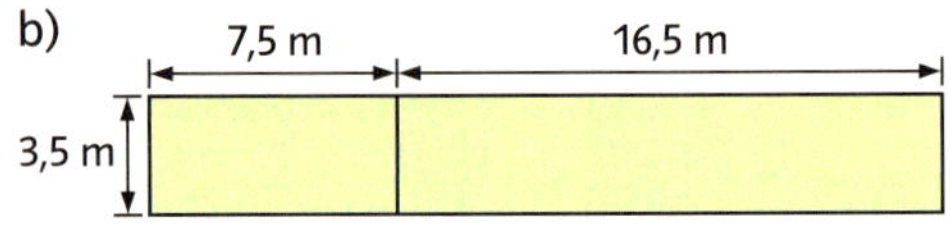

Verpackung

Für die folgenden Aufgaben benötigst du einige Bogen Karton, Klebstoff und eine Schere.

- Schneide drei Quadrate mit der Seitenlänge 18 cm aus dem Karton aus. An den Ecken werden nun kleine Quadrate abgeschnitten. Wenn du einen Klebefalz stehen lässt, kannst du daraus eine nach oben offene Schachtel bauen.

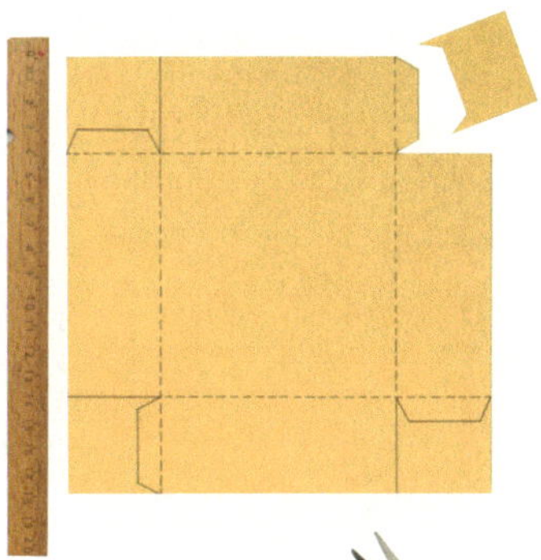

- Stelle drei Schachteln her. Die kleinen Quadrate, die weggeschnitten werden, sollen die Seitenlänge 1 cm, 3 cm und 6 cm haben.
- Berechne die Rauminhalte der Schachteln.
- Stelle mit einer Tabelle eine Übersicht her. Berechne die möglichen Rauminhalte der Schachteln.

Seitenlänge des kleinen Quadrats	1 cm	2 cm	3 cm	...
Volumen der Schachtel				

15 Nach dem Abriss der Fabrikhalle soll auf dem Gelände eine Grünanlage mit Kinderspielplatz entstehen.
a) Die Fabrikhalle ist 62 m lang, 24 m breit und 12 m hoch. Die Wandstärke beträgt durchschnittlich 36 cm, die Deckenstärke 17 cm und die Bodenplatte hat eine Dicke von 25 cm. Nach dem Abriss wird der Schutt abgefahren. Ein Lastwagen fasst 5 m^3 Schutt und benötigt pro Fahrt 45 Minuten.
b) Nachdem das Gelände vom Schutt befreit ist, wird 50 cm hoch Mutterboden aufgetragen. 1 m^3 Mutterboden kostet 6 €.
c) Der Kinderspielplatz erhält einen Sandkasten, der 3,5 m lang, 2,3 m breit und 60 cm tief ist. Es werden 4 m^3 Sand eingefüllt.

16 Ein Schwimmbecken ist 12 m lang und 8 m breit. Das Wasser steht im Becken 1,5 m hoch.
a) Wie viel Wasser ist darin enthalten?
b) Wie viel Wasser muss nachgefüllt werden, wenn der Wasserstand auf 2 m erhöht werden soll?

17 Ein Klassenraum ist 8 m lang, 7,50 m breit und 3,40 m hoch. Für jede Schülerin und jeden Schüler sollen 6 m^3 Luft zur Verfügung stehen.
a) Es sind 30 Schülerinnen und Schüler in der Klasse.
b) Für wie viele Kinder ist der Raum zugelassen?
c) Welche Maße kann ein Klassenraum haben, der für 28 Kinder zugelassen ist?

Zusammenfassung

Flächen

Flächeneinheiten

Zum Vergleich verschiedener Flächenstücke werden Quadrate als **Flächeneinheit** benutzt.
Gebräuchliche Einheiten sind
mm^2, cm^2, dm^2, m^2, a, ha und km^2.
1 km² = 100 ha
1 ha = 100 a
1 a = $100\,m^2$
1 m² = $100\,dm^2$
1 dm² = $100\,cm^2$
1 cm² = $100\,mm^2$

$4{,}36\,m^2 = 436\,dm^2 = 43\,600\,cm^2$
$7{,}2\,ha = 720\,a = 72\,000\,m^2$

Länge: 2,4 dm = 24 cm
Breite: 80 mm = 8 cm

Körper

Volumeneinheiten

Zum Vergleich verschiedener Körper werden Würfel als **Volumeneinheit** benutzt.
Gebräuchliche Einheiten sind
mm^3, cm^3, dm^3, m^3, ml, l.
1 m³ = $1000\,dm^3$
1 dm³ = $1000\,cm^3$
1 cm³ = $1000\,mm^3$
1 l = 1000 ml = $1\,dm^3$ **1 ml** = $1\,cm^3$

$4{,}38\,m^3 = 4380\,dm^3 = 4380\,l$
$7{,}2365\,dm^3 = 7236{,}5\,cm^3 = 7\,236\,500\,mm^3$
6,4 l = 6400 ml

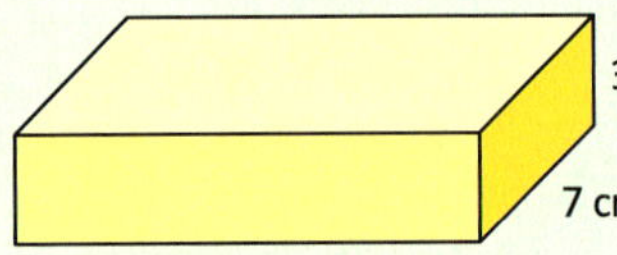

Länge: 1,3 dm = 13 cm
Breite: 7 cm
Höhe: 30 mm = 3 cm

Oberfläche des Quaders

Die **Oberfläche** eines Quaders ist die Summe der Flächeninhalte der sechs Rechtecke.

Oberfläche:
$2 \cdot 13 \cdot 7\,cm^2 + 2 \cdot 13 \cdot 3\,cm^2 + 2 \cdot 7 \cdot 3\,cm^2$
$= 182\,cm^2 + 78\,cm^2 + 42\,cm^2 = 302\,cm^2$
oder
$2 \cdot (13 \cdot 7\,cm^2 + 13 \cdot 3\,cm^2 + 7 \cdot 3\,cm^2)$
$= 2 \cdot 151\,cm^2 = 302\,cm^2$

Volumen des Quaders

Das **Volumen** eines Quaders ist das Produkt aus den Maßzahlen der Länge, Breite und Höhe des Quaders. Die Maßeinheit ergibt sich aus der Längeneinheit.
Beachte: Länge, Breite und Höhe müssen dieselbe Maßeinheit haben.

Volumen:
Produkt der Maßzahlen: $13 \cdot 7 \cdot 3 = 273$
Maßeinheit anhängen: $273\,cm^3$
Kurz: $13 \cdot 7 \cdot 3\,cm^3 = 273\,cm^3$

Üben • Anwenden • Nachdenken

1 Bestimme den Flächeninhalt der Räume.

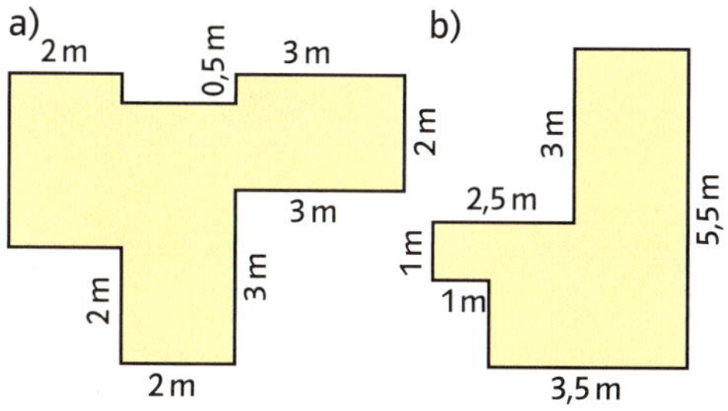

2 Ein Löschwasserbecken ist 5,2 m lang, 1,80 m breit und 2,10 m tief. Das Löschfahrzeug der Feuerwehr fasst 4200 l.

3 Aus 12 Stäben, die 5 dm lang sind, wird ein Würfel gebastelt. Berechne Volumen und Oberfläche.

4 Die Stadtverwaltung hat beschlossen, im Bereich der Fußgängerzone eine 2,5 m breite und 40 m lange Fläche zu pflastern. Eine Tonne Pflastersteine reicht für 8 m^2 und kostet 160 €.

5 Ein Wasserbecken ist 5 m lang, 3,5 m breit und 60 cm tief.
a) Es werden 8000 l eingefüllt.
b) Es werden 12 000 l eingefüllt.

6 a) Berechne das Volumen dieser Bausteine.

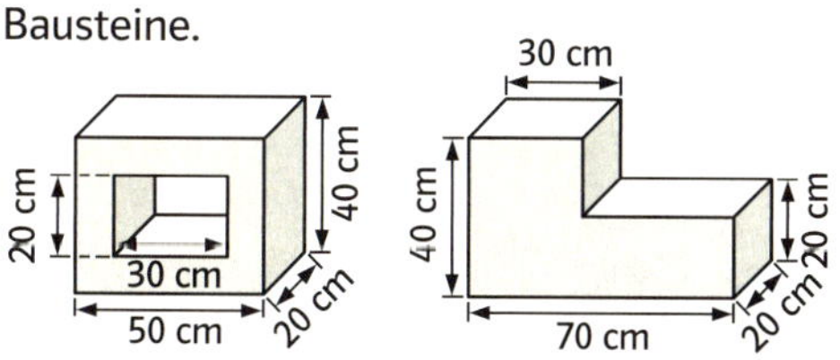

b) Ein Kubikzentimeter Stein wiegt 2,5 g.
c) Die Steine sollen angestrichen werden. Man benötigt für einen Quadratmeter 0,5 l Farbe.

7 a) Im Wetterbericht wird die gefallene Regenmenge in mm angegeben. Was ist damit gemeint?
b) Bei einem Wolkenbruch fallen 23 mm Regen.

Postpakete

Bei der Post kann man Pack-Sets in verschiedenen Größen kaufen.

XS	Extra Small 22,5 x 14,5 x 3,5 cm (Breite x Tiefe x Höhe) (Ohne Klebestreifen)	1,50 €
S	Small 25 x 17,5 x 10 cm (Breite x Tiefe x Höhe)	1,70 €
M	Medium 35 x 25 x 12 cm (Breite x Tiefe x Höhe)	1,90 €
L	Large 40 x 25 x 15 cm (Breite x Tiefe x Höhe)	2,20 €
XL	Extra Large 50 x 30 x 20 cm (Breite x Tiefe x Höhe)	2,50 €
F	Flasche 37,5 x 13 x 13 cm (Breite x Tiefe x Höhe)	2,30 €

- Berechne das Volumen der Pakete.
- Wie viele Pakete der Größe XS passen in ein Paket der Größe L (XL) hinein?
- Welche Paketgröße würdest du auswählen, um 10 CDs (10 Mathematikbücher) zu versenden?

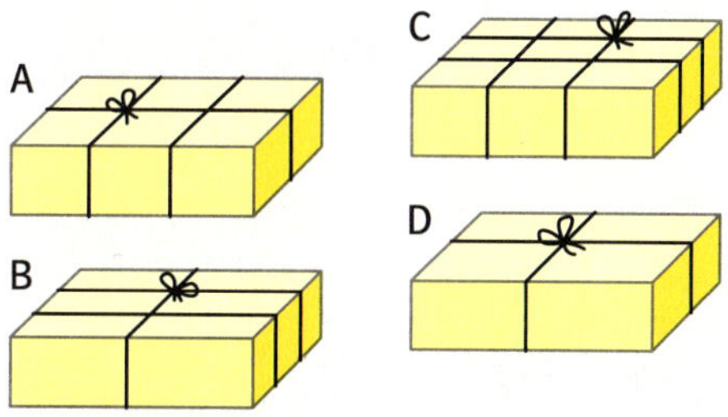

- Pakete können auf verschiedene Weise verschnürt werden.
Wie viel Schnur wird für ein Paket der Größe XL bei den verschiedenen Schnürformen A bis D benötigt? Rechne für den Knoten 15 cm hinzu.

- Wie viel Papier wird für Pakete der Größen M, L, XL benötigt?

Die Okertalsperre – Hochwasserschutz, Energie- und Trinkwasserlieferant

1956 wurde die größte der Harzer Talsperren fertiggestellt: Die Okertalsperre. Die Talsperre dient in erster Linie dem Hochwasserschutz und Niedrigwasserausgleich. Durch einen 7,5 km langen Stollen gibt sie Trinkwasser in die Granetalsperre ab. Von dort aus werden Gemeinden bis hin nach Bremen und Wolfsburg mit Trinkwasser versorgt. Ein Spitzenlastkraftwerk produziert elektrische Energie – ausreichend für knapp 30 000 Drei-Personen-Haushalte.

Überstaute Fläche	230 ha
Wassermenge	47 Millionen m^3 = 47 Milliarden l
Wasserspiegel	416,6 m über NN
Wassereinzugsgebiet	85 km^2
Mittlere Zuflussmenge	66 Millionen m^3 im Jahr, das entspricht 2000 l pro Sekunde

- Wie viel Wasser fließt im Durchschnitt pro Tag dem Stausee zu?
- Die Tabelle zeigt den täglichen Wasserverbrauch pro Person.

Duschen und Baden	46 Liter
Toilettenspülung	34 Liter
Wäsche waschen	12,7 Liter
Garten und Auto	8,9 Liter
Geschirrspülen	7,6 Liter
Kochen und Trinken	5 Liter
Sonstiger Verbrauch	12,8 Liter

Ermittle den Verbrauch einer fünfköpfigen Familie. Veranschauliche deren Wasserverbrauch in einem Diagramm.

- Die deutsche Getränkeindustrie füllt jährlich große Mengen Mineralwasser ab: 8500 Millionen l = 8,5 Millionen m^3 (Stand 2002). Wie viele Personen konnten damit versorgt werden (Pro-Kopf-Verbrauch 114 l)?

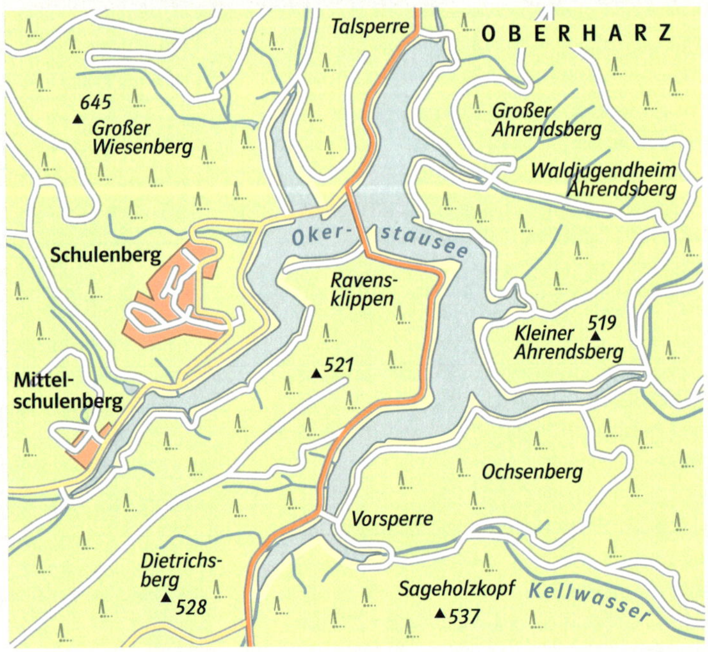

Rückspiegel

1 Zeige, dass die beiden Flächen gleich groß sind. Gib den Flächeninhalt an.

2 Wandle in die in Klammer angegebene Maßeinheit um.

a) 56 ha (a)
780 dm^2 (cm^2)

b) 12 dm^2 7 cm^2 (cm^2)
5 km^2 63 ha (a)

3 Ein rechteckiges Zimmer ist 5 m lang. Es wurde mit 20 m^2 Teppichboden ausgelegt.
a) Wie breit ist das Zimmer?
b) Wie viel Meter Fußleisten müssen eingekauft werden, wenn 2,40 m für die drei Türen ausgespart werden?

4 Die Kantenlänge eines Würfels beträgt 1 cm.
Bestimme das Volumen des abgebildeten Körpers.

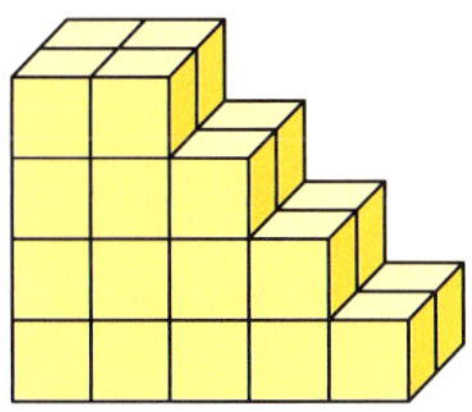

5 Wandle die beiden Größen in eine gemeinsame Maßeinheit um und setze das richtige Zeichen <, = oder >.
a) 2 m^3 37 dm^3 □ 2,370 m^3
b) 14 l 35 cm^3 □ 1435 cm^3
c) 11 m^3 11 dm^3 □ 11 011 dm^3

6 Ein Saunakeller soll ein quaderförmiges Tauchbecken von 1,2 m Länge, 1 m Breite und 1,5 m Tiefe erhalten.
Wie viel Liter Wasser können eingefüllt werden, wenn es bis 10 cm unter der Oberkante gefüllt werden kann?

1 Welches ist die größte Fläche?

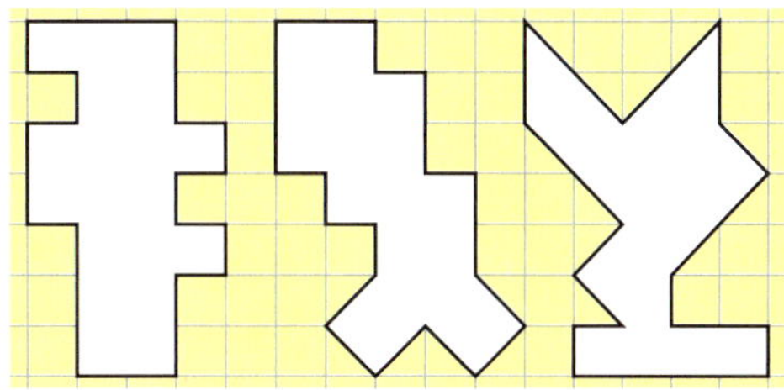

2 a) Schreibe ohne Komma:
3,50 m^2; 2,7 km^2; 5,258 a; 0,75 km^2
b) Schreibe mit Komma:
2 a 35 m^2; 5 ha 2 a; 3 m^2 5 cm^2

3 Familie Flaus Grundstück ist 32 m lang und 8 a groß. Das Haus hat eine Grundfläche von 168 m^2.
a) Wie viel Meter Zaun sind zur Umzäunung des Grundstücks notwendig?
b) Wie viel m^2 bleiben für den Garten?

4 Die Kantenlänge eines Würfels beträgt 1 cm. Bestimme das Volumen der abgebildeten Körper.

a)

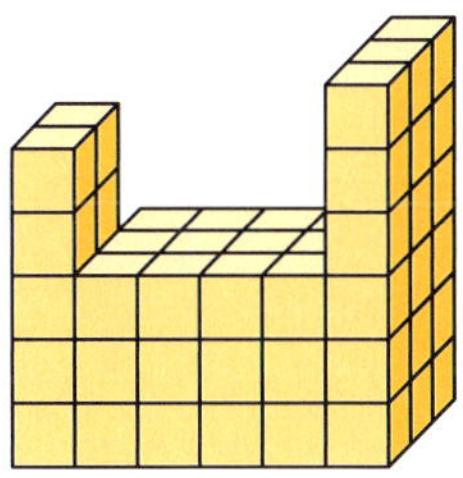

b)

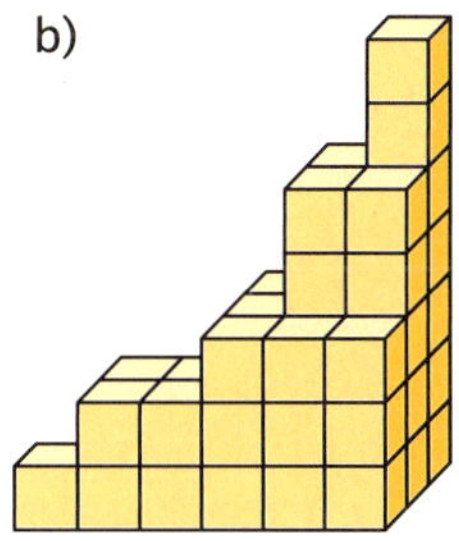

5 Wandle in eine geeignete Maßeinheit um und berechne.
a) 380 dm^3 + 4,2 m^3 + 50 000 cm^3
b) 77 l − 23 dm^3 − 6000 cm^3
c) 0,8 m^3 + 64 dm^3 − 32 l

6 Die Kinder der Familie Wagner möchten ein möglichst großes Aquarium. Folgende Größen werden angeboten:
80 cm lang, 36 cm breit und 45 cm hoch
oder 1 m lang, 36 cm breit und 40 cm hoch.

Mit Buchstaben rechnen

Labyrinthe

Du lässt dich per Anweisung durch ein Labyrinth dirigieren.
Dabei sind folgende Abkürzungen vereinbart:
10 n bedeutet 10 Meter nach Norden.
30 o bedeutet 30 Meter nach Osten.
20 s bedeutet 20 Meter nach Süden.
50 w bedeutet 50 Meter nach Westen.

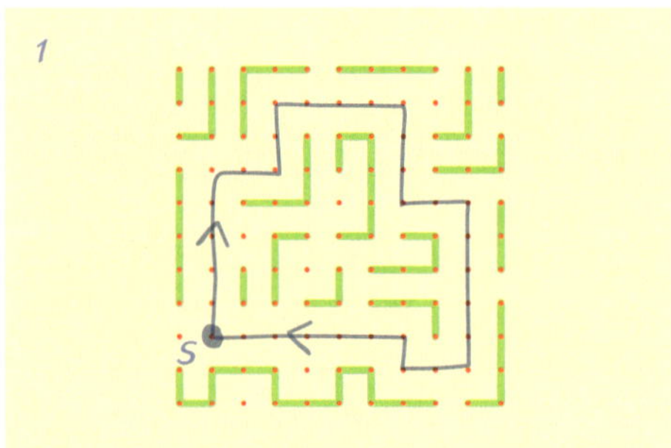

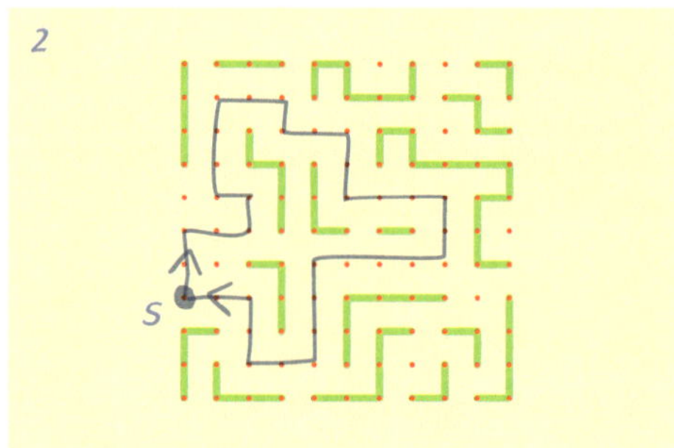

Mit der Anweisung
50 n • 20 o • 20 n • 40 o • 30 s • 20 o • 50 s • 20 w • 10 n • 60 w
kommst du wieder an den Start S zurück.
Formuliere eine Anweisung, wenn du den Weg umgekehrt gehst.

Wie lautet die Weganweisung durch Labyrinth 2?

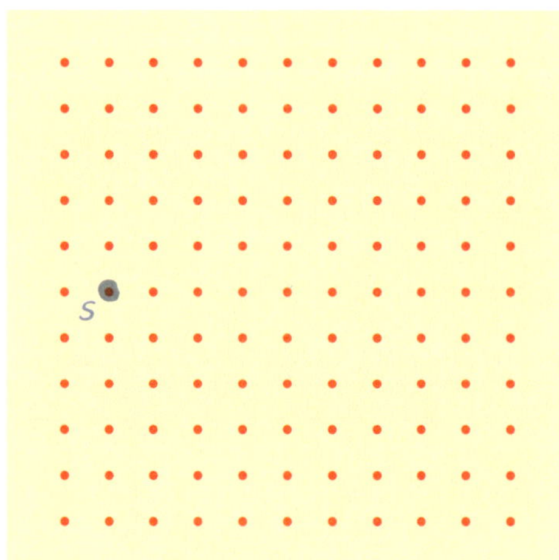

Zeichne in ein 11 × 11-Punktegitter den Weg nach der Anweisung:
30 s • 40 o • 10 n • 20 o • 10 s • 20 o • 30 n • 10 w • 20 n • 30 w • 20 s • 40 w.
Starte in der zweiten Reihe von links beim sechsten Punkt von oben.

Streichholzketten

Lege Streichhölzer so aneinander, dass eine Kette zusammenhängender Quadrate entsteht.

Aus der Anzahl der Quadrate kannst du die Zahl der benötigten Streichhölzer systematisch ermitteln.

Anzahl der Quadrate	1	2	3	4	...
Anzahl der Streichhölzer	4	7	10	13	...
Umfang der Gesamtfigur	4	6	8	10	...

Wie viele Streichhölzer würdest du für 10 Quadrate, wie viele für 100 Quadrate brauchen? Und für deren Umfang? Wie viele Quadrate könntest du mit 400 Streichhölzern aneinanderlegen?

In diesem Kapitel lernst du,

- was eine Variable ist,
- was man unter einem Term versteht,
- wie man den Wert eines Terms berechnet,
- wie man Terme aufstellt,
- was eine Gleichung ist,
- wie man einfache Gleichungen löst.

1 Terme mit Variablen

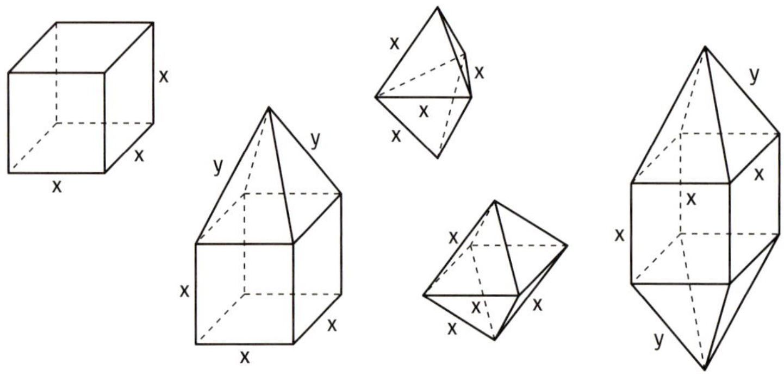

→ Welcher Rechenausdruck gehört zu welchem Kantenmodell?
- $9 \cdot x$
- $12 \cdot x + 4 \cdot y$
- $12 \cdot x + 8 \cdot y$
- $12 \cdot x$

Zusammenhängende Sachverhalte oder Rechenwege lassen sich allgemein mit einem Rechenausdruck oder **Term** beschreiben. Dabei werden für unbekannte Zahlen oder Größen Symbole oder Zeichen verwendet. Meist sind dies Buchstaben.
Man nennt sie **Variablen**.

Ein Zeichen, das man anstelle von Zahlen oder Größen verwendet, nennt man **Variable**.
Terme sind Rechenausdrücke, in denen Zahlen, Variablen und Rechenzeichen vorkommen können.

Beispiele

$3 + 18$ $\quad 5 + \square$ $\quad \square : 7$ $\quad 2 \cdot x$ $\quad a - b - 5$ $\quad \frac{x + y}{2}$ sind Terme.

Aber auch 6; $\frac{1}{2}$; $\square$ oder z können als Term aufgefasst werden.

Aufgaben

1 Was ist damit gemeint?
a) Claus zieht eine x-beliebige Karte.
b) Diana hat x-mal versucht, Beate zu erreichen.
c) Es kamen zig-Tausende von Zuschauern.

2 Kannst du die Bedeutung erklären?
a) die Sendung „Akte X"
b) Wer A sagt, muss auch B sagen.
c) Sie lässt sich kein X für ein U vormachen.

3 a) Bilde mit den Kärtchen, die auf dem Rand stehen, Terme.
b) Bilde eine Summe als Term.
c) Bilde ein Produkt als Term.

4 Erzähle eine Geschichte zum Term.
a) $2{,}89\,€ \cdot 3 + 6{,}15\,€$
b) $(6 \cdot 1{,}2\,kg) \cdot 3 + 4 \cdot 0{,}25\,kg$
c) $25\,€ - (75 \cdot 0{,}06\,€ + 17 \cdot 0{,}12\,€)$
d) $10 \cdot (45\,ct + 55\,ct + 144\,ct)$
e) $\frac{1}{2}(1{,}20\,€ + 2{,}40\,€ - 0{,}50\,€)$

5 Wofür stehen die Variablen?
a) Umfang eines Quadrats: $4 \cdot a$
b) Umfang eines Dreiecks: $a + b + c$
c) Umfang eines Rechtecks: $2 \cdot a + 2 \cdot b$
d) Oberfläche eines Würfels: $6 \cdot a \cdot a$
e) Volumen eines Quaders: $a \cdot b \cdot c$
f) Größe des Nebenwinkels: $180° - \alpha$
g) eine Bruchzahl: $\frac{a}{b}$

6 Ordne jeder Figur den richtigen Term für ihre Umfangsberechnung zu.

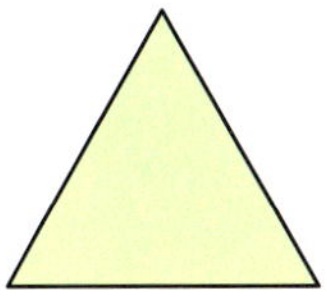

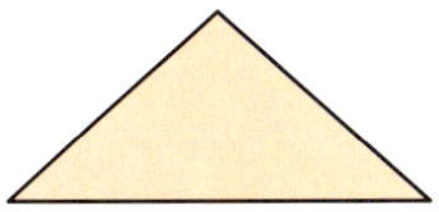

$a + a + b$

$2 \cdot a + 2 \cdot b$

$2 \cdot (a + b)$

$x + x + x$

$2 \cdot x + 1$

$2 \cdot a + b$

7 Ersetze die Variable.
a) x ist die kleinste Primzahl.
b) 0,25 hat den gleichen Wert wie der Bruch y.
c) z ist eine Quadratzahl.
d) w ist Teiler von 32.
e) s ist die Quadratzahl von 25.
f) m ist das Vierfache von 17.

8 Ordne die Terme den Sätzen zu und erkläre die Bedeutung der Variablen.

- $b + 20$
- $2 \cdot x - 30$
- $c : 4$
- $6 \cdot a$
- $t - 3$
- $t \cdot 4$
- $x : 2 - 1$
- $2 \cdot y + 30$

a) vom doppelten Gewicht 30 kg abziehen
b) den Kuchen in vier gleiche Teile teilen
c) Das Hochhaus ist um 20 m höher als der Bungalow.
d) Charlotte hat für diese Aufgabe sechsmal so lange gebraucht wie Sophie.
e) Das Tempo ist jetzt viermal höher als vorher.
f) Der Brief kam drei Tage später an als die Karte.
g) ein Jahr weniger als die Hälfte deines Alters
h) Es kostet 30 Euro mehr als das Doppelte des Vorjahrespreises.

9 Erkläre die Gesetzmäßigkeit.
a) $a + a + a + a = 4 \cdot a$
b) $x \cdot x \cdot x = x^3$
c) $a + b = b + a$
d) $x \cdot y = y \cdot x$
e) $(a + b) + c = a + (b + c)$

10 Was drückt der Term aus? Wofür steht die Variable?

Beispiel: „Peter ist 2 Jahre jünger als Ute."
$y - 2$ drückt das Alter von Peter aus, die Variable y steht für das Alter von Ute.

a) Timo ist 5 Jahre älter als Turan: $x + 5$
b) Britta ist dreimal so groß wie Ina: $t \cdot 3$
c) Kai besitzt 5 Kaninchen mehr als er Meerschweinchen besitzt: $x - 5$
d) Sara hat viermal mehr Münzen als Geldscheine bei sich: $4 \cdot z$
e) Vater wiegt doppelt so viel wie Anna und noch 8 kg dazu: $2 \cdot x + 8$

Variablen in Ägypten

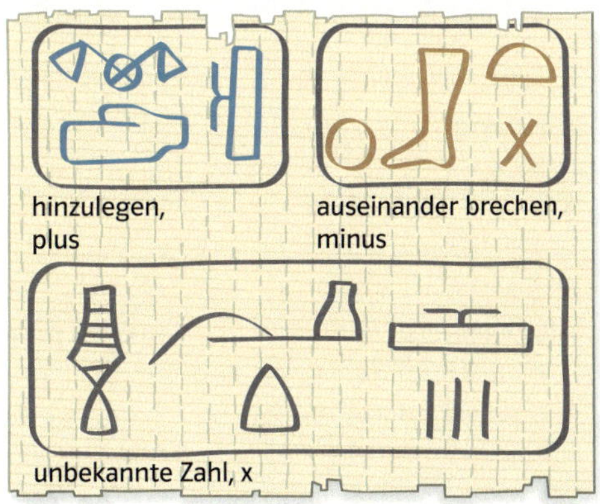

Mathematische Zeichen in Ägypten

Zeichen für cosa (c^n)

Papyrusrollen aus dem alten Ägypten beweisen, dass die dortigen Mathematiker schon damals für unbekannte Zahlen eigene Symbole verwendeten.
Der Haufen △ stellt die unbekannte Zahl dar. Heute schreiben wir dafür den Buchstaben x.
Michael Stiefel (geb. 1486 in Esslingen, gest. 1567 in Jena) und seine Zeitgenossen benannten die zu berechnende Zahl meist „cosa" (ital.: Ding, Sache).
Die Lehre von den Termen und Gleichungen hieß demnach „coss", also „x-Rechnung".

2 Berechnen von Termwerten

Für den Piloten eines Kleinflugzeugs ist es sehr wichtig, vor Flugbeginn die ausreichende Kraftstoffmenge zu berechnen. Außer dem Verbrauch pro Flugstunde kommen aus Sicherheitsgründen dazu
- ein Zuschlag von einem Fünftel des stündlichen Verbrauchs,
- eine Reserve für mindestens 30 Flugminuten,
- für Anlassen und Rollen etwa sechs Liter.

Der Term für eine Maschine mit dem Verbrauch von 40 Litern je Stunde lautet:
$40 \cdot x + \frac{1}{5} \cdot 40 + \frac{1}{2} \cdot 40 + 6$
Die Variable x steht für die reine Flugzeit.
→ Berechne den Verbrauch für ein, zwei, drei Flugstunden.
→ Ein anderes Flugzeug verbraucht 50 Liter je Stunde.

Ersetzt man die Variable in einem Term durch Zahlen, erhält man als Ergebnis einen Zahlenwert. So hat der Term $x - 8$ für $x = 15$ den **Wert** 7.

Werden die Variablen in einem Term durch Zahlen ersetzt, lässt sich der **Wert des Terms** für diese Zahlen berechnen.

Beispiele

a) $5 \cdot x + 2 \cdot x$ für $x = 4$
$5 \cdot x + 2 \cdot x = 5 \cdot 4 + 2 \cdot 4$
$= 20 + 8$
$= 28$

b) $6 \cdot y^2 + y$ für $y = 3$
$6 \cdot y^2 + y = 6 \cdot 3^2 + 3$
$= 6 \cdot 9 + 3$
$= 57$

In einem Term können verschiedene Variablen vorkommen.

c) $4 \cdot a - 3 \cdot b$ für $a = 6$ und $b = 5$
$4 \cdot a - 3 \cdot b = 4 \cdot 6 - 3 \cdot 5$
$= 24 - 15$
$= 9$

d) Achte besonders auf die Klammern.
$2 \cdot p + (4 \cdot q - r)$ für $p = 1$; $q = 4$; $r = 12$
$2 \cdot p + (4 \cdot q - r) = 2 \cdot 1 + (4 \cdot 4 - 12)$
$= 2 + (16 - 12) = 6$

e) Sollen in einen Term nacheinander mehrere Zahlen für die Variablen eingesetzt und der Termwert berechnet werden, benutzt man eine **Wertetabelle**.

Wertetabelle:

x	1	2	3	4	5	6
Term: $3 \cdot x + 2$	5	8	11	14	17	20

Aufgaben

! *Die „unsichtbare Eins"*
$a = 1 \cdot a = 1a$

1 Setze für x die Zahlen 1; 4; 8; 0 ein.
a) $6 \cdot x$ b) $12 \cdot x$
c) $\frac{1}{2} \cdot x$ d) $1 \cdot x + 5$
e) $x^2 + 1$ f) $x + 3 \cdot x$
g) $8 - x$ h) $2 \cdot x - x$

2 Setze die Zahlen 4; 5; 6; 10; 20 ein und gib den Wert des Terms an.
a) $q - 2$ b) $22 - a$
c) $t - 3{,}5$ d) $(35 - a) - 1$
e) $2 \cdot p - 8$ f) $100 - y - y$

3 Setze für die Variable x nacheinander die Zahlen 1 bis 10 ein.

Beispiel:

x	1	2	3	4	5	6	7	8	9	10
$2 \cdot x + 1$	3	5	7	9	11	13	15	17	19	21

a) $x + 2$ b) $26 - x$
c) $x \cdot (5 + x)$ d) $x \cdot 5 + \frac{x}{2}$
e) $\frac{1}{2} \cdot x + 2$ f) $1{,}5 \cdot (x - 1)$

4 Setze für x die Zahl 2 und für y die Zahl 1,5 ein und berechne den Wert des Terms.
a) $2 \cdot x + 3 \cdot y$ b) $2 \cdot y - x$
c) $\frac{3}{4} \cdot x + \frac{1}{2} \cdot y$ d) $x^2 - \frac{2}{3} \cdot y$

5 Erfinde eine Geschichte zum Term. Welcher Wert ergibt sich?
a) $6 \cdot x + 3 \cdot y + 8 \cdot z$
b) $5 \cdot a - 11{,}25$
c) $50 - (x \cdot 0{,}06 + y \cdot 0{,}11)$

6 Berechne den Wert des Terms für x = 2; 7; 17; 729.
$3 \cdot x - 2 \cdot x + 1 - x$
Was fällt dir auf? Erkläre.

7 Trage in die Tabelle für x und y alle natürlichen Zahlen ein, deren Summe 20 ergibt. Für welches Zahlenpaar hat das Produkt $x \cdot y$ den größten Wert?

x	y	$x \cdot y$
1	19	19
2	18	36
3	…	…
4	…	…

8 Berechne den Wert des Terms für x = 2; 3; 4; 5.
Achte auf die Rechenreihenfolge.
a) $7 \cdot x - 2 \cdot (2 \cdot x + 1)$ b) $2 \cdot x \cdot (x + 5)$
c) $\frac{1}{2} \cdot x + x^2 + 2$ d) $x : 2 + 5 \cdot x$

9 Welche natürlichen Zahlen x und y musst du in den Term $7 \cdot x + 11 \cdot y$ einsetzen, um den Wert 100 zu erhalten? Lege eine Tabelle an.

x	y	$7 \cdot x$	$11 \cdot y$	$7 \cdot x + 11 \cdot y$
1	1	7	11	18
2	1	14	11	25
2	2	14	22	36

Tabellenkalkulation !

Mit einem Tabellenkalkulationsprogramm kannst du selbst Terme als „Formel" eingeben und mit verschiedenen Einsetzungen für die Variablen deren Wert berechnen lassen.

E8 fx =SUMME(1*B8;2*C8;1,5*D8)

	A	B	C	D	E
1		Zahl der Kinder	Zahl der Erwachsenen	Zahl der Futterportionen	Tageseinnahmen
2		x	y	z	
3	Mo	18	32	11	148,50
4	Di	24	38	18	189,00
5	Mi	22	42	16	194,00
6	Do	68	24	32	256,00
7	Fr	32	42	24	226,00
8	Sa	86	92	26	502,00
9	So	82	78	42	461,00

Die Einnahmen eines Wildparks ergeben sich aus Eintrittsgeldern und dem Verkauf von Futter. Der zugehörige Term lautet: $2 \cdot x + 3 \cdot y + 1{,}5 \cdot z$.

Tag	Mo	Di	Mi	Do	Fr	Sa	So
Kinder	18	24	22	68	32	86	82
Erwachsene	32	38	42	24	42	92	78
Futter	11	18	16	32	24	36	42
Gesamt							

3 Aufstellen von Termen

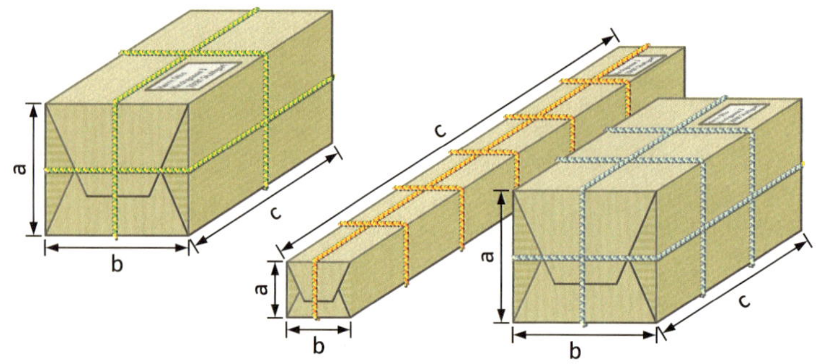

Drei Pakete sollen verschnürt werden. Bezeichnet man die Höhe mit a, die Breite mit b und die Länge mit c, lässt sich die benötigte Länge der Paketschnur (ohne Knoten) für jedes Paket mit einem Term ausdrücken.
Für das linke Paket gilt:
$4 \cdot a + 4 \cdot b + 4 \cdot c$.
→ Wie lauten die Terme für die beiden anderen Pakete?

Um eine Rechenvorschrift wie „Addiere zum Doppelten einer Zahl die Zahl 3 und dividiere dann das Ergebnis durch 4." in einem Term auszudrücken, geht man schrittweise vor. Zuerst wird für die gedachte Zahl oder Größe eine Variable festgelegt. Anschließend überträgt man die Aussagen in die mathematische Schreibweise.

Bezeichnen der gesuchten Zahl mit einer Variablen:	x
Verdoppeln der Zahl:	$2 \cdot x$
Addition der Zahl 3:	$2 \cdot x + 3$
Division des Ergebnisses durch 4:	$(2 \cdot x + 3) : 4$

Ein Term wird **aufgestellt**, indem man
- Variablen für unbekannte Zahlen oder Größen festlegt,
- Variablen sowie Größen und Zahlen durch Rechenzeichen in der richtigen Reihenfolge verknüpft.

Beispiele

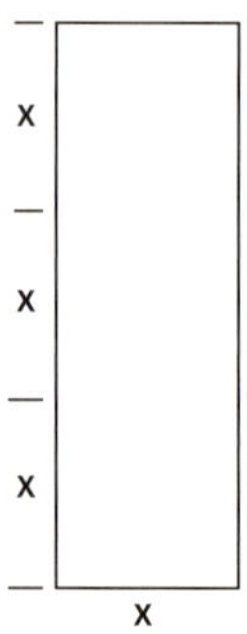

a) Den Umfang eines Rechtecks, das dreimal so lang wie breit ist, beschreibt man:

Breite des Rechtecks:	x
Länge des Rechtecks:	$3 \cdot x$
Umfang des Rechtecks:	$(3 \cdot x + x) \cdot 2$

Kommt eine Variable mehrmals vor, können die Faktoren vor der Variablen zusammengefasst werden:

$3 \cdot x + x = (3 + 1) \cdot x$
$= 4 \cdot x$

b) Addiere zum Doppelten einer Zahl das Vierfache einer zweiten Zahl und dividiere das Ergebnis durch 3.

Die gesuchte erste Zahl:	x
Das Doppelte dieser Zahl:	$2 \cdot x$
Die gesuchte zweite Zahl:	y
Das Vierfache der zweiten Zahl:	$4 \cdot y$
Die Summe daraus:	$2 \cdot x + 4 \cdot y$
Dividiert durch 3:	$(2 \cdot x + 4 \cdot y) : 3$

Aufgaben

1 Übersetze in einen Term.
a) die Differenz aus 15 und 9
b) das Produkt aus 4 und 17
c) 34 vermindert um 11
d) der Quotient aus 85 und 17
e) die Summe aus 7 und ihrem Doppelten

2 Drücke mit einer Variablen aus.
a) das Fünffache einer Zahl
b) die Hälfte einer Zahl
c) das Quadrat einer Zahl
d) die Summe aus einer Zahl und 5
e) der achte Teil einer Zahl vermindert um 1

3 Drücke die Länge der Strecke durch einen Term aus.

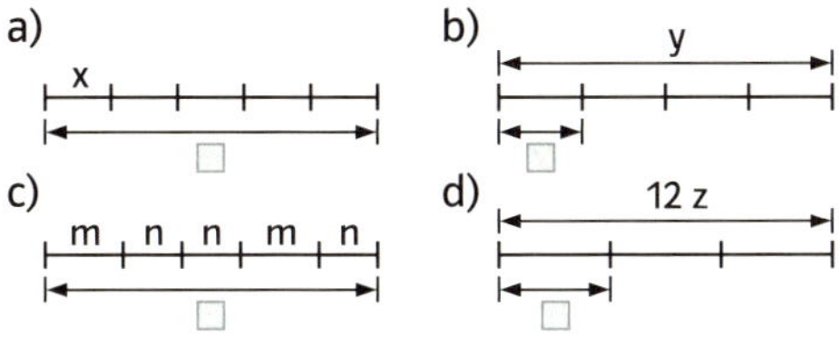

4 Schreibe als Term.

a) das Doppelte der Summe von x und 4
b) das Doppelte der Differenz von 9 und a
c) die Hälfte der Summe von x und 1
d) die Hälfte des Produkts aus z und 5
e) das Drittel der Differenz von m und 15
f) der fünfte Teil des Produkts von a und b

5 Stelle für den Umfang einen Term auf.

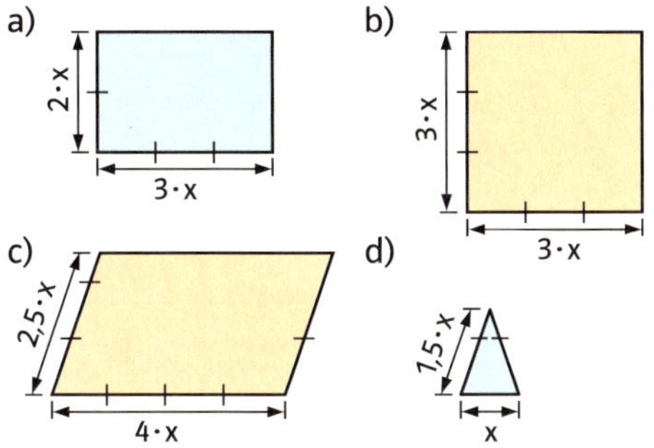

6 Durch welchen Term lassen sich die Rechenausdrücke beschreiben?

Beispiel: $8 \cdot 2 + 7$
$11 \cdot 2 + 3$
$15 \cdot 2 + 10$
Term: $x \cdot 2 + y$

a) $10 : 2 + 3$
$17 : 2 + 3$
$55 : 2 + 3$

b) $9 \cdot 5 + 9$
$12 \cdot 5 + 12$
$137 \cdot 5 + 137$

c) $11 \cdot (109 - 11)$
$11 \cdot (217 - 11)$
$11 \cdot (318 - 11)$

d) $4 \cdot 6 + 3 \cdot 9$
$4 \cdot 6 + 3 \cdot 2$
$4 \cdot 15 + 3 \cdot 10$

7 Übersetze den Term in Worte.

a) $5 \cdot x + 3$
b) $x : 4 - 10$
c) $(5 - z) \cdot 2$
d) $x \cdot (z + 10)$
e) $(x + 3) : 5$
f) $x \cdot 4 - z \cdot 10$
g) $(x - 5) \cdot (z + 4)$
h) $(z + 10) : (3 - x)$
i) $3 + x \cdot (5 + z)$
j) $15 - (x : 3) : 4$

Abrechnungen

E5 fx =SUMME(C5;0,19*B5)

	A	B	C	D	E
1		Einheiten	Grundgebühr		Abrechnung
2					
3		x	9,85		9,85+0,19*x
4					
5	Januar	143	9,85		37,02
6	Februar	205	9,85		48,80
7	März	182	9,85		44,43
8	April	177	9,85		43,48
9	Mai				
10	Juni				
11	Juli				
12	August				
13	September				
14	Oktober				

Ein Mobilfunkkunde bezahlt eine monatliche Grundgebühr von 9,85 €. Eine Gesprächseinheit kostet im Monatstarif 0,19 €.
Es werden abgerechnet

im Januar	143 Einheiten
im Februar	205 Einheiten
im März	182 Einheiten
im April	177 Einheiten

■ Beschreibe eine Monatsabrechnung allgemein mit einem Term.
Beim Berechnen kann dir ein Computerprogramm helfen.

Die Stromrechnung setzt sich aus der Grundgebühr und den Verbrauchskosten zusammen.
Monatliche Grundgebühr: 6,38 €
Preis je Kilowattstunde: 10,89 ct

■ Drücke den Rechnungsbetrag für den Jahresverbrauch mit einem Term aus.

■ Erstelle mithilfe eines Tabellenkalkulationsprogramms eine Kostenaufstellung ab einem Verbrauch von 300 kWh in 10-kWh-Schritten.

„Übersetzungshilfen"

die Hälfte, halbieren	: 2
der □. Teil	: □
das □fache	· □
um □ größer, vermehrt um □	+ □
um □ kleiner, vermindert um □	− □
Summe	□ + □
Differenz	□ − □
Produkt	□ · □
Quotient	$\frac{□}{□}$

4 Einfache Gleichungen[2]

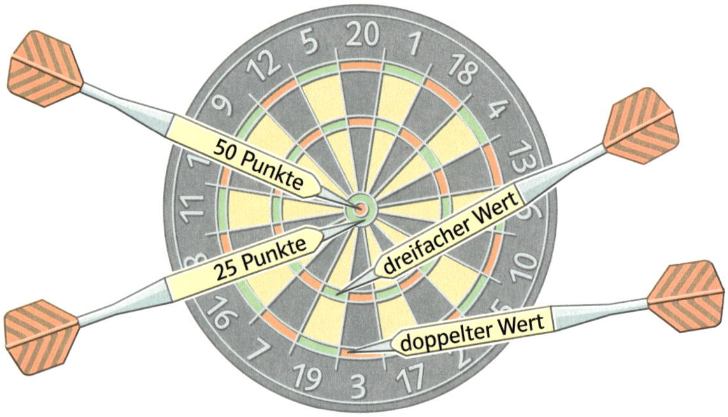

Beim Dart-Spiel beginnen alle mit demselben Punktestand, z. B. 301. Wer als Erster mit möglichst wenig Würfen genau 0 erreicht, ist Sieger. Dabei zählen die Treffer in den Farbringen sogar mehrfach.

→ Bei einem Punktestand von 59 Punkten rechnet sich Simon mit zwei Würfen noch Siegchancen aus. Wie muss er werfen?

→ Renata hat mit den ersten drei Würfen zusammen 51 Punkte erzielt. Dabei steigerte sie sich beim zweiten Wurf um 2 Punkte, beim dritten Wurf sogar um 4 Punkte gegenüber dem ersten Wurf.

Häufig ist für einen Term mit einer Variablen ein bestimmter Wert vorgegeben. Dann muss man für die Variable die passende Zahl suchen.
Dies lässt sich mit einer **Gleichung** beschreiben: $3 \cdot x + 2 = 14$
Bei einfachen Gleichungen kann man die gesuchte Zahl durch **Probieren** finden.

$3 \cdot 1 + 2 = 5$
$3 \cdot 2 + 2 = 8$
$3 \cdot 3 + 2 = 11$
$\boxed{3 \cdot 4 + 2 = 14}$
$3 \cdot 5 + 2 = 17$
...

Die Zahl, die man einsetzen muss, um 14 zu erhalten, ist also die Zahl 4.

Eine **Gleichung** besteht aus zwei Termen, die durch ein Gleichheitszeichen miteinander verbunden sind.
Gleichungen lösen heißt, für die Variable die Zahl zu finden, die beide Terme der Gleichung zu demselben Wert führt.

Beispiele

a) $2 \cdot x + 3 = 9$ $5 \cdot \square = 20$ $9 \cdot x - 5 = 40$ und $3 \cdot x + 12 = 7 \cdot x$ sind Gleichungen, aber auch $y = \frac{1}{3}$.

b) Einfache Gleichungen kannst du im Kopf lösen:

$x + 6 = 15$	$12 - y = 5$	$a \cdot 5 = 60$
$x = 9$	$y = 7$	$a = 12$

c) Lösen einer Gleichung durch systematisches Probieren:

	$9 \cdot x + 2 = 29$	
11	$9 \cdot 1 + 2 \neq 29$	29
20	$9 \cdot 2 + 2 \neq 29$	29
29	$9 \cdot 3 + 2 = 29$	29

Die gesuchte Zahl ist 3.

	$x \cdot 4 - 8 = 32$	
	...	
40	$12 \cdot 4 - 8 \neq 32$	32
28	$9 \cdot 4 - 8 \neq 32$	32
32	$10 \cdot 4 - 8 = 32$	32

Die gesuchte Zahl ist 10.

	$3 \cdot x + 12 = 7 \cdot x$	
15	$3 \cdot 1 + 12 \neq 7 \cdot 1$	7
18	$3 \cdot 2 + 12 \neq 7 \cdot 2$	14
21	$3 \cdot 3 + 12 = 7 \cdot 3$	21
24	$3 \cdot 4 + 12 \neq 7 \cdot 4$	28

Die gesuchte Zahl ist 3.

Aufgaben

1 Ordne die Gleichungen den Sätzen zu und erkläre die Bedeutung der Variablen.

$a - 4 = 6$	$6 = 4 \cdot y$
$a + \frac{a}{2} = 6$	$2 \cdot x - 4 = 6$
$n + 1 = 6$	$3 \cdot y + y = 6$

a) Eine Zahl vermindert um 4 ergibt 6.
b) Das Doppelte einer Zahl vermindert um 4 beträgt 6.
c) Die Summe des Dreifachen einer Zahl und der Zahl selbst beträgt 6.
d) Eine Zahl vermehrt um die Hälfte dieser Zahl beträgt 6.
e) Der Nachfolger einer natürlichen Zahl ist 6.
f) Das Vierfache einer Zahl beträgt 6.

2 Wie heißt die gesuchte Zahl?
a) Das Fünffache einer Zahl ist 70.
b) Eine Zahl vermehrt um 13 ist 85.
c) Die Summe aus einer Zahl und 7 ist 10.
d) Ein Viertel einer Zahl ist 18.
e) Subtrahiert man von einer Zahl 6, erhält man 7.
f) Dividiert man eine Zahl durch 12, erhält man 12.

3 Löse die Gleichung im Kopf.
a) $17 + x = 34$ b) $x + 15 = 16$
c) $y - 12 = 29$ d) $17 - y = 1$
e) $3 \cdot z = 39$ f) $16 = z \cdot 4$
g) $m : 3 = 15$ h) $42 = m : 2$

4 Löse durch Einsetzen der Zahlen von 1 bis 10.
a) $4 \cdot x - 12 = 16$ b) $80 - 5 \cdot x = 35$
c) $x : 4 + 9 = 11$ d) $30 - x : 3 = 27$
e) $5 \cdot x - 3 = 2 \cdot x + 15$ f) $3 \cdot x + 10 = x + 30$

5 a) Denke dir eine Zahl. Verdopple sie und addiere 3. Multipliziere dann das Ergebnis mit 5 und subtrahiere schließlich 6. Nenne mir das Ergebnis und ich verrate dir deine Zahl.
b) Merke dir eine gerade Zahl. Verdreifache sie. Halbiere das Ergebnis und verdreifache wiederum. Dividiere das Ergebnis durch 9. Nenne das Ergebnis und ich sage dir deine Zahl.

6 Übertrage die Tabelle ins Heft und bestimme mit ihrer Hilfe die Lösung der Gleichung.

a)

x	$15 \cdot x = 90$
0	
1	
...	

b)

x	$3 \cdot x - 2 = 7$
1	
2	
...	

7 Ordne die Lösung richtig zu.

a) $7 \cdot x + 4 = 8 \cdot x$	$x = 2$
b) $12 + x = 6 + 2 \cdot x$	$x = 8$
c) $3 \cdot x + 6 = 38 - x$	$x = 4$
d) $6 \cdot x - 7 = 5 \cdot x + 7$	$x = 14$
e) $2 \cdot x - 5 = 3 - 2 \cdot x$	$x = 6$

8 a) Max und Moritz sind zusammen 312 cm groß. Max überragt Moritz um 6 cm.
b) Ein Füller und ein Bleistift kosten zusammen 11 €. Der Füller ist um 10 € teurer als der Bleistift.

Tabellenkalkulation II

Wenn du durch Probieren nicht so schnell zur Lösung kommst, kannst du einen Computer zu Hilfe nehmen.

$3 \cdot x + 116 = 5 \cdot x$

D10 ▼ fx =5*B10

	A	B	C	D	E
1					
2				Schrittweite:	2
3					
4			Linke Seite	Rechte Seite	
5			3x+116	5x	
6	x=	50	266	250	
7		52	272	260	
8		54	278	270	
9		56	284	280	
10		58	290	290	
11		60	296	300	
12					

für $x = 58$ ergibt sich:

linker Term	rechter Term
$3 \cdot 58 + 116$ $= 174 + 116$ $= 290$	$5 \cdot 58$ $= 290$

■ Löse ebenso.
a) $7 \cdot x - 225 = 2 \cdot x$
b) $110 + 9 \cdot x = 526 + 5 \cdot x$
c) $348 - 4 \cdot x = 3 \cdot x + 82$

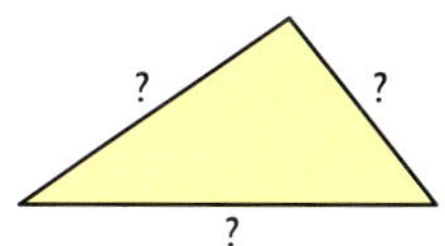

$a + b = 12\,cm$
$b + c = 16\,cm$
$c + a = 14\,cm$

Zusammenfassung

Variable

Buchstaben oder andere Symbole, die für Größen oder Zahlen stehen, nennt man **Variablen**.

$5 \cdot a + 3 \cdot b - 12 \cdot c$

Term

Terme sind **Rechenausdrücke** aus Zahlen, Variablen und Rechenzeichen.

$18 - 7$ 3^2 $x : 5$ $3 \cdot y \cdot (y - 6)$

Wert des Terms

Werden die Variablen in einem Term durch Zahlen ersetzt, lässt sich der **Wert des Terms** berechnen.

Term: $3 \cdot x - 1$

x	1	2	3	4	5	6
$3 \cdot x - 1$	2	5	8	11	14	17

Aufstellen von Termen

Variablen, Größen und Zahlen werden mithilfe von Rechenzeichen in der richtigen Reihenfolge verknüpft.

Term für die Kantenlänge eines Quaders

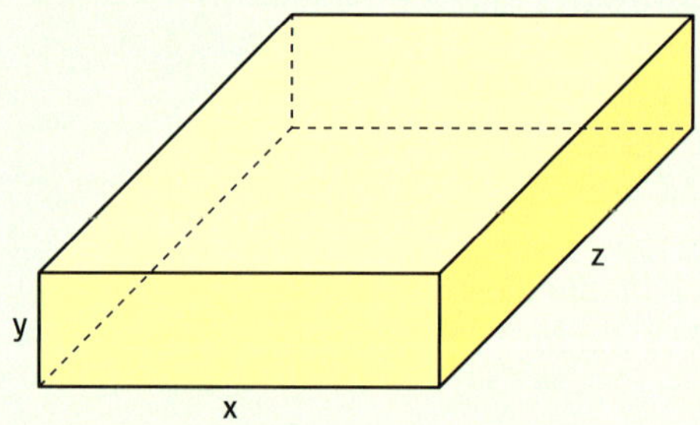

$4 \cdot x + 4 \cdot y + 4 \cdot z$ oder
$4 \cdot (x + y + z)$

Gleichung

Eine **Gleichung** besteht aus zwei Termen, die durch das Gleichheitszeichen verbunden sind.

$18 + 2 \cdot x = x + 20$

Gleichungen lösen

Beim **Lösen einer Gleichung** sucht man für die Variable die Zahl, die beide Terme der Gleichung zu demselben Wert führt.

	$x \cdot 4 - 8 = 32$	
	…	
24	$8 \cdot 4 - 8 \neq 32$	32
28	$9 \cdot 4 - 8 \neq 32$	32
32	$10 \cdot 4 - 8 = 32$	32

Die gesuchte Zahl ist 10.

Üben • Anwenden • Nachdenken

1 Stelle einen Term auf.
a) die Summe aus 12 und x
b) die Zahl 30, vermindert um 18
c) das Doppelte einer Zahl um 10 vermehrt
d) die auf x folgende natürliche Zahl
e) die Summe aus einer Zahl und dem Doppelten dieser Zahl

2 Stelle einen Rechenausdruck auf.
a) In einer Klasse sind n Kinder. Drei Viertel davon sind Jungen.
b) Luigi ist y Jahre alt. Seine Mutter ist dreimal so alt wie er.
c) Ina hat 4 Goldfische mehr als sie Goldorfen hat.
d) Vier Hefte und 5 Umschläge kosten zusammen 6 Euro.

3 Erzähle eine passende Geschichte.
a) $2 \cdot x + 5$
b) $2 \cdot x + 2 \cdot y$
c) $3 \cdot z - 2 \cdot y$
d) $8 + 4 \cdot b$
e) $x : 2 - x : 3$
f) $5 \cdot a - 4 + 2 \cdot b$

4 Wie viel Draht braucht man für das Kantenmodell? Drücke den Bedarf auch allgemein mit einem Term aus.
Alle Angaben in cm.

a)
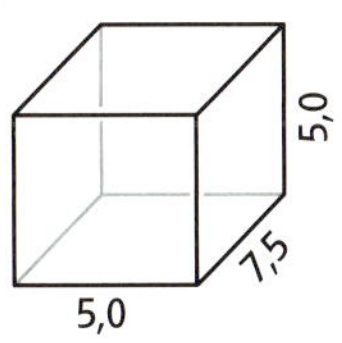

b)
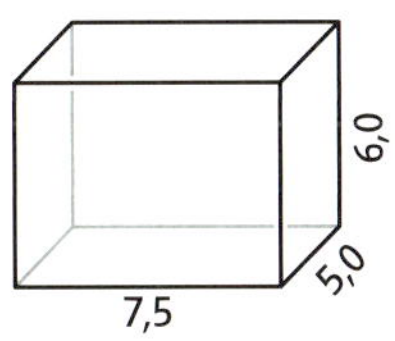

c)
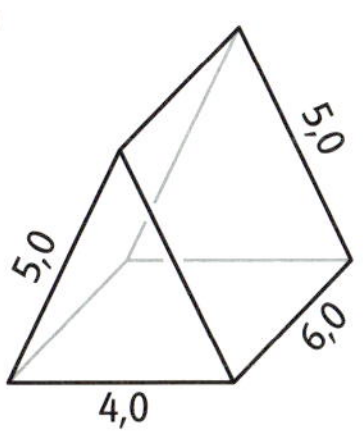

d)
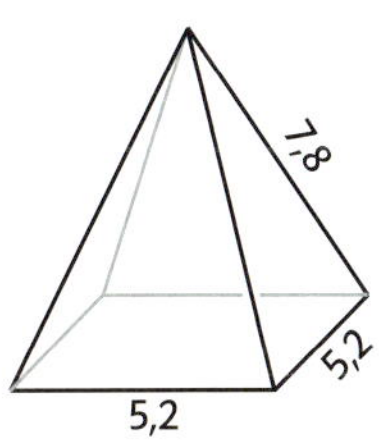

e)
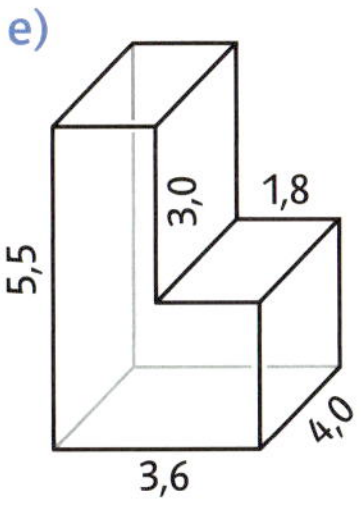

f)
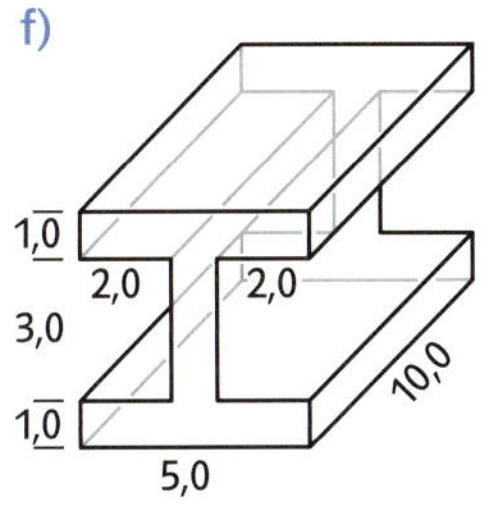

5 Übertrage die Tabelle ins Heft und berechne die Werte der Terme.

x	0	2	7	12	18
$x + 3$					
$4 \cdot x + 2$					
$x \cdot 4 - x$					

6 Setze in den Term des ersten Dominosteins eine Startzahl ein. Berechne den Wert und setze diese Zahl in den Term des zweiten Dominosteins ein usw.

Beispiel:
Startzahl 4
$2 \cdot 4 = 8$; $8 + 5 = 13$; $5 \cdot 13 - 15 = 50$; …
Was fällt dir auf?

7 Bei einem liegenden Würfel sieht man fünf Quadratflächen.
Bei zwei aufeinander liegenden Würfeln sieht man neun Quadratflächen.
Bei drei aufeinander liegenden Würfeln sieht man …

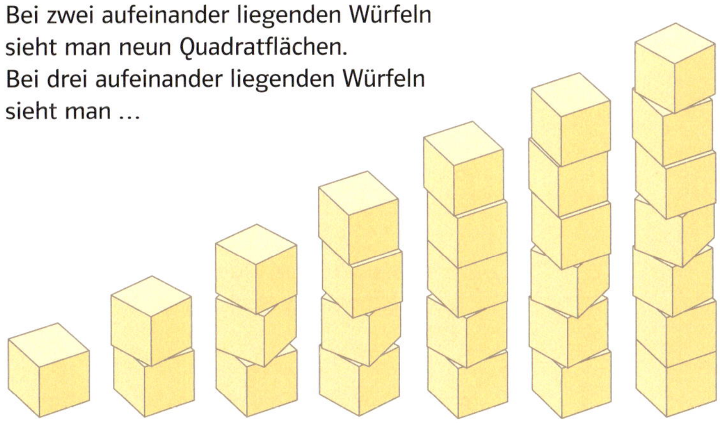

a) Baue den Turm Etage für Etage höher und zähle dann die sichtbaren Quadratflächen.
b) Stelle einen Term auf, mit dem die Anzahl der sichtbaren Quadratflächen berechnet werden kann.
c) Wie viele Quadratflächen würdest du bei einem Turm aus 100 Würfeln sehen?

8 Die Gesamtlänge aller Kanten eines Modells beträgt 144 cm.

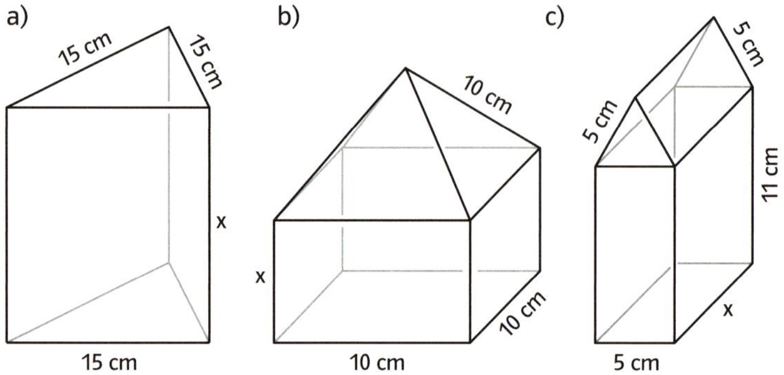

9 Wie heißt die Zahl?

a) Wenn man die Zahl mit 7 multipliziert, erhält man 7.

b) Wenn man die Zahl mit 16 multipliziert, erhält man 144.

c) Welche Zahl muss man zu 105 addieren, um 501 zu erhalten?

d) Wenn man die Zahl durch 15 dividiert, erhält man 15.

10 Löse durch Probieren.

a) $4 \cdot x + 6 = 30$	b) $5 \cdot x - 3 = 22$
c) $9 \cdot x - 11 = 70$	d) $7 + 2 \cdot x = 27$
e) $8 + x - 5 = 42$	f) $5 \cdot (x + 2) = 15$
g) $8 \cdot x + 3 = 99$	h) $11 \cdot x - 11 = 11$

11 Stelle zunächst eine Gleichung auf. Löse dann das Zahlenrätsel.

a) Multipliziere eine Zahl mit 5 und subtrahiere vom Ergebnis 2. Du erhältst 13.

b) Multipliziere eine Zahl mit 6 und addiere 7. Du erhältst 25.

c) Verdoppelt man die Summe aus 5 und 12, erhält man die Differenz aus einer Zahl und 17.

d) Subtrahiert man von einer Zahl 5, multipliziert das Ergebnis mit 8, addiert dann 4 und teilt die Summe durch die Zahl selber, so erhält man 2.

e) Addiert man das Fünffache einer Zahl zu 5, so erhält man denselben Wert, wie wenn man den Quotienten aus den Zahlen 75 und 3 bildet.

f) Subtrahiert man vom Produkt einer Zahl und 7 die Summe aus 3 und der Zahl, so erhält man 3.

Rätsel

- Wie viel kostet nun 1 kg Pflaumen, für das bisher 2,40 € zu bezahlen war?

- Welche Zahl ergibt 24, wenn man zu ihr ihre Hälfte addiert?

- Welche Zahlen ergeben 2, wenn man sie durch ihre Hälfte dividiert?

- Simon behauptet: Wenn ich die Zahl der Münzen, die ich bei mir habe, verdopple und 3 Münzen dazugebe, habe ich insgesamt 13 Geldstücke.

- Stefanie behauptet: An meinem Geburtstag bin ich doppelt so alt wie meine Schwester Saskia. Zusammen sind wir 26 Jahre alt.

- Mein Vater, sagte Pit, gab mir gestern 3 €. Heute habe ich 50 ct ausgegeben, aber ich habe jetzt trotzdem doppelt so viel wie vorgestern.

- Löse das Knopfrätsel.

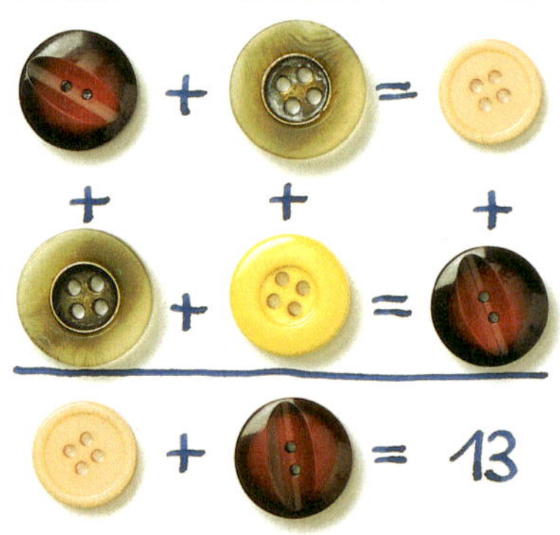

Rückspiegel

1 Setze für x die Zahlen 2; 5; 8 ein und berechne den Wert.

a) $4 \cdot x + 3$ b) $22 + 3 \cdot x$
c) $5 \cdot (x - 1)$ d) $6 \cdot x - 2{,}5$
e) $7 \cdot x + 3 - 2 \cdot x$ f) $10 + x \cdot (x - 1)$

2 Fülle die Tabelle in deinem Heft aus.

x	1	2	3	4	5	6	7
$2 \cdot x + 1$							

3 Schreibe als Term.

a) die Summe einer Zahl und 11
b) die Differenz aus einer Zahl und 22
c) das Produkt aus 13 und einer Zahl
d) der Quotient aus einer Zahl und 9
e) die Summe aus dem Vierfachen einer Zahl und der Zahl selbst

4 Drücke sowohl die Summe aller Kanten des Quaders als auch seine Oberfläche mit einem Term aus.

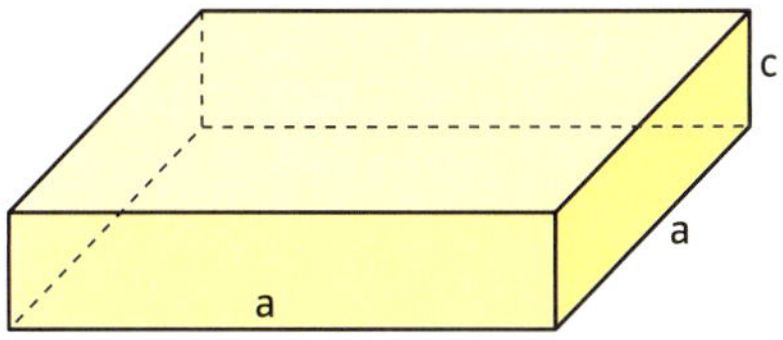

5 Bücher mit einem Gewicht von je 300 g werden in einen Karton verpackt, der leer 500 g wiegt.

a) Gib einen Term für das Gesamtgewicht von x Büchern samt Karton an.
b) Das Gesamtgewicht beträgt 4,7 kg. Wie viele Bücher sind im Karton?

6 Löse die Gleichung durch Probieren.

a) $2 \cdot y + 6 = 28$
b) $5 \cdot y + y = 30$
c) $4 \cdot y = 2 \cdot y + 16$
d) $35 = 3 \cdot x + 5$

7 a) Die Summe aus 2 und einer Zahl, vermindert um 4, ergibt 6.
b) Das Doppelte einer Zahl, vermehrt um 7, ergibt 21.

1 Berechne den Wert des Terms für $a = 3$; $b = 7$ und $c = 1$.

a) $2 \cdot a + 3 \cdot b$ b) $(a + 2 \cdot c) \cdot 4$
c) $5 \cdot b - 8 \cdot c$ d) $2 \cdot b - a + 2 \cdot c$
e) $6 \cdot b + 8 \cdot c - a$ f) $2 \cdot c \cdot (4 \cdot a + b)$

2 Fülle die Tabelle in deinem Heft aus.

x	0	1	2	3	4	5	6
$6 \cdot x + 13$							

3 Schreibe als Term.

a) das doppelte Produkt aus einer Zahl und 18
b) die Hälfte der Differenz des doppelten einer Zahl und 4
c) der Quotient aus der Summe von 2 und einer Zahl und 6

4 Drücke sowohl die Summe aller Kanten des Quaders als auch seine Oberfläche mit einem Term aus.

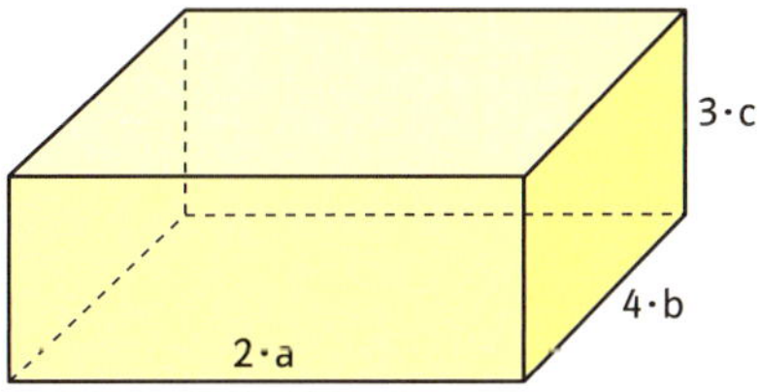

5 Die Entwicklung eines Films mit 36 Aufnahmen kostet 2,80 €. Zusätzlich wird von jedem Bild ein Abzug hergestellt.

a) Gib den Gesamtpreis an, wenn ein Abzug n Euro kostet.
b) Der Gesamtpreis beträgt 28,00 €.

6 Löse die Gleichung durch Probieren.

a) $11 + 6 \cdot x = 33 + 8$
b) $20 \cdot x - 59 = 21$
c) $6 - 2 \cdot x = 3 \cdot x - 9$

7 a) Vermindert man das Produkt aus einer Zahl und 4 um 16, so erhält man 8.
b) Addiert man zum Sechsfachen einer Zahl 17, so erhält man 41.

9 Zufall und Wahrscheinlichkeit[1]

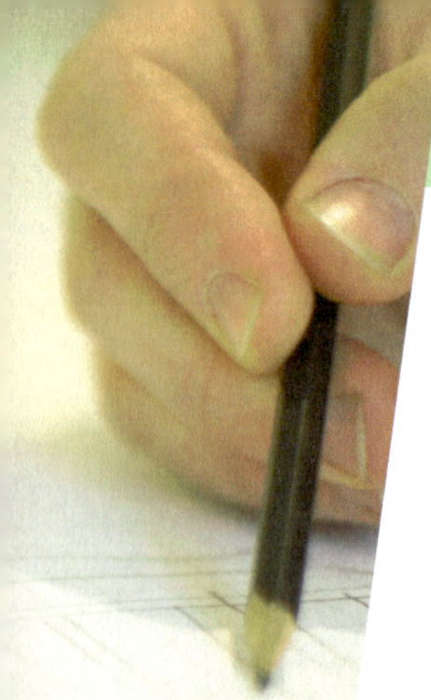

Würfeltest

Bei vielen Spielen wie „Mensch ärgere dich nicht", Malefiz, Monopoly oder Kniffel wird gewürfelt. Dabei ist oft eine bestimmte Augenzahl, etwa die Sechs, von besonderer Bedeutung.
Nenne Beispiele.

Manchmal hat man das Gefühl, dass das Werfen einer Sechs besonders schwierig sei.
Ob das stimmt, wollen wir untersuchen. Jeder von euch wirft 50-mal einen Würfel und notiert, wie oft die Sechs vorgekommen ist. Anschließend fasst ihr das Ergebnis der Klasse wie im Beispiel dargestellt zusammen.

Anzahl der Versuche	Häufigkeit der Sechs
50	6
100	17
150	27
200	31
...	...

Zeichne ein Säulendiagramm. Es hat eine besondere Eigenschaft.

Ist die Sechs wirklich seltener als die anderen Zahlen?
Zur Beantwortung der Frage hilft dir vielleicht eine Tabelle weiter, in der du statt der Häufigkeit angibst, in wie viel Prozent der Fälle eine Sechs geworfen wurde.

Anzahl der Versuche	Häufigkeit für eine Sechs in Prozent
50	12
100	17
150	18
200	15,5
...	...

Zeichne ein Säulendiagramm und vergleiche es mit dem ersten Säulendiagramm.

In wie viel Prozent der Fälle müsste eigentlich die Sechs auftauchen?

In wie viel Prozent der Fälle wird bei diesen Würfeln mit einer Sechs zu rechnen sein?

Auswahl mit Mathematik

Es gibt immer wieder Situationen, in denen Entscheidungen getroffen werden müssen, die man gern dem Zufall überlässt:

- Die Seiten des Fußballfeldes werden unter den Mannschaften ausgelost.
- Der Geber beim Kartenspiel wird ausgelost.
- Wer „zieht den Kürzeren" beim Auslosen des Küchendienstes im Landheim?

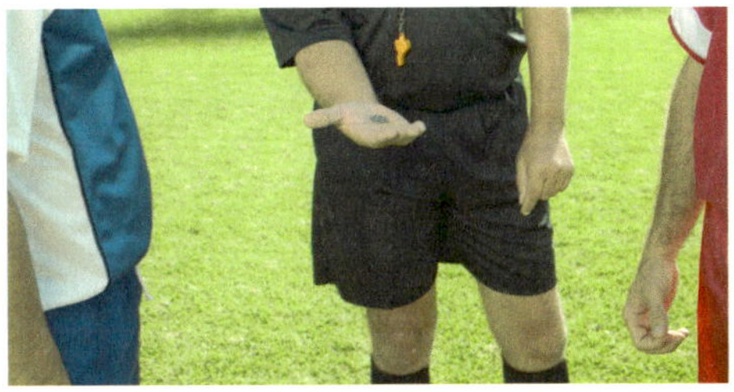

Für diese Auswahlverfahren gibt es, je nachdem wie viele Teilnehmer beteiligt sind, unterschiedliche Möglichkeiten.

- Der Münzwurf entscheidet zwischen zwei Personen oder Mannschaften.
- Soll eine Person aus einer Gruppe ausgewählt werden, zieht man Streichhölzer (wer „den Kürzeren zieht", hat verloren).
- Mehrere Personen aus einer Gruppe lassen sich auf einfache Weise mithilfe von Losen bestimmen. Ihr fertigt so viele Lose, wie es Teilnehmer gibt und zeichnet auf so viele ein Kreuzchen, wie ihr Personen bestimmen wollt.

In diesem Kapitel lernst du,

- wie man Zufallsexperimente durchführt und auswertet,
- wie man relative Häufigkeiten bestimmt,
- wie man Wahrscheinlichkeiten von Ereignissen bestimmt,
- wie man Wahrscheinlichkeiten und relative Häufigkeiten mit Bruchzahlen beschreibt.

1 Absolute und relative Häufigkeiten

	6a	6b
zu Fuß	10	11
Fahrrad	4	6
öffentliche Verkehrsmittel	7	8
sonstige	4	5
Gesamt	**25**	**30**

→ Markus meint, der Anteil der Fußgänger in der 6b wäre größer. Was meinst du?

Sollen unterschiedlich umfangreiche Listen miteinander verglichen werden, so helfen die reinen Zahlen nicht weiter. Es ist dann sinnvoll zu ermitteln, wie oft ein bestimmtes **Ereignis** im Verhältnis zur Gesamtzahl der Ereigenisse vorkommt.

Die Anzahl, mit der bestimmte Ereignisse eintreten, heißt **absolute Häufigkeit**.
Der Anteil bestimmter Ereignisse an der Gesamtzahl heißt **relative Häufigkeit**.

relative Häufigkeit = $\frac{\text{absolute Häufigkeit}}{\text{Gesamtzahl}}$

6a: 10 von 25 kommen zu Fuß
6b: 11 von 30 kommen zu Fuß

6a: $\frac{10}{25} = \frac{2}{5} = \frac{12}{30}$ 6b: $\frac{11}{30}$

Der Anteil derjenigen, die zu Fuß kommen, ist in der 6b kleiner.

	absolute Häufigkeit	
⚀	卌 卌 卌 卌 ||||	= 24
⚁	卌 卌 卌 卌 卌 ||	= 27
⚂	卌 卌 卌 |||	= 18
⚃	卌 卌 卌 卌 卌 卌	= 30
⚄	卌 卌 卌 |||	= 18
⚅	卌 卌 卌 卌 卌 卌 |||	= 33
zusammen		150

Beispiele

a) Vera hat gewürfelt und die Ergebnisse in einer Strichliste festgehalten. Sie berechnet die relativen Häufigkeiten und stellt sie in einem Säulendiagramm dar. Es ergibt sich rechnerisch für die
„Eins": 24 : 150 = 0,16
„Zwei": 25 : 150 = 0,18 … usw.

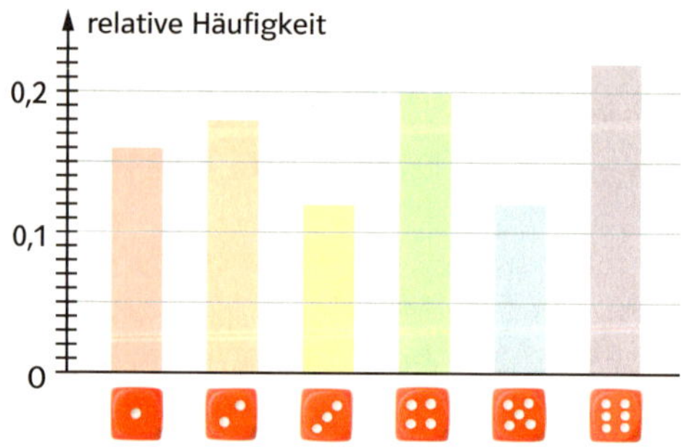

b) Beim Basketball trifft Kai von 14 Würfen 7-mal, Anika von 20 Würfen 8-mal und Ute von 10 Würfen 4-mal. Die absolute Häufigkeit beträgt bei Kai 7, bei Anika 8 und bei Ute 4. Die relative Häufigkeit berechnet man durch folgende Quotienten:
Kai: 7 : 14 = **0,5** = **50 %** Anika: 8 : 20 = **0,4** = **40 %** Ute: 4 : 10 = **0,4** = **40 %**
Also hat Kai relativ gesehen am häufigsten getroffen; absolut ist Anika vorn.

Aufgaben

1 In der Klasse 6a wird gefragt, ob die Schülerinnen und Schüler lieber eine Klassenlehrerin oder einen Klassenlehrer haben. Rechts siehst du das Ergebnis. Was kannst du aus der Strichliste ablesen?

	Klassenlehrer	Klassenlehrerin	weiß nicht
Jungen	卌 ||	||||	卌
Mädchen	|||	卌 |||	||||

2 Andrea hat in den sechsten Klassen die Schülerinnen und Schüler nach ihrem Lieblingstier befragt.

	6a	6b	6c	6d
Hund	卌 |	卌 卌	卌 ||	卌 ||
Katze	卌 |||	卌	||||	卌
Pferd	卌 ||	卌 ||	卌 卌	卌 ||
Vogel	|||	|||	|	||
Hase		|		|||
Hamster	|		|||	||
Maus	|		|||	
Meerschwein	||	|||		|
Fisch	||	|		

a) Erstelle eine Häufigkeitsliste.
b) Welche Aussagen kannst du mithilfe der Liste machen?
c) Führt die Umfrage in eurer Klasse durch und vergleicht euer Ergebnis mit dem der Jahrgangsstufe 6.

3 Hier siehst du den Klassenspiegel der letzten Mathematikarbeit der Klasse 6c.

1	2	3	4	5	6
2	5	7	4	3	1

a) Berechne die relativen Häufigkeiten für die Noten 1 bis 6.
b) Mit welcher relativen Häufigkeit ist eine Arbeit schlechter als ausreichend?

4 In der Klasse 6b haben $\frac{3}{7}$ von 28 Schülerinnen und Schülern Milch, $\frac{1}{4}$ Kakao und $\frac{2}{7}$ Mineralwasser bestellt.
a) Berechne wie viel Milch, Kakao und Wasser die Klassensprecherin beim Hausmeister bestellen muss.
b) Wie viele Kinder haben kein Getränk bestellt? Berechne die relative Häufigkeit.

5 Das Diagramm rechts zeigt den Anteil der 0–9-, 10–19- und 20–29-Jährigen an der deutschen Gesamtbevölkerung. Lies die absolute Häufigkeit ab und berechne die relative Häufigkeit. (Rechne in Prozent. Runde auf eine Nachkommastelle.)

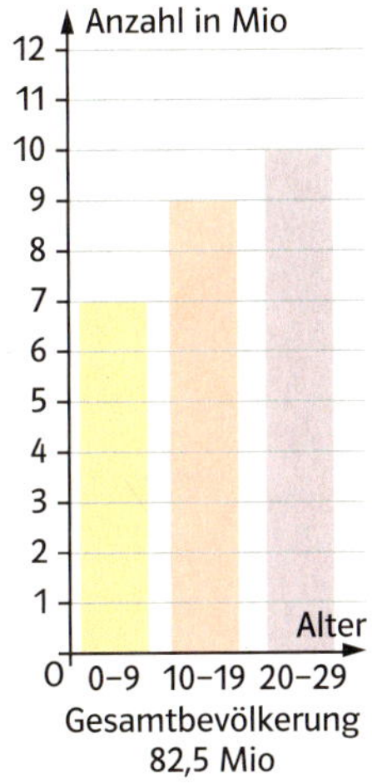

6 Im letzten Winter fehlten während einer Grippewelle an einem Tag:

5a: 13 von 28
6a: 23 von 29
7a: 14 von 27
5b: 4 von 27 Schülern
6b: 2 von 31 Schülern
7b: 8 von 25 Schülern

Stelle fest, in welcher Klasse der größte Anteil der Schüler erkrankte.

7 Bei einer Verkehrskontrolle hielten sich 53 Autofahrer an das Tempolimit, 16 überschritten die zulässige Höchstgeschwindigkeit um bis zu 10 km/h, 7 um bis zu 20 km/h und 4 fuhren mehr als 20 km/h zu schnell. Gib die relativen Häufigkeiten für die einzelnen Gruppen an.

8 Vor einer Kommunalwahl wurde eine Umfrage unter 800 Bürgern durchgeführt.
a) Mit welcher relativen Häufigkeit wurden die einzelnen Kandidaten favorisiert?
b) Vergleiche die relative Häufigkeit mit dem Wahlergebnis.

Umfrage

	Stimmen
Meier	380
Müller	240
Schmitz	110
Jansen	70

Wahlergebnis

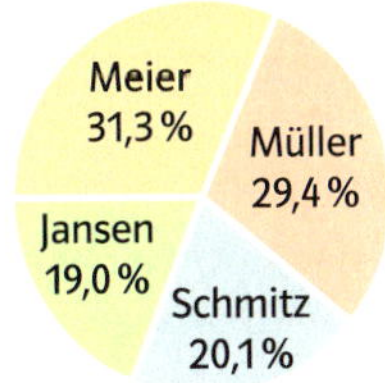

9 Anne hat zum Geburtstag eine Wurfscheibe bekommen. Vor einem Wettkampf trainieren die Kinder und notieren die Ergebnisse. Wer hat die besten Chancen?

	10	9	8	7	6	5	4	3	2	1	0
Peter	2	1		3		1	5				
Anne	1	3	2	3					1		
Marion	5	3			1						
Willi			6	2	5						
Uta	3			1		3		1		1	3

2 Zufallsversuche

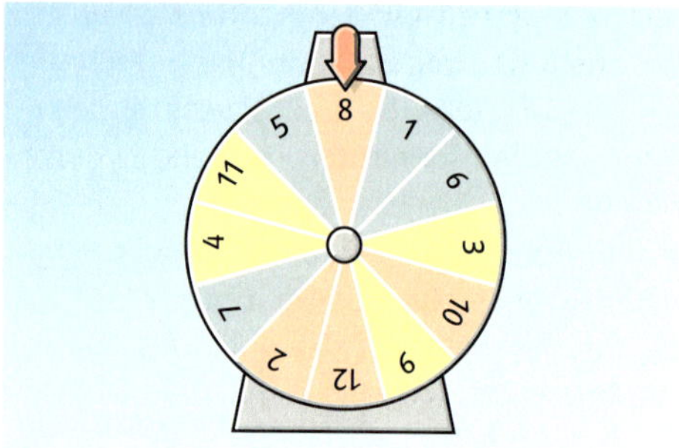

Vera und Markus wetten: Als nächstes kommt rot, sagt Vera, Markus rät blau.
→ Wer hat mehr Gewinnmöglichkeiten?
Peter ist vorsichtiger; er setzt auf gerade Zahlen. Jutta auf gelb.
→ Bei welchen Zahlen gewinnt Peter, bei welchen Jutta?
Arne hat einen sicheren Tipp: Es kommt eine Zahl zwischen 1 und 12.
→ Kann er verlieren?

Bei dem Glücksrad kann man das Ergebnis eines Drehens nicht vorhersagen. Man sagt, das Ereignis, der Ausgang des Drehens ist **zufällig**. Manchmal können mehrere Ausgänge zu einem bestimmten Ereignis zusammengefasst werden: So bringen die Zahlen 2; 8; 10 und 12 das Ereignis „rot".

Den **Ausgang** einer Handlung nennt man zufällig, wenn er nicht mit Sicherheit vorhergesagt werden kann. Man spricht auch von einem **Zufallsversuch** oder **Zufallsexperiment**. Verschiedene Ausgänge eines Zufallsversuches können ein und dasselbe **Ereignis** bestimmen. Das Ereignis „Die Augensumme ist 6" wird durch folgende Ausgänge bestimmt:

Bemerkung
Bei der systematischen Durchführung von Zufallsversuchen werden die Ausgänge beobachtet und gezählt. Nachdem man sich vorher genau überlegt hat, welche Ausgänge möglich sind, notiert man mit einer Strichliste, wie oft jeder Ausgang aufgetreten ist.

Beispiele
a) Das Werfen einer Münze hat die möglichen Ausgänge „Kopf" und „Zahl".
b) Bei einem Würfel sind die Ausgänge die Augenzahlen „1" bis „6".
c) Beim normalen Kartenspiel können die vier Ausgänge Kreuz-, Pik, Herz- und Karoass zu dem Ereignis „Ein Ass ziehen" zusammengefasst werden.
d) Beim Würfeln tritt das Ereignis „eine durch 3 teilbare Zahl" zu würfeln bei den Ausgängen 3 und 6 ein.
e) Beim „Schiffe versenken" gibt es am Anfang für einen „Schuss" 100 mögliche Ausgänge, nur fünf dieser Ausgänge führen zu dem Ereignis „Fünfer getroffen".

Aufgaben

1 Welche Ausgänge sind bei folgenden Zufallsexperimenten möglich?
a) Ein Würfel wird einmal geworfen.
b) Eine Reißzwecke wird einmal geworfen.
c) Eine Person wird nach dem Geburtsmonat gefragt.
d) Die erste Lottozahl wird gezogen.
e) Die Kugel fällt beim Roulette.

2 Bei welchen Vorgängen ist der Ausgang zufällig, bei welchen nicht?
a) Eine Münze wird geworfen.
b) Eine Taschenlampe wird ausgeknipst.
c) Es wird eine Kugel gezogen.
d) Es wird einmal gewürfelt.
e) Das Glücksrad wird gedreht.

3 Wie beim Würfeln und beim Glücksrad benutzt man Zufallsversuche, um Glücksspiele durchzuführen. Gib weitere Zufallsversuche an, die dir bekannten Glücksspielen zugrunde liegen.

4 Marion und Petra haben einen Freifahrtchip für den Autoscooter bekommen. Wie können sie entscheiden, wer den Wagen lenken darf?

5 Welche Ausgänge sind möglich, wenn
a) eine Münze geworfen wird?
b) mit einem Würfel gewürfelt wird?
c) ein Glücksrad mit 12 Feldern gedreht wird?
d) die Karte eines Skatspiels gezogen wird?
e) aus einer Urne mit zwölf Kugeln eine Kugel gezogen wird?

6 Beim „Mensch-ärgere-dich-nicht-Spiel" sind vier Figuren im Spiel. Blau ist am Zug.
a) Welche Ausgänge des Wurfes führen dazu, dass eine Spielfigur hinausgeworfen werden kann?
b) Bei welchen Ausgängen bleibt Blau hinter der gelben Spielfigur?
c) Wann landet Blau vor Rot?

7 Bei einem Skatspiel gibt es 32 verschiedene Karten. Bei einem Zufallsversuch wird der Kartenstapel gemischt und die oberste Karte abgenommen.
a) Wie viele verschiedene Ausgänge hat das Ereignis: „Es wird eine schwarze Karte gezogen?"
b) Das Abheben von Pikkönig ist ein möglicher Ausgang dieses Zufallsversuches. Beschreibe für diesen Ausgang drei verschiedene Ereignisse.

8 In einem Glas liegen 12 Kugeln mit den Zahlen 1 bis 12. Die Kugeln mit der 1; 7; 10 und 12 sind rot, alle anderen Kugeln sind weiß. Beschreibe mindestens drei Ereignisse, die jeweils durch vier verschiedene Ausgänge erfüllt werden.

9 Beim „Mensch-ärgere-dich-nicht-Spiel" hat Ulf die gelben, Petra die blauen Spielfiguren. Erst würfelt Ulf, dann Petra.
a) Bei welchen Ausgängen kann Ulf seine Spielfigur in Sicherheit bringen?
b) Bei welchen Ausgängen kann Petra Ulfs Spielfigur hinauswerfen?
c) Erst würfelt Petra. Was ändert sich?

10 Für welchen der folgenden Zufallsversuche würdest du dich entscheiden, um mit der größten Gewinnchance eine „1" zu bekommen? Gib eine Begründung.
a) Du wirfst eine 1-Cent-Münze.
b) Du würfelst mit einem normalen Würfel.
c) Du lässt die Roulette-Kugel rollen.

3 Wahrscheinlichkeit von Ereignissen

→ Markus behauptet: „Ich spüre, was als nächste Zahl kommt", und setzt einen Stein auf rot und einen auf schwarz. Was meinst du dazu?
→ „So kann ich wenigstens nie verlieren!", meint er. Siehst du das auch so?
→ Warum können die Gewinne beim gelben Stein höher als beim blauen und beim blauen höher als beim grünen sein?

Für den Zufall haben sich die Menschen schon seit tausenden von Jahren interessiert. Wenn auch das Ergebnis eines Zufallsexperimentes nicht vorhersagbar ist, so kann man doch oftmals angeben, mit welcher Wahrscheinlichkeit ein Ereignis eintreten kann.

Bei Zufallsversuchen, bei denen alle Ausgänge gleich berechtigt sind, kann man die **Wahrscheinlichkeit**, mit der ein Ereignis eintritt, **berechnen**:

$$\text{Wahrscheinlichkeit} = \frac{\text{Anzahl der für das Ereignis günstigen Ausgänge}}{\text{Anzahl aller möglichen Ausgänge}}$$

Bemerkungen

- Wenn es keinen günstigen Ausgang für ein Ereignis gibt, ist das Ereignis **unmöglich** und die Wahrscheinlichkeit 0 (z. B. die Zahl 50 beim Lotto).
- Wenn alle Ausgänge günstig sind, ist das Ereignis **sicher**.

Zähler und Nenner sind dann gleich, die Wahrscheinlichkeit ist 1 (z. B. beim Lotto wird eine Zahl zwischen 1 und 49 gezogen).

0 | 0,5 | 1

unmöglich | nicht so wahrscheinlich | schon wahrscheinlicher | sicher

Beispiele

a) Beim Würfeln mit einem Spielwürfel hat das Ereignis „Es wird eine zwei gewürfelt" nur den einen günstigen Ausgang „zwei". Die Wahrscheinlichkeit ist also $\frac{1}{6}$.

b) Das Ereignis „Es wird eine gerade Zahl gewürfelt" hat die günstigen Ausgänge „zwei", „vier" und „sechs", also 3 von 6. Die Wahrscheinlichkeit beträgt also

$$\frac{3}{6} = \frac{1}{2} = 0{,}5.$$

c) Für das Ereignis „Die zufällig gefragte Person hat im Juli Geburtstag" kann man die Wahrscheinlichkeit ausrechnen (wenn alle Tage des Jahres gleichberechtigt sind): 31 günstige Ausgänge bei 365 möglichen geben eine Wahrscheinlichkeit von

$$\frac{31}{365} = 0{,}085.$$

d) Die Zahl Null kommt beim Roulette mit der Wahrscheinlichkeit $\frac{1}{37}$.

1 Wie groß ist die Wahrscheinlichkeit, bei einem Glücksrad mit den Feldnummern 1 bis 15 eine gerade Zahl zu treffen?

2 Ein Glücksrad ist in 18 gleiche Felder unterteilt. Ein Feld ist rot, drei blau und die restlichen weiß. Berechne die Wahrscheinlichkeiten für das Auftreten der Farben.

3 In einem Musikgeschäft werden zum 25-jährigen Geschäftsjubiläum CDs verlost. Man kann an 78 Fäden ziehen. An drei Fäden hängt eine Gewinnmarke.

4 Beim letzten Schulfest fand eine Verlosung statt. Dabei wurde eine Kugel aus einem Eimer mit 35 schwarzen, neun roten und einer weißen Kugel gezogen. Für weiß gibt es einen Hauptgewinn, für rot einen Trostpreis und für schwarz eine Niete. Berechne die Wahrscheinlichkeiten.

5 Über dem unten abgebildeten Glücksrad siehst du das Resultat von 100, 1000 und 10 000 Versuchen.
a) Berechne die relativen Häufigkeiten für die einzelnen Felder.
b) Berechne die Wahrscheinlichkeit für die einzelnen Felder.
c) Vergleiche die Ergebnisse. Welche Schlussfolgerungen ziehst du?

	100	1000	10 000
A	6	121	1244
B	13	110	1253
C	15	126	1255
D	8	140	1241
E	12	134	1250
F	14	115	1250
G	22	125	1253
H	10	129	1254

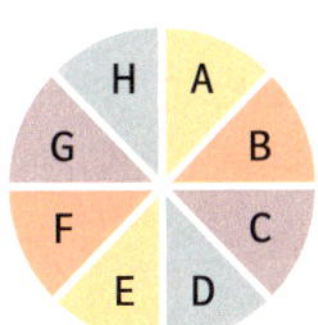

Wahrscheinlichkeiten schätzen

Wenn man über die Wahrscheinlichkeit der Ausgänge eines Zufallsversuches nichts weiß, kann man aus der gezielten Beobachtung zu einer Schätzung der Wahrscheinlichkeit gelangen.

Vera und Markus werfen Heftzwecken. Markus hat den Eindruck, es würden mehr auf der Seite liegen, als auf dem Kopf und behauptet: „Die Wahrscheinlichkeit ist größer, dass sie auf der Seite liegen bleiben." Die beiden probieren es genau aus. Nach 10; 20; 40; 50; 100 und 400 Zufallsversuchen haben sie folgende Tabelle für die **absoluten Häufigkeiten** erhalten:

Kopf	5	7	16	21	41	154
Seite	5	13	24	29	59	246
Summe	10	20	40	50	100	400

Um die Zufallsversuche vergleichen zu können, berechnen sie die **relativen Häufigkeiten**:

Kopf	0,5	0,35	0,4	0,42	0,41	0,385
Seite	0,5	0,65	0,6	0,58	0,59	0,615
Summe	1	1	1	1	1	1

Markus' Eindruck hat sich bestätigt, die Seitenlage ist leicht bevorzugt (relative Häufigkeit ca. 0,6) gegenüber der Kopflage (relative Häufigkeit ca. 0,4). Die in diesen Zufallsversuchen ermittelte relative Häufigkeit ist ein **Schätzwert für die Wahrscheinlichkeit** des Ereignisses. Je mehr Versuche gemacht werden, um so mehr kann man dem Schätzwert trauen.

Führt selbst in Partnerarbeit Zufallsexperimente mit geraden und „schiefen" Würfeln durch. Bestimmt die absoluten und die relativen Häufigkeiten und notiert sie in einer Tabelle. Bei „schiefen Würfeln", z. B. unterschiedlichen Spielsteinen oder Dominosteinen, kommen sicher überraschende Ergebnisse heraus.

Zusammenfassung

absolute Häufigkeit	Die Anzahl, mit der bestimmte Ereignisse eintreten, heißt **absolute Häufigkeit** des Ereignisses	Beim Basketball trifft Kai von 14 Würfen 7-mal, Anika von 20 Würfen 8-mal
relative Häufigkeit	Der Anteil bestimmter Ereignisse an der Gesamtzahl heißt **relative Häufigkeit**	relative Häufigkeit = $\frac{\text{absolute Häufigkeit}}{\text{Gesamtzahl}}$ Kai: $7:14 = 0{,}5 = 50\,\%$ Anika: $8:20 = 0{,}4 = 40\,\%$
Zufall	Ein Ereignis heißt **zufällig**, wenn es nicht mit Sicherheit vorhergesagt werden kann.	Die gewürfelte Augenzahl ist zufällig, die Tatsache, dass der Würfel nach unten fällt, nicht.
Zufallsversuch	Eine Handlung, die zufällige Ereignisse hervorbringt, heißt **Zufallsversuch**.	Das Würfeln ist ein Zufallsversuch. Das Ausknipsen einer Taschenlampe nicht.
Ereignis	Verschiedene Ausgänge eines Zufallsversuches können zu einem **Ereignis** zusammengefasst werden.	Die gewürfelten Augenzahlen „1" bis „6" sind die Ausgänge des Würfelns. Ein mögliches Ereignis ist „Eine gerade Zahl würfeln." Die Ausgänge „2", „4" und „6" führen zu diesem Ereignis.
Wahrscheinlichkeit	Die **Wahrscheinlichkeit** eines Ereignisses ist eine Bruchzahl zwischen 0 und 1. **Unmögliche** Ereignisse haben die Wahrscheinlichkeit 0, **sichere** die Wahrscheinlichkeit 1.	Bei Zufallsversuchen, bei denen alle Ausgänge gleichberechtigt sind, kann man die Wahrscheinlichkeit eines Ereignisses berechnen: Wahrscheinlichkeit = $\frac{\text{Anzahl der günstigen Ausgänge}}{\text{Anzahl aller möglichen Ausgänge}}$
Wahrscheinlichkeiten schätzen	Die in einem Zufallsversuch ermittelte relative Häufigkeit eines Ereignisses wird als **Schätzwert** für die Wahrscheinlichkeit genommen.	

Üben • Anwenden • Nachdenken

1 Aus einer Umfrage des Allensbach-Institutes aus dem Jahr 2004:
Eine repräsentative Befragung von 1375 Radfahrern im Alter ab 16 Jahren ergab, dass nur sieben Prozent den Kopfschutz immer aufsetzen. Neun Prozent tragen nur gelegentlich oder selten einen Fahrradhelm, 84 Prozent nie. Wie groß sind jeweils die absoluten Häufigkeiten?

2 Das Tortendiagramm zeigt dir die unterschiedliche Nutzung der Bodenfläche der Bundesrepublik von 2000. Suche aus dem Erdkundebuch die Gesamtfläche heraus und berechne, wie viel km² Ackerland, Wald, bebautes Land, Wasser und Sonstiges es gibt.

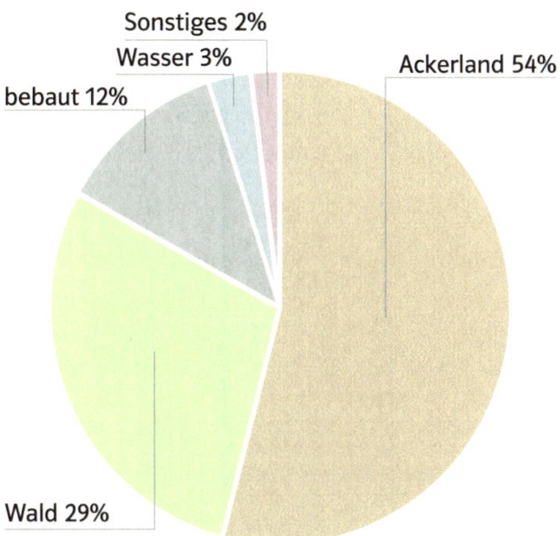

3 In einer Realschule und im benachbarten Gymnasium wurde eine Umfrage zu den beliebtesten Sportarten durchgeführt.
a) Berechne die relativen Häufigkeiten der Sportarten für beide Schulen einzeln.
b) An welcher Schule ist der Anteil der Handballer größer?
c) Wie groß ist der relative Anteil der Fußballer an beiden Schulen zusammen?

	Realschule	Gymnasium
Schülerzahl	425	1350
Fußball	272	864
Handball	153	486

4 Markiere die Flächen einer Streichholzschachtel mit den Zahlen 1 bis 6. „Würfele" mindestens 200-mal, notiere die Ausgänge und berechne für die einzelnen Ausgänge die relativen Häufigkeiten.

5 a) Wirf einen Würfel 200-mal. Schreibe die Ergebnisse in einer Strichliste auf und berechne die relativen Häufigkeiten für die Ausgänge 1; 2; 3; 4; 5 und 6.
b) Fasse deine Ergebnisse mit denen deiner Klassenkameraden zusammen. Berechne die relativen Häufigkeiten noch einmal.
c) Berechne die Wahrscheinlichkeiten für das Auftreten der einzelnen Zahlen und vergleiche mit den Zahlen aus a) und b).

6 Den rechts abgebildeten „Würfel" kannst du sicher in einem alten Holzbaukasten finden. Markiere die Seiten mit den Zahlen 1 bis 5 und würfele mindestens 300-mal. Berechne die relativen Häufigkeiten. Sind alle Ausgänge dieses Zufallsexperimentes gleich wahrscheinlich?

7 Ute und Claudia spielen „Schiffe versenken". Unten siehst du Utes Spielfeld. Claudia hat den nächsten Versuch.
Wie groß ist die Wahrscheinlichkeit, beim nächsten Schuss den Dreier zu treffen?

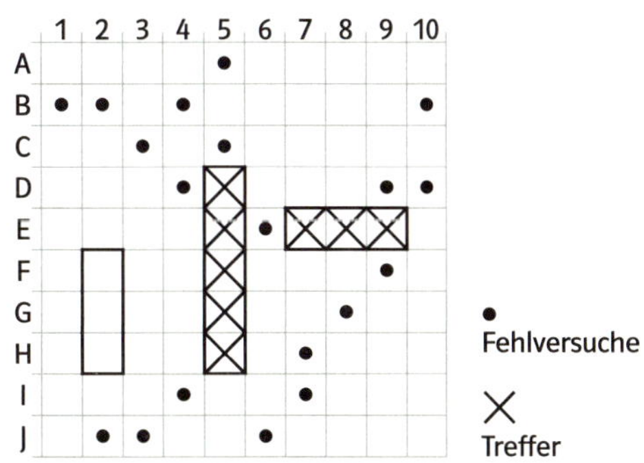

8 Würfle mit zwei Würfeln. Wie wahrscheinlich sind die folgenden Ergebnisse?
a) Beide Zahlen sind gerade.
b) Beide Zahlen sind durch vier teilbar.
c) Eine Zahl ist gerade, eine ungerade.
d) Die Augensumme beträgt 13.

9 Bei einem alten Würfelspiel sagt jeder Spieler eine Zahl zwischen I und XII an. Dann wird mit zwei Würfeln geworfen und die Augensumme ermittelt. Hat keiner der Spieler mit seiner Vorhersage getroffen, wird noch einmal gewürfelt.
Lucius setzt auf die IV, Flavia auf die VII. Haben beide die gleichen Chancen?

10 Bei Ballspielen wird der Anstoß oft per Münzwurf festgelegt. Ist das gerecht?

11 Wie groß ist die Wahrscheinlichkeit, dass aus dem nebenstehenden Behälter eine blaue Kugel gezogen wird?

12 Beim „Mensch-ärgere-dich-nicht-Spiel" muss man zu Beginn eine 6 würfeln.
Jutta überlegt: Es gibt sechs verschiedene Ausgänge. Nur einer davon ist eine 6. Die Chancen eine 6 zu würfeln sind 5 dagegen und 1 dafür, also 5:1.
Heiner dagegen behauptet: Die Wahrscheinlichkeit eine 6 zu würfeln beträgt $\frac{1}{6}$. Wer hat Recht?

13 Aus einem Skatspiel wurden bereits alle vier Asse, Karozehn, Herzsieben und Karodame gezogen. Mit welcher Wahrscheinlichkeit zieht man jetzt noch
a) eine rote Karte
b) keine rote Karte
c) eine Zehn
d) ein Ass
e) einen Bauern
f) eine Sieben?

14 Beim „Mensch-ärgere-dich-nicht-Spiel" darf man zu Beginn dreimal würfeln um eine Sechs zu bekommen. Wie groß ist die Wahrscheinlichkeit für eine Sechs im
a) ersten Wurf?
b) zweiten Wurf?
c) dritten Wurf?

15 „Wenn der Hahn kräht auf dem Mist, dann ändert sich das Wetter oder es bleibt wie es ist", sagt eine alte Bauernweisheit. Wie groß ist die Wahrscheinlichkeit, dass dieses Ereignis eintritt?
Wie groß ist die Wahrscheinlichkeit, dass Heiligabend und Silvester auf den gleichen Wochentag fallen?

16 Eine Umfrage im 5. und 6. Jahrgang hat die folgende Tabelle ergeben.

Blutgruppe	A	B	AB	0
absolute Häufigkeit	62	21	9	58

Schätze die Wahrscheinlichkeit, dass eine zufällig ausgewählte Person die Blutgruppe A, B, AB oder 0 hat. Gib die Wahrscheinlichkeit als Bruch, Dezimalzahl und in Prozent an.

17 Auf einem Jahrmarkt bietet eine Losbude das Spiel 17+4 an. Bei diesem Spiel muss man Lose sammeln, deren Punktzahlen zusammen 21 ergeben.
Von 200 Losen sind 150 Nieten, 49 Lose haben eine gerade Zahl und ein Los die Zahl 3. Für jede beliebige Zahl kann man auch einen Trostpreis bekommen.
a) Wie groß ist am Anfang die Chance, einen Trostpreis zu ziehen?
b) Wie groß ist am Anfang die Wahrscheinlichkeit, eine ungerade Zahl zu ziehen?

18 Vera und Markus machen mit ihrer Klasse eine Verkehrsuntersuchung. An einer Straße zählen sie, wie viele Menschen in den Pkw sitzen. Hier ist ihr Ergebnis.

Anzahl Insassen	Zahl der Pkw
eine Person	513
zwei Personen	211
drei Personen	172
vier Personen	75
mehr als vier Personen	29

Schätze, mit welcher Wahrscheinlichkeit im nächsten Auto 1; 2; 3; … Personen sitzen.

Rückspiegel

Rückspiegel

1 Nur 7% der 12 580 Einwohner eines Ortes setzen stets den Helm auf, wenn sie mit dem Fahrrad fahren.

2 In einer Stadt mit 34 891 Personen sind folgende Fahrzeuge gemeldet:

Fahrzeuge	Anzahl
Pkw	17 345
Lkw	456
Busse	121
Motorräder	1 567

Wie viele Pkw, Lkw, … fahren je Einwohner in der Stadt?

3 Bei der Losbude „Glücksache“ sind 680 Nieten und 68 Gewinnlose im Beutel; bei der Losbude „Bingo“ sind es 680 Nieten von insgesamt 748 Losen.
Wo sind die Chancen besser?

4 Die Polizei prüft die Fahrräder des 6. und 7. Jahrgangs. Die Tabelle zeigt das Ergebnis.

Befund	absolute Häufigkeit
ohne Mängel	35
geringe Mängel	105
nicht verkehrssicher	60

Mit welcher Wahrscheinlichkeit ist ein zufällig ausgewähltes Fahrrad ohne Mängel (nicht verkehrssicher)? Gib die Zahlen als Dezimalbruch und in Prozent an.

5 Am Roulettetisch ist bereits fünfmal hintereinander eine rote Zahl gekommen. Wie wahrscheinlich ist es, dass auch beim sechsten Mal eine rote Zahl kommt?

6 Schreibe auf, welche Kombinationen es beim Spiel „Stein, Schere, Papier“ gibt.
a) Wie viele sind es insgesamt?
b) Wie groß ist die Wahrscheinlichkeit, dass beide Spieler „Stein“ zeigen?
c) Wie groß ist die Wahrscheinlichkeit, dass das erste Spiel unentschieden ausgeht?

1 In A-Stadt wohnen 23 432 Einwohner. Die relative Häufigkeit der Hundebesitzer wird in einer Statistik mit 0,04 angegeben.

2 Klassensprecherwahl in der 6c. Berechne die relativen Häufigkeiten in Prozent und erstelle ein Säulendiagramm.

Name	Stimmen
Vera	卌 卌 ||
Markus	||
Anika	||
Klaus	卌 |||
Hans	卌 |

3 Beim Würfeln mit zwei Würfeln setzt Anika auf das Ereignis „eine Zahl kleiner als Sieben“, Vero auf „größer als Sechs“. Wer hat die besseren Chancen?

4 Wie groß ist die Wahrscheinlichkeit dafür, dass ein zufällig ausgewählter Bürger 65 oder älter ist, jünger als 15 oder zwischen 15 und 65?

Bevölkerung der Bundesrepublik am 31.12.2001	
Alter	Anzahl
Unter 15	12 619 000
15–40	27 827 000
40–65	27 929 000
65 und älter	14 066 000

5 Der Zufallszahlengenerator eines Computers wurde so programmiert, dass er wie ein Würfel funktioniert: Bei 6500 Würfen kam 760-mal die Sechs, 1345-mal die Fünf, 1250-mal die Vier, 645-mal die Drei, 1250-mal die Zwei und 1250-mal die Eins.
a) Berechne die relativen Häufigkeiten.
b) Beurteile mithilfe der relativen Häufigkeiten, ob die Chancen bei diesem Computerwürfel gleichverteilt sind.

6 a) Wie groß ist die Wahrscheinlichkeit, dass beim Spiel „Stein, Schere und Papier“ auf Anhieb einer gewinnt?

Alles in allem

In den letzten beiden Jahren sind dir im Mathematikunterricht manche Themen immer wieder begegnet. Viele Ideen und Herangehensweisen konntest du wieder aufgreifen und weiterentwickeln. Auch in den nächsten Jahren werden dich einige dieser Leitideen wie rote Fäden durch die Mathematik begleiten:

Daten und Zufall – Um bestimmte Fragen beantworten zu können, werden Daten gesammelt, erfasst, übersichtlich dargestellt und ausgewertet.

Zahl – An Zahlen denken viele Menschen als erstes, wenn sie Mathematik hören. Zählen und Rechnen mit natürlichen Zahlen, aber auch der Umgang mit Brüchen, Dezimalbrüchen … sind unter dieser Leitidee zusammengefasst.

Messen – Geld, Zeit, Gewicht, Länge, Volumen – vieles wird gemessen und verglichen. Dafür werden Maßeinheiten festgelegt und mit den gemessenen Größen gerechnet.
Manche Berechnungen werden immer nach dem gleichen Schema durchgeführt, für solche Berechnungen stellt man Formeln auf.

Raum und Form – Bestimmte Figuren, Muster und Formen begegnen uns überall: Vierecke, Kreise, Würfel, Prismen …
Wir untersuchen und beschreiben ihre Eigenschaften und Besonderheiten und lernen, womit wir rechnen können.

Modellieren – Alltägliche Erscheinungen müssen wir manchmal erst in die Sprache der Mathematik übersetzen, um sie untersuchen zu können und Fragen dazu zu beantworten. Die Mathematik dient uns als Werkzeug, Antworten zu finden, die wir dann aber wieder in die Alltagssprache übersetzen und überprüfen müssen, ob unsere Antwort auch alltagstauglich ist.

Auf den nächsten Seiten
findest du Aufgaben zu allen Bereichen, die du in den letzten beiden Jahren kennen gelernt hast. Dabei kannst du testen, wie schnell du den roten Faden siehst und an welchen Stellen er schnell reißt.
(Die Lösungen stehen im Anhang.)

Messen und Zahl

	Fläche (in Mio. km^2)	Einwohner (in Mio.)
Australien	7,7	19
Kanada	10,0	31
Indien	3,3	1025
Russland	17,0	145
Brasilien	8,5	173
China	9,6	1292
USA	9,4	286

1 a) Runde auf Zehner.
1234; 56760; 70205
b) Runde auf Hunderter und stelle die Zahlen in einem Balkendiagramm dar.
1356; 843; 145; 799
c) Runde die Besucherzahlen und zeichne ein geeignetes Diagramm.

Di	19345	Fr	8907
Mi	23965	Sa	37490
Do	12457	So	55678

2 Die Tabelle zeigt die Flächengröße und die Einwohnerzahlen der sieben größten Flächenstaaten der Erde.
a) Ordne die Staaten nach der Größe der Fläche und nach der Zahl der Einwohner.
b) Erstelle ein Diagramm für die Anzahl der Einwohner.
c) Ordne die Staaten nach der Anzahl der Einwohner pro km^2. Beschreibe wie du dabei vorgehst.

3 a) Wandle um.
in **m**: 236 cm; 45 dm 3 cm; 1,345 km
in **kg**: 4500 g; 68,552 t; 12 kg 650 g
b) Wandle in die jeweils nächstkleinere Einheit um.
12 m^2; 0,54 kg; 2,3 dm^2; 0,355 m^3
c) Wandle jeweils in die anderen drei Einheiten um.
12,5 l; 4500 cm^3; 0,65 dm^3; 0,06 hl

4 a) Berechne.
in **m**: 2345,6 m + 2,5 km − 456 m
in **dm^2**: 536 cm^2 · 25
b) Berechne in der größten vorkommenden Einheit.
23,5 kg + 0,654 t − 123000 g
9,8 a − 472 m^2 + 32450 dm^2
c) Berechne in jeder Einheit, die in der Rechnung vorkommt.
1,8 m^2 + 18,8 dm^2 − 188,8 cm^2
0,75 hl + 6,5 dm^3 − 5,5 l

Messen und Raum und Form

5 a) Zeichne die Punkte A(3|1); B(9|3) und C(7|9) in ein Quadratgitter.
Verbinde die Punkte und ergänze einen vierten Punkt D so, dass ein Quadrat entsteht. Gib Rechtswert und Hochwert des Schnittpunks S der Diagonalen an.
b) Ergänze die Punkte A(3|2); B(11|6) und C(9|10) zu einem Rechteck. Zeichne einen Kreis, der durch alle vier Eckpunkte geht. Wie lang ist der Radius des Kreises?
c) Ergänze die Punkte A(1|7); B(7|1) und C(9|6) zu einem symmetrischen Trapez, dessen Symmetrieachse auf $\overline{AB}$ senkrecht steht. Zeichne die Symmetrieachse ein.

6 Trage die Punkte A(3|10); B(18|0) und P(1|1) in ein Quadratgitter ein.
a) Bestimme die Entfernung von A nach B.
b) Die Gerade g verläuft durch die Punkte A und B. Wie groß ist der Abstand von P zur Geraden g?
c) Zeichne eine Parallele h zu $\overline{PB}$, die durch den Punkt A verläuft.
Miss den Abstand von $\overline{PB}$ und h.

7 a) Zeichne drei Kreise mit einem gemeinsamen Mittelpunkt, die die Radien 1 cm; 2,5 cm und 4 cm haben.
b) Zeichne eine 4 cm lange Strecke. Zeichne um die beiden Endpunkte jeweils einen Kreis mit Radius 3 cm.
Verbinde die Schnittpunkte der beiden Kreise mit den Endpunkten der Strecke. Beschreibe das entstandene Viereck und miss die Längen der beiden Diagonalen und die Größen der vier Winkel des Vierecks.
c) Zwei Orte A und B sind 5 km voneinander entfernt. Maria wohnt 3 km von A, Martin 4 km von B entfernt.
Zeige mithilfe einer Zeichnung, wie weit Martin und Maria voneinander entfernt wohnen können.
Können die beiden mehr als 10 km voneinander entfernt wohnen?

8 a) Berechne den Umfang und den Flächeninhalt der Figur.

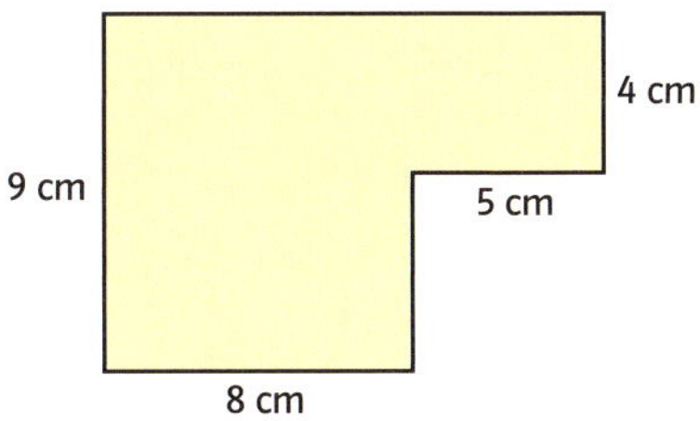

b) Gib mehrere Möglichkeiten zur Berechnung des Flächeninhalts der Figur an.
c) Wie verändern sich Umfang und Flächeninhalt der Figur, wenn die angegebenen Maße jeweils um 1 cm verlängert werden?

9 a) Berechne den Umfang und den Flächeninhalt der Figur.

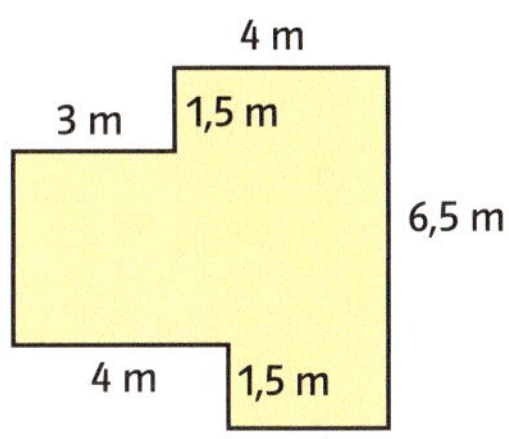

b) Das abgebildete Flächenstück hat einen Flächeninhalt von $34\,cm^2$.
Berechne seinen Umfang.

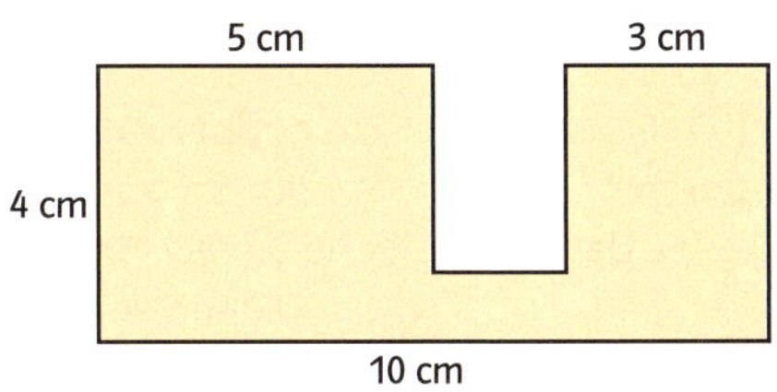

c) Wie groß muss die rote Länge des inneren Rechtecks gewählt werden, damit der grau gefärbte Bereich ein Drittel der Gesamtfläche ausmacht?

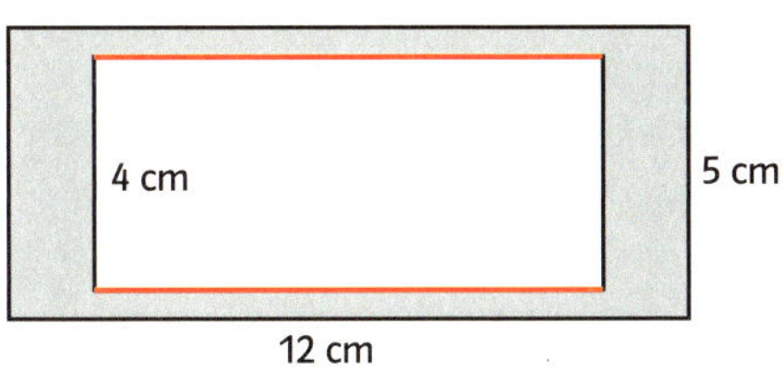

10 a) Berechne den Flächeninhalt der rot gefärbten Fläche.

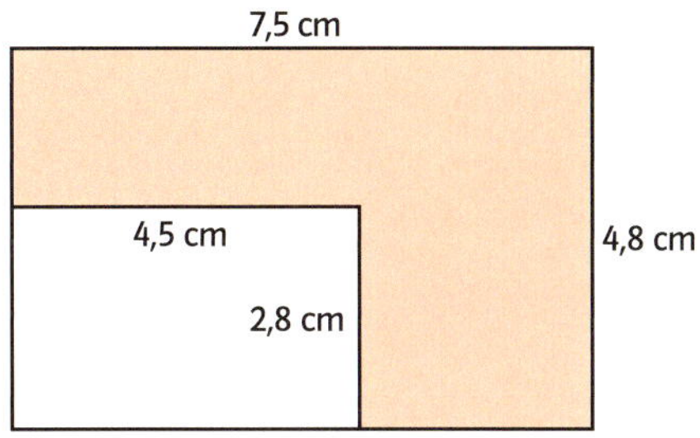

b) Erstelle einen Term zur Berechnung des Flächeninhalts der rot gefärbten Fläche.

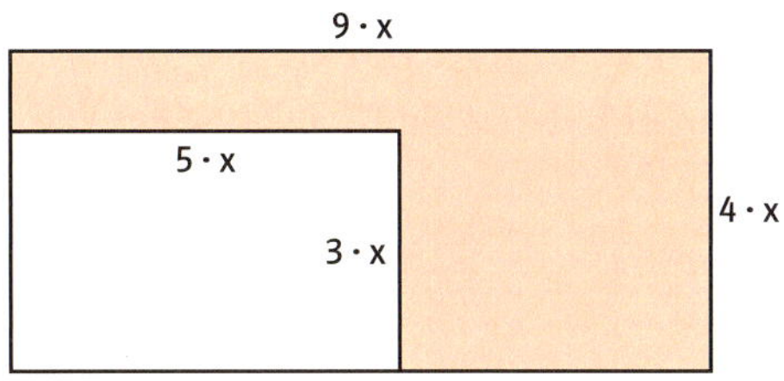

c) Wie kann das weiße Rechteck von Aufgabe b) verändert werden, sodass zwei Drittel der Gesamtfläche rot gefärbt sind?

11 a) Berechne die Oberfläche und das Volumen des Quaders mit den Maßen 4,5 cm; 6 cm und 12 cm.
b) Marvin baut sich ein 60 cm langes, 40 cm breites und 50 cm hohes Aquarium.
Wie viel dm^2 Glas benötigt er?
Wie viel Liter Wasser passen hinein, wenn es bis 10 cm unter dem Rand gefüllt wird?
c) Ein würfelförmiges, oben offenes Gefäß hat eine Kantenlänge von 90 cm. Es soll zu einem Drittel mit Wasser gefüllt werden.
Reichen dazu 250 Liter Wasser?
Wie viel m^2 der Innenfläche werden nass?

12 Eine Seitenfläche eines Würfels ist $50\,cm^2$ groß.
a) Wie groß ist die Oberfläche des gesamten Würfels?
b) Zwei dieser Würfel werden aneinander geklebt. Wie groß ist die Oberfläche des neu entstandenen Quaders?
c) Aus 8 solchen Würfeln kann man einen großen Würfel zusammensetzen.
Wie groß ist die Oberfläche dieses Würfels?

Messen

13 a) Bestimme den Winkel α und gib die Winkelart an.

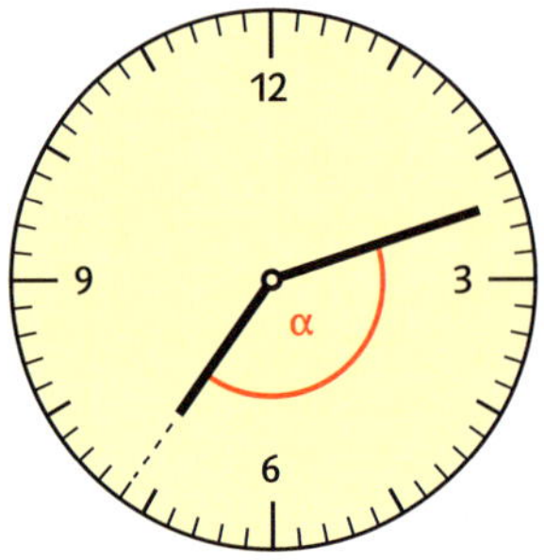

b) Wie groß ist der Winkel, den die Zeiger um 12:30 Uhr einschließen?
c) Wie spät kann es sein, wenn die Zeiger einen rechten bzw. einen gestreckten Winkel bilden? Nenne Beispiele.

14[1] Die Ergebnisse der Wahl zum Klassensprecher wurden in einem Kreisdiagramm dargestellt.

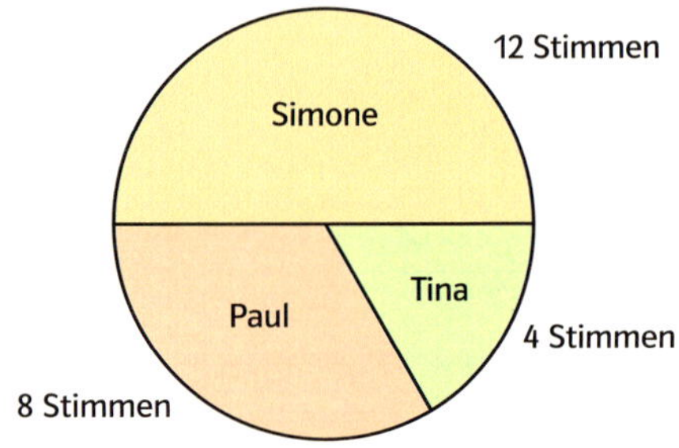

a) Zeichne ein Säulendiagramm.
b) Wie groß sind die Winkel der zugehörigen Kreisausschnitte?
c) Welche Winkel ergeben sich bei einer Klasse mit 30 Schülerinnen und Schülern, wenn die restlichen 6 Stimmen gleichmäßig auf die Kandidaten aufgeteilt werden?

Messen und Zahl

15 a) Nenne alle Teiler von 36.
Wie heißen die ersten 5 Vielfachen von 36?
b) Die Zahl 12 hat mehr Teiler als die Zahl 13. Wie verhält es sich bei den Zahlen 23 und 24? Erkläre.
c) In einer Klasse mit 24 Schülerinnen und Schülern kann man verschieden große Gruppen bilden. Gibt es mehr Möglichkeiten, wenn einer zu der Klasse dazu kommt oder wenn einer fehlt?

16 a) Welcher Bruchteil ist dargestellt?

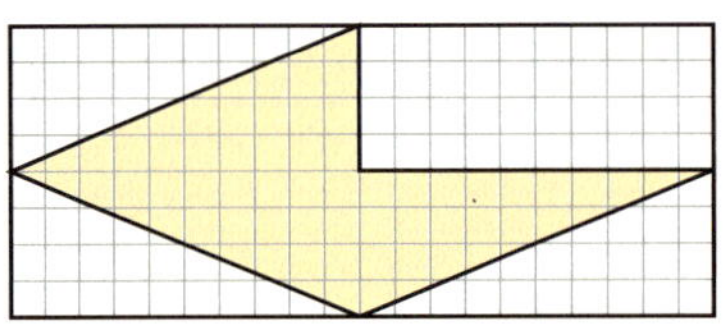

b) Stelle den Bruch als Kreisausschnitt dar.
c) Wie viele Kästchen müssen noch zusätzlich gefärbt werden, damit der Bruch $\frac{1}{2}$ dargestellt ist?

17 a) Wie viele Teiler hat die Zahl 42?
b) Thea behauptet: „Eine Zahl, die durch 3 und gleichzeitig durch 5 teilbar ist, ist durch 15 teilbar." Ist damit eine Zahl, die durch 4 und durch 8 teilbar ist, auch durch die Zahl 32 teilbar?
c) Ist 525 570 897 eine Primzahl? Begründe deine Antwort.

18 a) Welcher Bruchteil der Fläche ist nicht gefärbt?

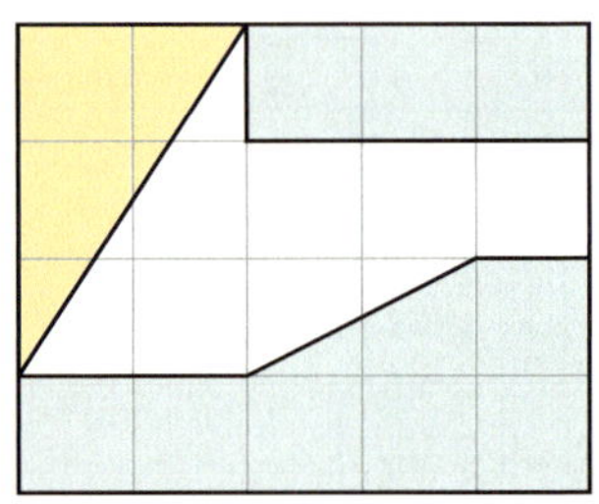

b) Ergänze die blau gefärbte Fläche so, dass $\frac{23}{40}$ der Gesamtfläche blau gefärbt sind.
c) Wie viele blaue Kästchen müssten weiß gefärbt werden, damit 50 % des Rechtecks weiß bleiben?

19 a) Ordne den Bruchbildern die richtigen Brüche zu.

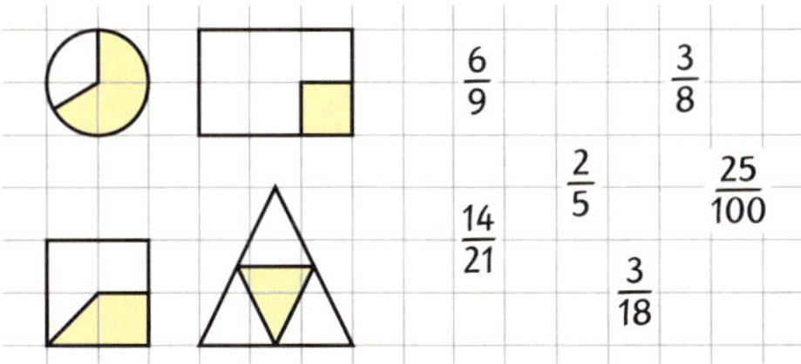

b) Fertige für die folgenden Zahlen Bruchbilder an:
$\frac{3}{4}$; $\frac{5}{12}$ und $\frac{3}{7}$

c) Stelle die Brüche $\frac{3}{10}$ und $\frac{1}{3}$ in einem gleich großen Rechteck dar.

20 a) Gib zwei Brüche an, die zwischen $\frac{1}{4}$ und $\frac{1}{3}$ liegen.
b) Gib einen Bruch und zwei Dezimalbrüche zwischen $\frac{1}{2}$ und 0,6 an.
c) Warum kann man nicht alle Dezimalbrüche zwischen 0,35 und 0,36 aufschreiben? Beschreibe deine Überlegungen.

21 a) Welche Brüche sind markiert?

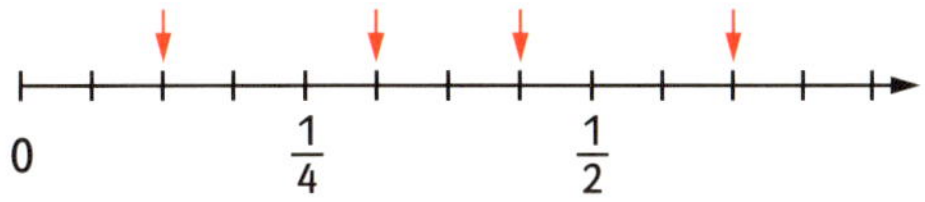

b) Trage die Brüche auf dem Zahlenstrahl ein. Wähle dazu eine geeignete Länge für die Einheitsstrecke.
$\frac{5}{8}$; $1\frac{1}{2}$; $\frac{7}{16}$

c) Die Brüche $\frac{3}{4}$ und $\frac{7}{8}$ liegen auf einem Zahlenstrahl 1 cm voneinander entfernt. Wie weit ist es von der Null bis zur Eins?

22 a) Ordne die unten stehenden Brüche von klein nach groß.
$\frac{3}{8}$; $\frac{4}{5}$; $\frac{1}{4}$; $\frac{2}{3}$

b) Welcher der beiden Brüche ist größer? Man braucht nicht unbedingt einen gemeinsamen Nenner zu bestimmen.
$\frac{19}{80}$ oder $\frac{13}{48}$

c) Liegt der Bruch $\frac{4}{9}$ näher beim Bruch $\frac{3}{7}$ oder näher beim Bruch $\frac{10}{21}$?
Begründe deine Antwort.

23 Berechne.

a)	b)	c)
$\frac{4}{3} + \frac{3}{4}$	$\frac{5}{2} + 2{,}5$	$3\frac{1}{2} + 2\frac{1}{3}$
$\frac{4}{3} - \frac{3}{4}$	$\frac{5}{2} - 2{,}5$	$3\frac{1}{2} - 2\frac{1}{3}$
$\frac{4}{3} \cdot \frac{3}{4}$	$\frac{5}{2} \cdot 2{,}5$	$3\frac{1}{2} \cdot 2\frac{1}{3}$
$\frac{4}{3} : \frac{3}{4}$	$\frac{5}{2} : 2{,}5$	$3\frac{1}{2} : 2\frac{1}{3}$

24 Berechne.
a) $\frac{4}{7} - \frac{1}{2} \cdot \frac{3}{4} + \frac{5}{8}$
b) $\frac{1}{3} + 2 \cdot \left(\frac{5}{6} - \frac{2}{3}\right) - \frac{5}{12}$
c) $0{,}1 - \frac{4}{5} - \left(4{,}25 - \frac{7}{8}\right) : 4\frac{1}{2}$

25 Nutze Rechenvorteile.
a) $\frac{8}{17} + \frac{17}{12} + \frac{12}{19} + \frac{9}{17} + \frac{7}{19} - \frac{11}{12}$
b) $\frac{35}{24} \cdot \frac{36}{55} \cdot \frac{17}{105} \cdot \frac{11}{34}$
c) $\frac{3}{5} \cdot \left(0{,}4 - \left(\frac{5}{8} - \frac{1}{4}\right)\right) : 0{,}6$

26 Berechne.

a)	b)	c)
$5 + 0{,}5$	$1{,}2 + 0{,}12$	$2{,}5 + \frac{2}{5}$
$5 - 0{,}5$	$1{,}2 - 0{,}12$	$2{,}5 - \frac{2}{5}$
$5 \cdot 0{,}5$	$1{,}2 \cdot 0{,}12$	$2{,}5 \cdot \frac{2}{5}$
$5 : 0{,}5$	$1{,}2 : 0{,}12$	$2{,}5 : \frac{2}{5}$

27 Welche Zahlen sind auf dem Zahlenstrahl markiert?

a)
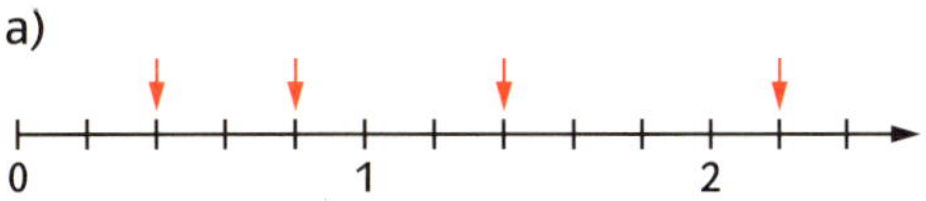

b)
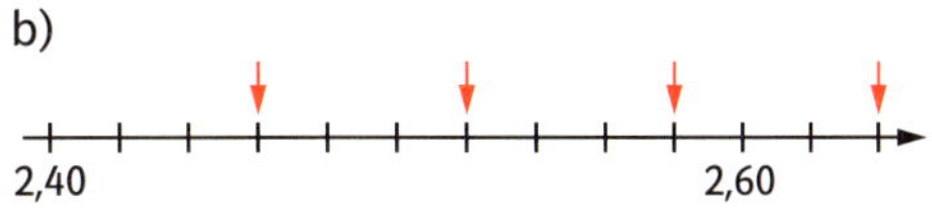

c)
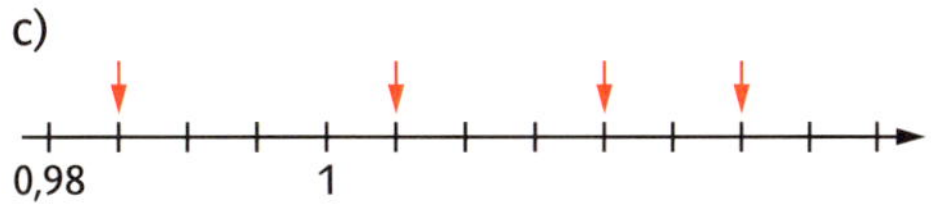

Zahl

28 Ordne die Zahlen nach ihrer Größe.
a) 0,987; 8,79; 0,798; 9,87; 0,978; 7,98
b) $\frac{3}{8}$; 0,42; $\frac{2}{5}$; $\frac{7}{20}$; 0,36
c) $1\frac{1}{2}$; 1,55; $\frac{15}{11}$; $\frac{11}{15}$

29 Nutze Rechenvorteile und beschreibe dein Vorgehen mit Worten.
a) $12{,}5 - 0{,}26 - 1{,}5 - 0{,}74$
b) $0{,}47 \cdot 34{,}8 + 34{,}8 \cdot 0{,}53$
c) $\left(\frac{3}{4} \cdot \frac{1}{2} - \frac{3}{8} : 1{,}5\right) : 0{,}75$

30 Es ist $729 \cdot 591 = 430\,839$.
a) Bestimme damit das Ergebnis.
$7{,}29 \cdot 5{,}91$ $\quad$ $0{,}0729 \cdot 5910$
b) Kannst du damit auch die Aufgabe $430{,}839 : 5{,}91$ im Kopf berechnen?
c) Woran erkennst du sofort, dass falsch gerechnet wurde?
$3{,}641 \cdot 4{,}321 = 15{,}732762$

31 Erstelle aus den vorgegebenen Zahlen und Rechenzeichen einen Term. Dabei darf jedes Rechenzeichen nur einmal verwendet werden.

: $\quad$ − $\quad$ · $\quad$ +

a) Der Wert soll möglichst groß sein.

12 $\quad$ 5 $\quad$ 107 $\quad$ 43

b) Der Wert soll möglichst klein sein, aber postitiv.

0,5 $\quad$ 2,4 $\quad$ 4,0 $\quad$ 1,5

c) Der Wert des Terms soll möglichst nahe bei der Zahl 1 liegen.

$\frac{4}{5}$ $\quad$ $\frac{5}{6}$ $\quad$ $\frac{1}{2}$ $\quad$ $\frac{1}{4}$

Messen und Zahl

32 Natalie kauft auf dem Markt ein: $1\frac{3}{4}$ kg Tomaten, $\frac{3}{4}$ kg Zwiebeln, $4\frac{1}{2}$ kg Kartoffeln. Der leere Korb wiegt 250 g.
b) Im Sportverein „Blau-Weiß“ sind $\frac{3}{5}$ aller Mitglieder weiblich. $\frac{3}{4}$ der männlichen Mitglieder spielen Fußball. Dies sind 84 Personen. Wie viele Mitglieder sind im Sportverein „Blau-Weiß“?
c) Ein Drittel aller Schüler einer Klasse sind Jungen. Ein Viertel aller Jungen spielt ein Instrument. Von den Mädchen spielt die Hälfte ein Instrument. Welcher Anteil der Klasse spielt kein Instrument?

33 Die Gesamtfläche der Gemeinde Talheim beträgt 1200 ha.
a) Ein Fünftel dieser Fläche ist Wald, $\frac{1}{3}$ davon wiederum Mischwald.
Wie groß ist die restliche Waldfläche?
b) Außer der Waldfläche sind 380 ha bebaute Fläche. Der Rest ist Ackerfläche. Wie groß ist der Anteil der Ackerfläche an den 1200 ha Gesamtfläche?
c) Erstelle ein Kreisdiagramm, das die Aufteilung Wald, Ackerfläche und bebaute Flächen darstellt.

34 Die Summe zweier nebeneinander liegender Bausteine ergibt den Wert des darüber liegenden. Vervollständige die Zahlenmauer.
a)

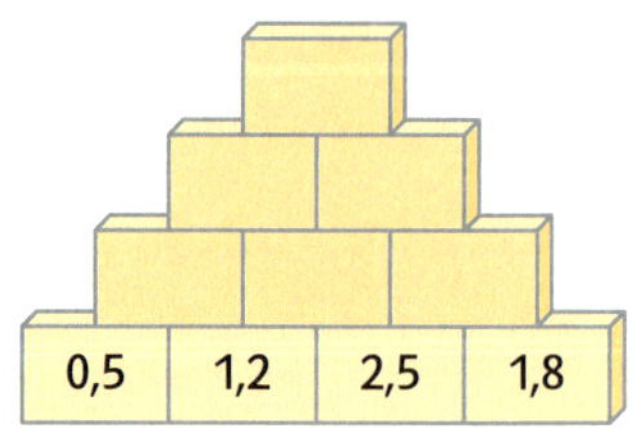

b)

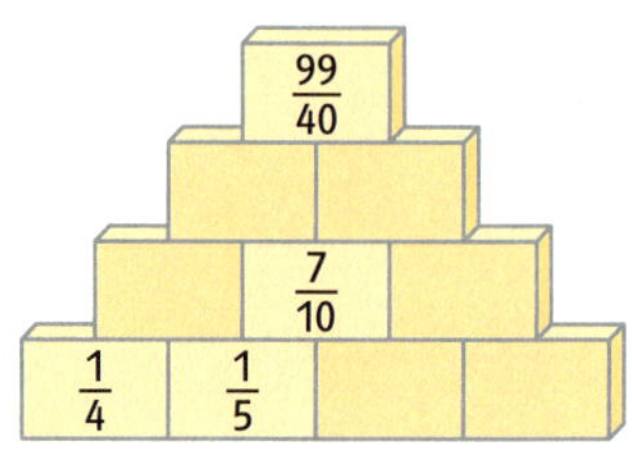

c) Wie muss man die Brüche $\frac{1}{2}$; $\frac{1}{3}$; $\frac{1}{4}$ und $\frac{1}{5}$ in der unteren Reihe einer Zahlenmauer wie in b) anordnen, damit in der Spitze der kleinste Wert entsteht?

35² a) Welche Eckpunkte kommen zusammen, wenn man aus dem Netz den Körper herstellt?

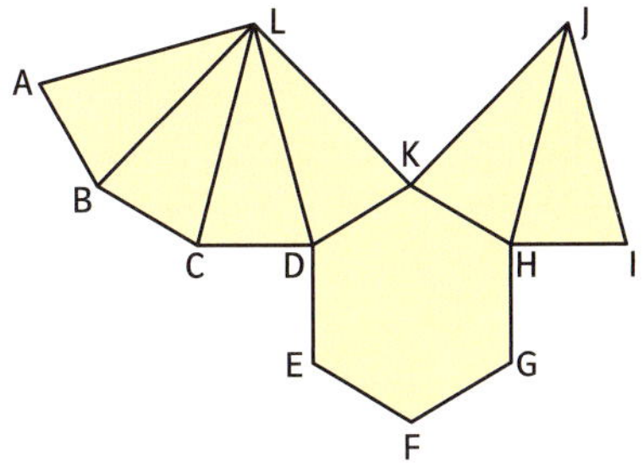

b) Wie viele Klebelaschen müssen am Netz angebracht werden, um ein Sechsecksprisma zusammenkleben zu können?

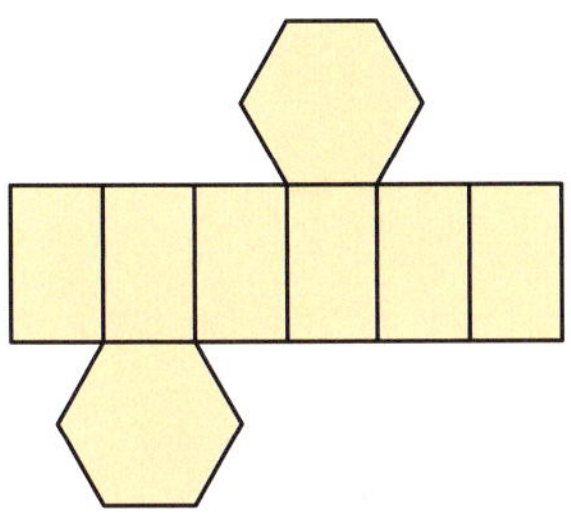

c) Wie viele Klebelaschen sind es beim Netz eines Siebenecks-, Achtecks-, Zwanzigecksprismas? Wie viele Kanten müssen aufgeschnitten werden, um aus dem Körper das Netz zu machen?
Stelle einen Term auf, in dem die Anzahl k der Klebelaschen durch die Anzahl n der Eckpunkte der Grundfläche ausgedrückt wird.

36² a) Zeichne das Dreiecksprisma so, dass die lange Seite des Mantelrechtecks schräg nach hinten zeigt.

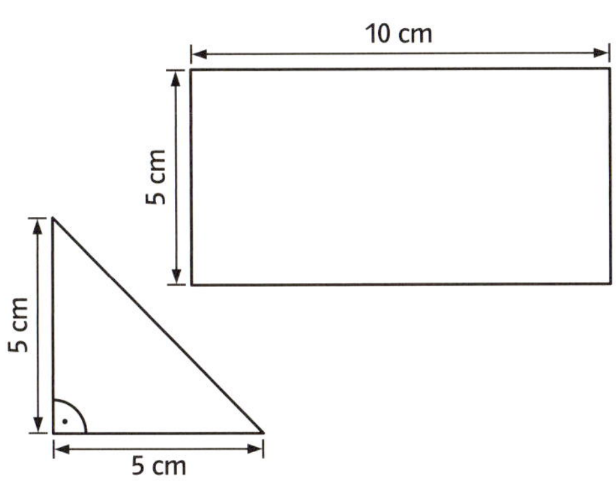

b) Welchen Bruchteil muss man wegnehmen, um aus dem Quader das Fünfecksprisma herzustellen?

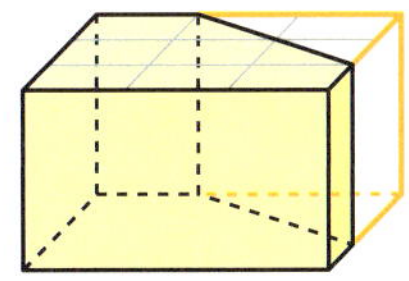

c) Der Würfel ist in drei Richtungen ausgeschachtet. Enthält der Restkörper mehr oder weniger Material als das Vierecksprisma? Begründe deine Antwort.

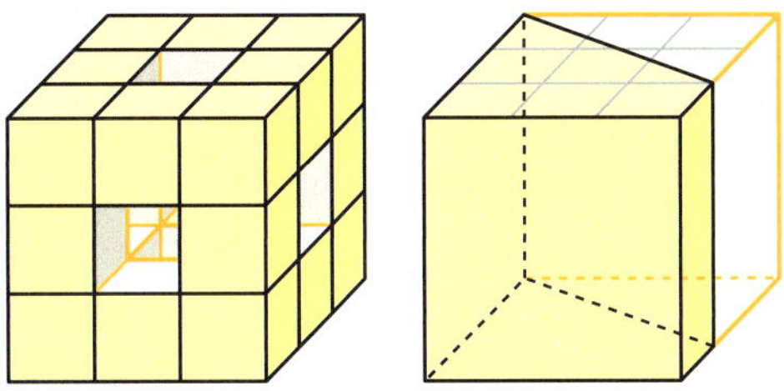

37 a) Zeichne ein Würfelnetz und übertrage den rot eingezeichneten Weg.

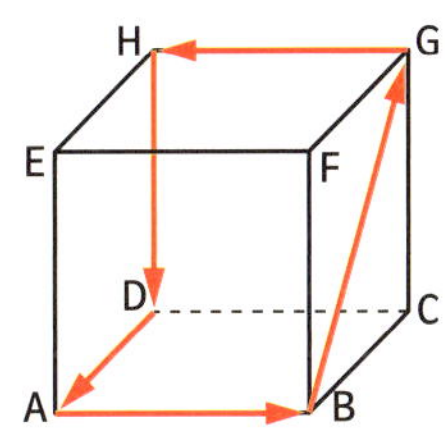

b) Zeichne das Netz maßgerecht und übertrage den roten Weg.

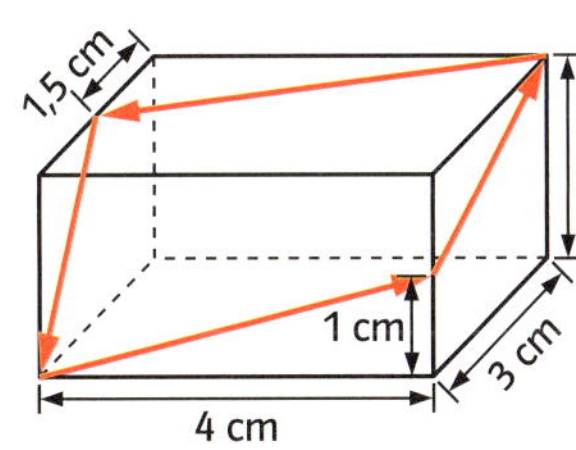

c) Zeichne ein Schrägbild des Würfels mit dem rot eingetragenen Weg.

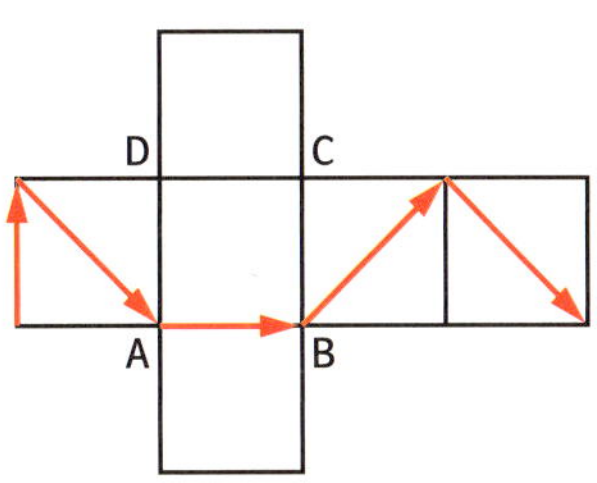

Raum und Form und Modellieren

38² a) Bei beiden Netzen fehlt jeweils ein Quadrat.
Welche Körper kannst du herstellen, wenn du das fehlende Quadrat richtig anfügst? Wo lässt es sich anfügen?
Es gibt mehrere Möglichkeiten.

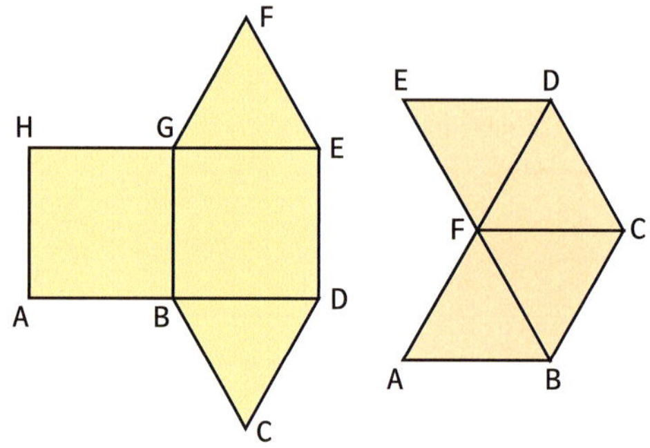

b) Beschreibe einen Körper, den man aus vier Quadraten und acht Dreiecken herstellen kann. Mache eine Skizze.
c) Auf das vordere Mantelquadrat des Dreiecksprismas ist eine Pyramide geklebt. Stell dir vor, auch auf die anderen Mantelquadrate seien Pyramiden geklebt.
Wie viele Kanten und Flächen hat der Körper?

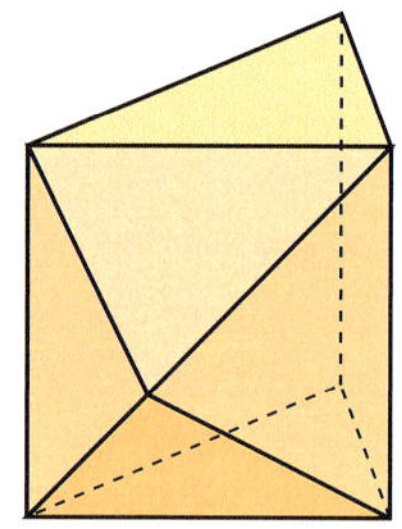

Modellieren und Zahl

39 a) Stelle Terme zur Berechnung von Umfang und Flächeninhalt der Flächen A und B auf. Vergleiche.

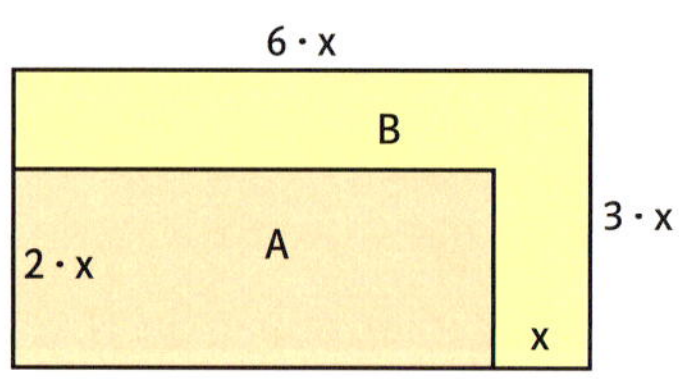

b) Ein Rechteck ist doppelt so lang wie breit. Bezeichne die kurze Seite mit a und stelle Terme zur Berechnung von Umfang und Flächeninhalt auf.
c) Ein Würfel ist aus Stäbchen der Länge x aufgebaut. Stelle einen Term zur Berechnung der Kantensumme auf. Wie lang ist ein Stäbchen, wenn alle Kanten zusammen 180 cm lang sind?

40 a) Setze in den Term $4 \cdot (2 \cdot x - 3 \cdot y)$ für $x = 8$ und $y = 5$ ein. Berechne.
b) Für welche Werte von a und b gilt $3a - 4b = 5$? Du darfst natürliche Zahlen zwischen 0 und 5 einsetzen.
c) Welche natürlichen Zahlen m und n kann man in den Term $6 \cdot m + 5 \cdot n$ einsetzen, sodass der Wert 100 entsteht?
Es gibt mehrere Lösungen.

41 Der Quader ist doppelt so groß wie der Würfel.

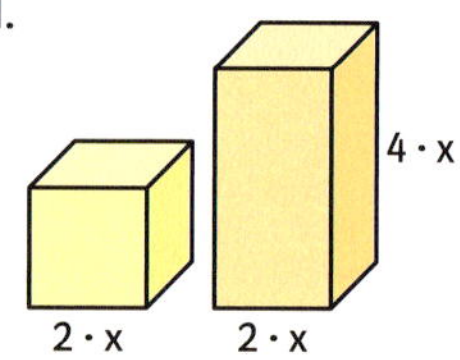

a) Stelle Terme für die Berechnung der Kantensumme und der Oberfläche auf.
b) Vergleiche die Kantensumme K der beiden Körper miteinander.
c) Ein weiterer Quader besteht aus 5 aufeinander gesetzten Würfeln.
Bestimme einen Term zur Berechnung der Kantensumme und der Oberfläche.

42² Löse die Gleichungen.
a) $2 \cdot x - 4 = 18$; $2 \cdot (x - 4) = 18$
b) $\frac{x}{2} - 4 = 18$; $\frac{1}{2} \cdot (x - 4) = 18$
c) $2 \cdot x - 4 = x$; $2 \cdot (x - 4) = x$

43² a) Wenn man die Zahl verdoppelt und 3 addiert, erhält man 13.
Wie heißt die Zahl?
b) Wenn man den dritten Teil einer Zahl verdoppelt, erhält man 6.
c) Vom Dreifachen einer Zahl wird 3 subtrahiert. Man erhält das Doppelte der Zahl.

44 Ein Wechselgeldautomat in einem Parkhaus wechselt Geldscheine auf Wunsch in Münzen zu 0,50 €; 1 € und 2 € um.
a) Tobias lässt einen 20-€-Schein in 11 Münzen wechseln.
b) Sabine lässt einen 10-€-Schein in 9 Münzen umwechseln.
c) Denke dir selber Münzkombinationen für 5-€- und 10-€-Scheine aus.

45 Ein 2-Euro-Stück wiegt etwa 10 g.
a) Wie viele Münzen sind in einem 50-kg-Sack?
b) Wie viele 2-Euro-Stücke ergeben eine Million Euro?
Wie schwer sind die 2-Euro-Münzen, die 1 Million Euro ergeben?
c) Schätze zuerst und überschlage dann so genau wie möglich. Wie schwer wird dein Mäppchen, wenn es mit 2-Euro-Münzen voll gefüllt wäre? Beschreibe deine Überlegungen.

46 a) Timo und Eva holen Angebote für den Jahresausflug in einen Freizeitpark ein. Für welches Angebot sollten sie sich entscheiden?

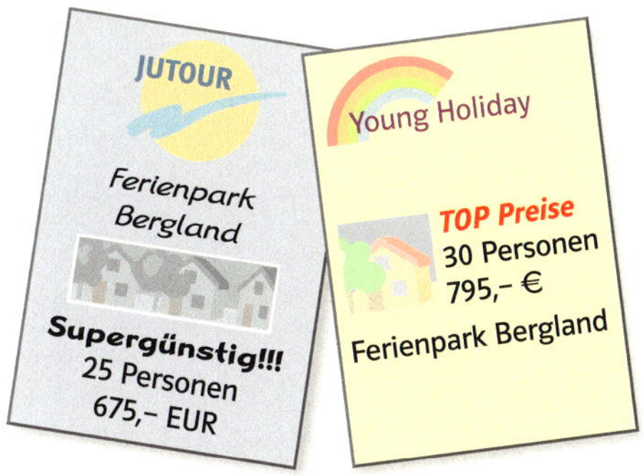

b) Die Klassen 6 a und 6 b machen gemeinsam eine Busfahrt. Für alle 60 Schülerinnen und Schüler kostet der Bus 750 €. Die Klasse 6 a bezahlt 350 €.
Wie viele Schülerinnen und Schüler sind in der 6 b?
c) Stefanie hat bereits von jedem Schüler der Klasse denselben Geldbetrag eingesammelt. In ihrer Kasse sind 197 €.
Warum wird Stefanie stutzig?

Modellieren und Zahl

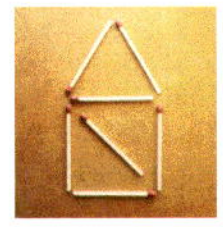

47[1] Zwei Basketball-Schulmannschaften, deren Spieler folgende Körpergrößen haben, treffen aufeinander.
Mannschaft A:
1,65 m; 1,60 m; 1,92 m; 1,68 m und 1,70 m.

Mannschaft B:
1,71 m; 1,68 m; 1,66 m; 1,65 m und 1,70 m.
a) Ordne die Spieler jeder Mannschaft nach ihrer Größe.
b) Vergleiche die kleinsten und größten Spieler jeder Mannschaft.
c) Berechne für jede Mannschaft die durchschnittliche Körpergröße.

48[1] Fabian hat in seinen Klassenarbeiten folgende Noten erzielt:
2,7; 3,3; 1,3; 3,0 und 4,0.
a) Berechne den Durchschnitt auf eine Nachkommaziffer genau.
b) Welcher Durchschnitt ergibt sich, wenn die beste und die schlechteste Note gestrichen werden?
c) Was hätte Fabian in der fünften Klassenarbeit schreiben müssen, um noch eine 2 im Zeugnis zu bekommen?

Daten und Zufall

Lösungen des Basiswissens

Basiswissen | Addieren und Subtrahieren natürlicher Zahlen, Seite 6

1
a) 168 – 27 = 141
b) 134 + 26 = 160
c) 1000 – (327 + 133) = 540
d) 56 – (20 – 15) = 51
e) (57 – 28) + (112 – 48) = 93

2
a) 161 b) 244 c) 1307

3
a) 2 b) 44 c) 100

4
a) 10 b) 105
c) 56 d) 32

5
a) 51; 13; 24; 16
b) 39; 23; 62; 16

6
a) 2456 + 6323 = 8779
b) 5647 + 3892 = 9539
c) 85 766 – 13 065 = 72 701

Basiswissen | Multiplizieren und Dividieren natürlicher Zahlen, Seite 7

1
a) 5 · 17 = 85
b) 45 : 9 = 5
c) (23 + 4) : 9 = 3
d) (11 + 4) · (135 – 95) = 600

2
a) 943 b) 1118 c) 3933
c) 16 d) 369 e) 243

3
a) 1700 b) 3800
c) 5400 d) 19000

4
a) 2 · 2 · 2 = 8 b) 4 · 4 · 4 · 4 = 256
c) 8 · 8 = 64 d) 4 = 4
e) 10 · 10 · 10 · 10 · 10 = 100 000 f) 11 · 11 = 121

5
a) 1 b) 2 c) 1
d) 2 e) 6

6
a) 108; 7200; 10; 7
b) 8; 12; 6; 8

7
a) 20 · 6 + 3 · 6 = 138
30 · 7 + 4 · 7 = 238
50 · 9 + 1 · 9 = 459
70 · 11 + 2 · 11 = 792

b) 30 · 8 – 1 · 8 = 232
50 · 12 – 1 · 12 = 588
13 · 60 – 13 · 1 = 767
200 · 6 – 1 · 6 = 1194

Basiswissen | Geometrie, Seite 8

1

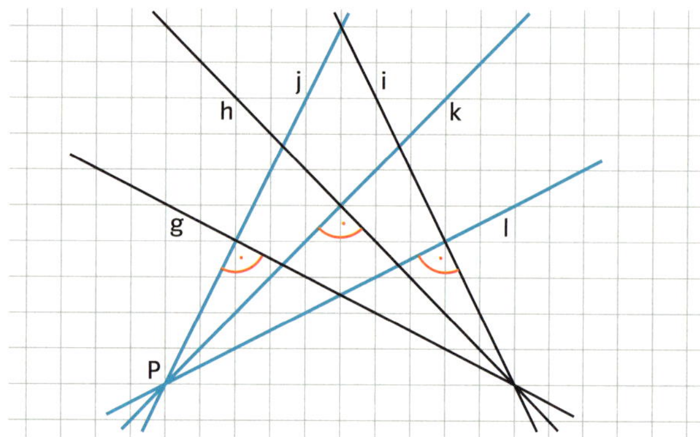

2

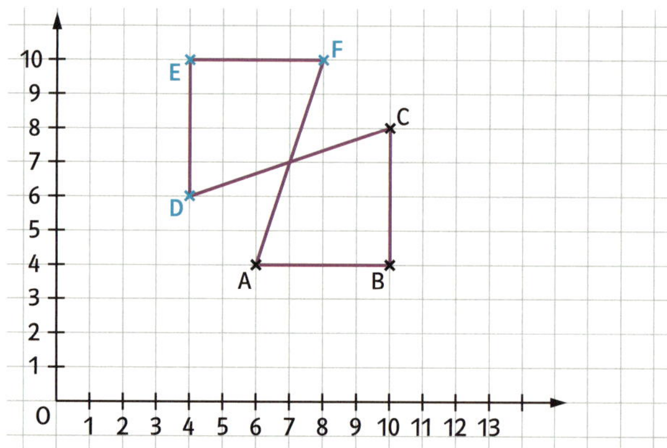

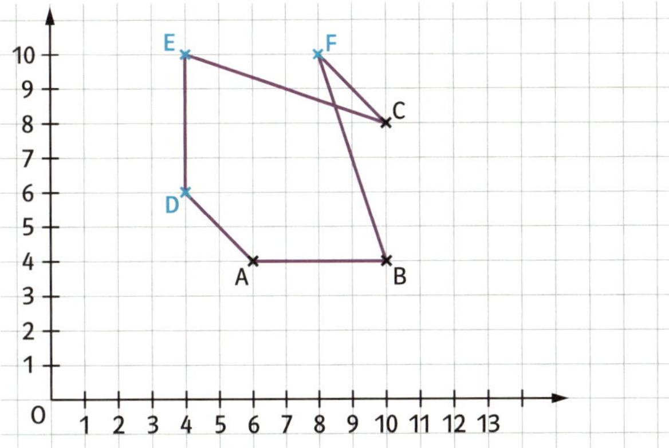

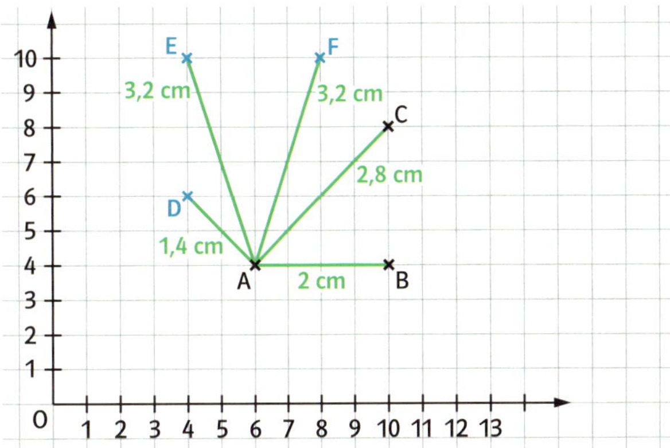

Alle Entfernungen kann man von A aus messen. Die Entfernungen zwischen A und F und zwischen A und E sind sogar gleich. Also gibt es nur vier verschiedene Entfernungen.

3

a) und b)

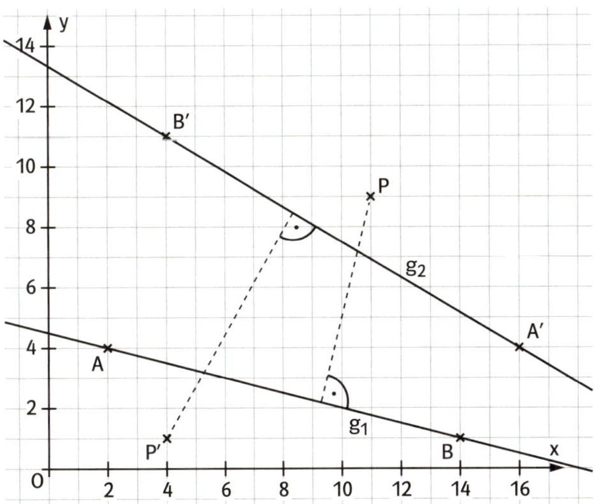

c) für Teilaufgabe a) 3,5 cm und Teilaufgabe b) 4,3 cm

4

Die Figuren zeigen die sechs Lagen des Quaders.

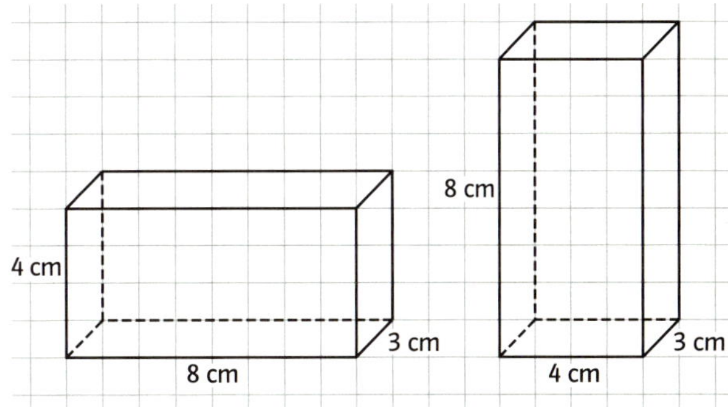

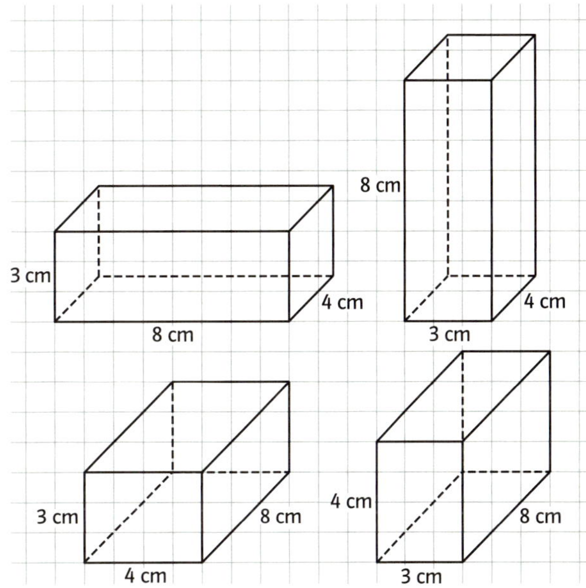

5 a)

von rechts | von links | von hinten

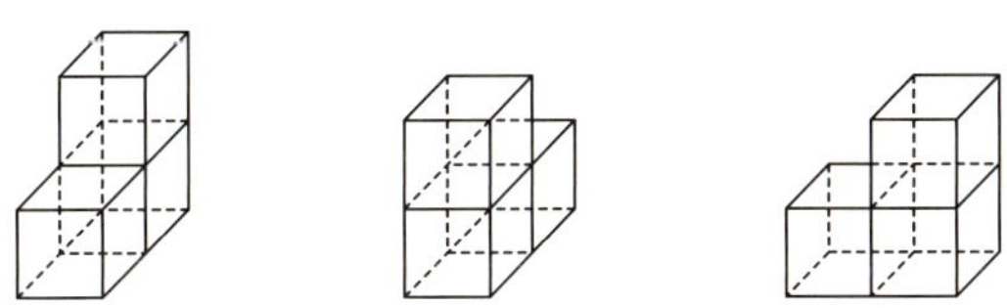

b)

von rechts und von links | von hinten

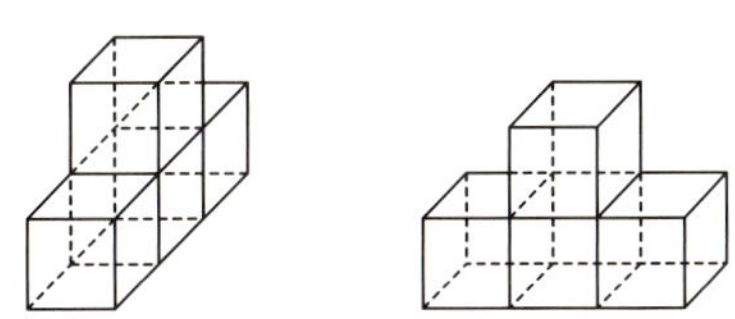

Basiswissen | Größen und Sachrechnen, Seite 9

1

a) 1200 ct; 8000 g; 300 min; 900 s; 17 dm; 2500 cm; 3000 mm
b) 402 ct; 5040 g; 370 s; 990 cm; 9099 m
c) 605 ct; 29 850 kg; 75 cm; 87 cm; 10 030 m

2

a) 4500 g + 12 780 g + 307 099 g = 324 379 g = 324 kg 379 g
b) 271 min + 474 min + 195 min = 940 min = 15 h 40 min
c) 1226 ct − 438 ct + 174 ct = 962 ct = 9 € 62 ct = 9,62 €
d) 530 cm + 225 cm + 103 cm = 858 cm = 8 m 58 cm

3

a) Es wurden 1360 m bzw. 1,36 km Wolle verbraucht.
b) Für den Schal wurden 425 m Wolle verwendet.

4

Kevin ist 199 Tage älter.

5

Die Haare wiegen 120 g bzw. 0,12 kg.

6

Nein, das Geld reicht nicht aus, da er nur noch 1 € zur Verfügung hat.

7

a) Sie verdient 386 € in der Woche .
b) Sie erhält dann einen Stundenlohn von 10,20 €.

8

a) 5000 Münzen wiegen 50 kg.
b) Eine Million in 2-Euro-Münzen wiegt 5000 kg.

Lösungen der Rückspiegel

Rückspiegel, Seite 41, links

1

a) $T_{18} = \{1; 2; 3; 6; 9; 18\}$
b) $T_{27} = \{1; 3; 9; 27\}$
c) $T_{37} = \{1; 37\}$
d) $T_{48} = \{1; 2; 3; 4; 6; 8; 12; 16; 24; 48\}$

2

Teilbar durch 2 sind die Zahlen 78; 90; 120; 616; 890 und 1200.
Teilbar durch 5 sind die Zahlen 90; 120; 255; 890 und 1200.
Teilbar durch 4 sind die Zahlen 120, 616 und 1200.

3

Teilbar durch 3 sind die Zahlen 123; 609; 729; 3009; 87654; 654321 und 58737.
Teilbar durch 9 ist nur die Zahl 729.
Die Zahl 4321 ist nicht durch 3 teilbar und somit auch nicht durch 9.

4

Primzahlen sind die Zahlen 37; 97 und 103.

5

A: $\frac{2}{12} = \frac{1}{6}$; B: $\frac{3}{12} = \frac{1}{4}$; C: $\frac{6}{12} = \frac{1}{2}$; D: $\frac{8}{12} = \frac{2}{3}$;
E: $\frac{9}{12} = \frac{3}{4}$; F: $\frac{10}{12} = \frac{5}{6}$; G: $\frac{14}{12} = \frac{7}{6} = 1\frac{1}{6}$

6

a) $2\frac{1}{4}$ b) $2\frac{2}{3}$ c) $8\frac{1}{2}$ d) $2\frac{9}{13}$
e) $\frac{15}{8}$ f) $\frac{19}{12}$ g) $\frac{44}{5}$ h) $\frac{109}{10}$

7

a) 25 cm b) 600 g c) 125 ml

8

a) mit 3 b) mit 4 c) mit 6 d) mit 8
e) mit 5 f) mit 13

9

$\frac{36}{38} = \frac{18}{19}$; $\frac{32}{52} = \frac{8}{13}$; $\frac{27}{54} = \frac{1}{2}$; $\frac{19}{57} = \frac{1}{3}$; $\frac{48}{72} = \frac{2}{3}$; $\frac{64}{72} = \frac{8}{9}$; $\frac{64}{96} = \frac{2}{3}$

10

a) 50 % b) 80 % c) 70 % d) 65 %
e) $\frac{7}{100}$ f) $\frac{12}{100} = \frac{3}{25}$ g) $\frac{32}{100} = \frac{8}{25}$ h) $\frac{85}{100} = \frac{17}{20}$

11

a) $\frac{2}{5} < \frac{7}{15}$; $\frac{11}{24} > \frac{3}{8}$; $\frac{7}{45} < \frac{2}{9}$ b) $\frac{1}{6} > \frac{1}{7}$; $\frac{5}{12} > \frac{2}{5}$; $\frac{5}{7} > \frac{7}{10}$
c) $\frac{7}{8} > \frac{10}{12}$; $\frac{9}{16} > \frac{13}{24}$; $\frac{11}{30} < \frac{17}{45}$

Rückspiegel, Seite 41, rechts

1

a) $T_{49} = \{1; 7; 49\}$
b) $T_{53} = \{1; 53\}$
c) $T_{72} = \{1; 2; 3; 4; 6; 8; 9; 12; 18; 24; 36; 72\}$
d) $T_{100} = \{1; 2; 4; 5; 10; 20; 25; 50; 100\}$

2

Teilbar durch 4 sind die Zahlen 96; 200; 1500 und 5596.
Teilbar durch 2, aber nicht durch 4 sind die Zahlen 82; 150 und 430.

3

Teilbar durch 3, aber nicht durch 9 sind die Zahlen 984; 10002 und 79842.

4

Primzahlen sind die Zahlen 211 und 109.

5

A: $\frac{2}{3}$; B: $\frac{5}{3} = 1\frac{2}{3}$; C: $\frac{2}{7}$; D: $\frac{6}{7}$; E: $\frac{10}{7} = 1\frac{3}{7}$; F: $\frac{4}{10} = \frac{2}{5}$; G: $\frac{6}{10} = \frac{3}{5}$

6

a) $1\frac{3}{8} = \frac{11}{8}$ b) $\frac{48}{15} = 3\frac{1}{5}$ c) $\frac{34}{3} = 11\frac{1}{3}$ d) $13\frac{2}{9} = \frac{119}{9}$

7

a) 105 min b) 4 mm c) 1125 kg

8

a) 72 b) 42 c) 13 d) 11 e) 2 f) 17

9

$\frac{32}{44} = \frac{8}{11}$; $\frac{56}{63} = \frac{8}{9}$; $\frac{38}{95} = \frac{2}{5}$; $\frac{85}{102} = \frac{5}{6}$; $\frac{210}{315} = \frac{2}{3}$; $\frac{140}{175} = \frac{4}{5}$; $\frac{336}{420} = \frac{4}{5}$

10

a) 60 % b) 90 % c) 12,5 % d) 125 %
e) $\frac{15}{100} = \frac{3}{20}$ f) $\frac{46}{100} = \frac{23}{50}$ g) $\frac{110}{100} = \frac{11}{10} = 1\frac{1}{10}$ h) $\frac{0{,}5}{100} = \frac{1}{200}$

11

a) $\frac{13}{20} > \frac{1}{2}$; $\frac{24}{37} > \frac{1}{2}$; $\frac{43}{21} > \frac{1}{2}$; $1\frac{5}{6} > \frac{1}{2}$
b) $\frac{13}{20} < \frac{2}{3}$; $\frac{12}{25} < \frac{2}{3}$; $\frac{24}{37} < \frac{2}{3}$; $\frac{45}{97} < \frac{2}{3}$; $\frac{54}{108} < \frac{2}{3}$; $\frac{21}{43} < \frac{2}{3}$

Rückspiegel, Seite 67, links

1

a) $\frac{5}{6}$; $\frac{1}{6}$; $\frac{3}{10}$; $\frac{5}{6}$ b) $\frac{1}{12}$; $\frac{5}{8}$; $\frac{7}{12}$; $\frac{8}{15}$
c) $\frac{8}{35}$; $\frac{13}{35}$; $\frac{8}{21}$; $\frac{9}{20}$

2

a) $\frac{3}{2}$; 5; $\frac{13}{25}$; $\frac{12}{11}$

b) $2\frac{1}{2}$; $\frac{3}{16}$; $1\frac{6}{11}$; $\frac{7}{12}$

3

a) $2\frac{1}{4}$; $\frac{7}{30}$; $\frac{4}{5}$; $\frac{9}{20}$

b) $\frac{35}{36}$; $2\frac{1}{21}$; $1\frac{1}{6}$; 2

c) $1\frac{1}{9}$; $\frac{5}{19}$; $6\frac{5}{9}$; $\frac{15}{16}$

4

a) $\frac{7}{20}$; $\frac{2}{3}$; $\frac{28}{27}$; $\frac{3}{10}$

b) $\frac{3}{4}$; $\frac{3}{10}$; $\frac{1}{6}$; $\frac{5}{3}$

5

a) Ein 26-Zoll-Rad hat einen Durchmesser von $67\frac{3}{5}$ cm.

b) $8'' = 20\frac{4}{5}$ cm; $5\frac{1}{4}'' = 13\frac{13}{20}$ cm; $3\frac{1}{2}'' = 9\frac{1}{10}$ cm

c) $\frac{1}{2}'' = 1\frac{3}{10}$ cm; $\frac{3}{4}'' = 1\frac{19}{20}$ cm; $\frac{7}{16}'' = 1\frac{11}{80}$ cm; $16'' = 41\frac{3}{5}$ cm; $28'' = 72\frac{4}{5}$ cm

Rückspiegel, Seite 67, rechts

1

a) $\frac{15}{28}$; $\frac{11}{12}$; $\frac{29}{70}$; $\frac{9}{10}$

b) $\frac{15}{32}$; 34; $\frac{11}{30}$; $\frac{8}{99}$

c) $\frac{33}{35}$; $\frac{21}{25}$; $\frac{11}{84}$; $\frac{35}{48}$

2

a) $6\frac{1}{3}$; $\frac{11}{12}$; $\frac{13}{60}$; $\frac{2}{3}$

b) $6\frac{2}{3}$; $1\frac{5}{7}$; 2; $11\frac{2}{3}$

3

a) $\frac{2}{3}$; $\frac{7}{12}$; $2\frac{4}{5}$; $7\frac{1}{6}$

b) $\frac{6}{7}$; $3\frac{3}{4}$; $1\frac{1}{17}$; $1\frac{1}{8}$

c) $1\frac{1}{35}$; $\frac{1}{51}$; 14; $3\frac{5}{8}$

4

a) $3\frac{1}{3}$; $\frac{16}{35}$; $1\frac{3}{4}$; $1\frac{7}{18}$

b) $1\frac{1}{11}$; $2\frac{1}{3}$; $1\frac{3}{4}$; $\frac{9}{10}$

5

a) In der Flasche ist noch $\frac{1}{4}$ l.
b) $\frac{9}{16}$ l wurden getrunken.
c) Es werden 7 Flaschen benötigt.
d) Insgesamt sind es 2 l.
e) In $1\frac{1}{2}$ kg Fleisch ist 1 kg Wasser.
f) 1 l Benzin wiegt $\frac{3}{4}$ kg.

Rückspiegel, Seite 91, links

4

35°; spitz105°; stumpf
210°; überstumpf 310°; überstumpf

5

a) $\alpha = 27°$
b) $\beta = 124°$
c) $\gamma = 138°$
d) $\delta = 304°$; $\varepsilon = 56°$

6

a) ja, 45° um den gemeinsamen Eckpunkt
b) Nein, man müsste sie spiegeln.

Rückspiegel, Seite 91, rechts

2

r = 5; d = 10 und r = 9; d = 18

4

Zeichnen von Winkeln

Bruchteil	rechter Winkel	gestreckter Winkel	voller Winkel
$\frac{1}{2}$	45°	90°	180°
$\frac{1}{6}$	15°	30°	60°
$\frac{2}{3}$	60°	120°	240°

5

a) $\alpha = 88°$; spitzer Winkel
$\beta = 22°$; spitzer Winkel
$\gamma = 70°$; spitzer Winkel

b) $\alpha = 148°$; stumpfer Winkel
$\beta = 72°$; spitzer Winkel
$\gamma = 90°$; rechter Winkel
$\delta = 50°$; spitzer Winkel

6

a) ja, 180°. Das Drehzentrum ist der Mittelpunkt der Verbindungsstrecke zwischen den beiden spitzesten Winkeln.
b) Nein, da die Dreiecke nicht deckungsgleich sind.

Rückspiegel, Seite 107, links

1

a) 0,23; 2,345; 0,4; 0,75; 0,7; 0,23
b) 3,8; 0,875; 2,6; 5,35; 8,45

2

a) $\frac{4}{5}$; $\frac{9}{10}$; $\frac{19}{25}$; $\frac{1}{50}$; $\frac{13}{20}$

b) $\frac{7}{5}$; $\frac{66}{25}$; $\frac{3001}{1000}$; $\frac{171}{20}$; $\frac{33}{100}$

3

a) 5,67 m
b) 12,034 567 t
c) 45,7805 a

4

a) $12{,}3456 < 123{,}456$
b) $456{,}5\,cm > 4{,}56\,m$
c) $5{,}89\,kg > 5\,kg\ 89\,g$
d) $0{,}71 > 70\,\%$
e) $\frac{4}{5} = 0{,}8$
f) $0{,}333 < 0{,}\overline{3}$

5

a) 2,345; 2,354; 2,435; 2,543 b) 1,001; 1,010; 1,100; 1,101
c) 0,0909; 0,0990; 0,909; 0,9909

6

a) 1,3; 2,5; 0,8; 14,4 b) 25,83; 1,23; 0,10; 9,09

7

a) $0,\overline{3}$; $0,8\overline{3}$; $0,\overline{4}$; $0,\overline{6}$ b) $0,\overline{45}$; $1,\overline{714285}$; $3,\overline{1}$; $4,8\overline{3}$

8

a) 712,3 b) 3,127 c) 3,712

Rückspiegel, Seite 107, rechts

1

a) 0,75; 0,017; 0,375; 0,16; 0,064
b) 0,6875; 0,325; 0,375; 4,15; 7,2

2

a) $\frac{3}{4}$; $\frac{1}{25}$; $\frac{9}{50}$; $\frac{1}{40}$; $\frac{11}{20}$ b) $4\frac{8}{25}$; $1\frac{2}{25}$; $\frac{101}{500}$; $1\frac{7}{20}$; $3\frac{1}{200}$

3

a) $12{,}02\,dm^2$ b) $300{,}030\,003\,m^3$
c) 205,05 hl

4

a) 4,5678 < 4,5768 b) $12{,}5\,m^2 > 0{,}12\,a$
c) $0{,}75\,l = 750\,cm^3$ d) 0,4 > 4 %
e) $\frac{1}{9} = 0,\overline{1}$ f) $1,3 < 1\frac{1}{3}$

5

a) 0,1001; 0,1010; 0,1011; 0,1101
b) $5{,}55\,cm^3$; $0{,}5\,dm^3$; 0,55 l
c) $8,\overline{18}$; $8,1\overline{8}$; $8,8\overline{1}$; $8,\overline{81}$

6

a) 0,36; 3,65; 0,04 b) 9,877; 98,877; 9,009

7

a) $1,\overline{6}$; $0,\overline{5}$; $0,41\overline{6}$; $0,2\overline{7}$
b) $0,\overline{81}$; $1,0\overline{714285}$; $4,8\overline{3}$; $2,\overline{428571}$

8

a) 232 221,0 b) 0,122 223 c) 231,2220

Rückspiegel, Seite 135, links

1

a) 24,6 b) 48,5 c) 8,912

2

a) 30 b) 11,5

3

a) 98,28 b) 5,5 c) 6,8 d) 13

4

a) 2,5 b) 0,2 c) −0,05

5

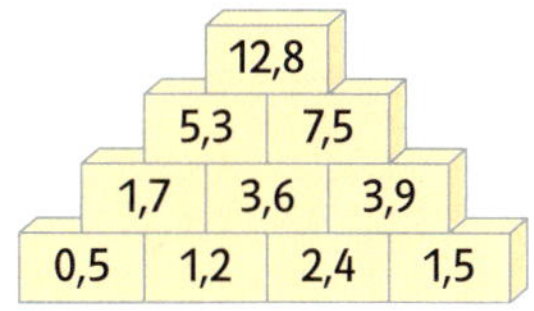

6

a) $5{,}2 \cdot 9 = 46{,}8$ b) $2{,}5 \cdot 9 = 22{,}5$

7

$3{,}2 \cdot 10{,}5 + 6{,}4 = 40$

8

$7 \cdot 0{,}89\,€ + 8 \cdot 0{,}99\,€ + 4{,}98\,€ = 19{,}13\,€$
Die Klasse 6 c muss insgesamt 19,13 € bezahlen.
$20{,}00\,€ - 19{,}13\,€ = 0{,}87\,€$
Der Klassensprecher erhält 0,87 € Rückgeld.

Rückspiegel, Seite 135, rechts

1

a) 14,61 b) 5,86 c) 18,652

2

a) 14 b) 0,5

3

a) 0,17954 b) 7,89 c) 0,01

4

a) 8 b) 1 c) 2,7

5

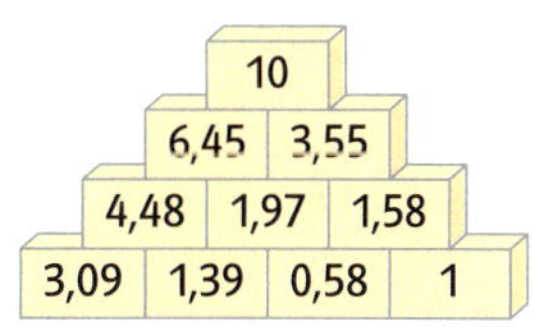

6

a) $0{,}4 : 9{,}8 \approx 0{,}04$ b) $8{,}4 : 9{,}0 \approx 0{,}93$

7

$1{,}7 + 1{,}6 - 7{,}68 : 2{,}4 = 0{,}1$

8

Flächeninhalt: $16{,}8\,m \cdot 25{,}6\,m = 430{,}08\,m^2$
Flächeninhalt: $22{,}4\,m \cdot \square\,m = 430{,}08\,m^2$
Also muss der Bauplatz 19,2 m breit sein.

Rückspiegel, Seite 151, links

1

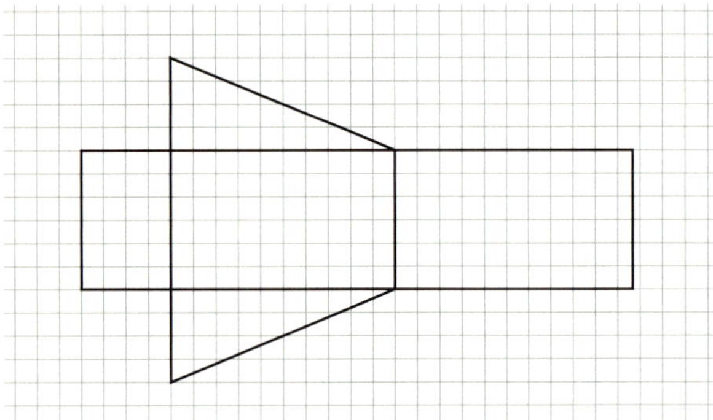

2

a) Die Pyramide mit quadratischer Grundfläche hat 5 Flächen, 8 Kanten und 5 Eckpunkte.
b) Die Pyramide mit sechseckiger Grundfläche hat 7 Flächen, 12 Kanten und 7 Eckpunkte.

3

A kommt mit E zusammen, B mit D; C bleibt allein, F kommt mit H und J zusammen, G bleibt allein und I bleibt allein. Es müssen 6 Ecken sein.

4

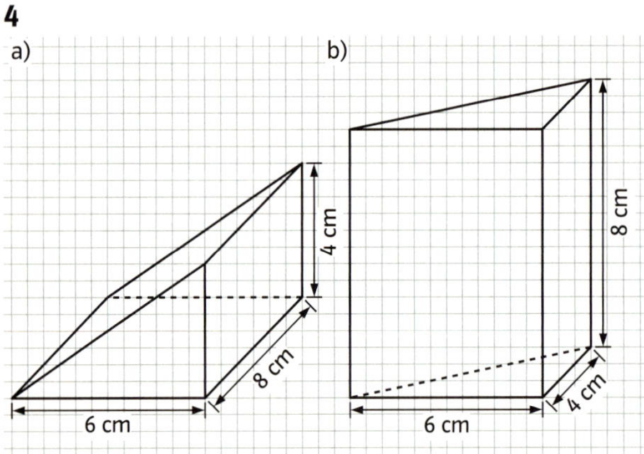

5

Es entsteht ein Zylinder.

Rückspiegel, Seite 151, rechts

1

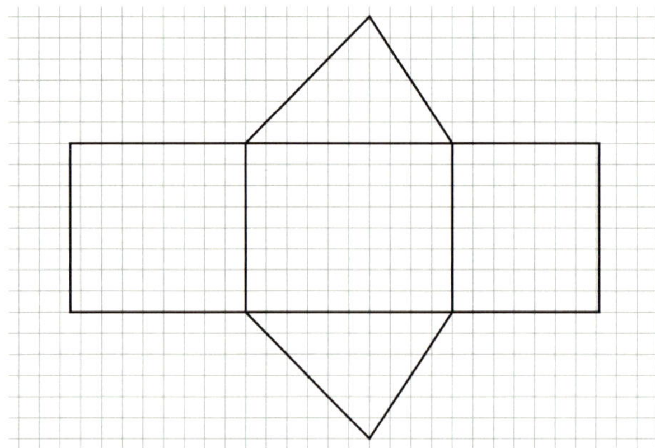

2

a) 7 Flächen, 15 Kanten, 10 Eckpunkte
b) 14 Flächen, 36 Kanten, 24 Eckpunkte

3

A kommt mit K zusammen, B mit F und J; C mit E; G mit I. D, H und L bleiben allein. Es müssen 7 Ecken sein.

4

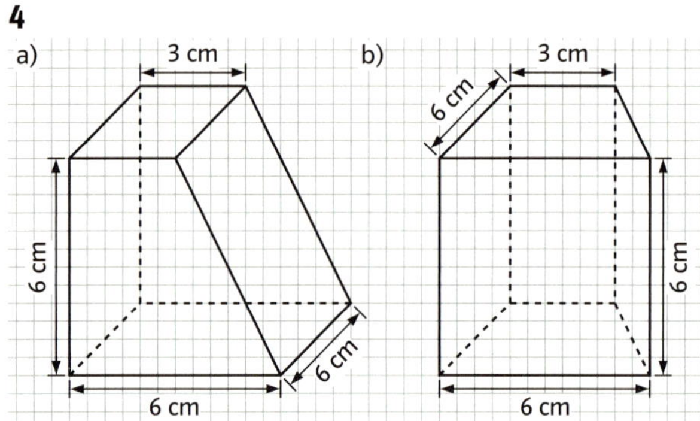

5

Es entsteht eine Kugel.

Rückspiegel, Seite 169, links

1

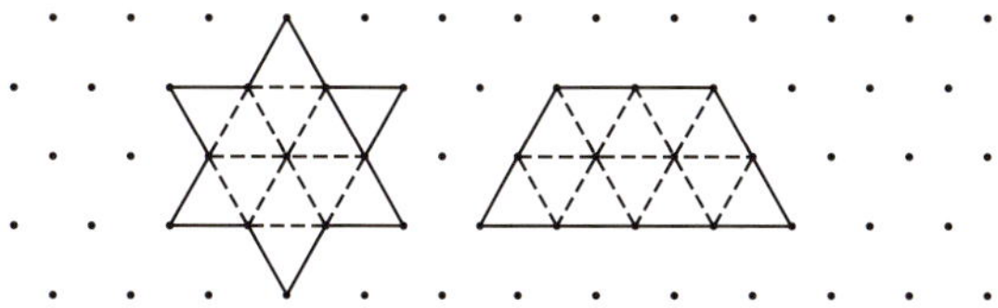

Sowohl der Stern als auch das Trapez lassen sich in 12 gleich große Dreiecke wie dargestellt zerlegen. Damit sind die Flächen gleich groß.

2

a) 56 ha = 5600 a
   $780\,dm^2 = 78\,000\,cm^2$
b) $12\,dm^2\ 7\,cm^2 = 1207\,cm^2$
   $5\,km^2$ 63 ha = 56 300 a

3

a) $20\,m^2 : 5\,m = 4\,m$.
Das Zimmer ist 4 m breit.
b) $u = 2 \cdot (5 + 4)\,m - 2{,}40\,m = 15{,}60\,m$
Es müssen 15,60 m Fußleiste gekauft werden.

4

Der abgebildete Körper besteht aus 28 Würfeln zu je $1\,cm^3$. Das Volumen beträgt somit $28\,cm^3$.

5

a) $2037\,dm^3 < 2370\,dm^3$
b) $14035\,cm^3 > 1435\,cm^3$
c) $11011\,dm^3 = 11\,011\,dm^3$

6

$V = 12 \cdot 10 \cdot (15 - 1)\,dm^3 = 12 \cdot 10 \cdot 14\,dm^3 = 1680\,dm^3 = 1680\,l$
In das Tauchbecken können 1680 l Wasser eingefüllt werden.

Rückspiegel, Seite 169, rechts

1

Die linke abgebildete Fläche ist mit 19 Kästchen Flächeninhalt am größten. (Die rechte Fläche hat $18\frac{1}{2}$ Kästchen, die mittlere Fläche 18 Kästchen Flächeninhalt.)

2

a) $350\,dm^2$; 270 ha; $52\,580\,dm^2$; 75 ha
b) 2,35 a; 5,02 ha; $3{,}0005\,m^2$

3

a) Grundstück = $800\,m^2 = 32 \cdot 25\,m^2$. Die andere Seite des Grundstücks ist 25 m lang.
$u = 2 \cdot (32 + 25)\,m = 114\,m$
Zur Umzäunung des Grundstücks werden 114 m Zaun benötigt.
b) $A_{Haus} = 168\,m^2$
$A_{Garten} = 800\,m^2 - 168\,m^2 = 632\,m^2$
Für den Garten bleiben $632\,m^2$.

4

a) Der abgebildete Körper besteht aus 64 Würfeln zu je $1\,cm^3$. Das Volumen beträgt somit $64\,cm^3$.
b) Der abgebildete Körper besteht aus 46 Würfeln zu je $1\,cm^3$. Das Volumen beträgt somit $46\,cm^3$.

5

a) $380\,dm^3 + 4200\,dm^3 + 50\,dm^3 = 4630\,dm^3$
b) $77\,dm^3 - 23\,dm^3 - 6\,dm^3 = 48\,dm^3$
c) $800\,dm^3 + 64\,dm^3 - 32\,dm^3 = 832\,dm^3$

6

Volumen des ersten Aquariums:
$V = 80 \cdot 36 \cdot 45\,cm^3 = 129\,600\,cm^3$ = 129,6 Liter
Volumen des zweiten Aquariums:
$V = 100 \cdot 36 \cdot 40\,cm^3 = 144\,000\,cm^3$ = 144 Liter
Das zweite Aquarium hat ein etwas größeres Fassungsvermögen. Die Kinder sollten sich also für dieses Aquarium entscheiden.

Rückspiegel, Seite 183, links

1

a) $4 \cdot 2 + 3 = 11$
   $4 \cdot 5 + 3 = 23$
   $4 \cdot 8 + 3 = 35$
b) $22 + 3 \cdot 2 = 28$
   $22 + 3 \cdot 5 = 37$
   $22 + 3 \cdot 8 = 46$
c) $5 \cdot (2 - 1) = 5$
   $5 \cdot (5 - 1) = 20$
   $5 \cdot (8 - 1) = 35$
d) $6 \cdot 2 - 2{,}5 = 9{,}5$
   $6 \cdot 5 - 2{,}5 = 27{,}5$
   $6 \cdot 8 - 2{,}5 = 45{,}5$
e) $7 \cdot 2 + 3 - 2 \cdot 2 = 13$
   $7 \cdot 5 + 3 - 2 \cdot 5 = 28$
   $7 \cdot 8 + 3 - 2 \cdot 8 = 43$
f) $10 + 2 \cdot (2 - 1) = 12$
   $10 + 5 \cdot (5 - 1) = 30$
   $10 + 8 \cdot (8 - 1) = 66$

2

x	1	2	3	4	5	6	7
$2 \cdot x + 1$	3	5	7	9	11	13	15

3

a) $x + 11$
b) $x - 22$
c) $13 \cdot x$
d) $\frac{x}{9}$
e) $4 \cdot x + x$

4

Summe aller Kanten: $8 \cdot a + 4 \cdot c$

Oberfläche: $4 \cdot a \cdot c + 2 \cdot a^2$

5

a) $500\,g + x \cdot 300\,g$

b) $4{,}7\,kg = 4700\,g$

$(4700\,g - 500\,g) : 300\,g = 14$

Es sind 14 Bücher im Karton.

6

a) $y = 11$ b) $y = 5$ c) $y = 8$ d) $x = 10$

7

a) $(2 + x) - 4 = 6$; $x = 8$ b) $2 \cdot x + 7 = 21$; $x = 7$

Rückspiegel, Seite 183, rechts

1

a) $2 \cdot 3 + 3 \cdot 7 = 27$ b) $(3 + 2 \cdot 1) \cdot 4 = 20$

c) $5 \cdot 7 - 8 \cdot 1 = 27$ d) $2 \cdot 7 - 3 + 2 \cdot 1 = 13$

e) $6 \cdot 7 + 8 \cdot 1 - 3 = 47$ f) $2 \cdot 1\,(4 \cdot 3 + 7) = 38$

2

x	0	1	2	3	4	5	6
$6 \cdot x + 13$	13	19	25	31	37	43	49

3

a) $2 \cdot (x \cdot 18)$ b) $\frac{1}{2} \cdot (2 \cdot x - 4)$ c) $\frac{(2 + x)}{6}$

4

Summe aller Kanten:

$4 \cdot (2 \cdot a + 4 \cdot b + 3 \cdot c)$ oder $8 \cdot a + 16 \cdot b + 12 \cdot c$

Oberfläche: $2 \cdot (2 \cdot a \cdot 4 \cdot b) + 2 \cdot (4 \cdot b \cdot 3 \cdot c) + 2 \cdot (2 \cdot a \cdot 3 \cdot c)$

5

a) 2,80 € + 36 · n

b) 28,00 € − 2,80 € = 25,20 €

25,20 € : 36 = 0,70 €

Ein Abzug kostet 0,70 €.

6

a) $x = 5$ b) $x = 4$ c) $x = 3$

7

a) $x \cdot 4 - 16 = 8$; $x = 6$

b) $6 \cdot x + 17 = 41$; $x = 4$

Rückspiegel, Seite 195, links

1

Das sind 881 Personen.

2

Pkw: 0,497 je Einwohner

Lkw: 0,013 je Einwohner

Busse: 0,003 je Einwohner

Motorräder: 0,045 je Einwohner

3

Beide Losbuden haben Gewinnchancen von 1:10, nämlich 68 Gewinnlose und 680 Nieten.

4

Die relativen Häufigkeiten sind Schätzwerte für die Wahrscheinlichkeiten.

ohne Mängel: $\frac{35}{200} = 0{,}175 = 17{,}5\,\%$

nicht sicher: $\frac{60}{200} = 0{,}3 = 30\,\%$.

5

Genauso wahrscheinlich wie bei jedem Wurf:

$\frac{18}{37} \approx 0{,}486$

6

Spieler 2	Schere	Stein	Papier
Schere			
Stein		beide Stein	
Papier			

a) 9 Möglichkeiten

b) $\frac{1}{9}$

c) $\frac{3}{9} = \frac{1}{3}$

Rückspiegel, Seite 195, rechts

1

Es gibt 938 Hundebesitzer.

2

Vera: 40 %, Markus: 6,7 %, Anika: 6,7 %
Klaus: 26,7 %, Hans: 20 %

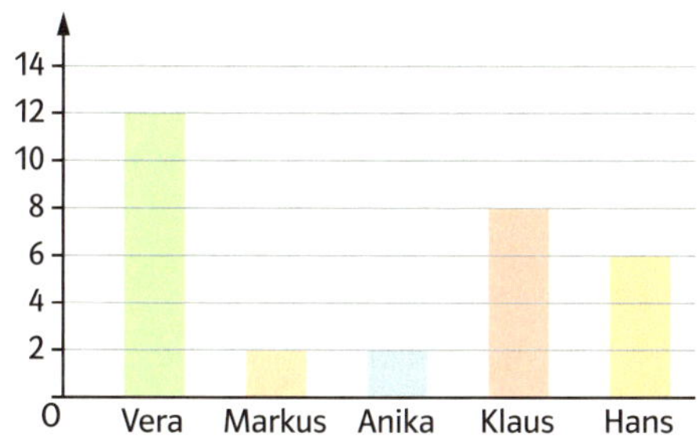

3

Mögliche Augenzahlen: 2, 3, 4, 5, 6, 7, 8, 9, 10, 11, 12
Fünf Zahlen sind kleiner als 7 und sechs sind größer als 6.
Veras Chancen sind also besser.

4

Die relativen Häufigkeiten sind Schätzwerte für die Wahrscheinlichkeiten.

65 und älter: $\frac{14\,066\,000}{82\,441\,000} \approx 0{,}171$

jünger als 15: $\frac{12\,619\,000}{82\,441\,000} \approx 0{,}153$

zwischen 15 und 65: $\frac{55\,756\,000}{82\,441\,000} \approx 0{,}676$

5

Augenzahl	1	2	3	4	5	6
relative Häufigkeit	0,19	0,19	0,1	0,19	0,21	0,12

Die Chancen für eine 3 und eine 6 scheinen schlechter zu sein als für die anderen Augenzahlen.

6

Bei 6 von 9 Möglichkeiten gewinnt einer.
Wahrscheinlichkeit: $\frac{6}{9} = \frac{2}{3} \approx 0{,}667$

Lösungen des Sammelpunktes

1

a) 1230; 56760; 70210

c) gerundet auf 1000er: Di: 19000; Mi: 24000; Do: 12000; Fr: 9000; Sa: 37000; So: 56000; Geeignet ist z. B. ein Säulendiagramm mit 2 mm für 1000 Personen.

2

a) nach Fläche:
Russland; Kanada; China; USA; Brasilien; Australien; Indien
nach Einwohner:
China; Indien; USA; Brasilien; Russland; Kanada; Australien

b)

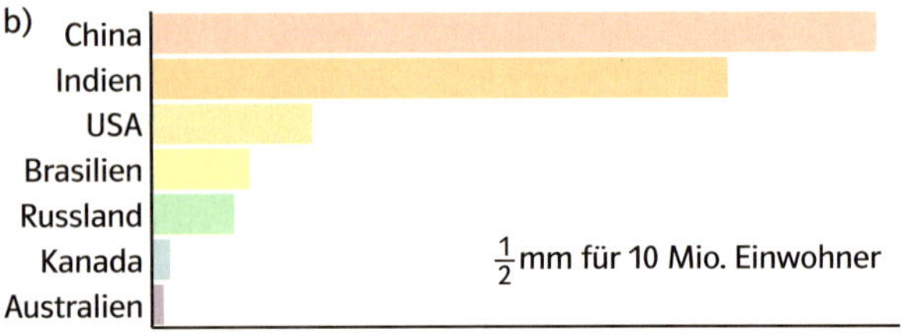

c) Man dividiert die Anzahl der Einwohner durch die Fläche und ordnet die Quotienten (gerundete Werte).
Indien 312; China 134; USA 31; Brasilien 20; Russland 9; Kanada 3; Australien 2

3

a) 2,36 m; 4,53 m; 1345 m; 4,5 kg; 68 552 kg; 12,650 kg
b) 1200 dm^2; 540 g; 230 cm^2; 355 dm^3
c) 12,5 l = 0,125 hl = 12,5 dm^3 = 12 500 cm^3
4500 cm^3 = 4,5 l = 4,5 dm^3 = 0,045 hl
0,65 dm^3 = 0,65 l = 0,0065 hl = 650 cm^3
0,06 hl = 6 l = 6 dm^3 = 6000 cm^3

4

a) 4389,6 m; 134 dm^2 b) 0,5545 t; 8,325 a
c) 1,96 912 m^2 = 196,912 dm^2 = 19 691,2 cm^2
7,51 hl = 751 l = 751 dm^3

5

a) D(1|7); S(5|5) b) Radius: 5 Kästchen

b)

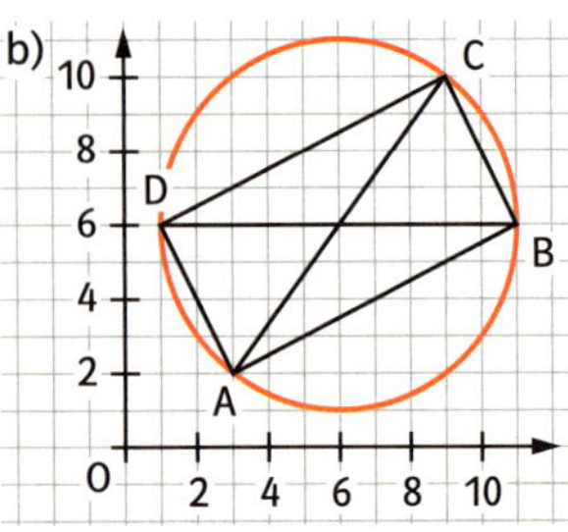

c)

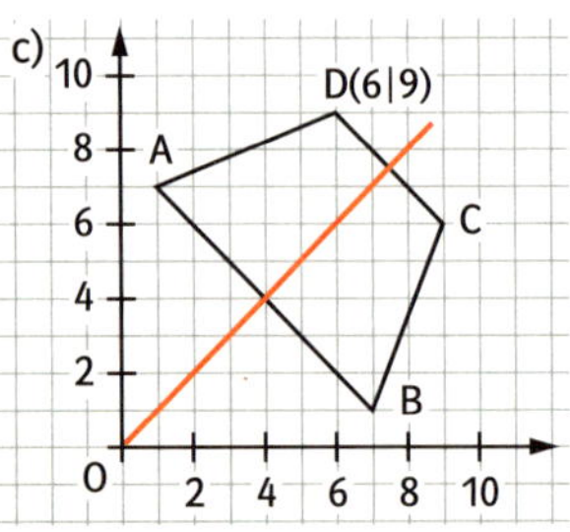

6

a) Entfernung von A nach B: 9 cm
b) Der Abstand von P zur Geraden g ist 4,3 cm.
c) Der Abstand von $\overline{PB}$ und h ist 4,5 cm.

7

a)

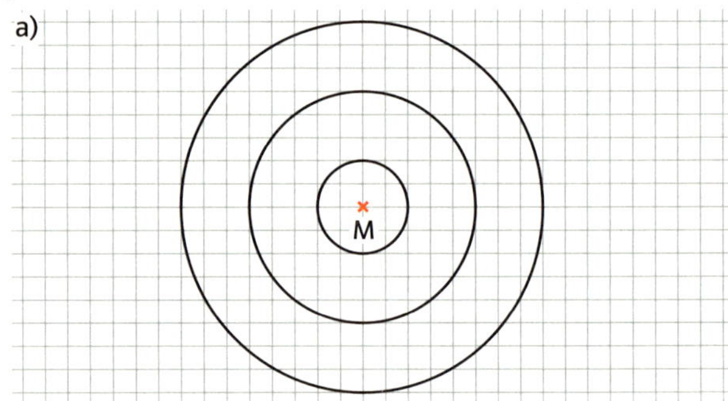

b)

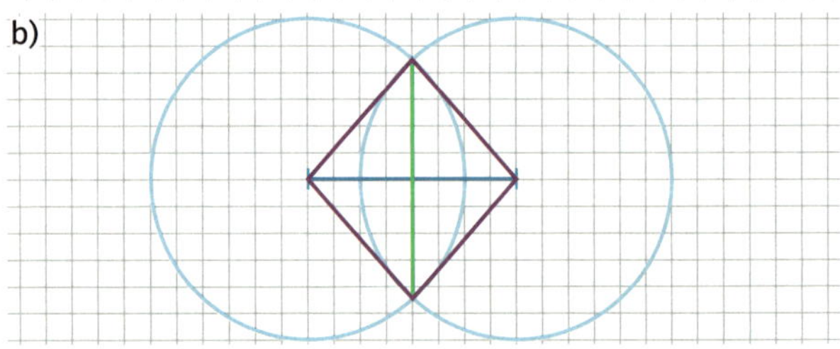

Das entstandene Viereck ist eine Raute. Die Diagonalen sind 4,5 cm und 4 cm lang. Die Winkel sind 84° und 96° groß.
c) Die Entfernung kann 0 bis 12 km betragen.

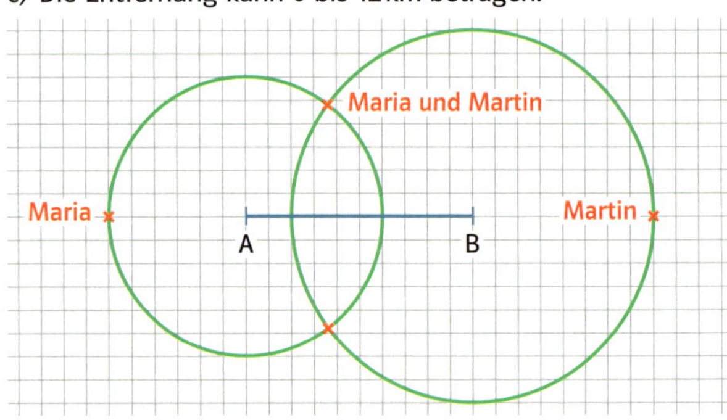

8

a) Umfang 44 cm; Flächeninhalt 92 cm^2
b) 13 cm · 4 cm + 5 cm · 8 cm = 92 cm^2
oder 9 cm · 8 cm + 5 cm · 4 cm = 92 cm^2
oder 13 cm · 9 cm − 5 cm · 5 cm = 92 cm^2
c) Umfang 50 cm; Flächeninhalt 120 cm^2

9

a) Umfang 27 m; Flächeninhalt 35 m^2
b) Die beiden fehlenden Seiten sind 3 cm und 2 cm lang. Umfang: 34 cm
c) Die weiße Fläche ist zwei Drittel der Gesamtfläche, also 40 cm^2. Dann muss die gesuchte Länge 10 cm sein.

10

a) 23,4 cm^2
b) $9 \cdot x \cdot 4 \cdot x - 5 \cdot x \cdot 3 \cdot x = 36 \cdot x^2 - 15 \cdot x^2 = 21 \cdot x^2$
c) Verkleinert man $5 \cdot x$ auf $4 \cdot x$, dann wird die rote Fläche $24 \cdot x^2$ groß, also zwei Drittel von $36 \cdot x^2$.

11

a) Oberfläche: 306 cm^2; Volumen: 324 cm^3
b) Er benötigt 124 dm^2 Glas; es passen 96 l Wasser hinein.
c) Es wird mit 243 l gefüllt, also reichen 250 l. 1,89 m^2 der Innenfläche werden nass.

12

a) 300 cm^2 b) 500 cm^2 c) 1200 cm^2

13

a) 144°; stumpfer Winkel   b) 165°
c) 3 Uhr oder 6 Uhr oder 9 Uhr; alle anderen Zeiten sind sehr schwer zu bestimmen.

14

a)
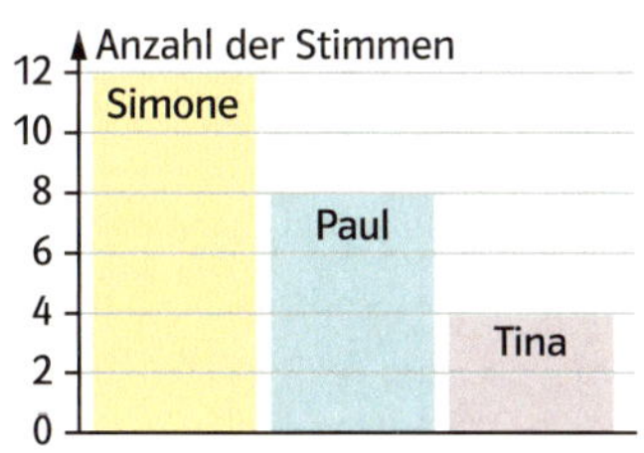

b) Simone 180°; Paul 120°; Tina 60°
c) Simone (14) 168°; Paul (10) 120°; Tina (6) 72°

15

a) $T_{36} = \{1; 2; 3; 4; 6; 9; 12; 18; 36\}$
$V_{36} = \{36; 72; 108; 144; 180\}$
b) $T_{12} = \{1; 2; 3; 4; 6; 12\}$
$T_{13} = \{1; 13\}$
$T_{23} = \{1; 23\}$
$T_{24} = \{1; 2; 3; 4; 6; 8; 12; 24\}$
13 und 23 sind Primzahlen.
c) Mit 24 kann man Gruppen mit 12; 8; 6; 4; 3 oder 2 bilden. Wenn einer dazu kommt, kann man nur 5er-Gruppen bilden. Wenn einer fehlt, kann man keine Gruppen bilden, 23 ist eine Primzahl.

16

a) $\frac{3}{8}$ oder $\frac{60}{160}$
b)
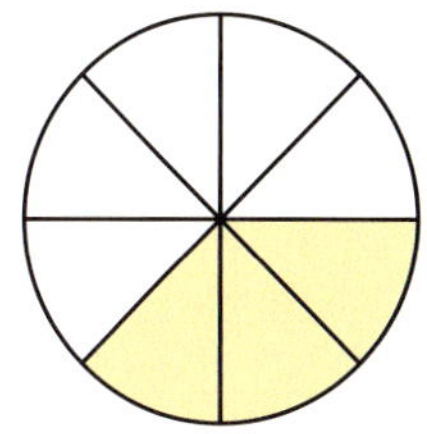
c) Es müssen noch 20 Kästchen eingefärbt werden.

17

a) $T_{42} = \{1; 2; 3; 6; 7; 14; 21; 42\}$
b) Nein, da z. B. 16 durch 4 und durch 8, aber nicht durch 32 teilbar ist.
c) 525 570 897 ist keine Primzahl, weil sie durch 3 teilbar ist. Die Quersumme 48 ist durch 3 teilbar.

18

a) $\frac{7}{20}$ sind nicht gefärbt.
b) $1\frac{1}{2}$ Kärtchen müssen noch blau gefärbt werden.
c) 3 blaue Kästchen müssten weiß gefärbt werden.

19

a)
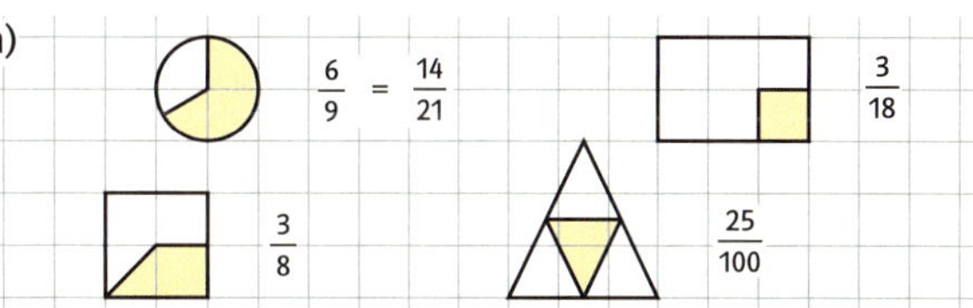

b)
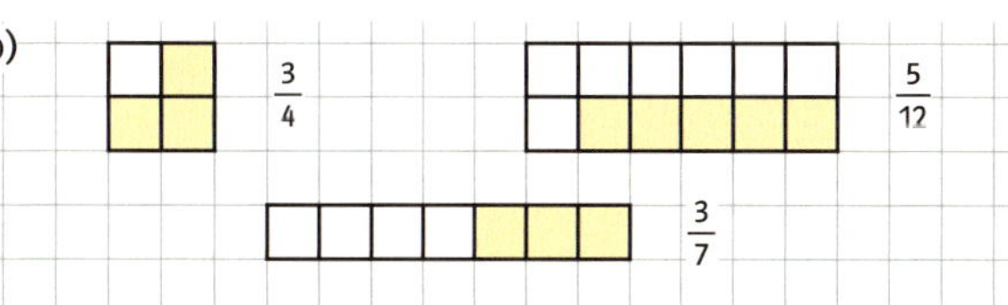

c)
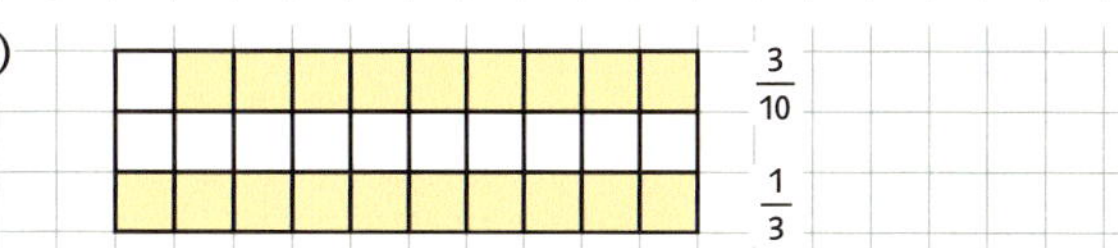

20

a) $\frac{13}{48}$ und $\frac{15}{48}$

b) $\frac{55}{100}$ und 0,56 und 0,57

c) Weil man zwischen zwei Dezimalbrüchen immer noch einen weiteren Dezimalbruch finden kann.

21

a) $\frac{1}{8}$; $\frac{5}{16}$; $\frac{7}{16}$; $\frac{5}{8}$

b)

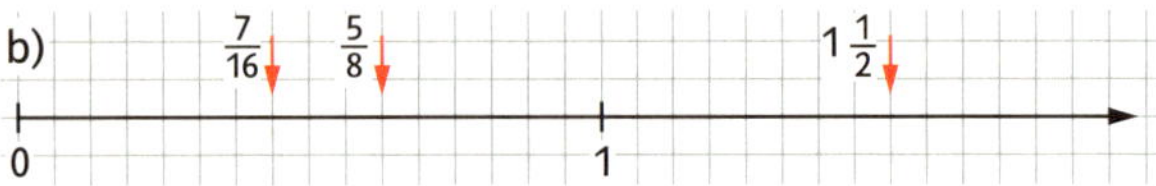

c) $\frac{1}{8}$ entspricht dann 1 cm. Von der Null bis zur Eins sind es dann 8 cm.

22

a) $\frac{1}{4} < \frac{3}{8} < \frac{2}{3} < \frac{4}{5}$

b) $\frac{13}{48}$ ist größer als $\frac{19}{80}$, weil $\frac{13}{48}$ größer und $\frac{19}{80}$ kleiner als $\frac{1}{4}$ ist.

c) $\frac{4}{9} = \frac{28}{63}$; $\frac{3}{7} = \frac{27}{63}$ und $\frac{10}{21} = \frac{30}{63}$

Also liegt $\frac{4}{9}$ näher bei $\frac{3}{7}$.

23

a) $2\frac{1}{12}$; $\frac{7}{12}$; 1; $\frac{16}{9} = 1\frac{7}{9}$

b) 5; 0; $6{,}25 = 6\frac{1}{4}$; 1

c) $5\frac{5}{6}$; $1\frac{1}{6}$; $8\frac{1}{6}$; $1\frac{1}{2}$

24

a) $\frac{23}{28}$

b) $\frac{1}{4}$

c) $0{,}05 = \frac{1}{20}$

25

a) $\frac{17}{17} + \frac{6}{12} + \frac{19}{19} = 2\frac{1}{2}$

b) $\frac{1}{20}$

c) $\frac{1}{40}$

26

a) 5,5; 2,5; 4,5; 10

b) 1,32; 0,144; 1,08; 10

c) 2,9; 1; 2,1; $\frac{25}{4} = 6\frac{1}{4} = 6{,}25$

27

a) 0,4; 0,8; 1,4; 2,2

b) 2,46; 2,52; 2,58; 2,64

c) 0,985; 1,005; 1,02; 1,03

28

a) 0,798; 0,978; 0,987; 7,98; 8,79; 9,87

b) $\frac{7}{20}$; 0,36; $\frac{3}{8}$; $\frac{2}{5}$; 0,42

c) $\frac{11}{15}$; $\frac{15}{11}$; $1\frac{1}{2}$; 1,55

29

a) Ergebnis: 10; Klammer (12,5 − 1,5) + (−0,26 − 0,74).

b) 34,8; 34,8 kann man ausklammern.

c) $\frac{1}{4}$; $\frac{3}{4}$: 0,75 = 1

30

a) 43,0839; 430,839

b) 72,9

c) An der letzten Stelle muss eine 1 stehen.

31

a) $107 \cdot 43 + 12 - 5 = 4608$

b) $0{,}5 + 2{,}4 \cdot 1{,}5 - 4{,}0 = 0{,}1$

c) z. B. $\frac{4}{5} \cdot \frac{5}{6} + \frac{1}{4}$

32

a) Sie muss $7\frac{1}{4}$ kg tragen.

b) $\frac{3}{10}$ spielen Fußball; es sind 280 Mitglieder.

c) $\frac{5}{12}$ spielen kein Instrument.

33

a) 160 ha

b) (580 ha) $\frac{29}{60}$ der Gesamtfläche

c) Kreisdiagramm: bebaut 114°; Wald 72°; Acker 174°

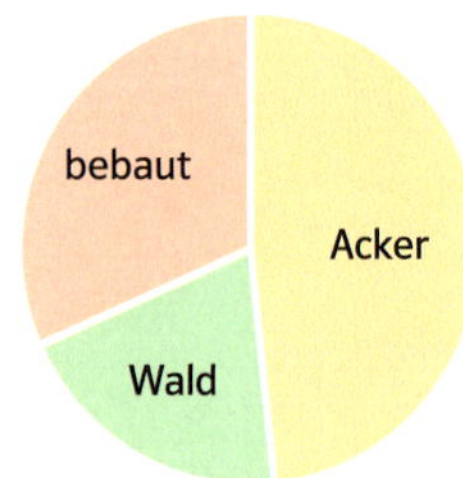

34

a)

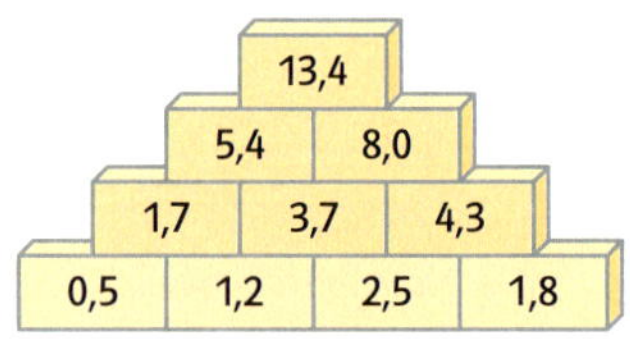

b)

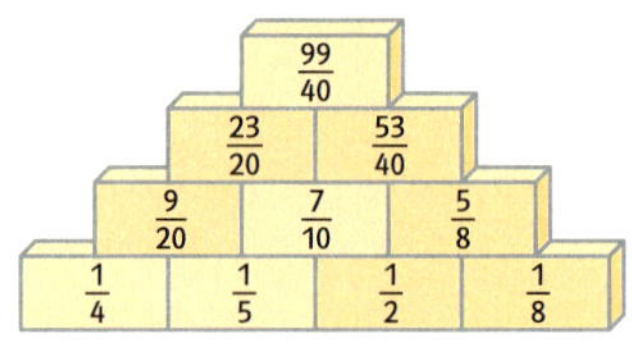

c)

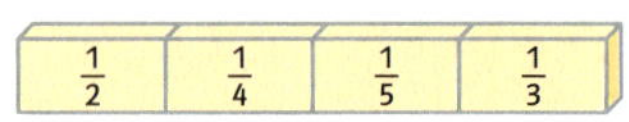

35

a) L und J; C und E; B und F; A und G und I

b) 11

c) 13; 15; 29; $k = 2n - 1$

36

a)

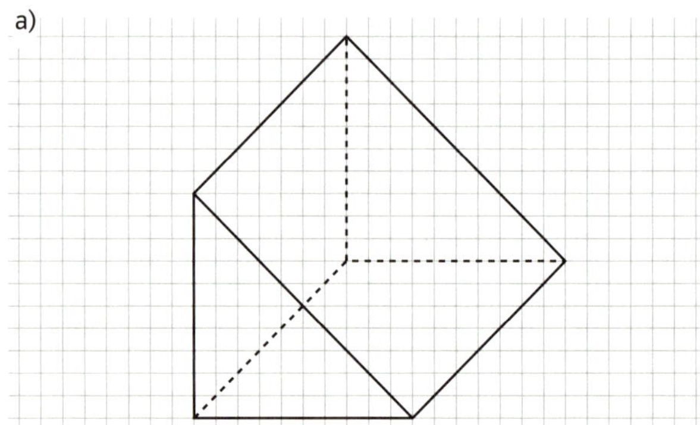

b) $\frac{2}{9}$ muss man wegnehmen.

c) $\frac{7}{27}$ des Würfels sind ausgeschachtet. $\frac{9}{27}$ sind abgeschnitten beim Vierecksprisma. Der Restkörper enthält mehr Material.

37

a)

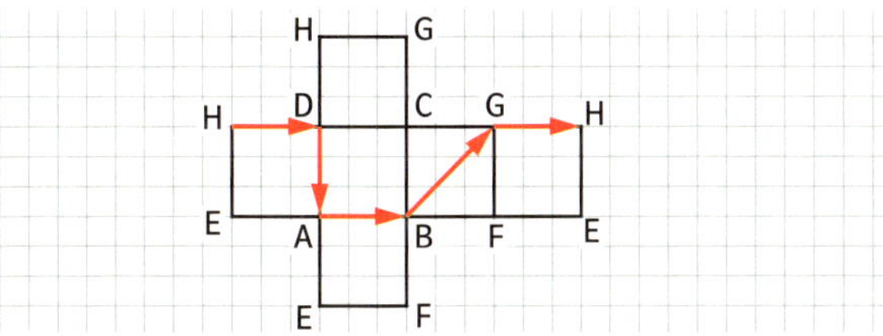

b)

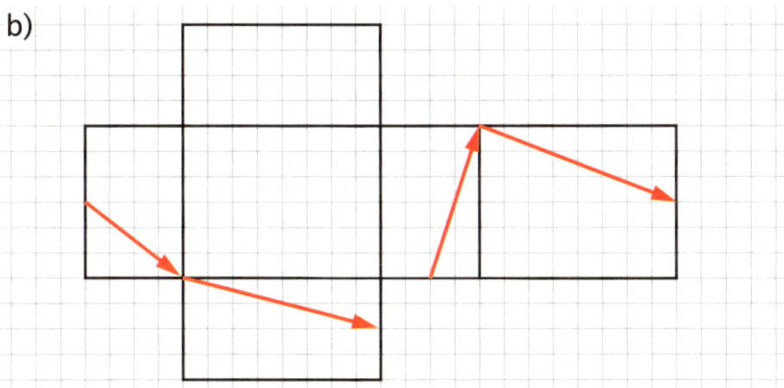

c)

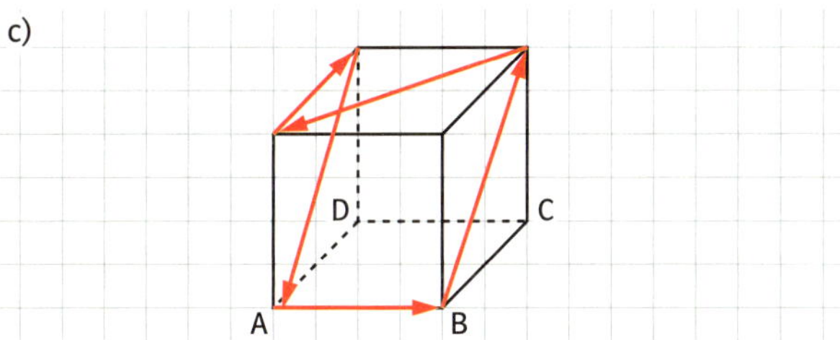

38

a) Dreiecksprisma und quadratische Pyramide.
Das Quadrat lässt sich anfügen
beim Prisma an $\overline{AH}$, $\overline{CD}$, $\overline{DE}$, $\overline{EF}$;
bei der Pyramide an $\overline{AB}$, $\overline{BC}$, $\overline{CD}$, $\overline{DE}$.

b) Würfel, auf den zwei quadratische Pyramiden aufgesetzt sind.

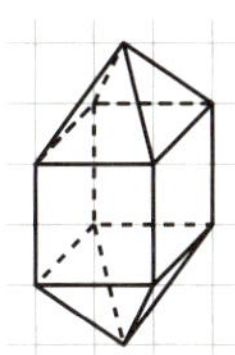

c) 21 Kanten und 14 Flächen

39

a) A: Fläche $2x \cdot 5x = 10x$, Umfang $2 \cdot (2x + 5x) = 14x$;
B: Fläche $6x \cdot 3x - 2x \cdot 5x = 8x^2$,
Umfang $6x + 3x + x + 2x + 5x + x = 2 \cdot (6x + 3x) = 18x$
A ist größer als B, aber B hat den größeren Umfang.

b) Umfang: $2 \cdot a + 2 \cdot 2a = 6a$; Flächeninhalt: $2a \cdot a = 2a^2$

c) $12x$; ein Stäbchen ist 15 cm lang.

40

a) 4

b) $a = 3$ und $b = 1$

c) $m = 0$ und $n = 20$; $m = 5$ und $n = 14$; $m = 10$ und $n = 8$

41

a) Kantensumme $24x$ und $32x$; Oberfläche $24x^2$ und $40x^2$.

b) Beim Quader kommen noch $8x$ dazu.

c) $K = 56x$; $O = 88x^2$

42

a) $x = 11$; $x = 13$

b) $x = 44$; $x = 40$

c) $x = 4$; $x = 8$

43

a) 5

b) 9

c) 3

44

a) 9-mal 2 Euro und 2-mal 1 Euro

b) 1-mal 2 Euro und 8-mal 1 Euro

c) 5€: 10-mal 0,5€ oder 1-mal 2€ und 2-mal 1€ und 2-mal 0,5€ oder…
10€: 3-mal 2€ und 4-mal 1€ oder…

45

a) 5000

b) 500 000; 5000 kg = 5 t

46

a) Bei Jutour bezahlt man 27€ pro Person, bei Young Holiday 26,50€. Sie sollten also das Angebot von Young Holiday wählen.

b) Es sind 32.

c) 197 ist eine Primzahl und hat deshalb nur die Teiler 1 und 197.

47

a) A: 1,60 m; 1,65 m; 1,68 m; 1,70 m; 1,92 m
B: 1,65 m; 1,66 m; 1,68 m; 1,70 m; 1,71 m

b) A im Vergleich zu B: 1,60 m zu 1,65 m und 1,92 m zu 1,71 m

c) A: 1,71 m; B: 1,68 m

48

a) 2,9

b) 3,0

c) 2 oder besser

Register

Mathematische Symbole

$=$	gleich
$<$	kleiner als
$>$	größer als
$\mathbb{N}$	Menge der natürlichen Zahlen
$g \perp h$	die Geraden g und h sind zueinander senkrecht
⊾	rechter Winkel
$g \parallel h$	die Geraden g und h sind parallel
g, h, …	Buchstaben für Geraden
A, B, … , P, Q, …	Buchstaben für Punkte
$\alpha, \beta, \gamma, \delta, \ldots$	griechische Buchstaben für Winkel
$\overline{AB}$	Strecke mit den Endpunkten A und B
$A(2 \mid 4)$	Gitterpunkt mit dem Rechtswert 2 und dem Hochwert 4

Maßeinheiten und Umrechnungen

Zeiteinheiten

Jahr	Tag	Stunde	Minute	Sekunde
1 a =	365 d			
	1 d =	24 h		
		1 h =	60 min	
			1 min =	60 s

Gewichtseinheiten

Tonne	Kilogramm	Gramm	Milligramm
1 t =	1000 kg		
	1 kg =	1000 g	
		1 g =	1000 mg

Längeneinheiten

Kilometer	Meter	Dezimeter	Zentimeter	Millimeter
1 km =	1000 m			
	1 m =	10 dm		
		1 dm =	10 cm	
			1 cm =	10 mm

Flächeneinheiten

Quadrat-kilometer	Hektar	Ar	Quadrat-meter	Quadrat-dezimeter	Quadrat-zentimeter	Quadrat-millimeter
$1\,km^2$ =	100 ha					
	1 ha =	100 a				
		1 a =	$100\,m^2$			
			$1\,m^2$ =	$100\,dm^2$		
				$1\,dm^2$ =	$100\,cm^2$	
					$1\,cm^2$ =	$100\,mm^2$

Raumeinheiten

Kubikmeter	Kubikdezimeter	Kubikzentimeter	Kubikmillimeter
$1\,m^3$ =	$1000\,dm^3$		
	$1\,dm^3$ =	$1000\,cm^3$	
	1 l =	1000 ml	
		$1\,cm^3$ =	$1000\,mm^3$

Bildquellenverzeichnis

U.1: Mellenthin, Klaus, Stuttgart – 4.1: Picture-Alliance (FoodPhotography/Eisi); 4.2: (Wartenberg), Frankfurt – 4.3: Getty Images (photonica/Noguchi); 5.1: (Banagan); 5.2: (photonica/Photolibra); 5.3: (Image Bank); 5.4: (photonica/Demée); 5.5: Getty Images (altrendo images), München – 6.1: Picture-Alliance (FoodPhotography/Eisi), Frankfurt – 16.2: StockFood (Molly Hunter), München – 20.2: Interfoto, München – 39.2: Mauritius (fm), Mittenwald – 42.1: Picture-Alliance (Wartenberg), Frankfurt – 56.3: Deutsches Museum, München – 60.1: Getty Images RF (Photo Disc), München – 65.2: AKG, Berlin – 66.2: Mauritius (Stock Image), Mittenwald – 68.1: Getty Images (photonica/Noguchi), München – 68.4; 69.1: Corbis (Linda), Düsseldorf – 69.3: Masterfile (Matt Brasier), Düsseldorf – 69.4: Corbis (R. Spönlein); 69.5: (Grace), Düsseldorf – 73.7; 75.2: ddp Deutscher Depeschendienst GmbH (Felix Fontane), Berlin – 75.6: Esther Thylmann, Stuttgart – 92.6: Getty Images (Image Bank), München – 93.3: Picture-Alliance (Altwein), Frankfurt – 94.1: Mauritius (ELI), Mittenwald – 94.2: Picture-Alliance (dpa/Meyer), Frankfurt – 95.1: Arco Images GmbH (F. Rauschenbach), Lünen – 95.2: MEV, Augsburg – 98.2: Stöckle, Claus, Bietigheim-Bissingen – 100.1: MEV, Augsburg – 101.1: www.bilderbox.com (Erwin Wodicka), Thening – 108.1: Getty Images (Banagan), München – 108.2: Corbis (A.Scott), Düsseldorf – 108.3: Säntis Schwebebahn AG, Schwägalp – 108.4: Getty Images (Denis Felix), München – 110.1: Richard Schrade, Winterbach – 113.1: Picture-Alliance (ASA); 113.2; 113.3; 113.4: Picture-Alliance (dpa), Frankfurt – 114.1: Okapia (Roland Birke), Frankfurt – 114.4: Corel Corporation, Unterschleissheim – 115.1: Creativ Collection Verlag GmbH, Freiburg – 116.1; 116.2: Getty Images RF (Photo Disc), München – 116.3; 116.4: MEV, Augsburg – 118.2: Mauritius (Beuthan), Mittenwald – 119.3: Deutsche Lufthansa AG (Rolf Bewersdorf); 119.4: (Gerd Rebenich), Köln – 123.1: Corbis (C.Schneider), Düsseldorf – 123.4: Picture-Alliance (dpa), Frankfurt – 124.2: Getty Images (Botanica), München – 125.1: Corbis (Charles Krebs), Düsseldorf – 126.1: Picture-Alliance (Furtner); 134.1: (dpa/Berg); 134.3: (dpa), Frankfurt – 136.1: Getty Images (photonica/Photolibra), München – 150.1: Picture-Alliance (dpa/Scholz), Frankfurt – 152.1: Getty Images (Image Bank), München – 152.2: Avenue Images GmbH (PhotoDisc), Hamburg – 152.3: Masterfile (Jeremy Woodhouse), Düsseldorf – 152.4: Getty Images (Stone+/Catherine Ledner); 153.1: (Stone+/Kiriko Shirobayashi), München – 155.2: Reinhard-Tierfoto, Heiligkreuzsteinach – 156.1: Mauritius (Enzinger), Mittenwald – 159.1; 159.2: MEV, Augsburg – 159.3: Helga Lade (Rainer Binder), Frankfurt – 159.4: Daimler AG, Stuttgart – 159.5: Sulo Umwelttechnik, Herford – 160.1: Getty Images RF (Photodisc), München – 161.1: Mauritius (age), Mittenwald – 161.2: Helga Lade (KaKi); 165.2: (Josef Ege), Frankfurt – 168.1: Harzwasserwerke GmbH, Hildesheim – 170.1: Getty Images (photonica/Demée), München – 170.3: Picture-Alliance (Thieme), Frankfurt – 171.2: Fotosearch RF (Stockbyte), Waukesha, WI – 174.1: Creativ Collection Verlag GmbH, Freiburg – 184.1: Getty Images (altrendo images), München – 185.1: Corbis (Emely), Düsseldorf – 185.2: Avenue Images GmbH (Image 100), Hamburg – 185.3: Getty Images (Lee Strickland), München – 186.1: Mauritius (O'Brien), Mittenwald – 187.1: Juniors Bildarchiv (M. Wegler), Ruhpolding – 187.4: MEV, Augsburg – 188.1: Creativ Collection Verlag GmbH, Freiburg – 189.1: Helga Lade, Frankfurt – 189.6: MEV, Augsburg – 191.3: Okapia (Wolfgang Weinhäupl), Frankfurt – 194.3: Imago Stock & People (Kolvenbach), Berlin – 196.1: Getty Images (Stone/Uwe Krejci); 196.2: (photonica/Neo Vision); München – 196.3: Corbis (Randy Faris), Düsseldorf – 196.4: Getty Images (photonica/Hoshikawa); 196.5: (FoodPix), München – 196.6: Mauritius (age fotostock), Mittenwald – 197.1: Corbis (Sagel); 197.2: (creasource), Düsseldorf

Alle übrigen Fotos entstammen dem Archiv des Ernst Klett Verlages, Stuttgart.

Nicht in allen Fällen war es uns möglich, den uns bekannten Rechteinhaber ausfindig zu machen. Berechtigte Ansprüche werden selbstverständlich im Rahmen der üblichen Vereinbarungen abgegolten.